ホンダ ドリーム CB400FOUR

CB400Fを哲学する ― 魅力の根源を探る

入 江 一 徳 　著
Kazunori　Irie

HONDA DREAM CB 400FOUR

「HONDA　DREAM　CB400FOUR」が誕生して
2024年で50年である。まずは「おめでとう」

1974年12月3日に生を受けて以来、半世紀
未だその魅力は、色褪せることは無い

「原点 (Origin)」と呼ばれるものがある
「人の人生や歴史を振り返る時の出発点」とされる

「古典 (Classic)」と呼ばれるものがある
「永く時代を超えて規範とすべきもの」とされる

「伝説 (Legend)」と呼ばれるものがある
「虚構ではないものとして伝えられもの」とも言われる

「遺産 (Heritage)」と呼ばれるものがある
「世に生み出されたものが受け継がれる」ものと理解している

CB400Fは、この4つを持ち合わせたバイクなのである

「CB400FOURを哲学する」とは、CB400FOURの魅力への理解
深め、CB400FOURのある生活を豊かにし、CB400FOURの魅
で人生を有意義なものにしていくことです。今後も「CB400FOUR
哲学する」ことを続けて行きます。

hilosophy of the CB400FOUR" means to deepen understanding of the
peal of the CB400FOUR, enrich life with the CB400FOUR, and make
 meaningful with the appeal of the CB400FOUR. I would like to con-
ue to inherit the "philosophy of the CB400FOUR" in the future.

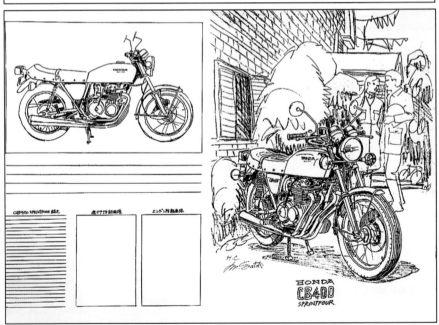

CB400F 開発プロジェクトのモックアップは 1973 年 12 月に完了。開発開始から僅か 6 か月であった。上の 2 枚は 1974 年デザイナー佐藤允弥(まさひろ)氏自らが描かれたもので、カタログのイメージを想定した完成車のスケッチであり、サインのある貴重なものである。ボディ名称には「SPRINT FOUR」と明記してある。

　上の写真2枚は、1973年暮れ、エンジンはモックアップの段階であったが、完成車としての全体像を現したCB400Fである。佐藤氏自らが書かれたキャプションには「HGWテストコース　ENG M/u、Fフェンダー CB350F流用、サイドカバー形状変更、タンクマーク　SPRINT FOUR」と記載してある。
「SUPER　SPORT」になる前に存在した「SPRINT　FOUR」。開発に関わる想い入れが伝わってくる。この段階で車体色はピュアレッドとメタリックブルーが検討されていたようである。よく見ると4into1集合マフラーの形状が定まっていなかったようだ。これも世に産声を上げる前の貴重な写真である。

上の写真は開発コード「CBX-400」である。CB400Fのシートにシルバーのフレーム、ブラック仕立てのエキゾーストパイプとマフラー。ボディと同色の前後フェンダーが採用されている。そのフラットなハンドルから感じられるのは、いかにもカフェレーサーらしい精悍な姿である。当時の社会情勢から過激すぎるとの社内意見のある中でも1973年8月に全体像が形作られたモデルである。ただ、左の写真に見られるように、エキゾーストパイプ、マフラーをメッキ処理したものも同時に検討されている。更には右の写真に見られるようにフレームもエキゾーストパイプもマフラーもすべてブラックという案もあったようだ。ヨシムラを"盟主"とするチューンメーカーのオプションパーツとして勇名をはせた集合管ではあるが、既にブラックモデルが企画されていた。

上の写真は開発コード「CXZ-400」である。このモデルには、ブラックのフレームにブラック仕立てのエキゾーストパイプとマフラー。ボディーと同色の前フェンダー。そしてシートカウルというスタイルである。このシートカウルタイプには左の写真のようにシルバーフレームに、メッキのエキゾーストパイプ・マフラーというものもある。この段階でのモックアップに見られるパターンは、5種類の組み合わせが検討されていたことになる。シートカウルへの拘(こだわ)りも強く、次頁のフェアリング装着車との兼ね合いもあったのではないだろうか。1973年8月の段階で、デザイン的には右の写真のようにボディ色が黒(濃紺)、シルバーフレームにシートに赤のラインを施したものを含めれば、計6パターンのCB400Fが企画されていたということになる。

　記録によると1974年1月フェアリングの実走モデルは完成した。タンクカラーは、後に完成車のカラーとなるバーニッシュブルーだった。シートカウルに専用のリアフェンダー、そしてロケット型のフェアリングを装着し、同年1月20日その勇姿は今の茨城県つくば市、旧谷田部町にあった日本自動車研究所の高速周回路を走っていた。(ライダーは麻生忠史氏) そのイメージは、佐藤さんの貴重なスケッチ(下)にもその姿を残していた。

　すべてはこのスケッチから始まった。ホンダの既成の概念から大きく踏み出した「カフェレーサースタイル」は、新しい時代の幕開けと言って良いものであった。市販車としてこれが現実のものになると考えていた者はごく少数だったのかもしれない。魁(さきがけ)となるとはそういうことである。フェンダー、タンク、テール、ステップ、チェーンカバー、マフラー、そして配色と、当時としては何をとっても新機軸のデザインである。このGPレーサーを彷彿とさせるイメージは「自分が欲しいと思うものを創る」という佐藤デザイナーの意志そのものであることが伝わってくる。

　右の二枚のスケッチには、重要要素が秘められている。いわば四輪で言うところのスポーツ性 = ツーシーターという形によって表現されるように、二輪で言えばシングルシートを意味する。スケッチの段階とは言え、運搬手段を基本とした時代から、市販車でありながらモータースポーツとしての二輪嗜好の生活提案が、示された瞬間と捉えることができる。レーサーというイメージを実現する為に佐藤デザイナーが、いかに本気で取り組んだかが見えてくる。

　どうしても部分に目が行くわけだが、シングルシートへの拘りは、バイクライフの新たな飛躍を志向したものと言えるだろう。デザイン段階とはいえ、ホンダの「スーパースポーツ」という名に込められた想いが、CB400Fの定義として存在していたことを示す、何よりの証拠と解釈して良いものと考えられる。

1. は既に市販車に近いスケッチである。開発期間は短期間であったが、「動の400」というコンセプトが明確に示されていたことで、豊富なバリエーションの中にあっても、その収斂(しゅうれん)されるのは早かったと考えられる。既に佐藤デザイナーの頭の中にこうしたいというイメージがあったのかもしれない。前後フェンダーの拘りを除けば全体のデザインはほぼ市販車である。

2. のスケッチにみられる特徴としては、1のスケッチにテールカウルを装着したものであり、これをデコレーションとみるか、単座をイメージしたカフェレーサースタイルへの拘りとみるかは分かれるところである。ただモックアップの段階まで製作されていたことを考えると後者と考えてよいだろう。

3. のスケッチではアップハンドルと前輪のドラム式ブレーキが目立つ。ここは推測にすぎないがブレーキの選定にあたって、小型、軽量で、製造コストが低いことを想定して、ドラムブレーキもイメージとして作成したのではないだろうか。大きな命題としてコストダウンがあったことは間違いない。例外なく一から考え直す姿勢ともとれる。

4. カフェレーサースタイルと言えばロングタンクにシングルシート、そしてフェアリングである。多くの規制の中で、アイデアについては、当時の厳しい規制の壁を設けず検討されたことの何よりの証拠である。テールカウルと同様にモックアップの段階までつくられたモデルの基本デザインだろう。

5. は1974年12月にCB400Fが発売されて約1年後の1975年11月に検討されていたモデルチェンジ案である。このモデルの名称は「400FOUR-G」で2種類企画され、右のモデルの特徴は安全イメージのタンク、アップハンドルにドラムブレーキである。もう一方4本出しマフラーの案も存在していたが実現するに至っていない。前頁の3.のスケッチでも分かるように前輪ドラムブレーキとする案は、更なるコスト低減が課題であったと推測される。

6. は同じく1975年11月HRA提案の77年モデルであり、サイドカバー形状変更、タンクとサイドカバーのエンブレム化、シートカウル装着にシート形状も変更、フロントフェンダーは樹脂製のモノに変更し、ボディと同色化、そしてフロントウインドシールドを装着したものとなっている。生産型よりもよりスパルタンなイメージにデザインされたもの。当初のフェアリング案を想起させるような意欲的な提案が成されている。

7. は上の5.6.が撮影されたのが1975-11-11それに対して約一週間後の1975-11-17に撮影されたもので、前後フェンダーは樹脂製のモノに軽量化され、サイドカバーはCB400F F-Ⅰ、F-Ⅱで使用されたブラックに変更。全体は新色のグリーンで統一されている。それ以外は安全対策としてタンクキャップカバーが装着されている。生産型に少し手を入れ、ややレーシーな雰囲気を増したデザインとなっているが、抑えた変更である。

8. は1976年1月に撮影された米国向け77年モデルの案である。ボティカラーはキャンディアンタレスレッド(R-6C-S)にタンクにはストライプが入る。同年2月にメインスタンド形状変更案は出るものの、この形が77年モデルとして採用されたものと考えられる。同じくパラキートイエローのストライプのモノと合わせ二色が用意される。残念ではあるが、これが事実上のCB400Fの最終形ということになった。

1974年12月3日「ホンダドリームCB400FOUR」は発売される。(公式発売日12月4日)主要諸元:全長:2,050mm、車両重量:185 kg、燃費:36km/ℓ (60km/h 定地走行テスト値)、エンジン形式:空冷4サイクルOHC4気筒37馬力、総排気量:408cc、始動方式:キック/セル併用、燃料タンク容量:14ℓ、変速機6速。価格327,000円、生産計画月産5,000台(2015年5月ホンダコレクションホールにて筆者撮影)。下は初期のカタログの表紙である。

「おお400。おまえは風だ。」の名セリフはここから生まれた。市販車初の集合マフラー「4into1 システム」は CB400FOUR のシンボルとなり、多くの広報物においても左にリーンする姿は、そのキャッチコピーと共に、ユーザーに対して深くインパクトを与えた。特にこの映像美、そして名セリフを生み出したカタログのシーンは、「SUPER SPORT」と銘打たれた車両のイメージを、アンプのように増幅していくのである。

このカタログには、一方では当時の社会情勢にも配慮して「CB400FOUR は、風のようにかるく静かなスーパースポーツ。ひたすら機能に徹し、走りに徹した美しいスタイルです…低く静かな排気音は周囲にも細かく心を配った音づくりの効果です」と、この広告にも文言が付してある。

　立科で撮られたとされるこの写真(上)は小原英二氏の手によるもので、あらゆる広告やカタログで使用されている。詳しくは本文第1章第4節に詳述しているが、かなりの時間と労力をかけて撮影されていると思われる。そのスピード感やCB400FOURの持つ造形美、その空気感も伴って伝わってくるようである。下の写真はすべて1974年製のカタログから。それぞれの映像をシングルカットしてもおかしくないものばかりである。それだけに写真の大小はあるものの、随所にまとめられて配置してある写真にはそれぞれに味があり、見るもののイマジネーションを高めるものばかりである。
名カタログと言われる由縁なのかもしれない。
　(写真:提供 東京グラフィックデザイナーズ)

　上2枚の画像は、前頁同様、ホンダのカタログを主に手掛けてきた東京グラフィックデザイナーズが、撮ったものである。コピーライト同様にCB400FOURのイメージをワンショットで表現したものであり、優れた写真というものが芸術の域にまで達したものと言える。(写真:提供　東京グラフィックデザイナーズ)

左はホンダ正規代理店で配布されていた「CB400F」のチラシである。(当時)ここにも名セリフが存在した。「風のようにはやい。風のようにかるい。風のように静か。そして風のように新鮮。」というコピーである。そして、それに続けて「CB400FOURに乗ると、あたかもライダー自身が風のように思えてくる。」というものである。その後はというと「おお400。お前は風だ。」と続くのであろう。

こうした名セリフによるイメージ戦略は古典的手法のように思えるが、実は日本人が文化としてきた風情や佇まい、そして風土を感じさせ、大げさに言えば日本という国に根差したバイクであることを謳っているかのようである。それは思い入れだけでなく設計思想にも反映している。CB750Fのスケールから日本人に合ったボディサイズに仕上がっていることを考えるとCB400Fも同様の設計思想といえるだろう。

下の1976年製カタログでは「おお400。おまえは風だ。」の名セリフに変わって「おお400。おまえが好きだ。」になっている。1974年製カタログと大きく変わったのは頁数である。裏表合わせ10頁からなっていた1974年製カタログと比較すると、1976年製は4頁減って6頁ものとなっている。次頁上の表紙であるが、仰ぎ見るアングルからの車体撮影は角度が緩やかとなり、何よりも前回ライダーが跨った形でいかにも「走り出

おお400。

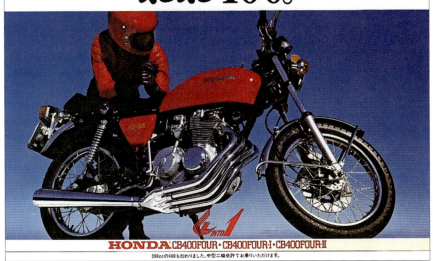

HONDA CB400FOUR・CB400FOUR-Ⅰ・CB400FOUR-Ⅱ
398ccの400も加わりました。中型二輪免許でお乗りいただけます。

すぞ」というポージングから、今回はシートに両肘をついて手は組んだ状況であり、車体を眺めるおとなし目のポーズとなっている。同型でありながら免許制度によって408ccと398ccの2種が存在するという歴史的存在となった。そして、よく見るとカタログ表面下の赤文字表示が1974年製では「HONDA CB400FOUR」だったのが、1976年製では「HONDA CB400FOUR・CB400FOUR-Ⅰ・CB400FOUR-Ⅱ」と表示され、更に「398ccに400ccも加わりました。中型二輪免許でお乗り頂けます。」という表示が時代を反映している。

一方、海外への輸出は、いずれも二輪先進国であったアメリカ、フランス、ドイツ、イタリア、イギリス、ベルギーへと送り出されている。その際カタログに使われた映像は、日本のモノが使われていることが大半

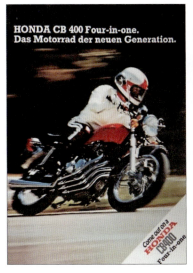

であった。上はイタリアのカタログ、左はドイツのカタログの表紙であるが映像は日本のモノである。つまり、プロダクツもプロモーション映像も「Made in Japan」であり、メーカーとしてバランスがとれ、自信に満ちた製品であったことがうかがい知れる。

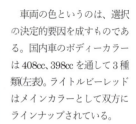

	CB400F (408cc)	CB400F I・II (398cc)
	前方車両＝ ライトルビーレッド	前方車両＝ ライトルビーレッド
	後方車両＝ バーニッシュブルー	後方車両＝ パラキートイエロー
配色箇所	臙脂色	黄色
タンク色・デザイン		
タンクロゴマーク	HONDA SUPER SPORT	HONDA SUPER SPORT
サイドカバーマーク	400 FOUR	400 FOUR

車両の色というのは、選択の決定的要因を成すものである。国内車のボディーカラーは408cc、398ccを通して3種類(左表)。ライトルビーレッドはメインカラーとして双方にラインナップされている。

そのソリッドな色合いにレーシーな雰囲気を作り出した。一方、当時は海外を主戦場としていた時代であり、各国の嗜好(しこう)に沿って更にバリエーションが加わった。それが左の表である。

パラキートイエローは日本と同じであるが、臙脂色(えんじ色)「CB400Fはキャンディーアンタレスレッド」系が選定されたことが特徴的である。この系統は他にも「クリムゾンレッド」や「ボルドー」、「ワインレッド」といった色があり、特に米国で「クリムゾンレッド」というとハーバード大学、カンザス大学、インディアナ大学などで学校のイメージをあらわすスクールカラーとして使用されている。

私見ではあるがこの色を選定したことで将来ユーザーになるであろう学生たちを意識したのではないかと感じるのである。そして、双方ともにスポーティーなイメージをアップする意味でタンクにラインが装飾されているところが特徴である。詳しくは第4章3節7項をご参照頂きたい。

左のスケッチはデザイナーの佐藤允弥氏がホンダを退職されるときに、関係者に贈られた挨拶状の一部がこの絵である。CB400F開発がいかに思い出に残る仕事だったかを物語る。このスケッチの原版と思われるものが、CB400Fの完成に伴って作られようとしていたカタログの下描きとして存在していたのである。(冒頭口絵をご参照)

本書刊行にあたって

　最初に本書『ホンダドリーム CB400FOUR』の刊行までの経過と編集に関してご説明させていただきます。弊社刊行書の読者のおひとりであった入江一徳氏から数年前に連絡をいただいて、同時に CB400FOUR に関して、ご自身でまとめられた一冊の本が届きました。内容は多岐にわたっており、私は一つの車種をここまで掘り下げている本は読んだことがありませんでした。また、いわゆるマニアの方を限定とした本とは異なる視点もあり、書籍として出版する際に必要な事柄を編集部内で検討し、内容の改訂を入江氏にお願いすることにしました。数年後、入江氏からは内容を書き改めた改訂版が届き、その改訂版を底本としてまとめたのが本書です。

　したがって、本書のテーマや内容に関する部分は、すべて入江氏によって執筆されています。弊社編集部では、内容面では基本的に一切手を加えておりませんが、文字や名称の統一などに加え、よりわかりやすい内容とするための文章の変更を、一部のみ行なっています。

　また、1960 年代から 70 年代に発売されたホンダのオートバイのカタログ写真などを撮影されていたカメラマンの小原英二氏が、弊社にご提供くださった CB400FOUR に関する当時の写真・ポスターなどを、小原氏のご了解をいただいて、本書のカバーやカラー口絵などに活用させていただきました。掲載した写真は、小原氏によって撮影された今では貴重なカットです。

　さらに、本田技研工業で、長く広報部に在籍されていたベテランの高山正之氏に参画していただいて、編集作業において様々なアドバイスやご協力のもと、本書をまとめています。

小林謙一

読者の皆様へ

■本書は、著者自らが長い期間をかけて取材・分析などを続け、執筆してまとめられた書籍です。西暦・和暦などの表記方法が、その執筆時点によって異なる場合があります。また、単一の呼称や名称などに関しても異なる表記部分があります。

■本書の主題としている車種は、1974年発売時の正式名称は「ホンダ ドリーム　CB400FOUR」（空冷4気筒）ですが、専門誌などには「ホンダ CB400FOUR」の名称が一般的に多く使用されています。本書では、「ホンダ ドリーム CB400FOUR」を「CB400F」と表記しています。また、「ホンダ ドリーム CB750FOUR」等も同様に「CB750F」等と表記しています。

■メーカーの本田技研工業の企業名に関しては、当時のカタログなどに合わせてカタカナの「ホンダ」で統一しています。

■また編集部の基準に沿って、「エキパイ」などのパーツ名称は短縮することなく「エキゾーストパイプ」と表記しています。

■本書は、ページ数が通常書籍の2冊分に相当するため、通常の製本とは異なる、本を開くとほぼ180度に開くPUR製本を採用しています。繰り返し使用される辞書や百科事典などに用いられている製本方法で、見やすさと同時に強度にも優れた特徴を持っています。

■初版500部が短期間で品切れになった後も、引き続き受注が継続していることを受けて、社内で対応を検討しました。そして、著者のご了解のもと、お客様のご要望にもお応えする形で適宜修正を加え、少部数を「第2刷」として再刊行いたしました。

グランプリ出版編集部

目 次

序　章.. 5

第 1 章　CB400F コンメンタール (逐条詳解)..................................... **15**
第 1 節　CB400F の履歴書... 15
第 2 節　近代 CB と諸元比較分析.. 25
第 3 節　全体サイズを分析する.. 31
第 4 節　「プロモーション/ 販売促進 1」1974 年カタログを読み取る.............. 33
第 5 節　「プロモーション/ 販売促進 2」1976 年カタログを読み取る.............. 43
第 6 節　当時の出版物情報を通じて... 46
第 7 節　二輪専門誌の広告今昔... 59
第 8 節　1970 年代から生じたバイク規制とは.................................... 64

第 2 章　CB400F 初号機　探訪.. **69**
第 1 節　CB400F 初号機の存在を知る.. 70
第 2 節　車体管理「フレームナンバーとエンジンナンバー」................ 72
第 3 節　初号機の特定検証... 73
第 4 節　初号機を定義する... 77
第 5 節　初号機現物確認調査.. 81

第 3 章　CB400F オーナーズアンケート.. **88**
第 1 節　アンケートの内容について... 89
第 2 節　アンケートサンプル.. 91
第 3 節　CB400F アンケート記述式回答分析..................................... 98
第 4 節　CB400F アンケート選択式回答分析.................................... 104
第 5 節　CB400F アンケート総合的分析.. 126
第 6 節　自由回答について「CB400F の魅力について語って下さい」.............. 138

第 4 章　CB400F 多角的デザイン考.. **143**
第 1 節　デザインから捉えた CB400F... 143
第 2 節　バイクデザイン考... 149
第 3 節　機能と形状に法則性を探る.. 154

| 第4節 | デザインのセンスと性差モデル | 181 |
| 第5節 | 浮世絵とCB400F | 185 |

第5章　CB400Fの魅力の背景とその強運　190

第1節	CB400Fのオーナー数を推計する1　「現存静態数の把握」	191
第2節	CB400Fのオーナー数を推計する2　「絶滅危惧種生存試算」	193
第3節	CB400Fが生まれた時代背景	198
第4節	魅力と感性	202
第5節	個性化「チューニングという名の神業」	207
第6節	「カフェレーサー」と「テセウスの船」	210
第7節	欧米の風	212
第8節	誇りから生まれたCB400F「強運その1・2」	217
第9節	ホンダらしさと強運の連鎖「強運その3・4・5」	221
第10節	機能を伴うデザインの前提	224
第11節	国民・文化・時代が造りだしたバイク	226

第6章　CB400F魅力の想起構造　（モノとしてのゲニウス・ロキ）　228

第1節	「ゲニウス・ロキ」とは	228
第2節	カフェレーサーとは何か	232
第3節	日本のカフェレーサーの始まり	237
第4節	CB400Fへの投影	239
第5節	CB400F物語の投影循環構造	247
第6節	「4(ヨン)」の魅力	249

第7章　仲間たちの群像　Ⅰ「花添えし人々」　269

第1節	車体設計の匠	269
第2節	エンジン設計一筋	280
第3節	CBエンジンの大いなる創造者	288
第4節	新人、歴史的バイクに挑む	310

第8章　仲間たちの群像　Ⅱ　「見守りし人々」　325

| 第1節 | 造形室の異才 | 326 |
| 第2節 | 部品という作品 | 346 |

| 第3節 | カスタムパーツのマエストロ | 365 |

第9章　CB400F 開発プロジェクト「その意味」　372

第1節	CB400F を育んだもの	372
第2節	初期レンダリングスケッチの示すもの	374
第3節	クレイモデルから見える魂	378
第4節	モックアップモデルの息遣い	383
第5節	フェアリングの実装	388
第6節	最終形態「SPRINT　FOUR(スプリント・フォア)」	394
第7節	モデルチェンジの構想	396
第8節	CB400F 開発プロジェクト「X」	401

第10章　「佐藤イズム研究」" 駄馬にも意匠 "　404

第1節	プロダクトデザインへの一考察	405
第2節	佐藤さんの審美性とは	414
第3節	佐藤流モーターサイクルの心得	426
第4節	本田技研工業発「CB400F への挑戦」	429
第5節	嗜好から生み出されしもの	438
第6節	アイデアと風土	444

第11章　創り手の思想　佐藤允弥さんを語る　449

第1節	佐藤允弥さんの日常にふれる	450
第2節	「エンジニアリング・アーティスト」	452
第3節	佐藤流名車の条件	455
第4節	CB400F が開発された当時の時代背景	459
第5節	佐藤さんの 3 つのデザイン志向	460
第6節	佐藤さんの考えるプロジェクトリーダー像	462
第7節	CB400F のデザインについて	464
第8節	CB400F のエキゾーストパイプの持つ意味	466
第9節	造形「エキゾーストパイプ」の非日常性	469
第10節	画家として	470

第12章	寺田五郎さんからの手紙	**474**
第1節	寺田五郎さんを知りたい	474
第2節	寺田モータース	480
第3節	ヤマハからホンダへ	484
第4節	友との契り	488
第5節	寺田さんからのボイスメール	490

終　章	私のCB400F 讃歌	**506**
第1節	CB という系譜	506
第2節	CB400F へのノスタルジー	510

あとがき		**514**

参考・引用文献		**519**

序　章

各章梗概　　「CB400F」に対するアプローチの視点について

【　はじめに　】

　2021 年(令和 3 年)に自費出版ではあったが、心のままにまとめたのが拙書「CB400F 論」である。どちらかというと形にしたいという自らの想いを果たすことが目的であり、完成後関係者の方々に僅かではあったがお配りさせて頂いた。あれから 3 年、その間、出版社の方やホンダ関係者の方々、そして取材をさせて頂いた方やアンケートに応えて頂いた方々から、お陰様で数多くのアドバイスやヒントを頂戴した。それは読む側に立った視点であり、自らがいかに我儘に書き連ねていたかを痛感させられた。

　その後、今日まで、校正、修正、推敲を重ねる間にホンダ ドリーム CB400 FOUR (以下 CB400F と表現する)愛好家の方に限らず、オーナーズクラブメンバーや SNS を通じた友人の方々からも、読んでみたいとのご要望もあり、区切りである 2024 年には恩返しの為に形にしたいと取り組んできた経緯がある。

　1974 年(昭和 49 年)、CB400F が発売されて、今年(2024 年)で丁度誕生 50 周年。今般、貴重なご縁を頂き、この周年を記念して前書を全面的に見直す形で、書名も「ホンダドリーム CB400FOUR」と題し、商業出版できる運びとなった。
自らの想いをこのような形で表現できることを嬉しく思う。また、CB400F というバイクに巡り会え、感謝とともにその慶びを関係者や愛好家の方たちと共有したい。

　前作の「CB400F 論」をベースに一から見直しを行い、正確性を期すと同時に、新たな証言を得る為の取材や調査を実施し、内容の刷新と同時に読んで頂きやすいようにと心掛けた。関係各位のお陰で、今まで世に出ることのなかった CB400F の姿を貴重な資料として提供できることは何よりの慶びである。読者には面白そうだなと思う部分から気楽に読んで頂ければ幸いである。

　特定のバイクを語る場合、一般的にはスペックについて性能や機能を詳らかにし、

同クラスのバイクとの比較やインプレッションによる実車感想を交え、その姿を浮き彫りにしていくというのがもっぱらであるが、本書はそうしたものと全く視点を異にする。

　端的に言えば CB400F の魅力とは何かを探り出すために、大袈裟に言うと心理的・文化的・工学的・芸術的・哲学的な観点から切り込み、その魅力の原点を明らかにしていくことを狙いとしている。

筆者自身が CB400F とともに人生を生きることはまさに哲学することだと感じている。この本の題名もそこから来ているのである。自分自身のライフステージに欠かすことのできない存在として、人生の喜怒哀楽が CB400F とともにある。そこまでの存在となった CB400F とは一体何ものなのか、その魅力はどこにあるのかという、どうしようもない好奇心の捌け口が本書を形作っている。それは極めてマニアックなものであるだけに本書をお読み頂く読者の方にご理解頂く上でも、各章に関わる内容についてその概要を述べておきたいと思う。

　世に送り出された製品は、製作したメーカーのモノである。それと同時にユーザーのモノでもある。それだけに正確に捉えていることが重要であり、そうすることが製品に対するリスペクトであるとも考える。

　本書の元になった自費出版の校正にあたり、有識者の方から公式記録の検証や当時の史料に丁寧に目を通して、正確を期すことが読者に対していかに大事であるかをご指摘頂いた。それだけに初心に帰り自らが CB400F を捉える上で、基本としての諸元や広報として提示されている内容を正確に把握すべく、第 1 章にその内容を著わすことにした。

　つまり、この章では当時のカタログや当時の写真、広告類を転載させて頂いているが、これは取りも直さず正確を期す為である。あくまでも自らの意見を述べさせて頂く上で、貴重な史料であり、動かしてはならないバイブルとしての位置づけである。したがって、決してその権利を云々するモノでないことを各位ご理解賜れば幸いである。

　以上の考えに従い、当時のカタログを丁寧に見ながら、仕様内容を再確認すると同時にその意図を理解していきたい。この貴重な史料を足場にして、時代背景、生活様式、時代の価値観を読み解き CB400F の魅力を深く掘り下げていきたいと考えている。

加えて、本書を著わすにおいて一般的に当時の専門誌の情報も貴重である。先の文献にあたるということは、論文作成時に行われる必須事項とされる先行研究としての位置づけである。自らが主張する上においては、過去の文献に対して一通りあたることが礼儀であり義務であると考える。この一連の作業は、自らの考えを述べる上で欠くことのできないものである。その為、長時間をかけて文献を入手し、過去の史料を洗い出すことも本書作成上の重要な要件であった。

　CB400F 発売時点である 1975 年〜1976 年当時の雑誌記事や史料をなんとか入手できたことは幸いであった。消費者に対して CB400F がどういった視点で、どういう記事が書かれているかということを読み解きつつ、当時の二輪専門誌の担ってきた位置づけや、その存在意義を示した社説とでも言うべき総評を踏まえて、度々採り上げられた CB400F に関する記事、資料等もあわせてその魅力を追うこととした。

　そこで、まずは何を目的として各章が構成されているのか、概要を俯瞰して頂くことで全体像を捉えて頂くこととした。ここで各章立てごとの中身について簡単な解説をさせて頂き、見出しとして読んで頂きつつ、場合によっては興味のある部分から読み進めて頂く上でも参考となればと考える。

【　第 1 章　】　〝　CB400F コンメンタール　〟

　オーソドックスに CB400F の逐条詳解を展開した。「HONDA　DREAM CB400FOUR 」というバイクは長年にわたり二輪専門誌に取り上げられてきたことはご存知のことと思うが、前述したように正確にその諸元やコンセプト等を確認しておくことが、筆者はもとより読んで頂く方にも重要であるとの考え方から、その詳細を第 1 章に著わさせて頂いた。また、今回はこのバイクについて初めて接するという方もおられる可能性もあり、特異な分野であるだけに一般的に何ものであるかを語っておく必要性がある。

　したがって、基本データやスペックを改めて確認すると同時に、当時のカタログを丁寧に見ながら仕様を再確認すると同時にその意図を読んでいきたい。また、日本人の身体的特徴から CB400F がいかに設計されたかも推測したい。当時の時代背景も調査することで、マーケットが CB400F をどのように捉えることになったかという反応についても見て置くことで、この車両がその後どのような歴史を辿り、現

代においてユーザーにどのように捉えられているかを推測する。

　その方法として 1975 年〜1976 年当時、消費者に対して CB400F がどのように紹介されていったかということを参考としつつ、当時の二輪専門誌の視点を踏まえて、その後の CB400F に関する文献、資料等も追うこととした。さらにはその情報をベースとして現代のマーケット環境を意識し、時代考証としての比較を行うことで、CB400F に対する見方や価値観がどのように変化してきたかを観ていくことも興味深い点である。

【　第2章　】〝　初号機　探訪　〟

　この章では「夢」を探すことにした。つまり「CB400F の初号機」を探訪する。1974 年に発売され 50 年、その初号機の存在は時々雑誌等で採り上げられてきたが、筆者にとっても読者にとってもその初号機をこの目で見たいと思われた方は多いと思う。筆者は確かな情報筋から、その初号機が実働車として保管されていることを知り、未だに生き続ける伝説を探し出し、その一部始終をこの本に掲載したいと考えたのである。実車が存在するとなるとホンダ本体のどこかということであることは想像できた。何故なら記念すべきプロトタイプであるからである。

　ただ、ここで確認しておかなくてはならないのは、初号機と呼べるものであるかをどこで疎明(そめい)するかということである。ホンダに聴けばわかるということではなく、通常、第三者的にも客観的に説明できる方法を確認したうえで、自らが見定めたかったわけである。基本としての諸元やスペック等を押さえると同時に、初号機という「夢のクルマ」を追って動いた一連の経緯を、本書のプロローグとして相応しいと考え、この第2章として書かせて頂いた。

【　第3章　】〝　CB400F オーナーズアンケート　〟

　この章では 2018 年 6 月から 2019 年 2 月にかけて実施した「CB400F オーナーズアンケート」について、その分析結果をベースにその魅力に迫る。CB400F の魅力を探っていく上において、現在のオーナーの方々がどのように CB400F を捉えられているのかという分析は避けては通れない。寧ろ魅力を見極めていく上で重要な要点であると考える。

アンケートのサンプル数は 44 件。少ないと感じる向きもあるかと思うが、回答者は全員 CB400F オーナーであり、関東、中部、関西と 9 都府県から回収した。

アンケートの内容は CB400F に関して全体のイメージや優れた点をお聞きすると同時に、所有者の属性から見て取れる魅力との相関、細かいところではこの車両のどの部分が好きかと言った点を具体的にお聞きして回答頂いた。選択肢回答方式だけではとらえきれない理由等については記述式として、その点に対してもできるだけ拾い上げることを心掛けた。それだけに一般のアンケートでは読み切れない本音の部分に迫れたのではないかと考える。いずれにしても魅力を探っていくには、非常に興味を惹かれる結果であった。

【 第4章 】 〝 CB400F 多角的デザイン考 〟

CB400F と言えばデザインである。魅力の源泉の殆どが「見た目」としての要素に多く存在していることは間違いない。CB400F の魅力を知るにあたって、そのデザインの視点という「ものさし」が有ると無いとでは大違いである。つまりここではデザインに着目して CB400F の魅力を分析しようというものである。ただ、一般的に言うデザインというものには、その視点や考え方によって、いくつもの概念や捉え方が存在している。

特に此処ではデザインの法則と言われるモノを使いつつ、魅力の根源を読み解いていく。また、モノ造りとしてのプロダクトデザインという視点を複眼的に持ちつつ、独自の見方、考え方を展開したい。何が正解というわけでもなく、そのような見方があるのだろうと言った感想を持っていただければ幸いである。

【 第5章 】 〝 CB400F 魅力の背景とその強運 〟

魅力が創りだされるメカニズムとして考えられるのが、そのもの自体によって創りだされる魅力と、その背景にあるものがそのモノの魅力を創り出す場合とがある。そこでモノの魅力を創り出す構図があると考え「モノにおける魅力の構造図」というものを想定してみた。今までは CB400F そのものが放つ魅力について考えてきたが、本章では CB400F の背景として展開される事柄を追うことで、その醸し出される魅力を捉えようとするものである。

モノにまつわる事柄として、例えば個人のライフスタイルや価値観の変化、海外

からの影響、時代背景や社会情勢、或いは嗜好性の変化や希少性なるモノが魅力として影響してくるものと考えられる。そのタイミングや偶然の積み重ねが風の流れを造り、対象を押し上げていくことも考えられる。ここではそれを「強運」と表現したが、そうしたことが重なっていくことも魅力の根源を成すものと思う。

【 第6章 】 〝 CB400F 魅力の想起構造 〟

　CB400F の魅力を読み解く上で、今まではモノそのものの魅力を捉え、そして魅力を醸し出す外的要因といったものに着目し、CB400F の魅力を探ってきた。ただ、それだけでは魅力を捉えたとは言い切れないのではないかと考えた。人の魅力というものがどのようにして造りだされるかを、捉えてこそ見えてくるものがあるような気がするからである、いわば心理的、精神的、哲学的に探ってみようとするのがこの章である。

　何か小難しいことになってきたと思われる向きはあろうかと思うが、日常の生活を振返ってみることで見えてくるものである。分かりやすくするためにカフェレーサーの発祥とも言える英国「エースカフェ」を例にとってその構造を見てみた。また、私たちが独自に造りだしたサブカルチャーと言われるモノの中にも、魅力が創りだされる構造が見えてくることが分かった。そうした日々のものごとの中で創りあげられる魅力のメカニズムにトライして、CB400F の新たな視点としての魅力を解き明かしたいと考えた野心的とも言える章である。

【 第7章 】 〝 仲間たちの群像Ⅰ　「花添えし人々」 〟

　前章までは抽象的な部分にかなり踏み込み魅力を分析してきたが、此処からは実際に CB400F の製作に直接かかわった方々のインタビューをベースとして、作り手の側から観た CB400F の魅力を具体的に伝えたいと思う。そもそも CB400F に携わった方々は、私のようなユーザーにとっては畏敬の存在であり、ましてやお会いして直接 CB400F のお話を伺うことができるということは夢のような話である。それだけにその方々の人となりも踏まえつつ CB400F の魅力を語って頂くこととした。

　更に CB400F の製作にあたっての秘話や苦労話、今だからお話して頂ける事というのは、ファンにとっては最も興味のわく部分である。その点についても予めお聞

きしたい内容を面談前に送付させて頂きインタビュー時にはお応えして頂きやすいようにと心掛けた。内容としては大きくはホンダでのお仕事とCB400Fとの関わり、CB400F開発にまつわる思い出、実際の製作に関わるところでどのようなご苦労があったのかといったところをテーマに質問を用意させて頂いた。例えば「軽量化」、「出力アップ」、「予算調整」、「組織(プロジェクトの様子)」、「PJメンバーとの交流」、「エピソード」等々をお聞きし、CB400Fの作り手の側から観た魅力をお聞きした。先崎仙吉さん、下平 淳さん、白倉 克さん、中野宏司さんの四人の方にご登場頂く。

【 第8章 】 〝 仲間たちの群像Ⅱ 「見守りし人々」 〟

　前章ではCB400Fの開発プロジェクトに直接参加されておられた方々をクローズアップし、貴重なお話をお聞きしCB400Fの新たな魅力を発見させて頂いた。それを受ける形で、まずは本田宗一郎氏現役時よりホンダにあって、CB400Fの開発を周りから見守ってこられた方に、自らのプロジェクトを対比させながら当時の様子がどうであったかをお聞きすることができた。言うなれば当事者ではないものの、その気風や雰囲気を知ることでCB400Fがいかに育まれたかを見ることとした。

　また、ホンダと当時から関係の深い協力会社、三恵技研工業に勤務され、今もCB400Fをはじめとする当時の部品製造に強い関わりを持っておられる方にもお会いしてCB400F部品製造の秘話をお聞きすることができた。偶然にも2023年、当時の純正部品を再リリースするというエピソードも交えてCB400Fを語って頂いた。そして、市場に出回った後に必ずユーザーのカスタムに商品提供をしてこられた部品製造会社の老舗である株式会社キジマの会長、社長にもCB400Fに関する部品の供給を通じてその想いの部分を語って頂いた。立場や視点の違いによって見方や考え方が違っているからこそ分かるCB400Fの魅力を、見つけられた気がしている。

【 第9章 】 〝 CB400F開発プロジェクト「その意味」 〟

　この章では、CB400Fの開発に関する経緯を貴重な資料と共に追いつつ、「動の400」という統一コンセプトに向けてプロジェクトがどのように展開していったかを時系列に観ていく。当初CB350Fのリベンジプロジェクトであったものが、プロ

ジェクトリーダーの強力なリーダーシップによって、未来を標榜した新規開発プロジェクトへ変貌していく過程は、製作の中に具体的な形で表れていく。特にデザインの指し示す方向には、革新的と言われた集合管の市販車初装備や、新たな革新であったフェアリングの装着といった企画が現実のものとして動いていたことを実感できた。

　その中で作り手とユーザーとの接点とも言える「夢」の実現が醸し出される姿が見えてくる。この開発プロジェクトのミッションに対して、会社が期待せんとするものと、自らのアイデンティティを最大限発揮しつつ、いかに折り合いをつけていくかという葛藤が展開されることとなる。大きなプレッシャーに対して実施されたコンセプトの刷新、コスト削減と採算の向上という命題、短期間開発という制約、そして中型免許制度の改正といった社会の変化の中で、CB400F が生まれ育っていく姿は、現代の「プロジェクト X」に繋がる人間ドラマとも言える。

　このプロジェクトが残したものは、CB400F を世に送り出したということばかりではなく、作り手の側に多くの知見と勇気を与え、そして何よりもユーザーの未来の「夢」を創り出したという意味で「夢」のプロジェクトでは無かっただろうか。
　栃木県もてぎのコレクションホール入り口に飾られている本田宗一郎氏が残した「夢」という文字の真意が垣間見えてくるようだ。ここでは CB400F 開発プロジェクトの持つ真の意味とは何か、その魅力とは何かを問うた章とした。

【　第10章　】〝　佐藤イズムの研究「駄馬にも意匠」とは　〟

　CB400F 開発デザイナーである佐藤允弥(さとうまさひろ)さんの最大の著作物『駄馬にも意匠』について読み込むことで、佐藤さんのデザイナーとしての考え、つまりは「佐藤イズム」とも言うべきものを掘り下げその視点を持って、CB400F の魅力を探ろうという試みである。

　『駄馬にも意匠』は、「CAR　GRAPHIC（カーグラフィック以下 CG）」に連載されていたものである。2003 年 1 月号から 2004 年 12 月まで、「自動車望見」という名物コーナーにおいて、2 年間に亘り連載されており、佐藤さん自らの手によるものとしては珠玉の著作と考えてよいと思う。
　CG という自動車専門誌の性格上、クルマを主としたものをテーマとしているが、

ことデザインに関する点において、すべての作品に通じる内容である。むしろ幅の広い見識から書かれた点であることからすれば、デザイナー佐藤允弥さんの考えが明確に述べられており、この著述が「佐藤イズム」を知るうえでの重要なカギと言える。いわば「佐藤イズム」を理解する早道である。CB400F を理解するうえで、本家本元であるデザイナーの佐藤さんによって吹き込まれたデザインの原点、開発の原点、魅力の原点を探る章である。

【 第11章 】〝 創り手の思想　佐藤允弥さんを語る 〟

　CB400F 開発チームのデザイン主幹・佐藤允弥さんは、残念ながら 2015 年に鬼籍に入られている。CB400F オーナーにとっては大恩人であるだけに、人となりをどうしても知りたいという衝動を押さえられなかった。また、前章で最大の著作である『駄馬にも意匠』を読み解くことでデザイナー佐藤允弥さんを理解することができたとしてもやはり、更なる原点であるひととなりにも触れておきたいというのがファンの人情であり、CB400F を更に理解するうえでも必要であると考えた。そこで、佐藤允弥夫人である佐藤万里子さんに、ご縁あって交流の機会を得たことでお話を伺うことができたのである。

　この取材の中から見えてくるデザイナー・佐藤允弥さんのひととなりを知ることで、CB400F が生み出された思想的背景を読み取ってみたい。そのためにご経歴や当時のホンダの置かれていた時代背景、業界の流れ、そして佐藤さんの数多くの作品にも触れつつ、佐藤さんが当時、企画・設計段階からどのような過程を経てCB400F を造形されたのかを観ていくこととしたい。

　また、退職後、二輪専門誌で直接語られているインタビューや、車に関する連載記事等を丁寧に拾いながら、佐藤さん自身の生の意見や発言録も押え、CB400F が生まれたバックボーンとなる考え方や価値観を観ていく。その中に現代につながる普遍的思想や考え方のヒントが隠されているものと考える。
　設計者の想い・名車の条件等を読み解くことで CB400F の魅力の源泉を探っていく。当然、設計者が所属するホンダという会社の企業文化にも言及し、その魅力の原点を掘り下げたい。

【 第 12 章 】〝 寺田五郎さんからの手紙 〟

　寺田五郎さんは CB400F の開発総責任者である。この本の最後を締めくくるにあたり寺田五郎さんについて語らないわけにはいかない。寺田さんへのコンタクトは困難を極めたが、幸いなことにご息女の赤羽根しのぶさんのご協力を得て、御縁を頂くことができた。そしてご生前から取材を通じて多くのことをご教示頂き、知れば知るほど寺田さんの人生と CB400F がしっかりと関わっていることを知ったのである。

　CB400F をいろいろな角度で語ってはきたが、人のモノ造りというのは多くの人たちが、その人たちの人生をかけて取り組まれた結果として生み出されることを、いまさらながら強く感じた。中でも CB400F の LPL という立場で取り組まれた寺田さんの想いを、その人となりも含めて読者にお伝えしたいのである。この本を締めるにふさわしいテーマとして、この章に副題を付けるとすれば「寺田五郎物語」である。人には巡り合うべくして巡り来る運命の様なものがある。寺田さんにとって CB400F との邂逅は何を意味したのであろうか。CB400F のメインデザイナー佐藤允弥さんがリスペクトしてやまない寺田さんという方の人物を通して、CB400F を語らせて頂きたいと思う。

【 終 章 】〝 私の CB400F 讃歌 〟

　章というより CB400F に惚れた一ファンである私の戯言と捉えて頂ければよいかと思う。ホンダの CB の系譜こそホンダイズムの本流。その流れの中にあって創生期から隆盛期に真っ直ぐに伸びた道。この CB との出会いの中で、栄えある「単車道」を歩ませて頂いたことへの感謝とこれからの CB シリーズへの期待と願望を書き記したかった。また、2007 年東京モーターショーで発表された CB1100F から始まる拘りの姿に、当時の方々の矜持に想いを馳せつつ、自らの想いも語らせて頂きたい。

　2024 年、記念すべき 50 周年を迎える「CB400F」。その慶びを噛みしめ、ファンの人たちと共有しつつも、ファンであるからこそ一言申し述べたいこともある。夢見ることもある。そんな私の想いを CB400F 遍歴と共に振り返りつつ、これからの歩む自らの「単車道」を最後に語らせて頂こうと思う。

第1章　　CB400F コンメンタール (逐条詳解)

第1節　　CB400F の履歴書

第1項　　公式記録の確認 1「**CB400F (408)**」

　本田技研工業正式ホームページ 1974 年 Press Information を確認してみた。
CB400F は 1974 年 12 月 3 日付二輪車ニュースで公式発売が報じられている。

　特徴として 4into1 の集合排気システムを真っ先に挙げ、408cc・4 気筒・OHC37
馬力エンジン・6 速ミッション・操安性の高さ・公害対策適合をうたっている。正
式発売日は昭和 49 年(1974 年)12 月 4 日、価格 327,000 円で発売。　生産計画　月
産 5,000 台(輸出を含む)としている。実は CB400F の生産台数は約 100,000 台を超
え、日本よりは海外に輸出された台数が多い。現代にあって CB400F を手にするこ

CB400FOUR特徴について	
HONDA正式コメント	
エンジン	4サイクルOHC4気筒37馬力エンジン
	4つのシリンダーから出される排気ガスを大容積の集合チャンバーにまとめ、マルチエンジンの爆発順序によって他のシリンダーの排気を促進することにより、充分なパワーが得られると同時に、排気の相互干渉によって著しい消音効果をも、もたらしました。またこの働きは、3つのセパレーターを持った厚みのある大容量マフラーによってさらに高められ、驚くほど静かでスムーズなサウンドを生み出しています。
	使用範囲を高め、パワーを有効に引出すワイドレシオの6速ミッション。
ボディ	剛性が高く、すぐれた復元力を持つセミダブルクレードルフレーム。
	低いハンドルとシート、適切なステップ位置によって安定性の高いライディングポジションが得られます。
	スリムでレーシーな大型燃料タンク、アップしたテールエンドと〈4into1〉マフラーによる機能美あふれるデザイン。
安全公害対策、その他の装備	ブレーキパッドとライニングの摩耗限界を示すチェック・マークを見やすい位置に設けました。
	ニュートラル時、またはクラッチを切った状態の時のみ作動し、飛び出しを防ぐ、セーフティスターターを装備。
	ギヤの飛び越しを防止するストッパーをミッションに装備。
	進路変更などのスイッチ操作が、軽いタッチでできる2モーションウィンカースイッチを装備、しかもウィンカーパイロットランプは左右独立式。
	50／40Wと自動車なみの照度をもつ薄型ヘッドランプ・ポジションランプも内蔵。
	メイン、フロント、リヤの電装系を分離し、メインテナンスの楽な3系統式ヒューズ。
	後方視界を広げ、安全な走行を助ける大型バックミラーを左右とも標準装備。
	乗車姿勢のまま操作ができる、ロック兼用センタースイッチ採用。扱いやすい両面キーを採用。

1974.12.3 発表時ニュースリリース記載内容

とができる恩恵は、当時輸出された車両の里帰りによる恩恵であることを知っておきたい。発表時以下のような特徴が公式に示されている。上記表(前頁)は1974.12.03 付ニュースリリースとして CB400F に対する特徴ついて公式に発表された内容である。[1] 一読していただければわかる通り従来品にない各特徴を持っている。デザインの特徴的な姿ばかりでなく、エンジンの改良はもとよりだが、特に公害対策という項目が設けられていることに気づかれたと思う。

　社会性を意識した消音効果や安全性の向上が図られている。また、メンテナンス性という点でも従来の課題を解決したという考え方から、アフターフォローを意識した設計思想が見て取れる。そして表面には出てこないものではあるが、シンプルな造りの中に生産性や採算性の向上が秘められている。

DREAM CB400 FOUR　　　　　　　　　　　　　　　1974.12.03

つまり、決して前身の CB350F の焼き直しとしての存在ではない。新しいカテゴリーとしての中型というものを模索し、そして、時代の流れを作り出す要素が数多く含まれているということである。記載内容からも絶対条件としての 4 サイクル 6 速マルチエンジン、スリムな大型燃料タンク、4into1 マフラー、ロック兼用メインスイッチ、そしてカフェレーサースタイル等、見るからに新規性を打ち出している。

---

[1] HONDA　HP https://www.honda.co.jp/news/1974/2741203f.html 2020-03-18 現在

ライトルビーレッド

DREAM CB400 FOUR　　　　　　　　1974.12.03

バーニッシュブルー

DREAM CB400 FOUR　　　　　　　　1974.12.03

CB400F の誕生が意味するものとは何か、提示された特徴がその時代においてどういう意味を持っているのか、そのことが後世にどう影響していくのかを、特徴に関する時代背景とともにもう一段突っ込んで内容を観ていくこととする。

　1974 年発売の、50 年前のバイクでありながら、CB400F が現代まで乗り継がれてきた素地のようなものがここにあるような気がする。というのは、いかに生産台数としての分母が大事かということであり、それは、一般庶民である我々にとって大切なことである。つまり、少数で特別な存在である名車というものは無いわけではないが、真の名車は多くの人々から支持され、愛され続けることが名車となる前提条件と考えるからである。いくら豪華で金のかかった車両であっても、一般庶民のものでなくては、真の名車とはなり得ないと思うからである。ただ単純に大衆車を称賛しているわけでもない。

　事実、当時 CB400F は「SUPER　SPORT」の名を冠している。この「SUPER　SPORT」というものが、いかに庶民の些細な贅沢を満たしてくれるかが重要な点である。やはり、実用車としての存在ではなくいわば奢侈品目である。それでも一般生活を切り詰めて手に入れたい魅力が存在することが条件だ。そこには非日常性というものが持つ魅力があり、それ故に何とか手に入れたいと思わせる力の存在が認められる。

　それを前提とすれば、生産台数の多さは、その後の部品供給率やユーザーの生存率を高めることになる。実はここにも名車として永く愛され続けるための条件が存在すると考えられる。

　モノは市場において需要を常に呼び起こす存在でなくてはならないし、その絶対量も一定のロットが求められる。でなければその後のサプライ商品たる供給は行われないという当たり前の結論となる。つまり市場性は分母がいくらであるか「球数（たまかず）」が重要であり、歴史を形成できるか否かのカギを握る。

　この点については、その市場性という意味で造り手の側も当然考え抜くことになる。メーカーとしては CB400F には生産性を高める意味で、徹底した「標準化」、「汎用化」ということが推し進められた。共有部品の有るなしというのは、時間を経るごとに生存確率を高める要素となる。これも名車としての隠れた条件なのかもしれない。

第2項　公式記録の確認2「CB400F (398)」

　1947年(昭和22年)、道路交通法施行規則の改定が行われ、それまで小型自動車の免許取得をもって許されていたバイク運転許可に対して、初めてバイクの免許が誕生した。1949年(昭和24年)に150cc以下を「軽自動二輪」とし、制限なしとする「自動二輪」という新しい言葉とともに区分され、それ以降、原付許可の区分、細分化を経て1960年(昭和35年)、50cc以下の「原付」と制限無しの「自動二輪」の区分に至る。そして1975年の免許制度の改正へと繋がっていく。(下表)

1975年　免許制度改正内容

免許種別	運転可能な自動二輪区分
自動二輪	制限無し
自動二輪 (中型)	排気量400cc以下
自動二輪 (小型)	排気量125cc以下
原付	排気量　50cc以下

　その後、日本の高度経済成長を背景とした生活環境の変化や価値観の変化によってバイクは運搬の道具から嗜好品へと変化していく。それは社会現象とも言える暴走族問題の深刻化へとつながったと考えても良いだろう。片やバイクメーカーは世界を目指す中で、その成長に呼応するかのように製品性能の飛躍的向上を目指した。だが、その性能に追いつくだけのライダーのスキルがついていけず、バイクによる死亡事故の多発

項目	CB400FOUR (FⅠ・FⅡ)
タイトル	MMC(モデルチェンジ)
所 見	〔新製品(2輪)のご案内〕新発売　ホンダドリーム　CB400FOUR-I　CB400FOUR-II 本田技研工業(株)では、はじめて集合排気システムを採用したCB400FOURに加え、新しく《CB400FOUR-I、CB400FOUR-II》を新発売いたします。 　この新機種は、ユーザーが好みに応じて2タイプいずれかのハンドル形状を選べる、限定2輪免許(400cc以下)で乗車できる4気筒シリーズ唯一の2輪車です。
発売日	昭和51年3月6日
価 格	CB400FOUR-I　327,000円 CB400FOUR-II　327,000円 (標準現金価格)
生産計画	月産　1,000台　　(2機種で、国内のみ)
その他の装備	1型…セミフラット・ハンドル ・コンチネンタルなムードを持ち、コーナリングを初めとしてスポーツ走行が楽しめます。 2型…スタンダード・ハンドル ・オーソドックスなスタイルで、ロング・ツーリングに適した一般的ライディング・フォームが得られます。 ・市街地走行など、低速時のとりまわしが容易です。 3.車体色 　タンクと同一色であったサイド・カバーを黒塗りとして、一層精悍さを増しました。

化という一要因になったことも事実と言えよう。
　それらのことによって大型バイクに対する徹底した規制がかかることとなる。かくて 1975 年(昭和 50 年)の免許制度改定である。その前年にリリースされた CB400F はその影響をもろに受けることとなるのである。改定内容は前頁表のとおりである。排気量 408cc で開発された CB400F は、モデルチェンジを余儀なくされ、排気量を 398cc にダウンし、翌年の 1976 年 3 月 5 日、CB400F のニューモデルが誕生するのである。公式発表を以上の表(前頁)としてみた。ビジュアルも一見

DREAM CB400FOUR-Ⅰ　　　　　　　　　　　1976.03.05

するとサイドカバーの色がボディと同色からブラックに変わっただけであり、これをモデルチェンジと言うにはどうであろうかと誰もが思ったと思う。
　スペックについては後段で詳細を確認するが、主要諸元において、私が主に特徴的だと感じるものが大きくは 7 点ある。第 1 が排気量である 408cc と 398cc の変化、第 2 がそれに伴う馬力 37ps から 36ps の変化、第 3 がハンドルの形状、第 4 が車体色として「ライトルビーレッド」に加えて「バーニッシュブルー」が「パラキートイエロー」へと変化、第 5 がサイドカバーについて、従来のボディとの同色からブラックに統一されたこと、第 6 がタンデムステップの取り付け方法と位置の変化、そして第 7 点目が以上を総合した各サイズ感の変化である。

ライトルビーレッド

DREAM CB400FOUR-I　　　　　1976.03.05

パラキートイエロー

DREAM CB400FOUR-II　　　　　1976.03.05

注目すべきは第1点目の排気量である。1974年式が408cc、1976年式が398cc 僅か10ccの差がCB400Fの運命を大きく左右するのである。一方は大型車両、そしてもう一方は中型車両である。改めて408ccと398ccの「諸元比較表」[2]を作成した。

CB400FOUR 型式別 主要諸元表			
型式	CB400FOUR	CB400FOUR-I	CB400FOUR-II
全長(m)	2.05	同左	同左
全幅(m)	0.705	同左	0.780
全高(m)	1.04	同左	同左
軸距(m)	1.355	同左	同左
最低地上高(m)	0.15	同左	同左
車両重量(Kg)	185	同左	同左
燃費(Km/L)(60Km/h定地走行テスト値)	36	39	39
登坂能力(tan)	0.37(約20度)	同左	同左
最小回転半径(m)	2.3	同左	同左
エンジン型式	空冷4サイクルOHC 4気筒	同左	同左
総排気量(cc)	408	398	398
内径×行程(mm)	51.0×50.0	51.0×48.8	51.0×48.8
圧縮比	9.4	同左	同左
最高出力(PS/rpm)	37/8,500	36/8,500	36/8,500
最大トルク(Kg-m/rpm)	3.2/7,500	3.1/7,500	3.1/7,500
キャブレター	PW 20×4		
始動方式	キック、セル併用	同左	同左
潤滑油容量(L)	3.5	同左	同左
燃料タンク容量(L)	14	同左	同左
クラッチ形式	湿式多板、コイルスプリング×7枚	同左	同左
変速機形式	常時噛合式	同左	同左
変速機操作方式	左足動式		
変速比	1速 2.733	同左	同左
	2速 1.800	同左	同左
	3速 1.375	同左	同左
	4速 1.111	同左	同左
	5速 0.965	同左	同左
	6速 0.866	同左	同左
かじ取り角度(度)	左:41° 右:41°	同左	同左
キャスター(度)	63°30′	同左	同左
トレール(mm)	85	同左	同左
タイヤサイズ	前:3.00S18-4PR	同左	同左
	後:3.50S18-4PR	同左	同左
ブレーキ形式	前:油圧式ディスク	同左	同左
	後:ロッド式リーディングトレーリング	同左	同左
前照灯	50W/40W 154mmφ	同左	同左
尾灯	8W(番号灯兼用)	同左	同左
制動灯	23W	同左	同左
方向指示器	前:23W×2	同左	同左
	後:23W×2	同左	同左
警音器	平型電気式93ホーン	同左	同左
速度計	渦流式(積算計・トリップ計内蔵)	同左	同左
回転計	渦流式		
発売当時の価格(円)	327,000	同左	同左
総生産台数(台)	94,605	6,213	

---

[2] HONDA正式ホームページ PRESS INFORMATION 1974 目次より 「1974.12.3新発売 ホンダドリーム CB400F」諸元を確認。モーターマガジン社「ミスターバイク BG」第3巻第2号 昭和63年2月1日発行 P56 "ヨンフォア DATA BOOK"を参考としつつ加工して作成。

免許制度の区分とは言え、当時のバイクに対する捉え方やそれに伴う規制の仕方から考えると、408cc は免許制度的には、なかなか乗れない車両となるのである。

　一言でいえばこの三種類はほぼ同じである。違いといえば前段で示した 7 点が指摘できる。当然、全体的寸法やスペックという点を、表で確認すると色分けしている通り、全幅、燃費、排気量、内径×行程、出力、トルクの違いを確認できる。

　しかし、誤解を恐れずに言えば、大きな違いは「**排気量が違う**」この一点だけが違うと言って言い過ぎではないと思う。

　道交法の改正による中型免許制度の新設で、排気量の変更を余儀なくされたことが明確な変更理由である。そもそも 408cc という排気量に基づくスペックで変更する理由は存在しなかったと考えて良いだろう。それが、免許制度の括りという社会的要因によって、諸元表を観て頂く通り、全く同じ内容と言えるスペックを排気量という一点のみにおいて、2 種類製作しなくてはならない状況になったということである。後にも先にもこんなバイクは無い。ほぼ同じなのに一方は大型、一方は中型となって販売されたのである。

　このことは二輪専門誌等でいつも悲劇として語られているが、そもそも悲劇なのかという点は、筆者の素朴な疑問である。

　CB400F はミッドサイズバイクの新市場開拓車である。つまり、中型の概念は商品構成上の狙いであり、免許制度の変更が有ろうが無かろうがコンセプト自体を左右するものではないということを再認識する必要性がある。

　CB400F(408cc)というのは、HONDA の取り組んだ中型というコンセプトが貫かれて創り出されたプロトタイプである。その意味で真に中型サイズのバイクの原点を具現化したものである。さらにはその設計において、結果としても日本人の体形に沿った形で創り出され、現代にも示唆を与えるジャストサイズとなったことは、狙い通りの成果と言ってよい。

　骨格としてのフレームが決まるということは、結果としてタンクの形状や、ステップの位置、シートの硬度等が微妙に関係し、ハンドル幅との兼ね合い等乗り味を細かく導くこととなって、フィット感もさらに高まる要因となったと言える。確かに免許制度の改定は、メーカーにとって見直しと言うロスを考えるとマイナス要因であったかもしれない。しかし、ホンダドリーム CB350FOUR(以下 CB350F)の後継機として位置付けられた CB400F の制約は、結果として免許制度の急変に対する対策となっていたとも考えられる。

23

CB400F 開発にあたって既に CB350F のフレームが設計されていただけに、基本的変更は難しかったはずである。つまりはそれを生かす必要性があった。

また、既設の設備や金型、ラインを新設することなく、一定の調整によって流すという生産合理性への対応も迫られていたと考えて良いだろう。とすると免許制度への対応は CB400F であったからこそ対処できたと考えても良いかもしれない。つまり、CB400F の開発はメーカーにとっては幸運であったとも解釈できる。排気量の僅かな違いにも大きな意味が秘められているということである。

第3項　公式記録の確認 3「パーツリストからの視点」

厳密には製品が継続的に製造される過程の中で、各部材や部品は変化していくのである。

実は製造年月日によって数多くの部品や部材があり、そして、その種類は数多く存在し違っているのである。

その変化は「パーツリスト」に観ることができる。「初代 CB400F(408 型)」、第1版である 1974 年「昭和 49 年 11 月 25 日」パーツリストと 1978 年「昭和 53 年 11 月 24 日」編集最終版 (3 版)とされるパーツリストを見比べてみるとそれは歴然としている。

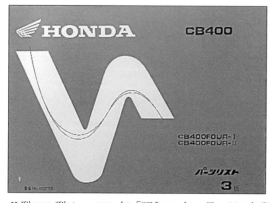

「パーツリストの内容と見方」という項目に「部品名の下に部品番号があるものはその部品番号に統一されることを示します。」とされ、順次変化した痕跡が明確に示してある。その視点を踏まえるとすれば、本来比べるべきものという意味では、「CB400F-Ⅰ・CB400F-Ⅱ型(398 型)」、1976 年「昭和 51 年 3 月 1 日」初版で 1978 年「昭和 53 年 12 月 20 日」編集最終版(3 版)を確認したうえで違いを確認すべきものかもしれない。

但し、この398型のパーツリスト第3版には部品について、「適用号機欄」が設けられ初号機から変わらず使用されているものと終号機で適用されている部品が品番とともに明確化されているので、そこで違いを把握することができる。

　尚、このパーツリストの内容分析については、後の章で詳しく見ることとしたい。

第2節　　近代 CB と諸元比較分析

第1項　　歴代 CB と CB400F

　下表をご覧頂きたい。ホンダ CB シリーズ(2019 年)、現代の主な CB 各バイクと CB400F の概要について比較の為に「諸元一覧表」 [3]を作成してみた。前述した単独の諸元も踏まえ CB400F の 5 つの大きな特徴を考察したい。

HONDA　CB 現代車種 VS CB400F 諸元比較表

車　種	年式	全高 (mm)	全長 (mm)	軸距 (mm)	全幅 (mm)	シート高さ (mm)	最低地上高 (mm)	車両重量 (Kg)
CB400　SUPER FOUR	2019	1080	2080	1410	745	755	130	201
CB650R	2019	1075	2130	1450	780	810	150	202
CB1000R	2019	1090	2120	1455	790	830	138	212
CB1100	2019	1130	2200	1490	835	780	135	256
CB1100EX	2019	1130	2200	1490	830	780	135	266
CB1100RS	2019	1100	2180	1485	800	785	130	252
CB1300 SUPER FOUR	2019	1125	2200	1520	795	780	125	268
CB1300 SUPER BOLD'OR	2019	1205	2200	1520	825	780	125	274
CB400FOUR	1974	1040	2050	1355	705	790	150	185
CB400FOUR　Type1	1976	1040	2050	1355	705	790	150	185
CB400FOUR　Type2	1976	1040	2050	1355	780	790	150	185

　第 1 の特徴として挙げられるのがサイズ感である。CB400F を現代のバイクのうち 400cc クラス、650cc クラスと主に比較してみると、<u>車両重量が軽い</u>という点が

---

3 HONDA 公式ホームページ各機種別諸元に基づき作成

あげられる。CB400SF と比較しても CB400F は、16kg も軽いということになる。

　全長、全高、全幅ともにコンパクトに纏められており、扱いやすさ、軽量化による軽快感は、軽薄短小を合言葉とするならば、時代を逆転したかのように理に叶った造りであり、そのサイズ感から現代人にとっても扱いやすいと感じるはずである。レーサーをイメージしたという点で軽量化は必要不可欠のポテンシャルである。となると、CB400F が「カフェレーサー」として生まれた効用もさらに加わるかもしれない。ユーザーが躊躇いもなく、自らの手で改造していくという文化を創り出したからこそ、ジャストフィット感が、さらに高まったと考えても良いだろう。

　つまり、既成のサイズのフィット感にプラスして、カフェレーサーをまとうことで、ユーザーは自らが手を加えたものでありながら、更なるフィット感を手に入れたことを、そもそも CB400F が性質として持ち合わせていたと捉えられることができる。このことは軽量化という実感に対して、取り回しの良さやサイズ感といった評価において、カフェレーサーとしての相乗効果が加味されたと解釈できる。

　CB400F がただのバイクではないのは、こういった背景やコンセプトがしっかりと奏功し魅力を創り出している点である。

　第 2 の特徴が、エンジンのサイズである。

　「動」というコンセプトに対するパワーユニットの設計は、どのような点に配慮がなされたのだろう。導入部分においては工業生産品としての宿命である前車種のフレームに沿った設計が必要であったこと、つまり、CB350F のパワーユニットそのものが CB400F に受け継がれたということを考えると、CB350F の設計思想に言及することが必要である。まずは軽量化という命題にどう取り組んだかということを考えてみたい。

　1974 年に登場した CB400F は、CB350F をベースとして開発される。ただ、歴史的経緯というものが、再生の制約となったことは明らかであるが、エンジンのコンパクトさが、既成のものとして存在していたというのでは説明が不十分である。実は特徴として挙げている**第 2 のエンジンサイズと 4 サイクルマルチという点は、このエンジン自体の根本的発祥に関わっている**のではないかと考える。それはバイクのエンジンと航空機エンジンの機械構造が全く相似形にあるという事実である。[4]

4　富塚　清「日本のオートバイ」三樹書房　2004.06　第 2 刷　参考

動力としての安定性と軽量化という点において双方ともに、その発展の方向性が同じである。「空を飛ぶ」という技術は、その安全性という点で耐久性や効率性、そして軽量であることをどの内燃機関よりも求められる。二輪車においても当然その要件はベクトルを一にする。

　つまり、エンジンに関して極論すれば、生きるか死ぬかの戦闘機の開発と変わらないということである。日本における航空機技術のすべてが、相似形としての陸上レシプロエンジンの技術を支えていたのではないかとさえ考えるのである。その思想そのものがエンジンのコンパクト化、軽量化、高効率化、耐久性や安定性といった動力機構であるエンジンを生み出したに違いない。

　ちなみに1903年ライト兄弟が飛行実験に成功した「ライトフライヤー号」は、4サイクル、4気筒の水冷レシプロエンジンであった。キャブレターの機構として燃料がシリンダー内に送り込まれる排出口をジェットと呼ぶのは、直訳すれば「噴流・噴出」のことではあるが、航空機製作からそう呼ばれるようになったのではないかとも感じる。少なくともエンジンに関する限り、それくらい航空機技術が二輪車に多くつぎ込まれていることは事実である。かのポップ吉村氏[5]が、航空機の整備技士としてその基本技術を遺憾なく発揮した結果として、ヨシムラ製のバイク機構部品が生み出されたと考えると感慨深いものがある。ましてやCB400Fのチームリーダーであった寺田五郎氏[6]も航空機技術を学ばれた方である。

　つまり、最も小型とされた量産型マルチエンジンを搭載したCB400Fこそ、その時代の最先端技術を擁した車両であったということである。マシンと名の付くものにとってこれ以上の魅力はないわけである。心臓部がシンプルなだけに、神の領域が存在し、未だに性能を上げることができるというポテンシャルを持つことも魅力である。現実に422ccの基本設計であり450ccとして発売することも理屈上は可能だったとされている。

第3の特徴が408ccという排気量である。

　前節の大きな特徴として語ったが、ここでも確認しておきたい。現代で言えば大型二輪免許のカテゴリーとなるが、ホンダが志向していたコンセプトは、**真の中型**

---

[5] 吉村秀雄(1922年10月～ 1995年3月) オートバイ部品・用品メーカーヨシムラジャパン創業者。

[6] 寺田五郎(1932年～2021年12月)YAMAHAより昭和39年(1964年)32歳の時にHONDA技術研究所途中入社　CB400FOUR開発プロジェクトLPL

バイクというクラスの創造であった。折しも 1975 年自動車免許制度の改定により、排気量 400cc 以下とそれを超えるクラスが区分されるに至り、プロトタイプ「CB400F(408cc)」は孤高の存在となった。

のちに発売される 398cc の「CB400FⅠ・Ⅱ」は、法律によって区切られた枠組みの中で産み落とされたものである。もっぱら現代の市場においては、398cc が現代の免許制度の区分から価格が高い傾向にあるが、**真の CB400F はむしろ 408cc の方**であり、その車両こそホンダが、そして、開発者たちが情熱を真に注ぎ込んだ結晶である。強いて言うならば、この **408cc という排気量の車両こそ CB400F の最大の特徴**なのである。398cc と違いナチュラルで情熱的な男たちの心意気が感じられる。

第 4 の特徴としては、**始動方式がキック・セルの二本立て**という点である。キックスタートは、もともと自動車や航空機が、クランク棒による始動を基本としていた時代、スタートの手軽さなるがゆえに、始動方法として専ら採用されていた。しかし、「ケッチン(キックバック)」[7]と言われる現象によって、バイクのような小排気量エンジンであればいざ知らず、自動車や航空機の始動時における逆回転現象で、多くの怪我人や死亡者が出たことにより、新しい始動方法の研究が進んだ。結果として、ケタリング[8]とヴィンセント・ヒューゴ・ベンディックス (1881-1945)[9]により作り出されたセル始動方式は、その後の車両始動方法を大きく転換することとなる。バイクにおけるセル機構の量産車採用は 1960 年代に入ってから本格化する。1974 年発売の CB400F のキック・セル併用始動方式において、実はセルモーターを始動する際のバッテリーの充電量の大小により非始動の危険性があったのである。

キックによる始動は比較的日常化しており、セルだけでは始動に不安を残すこともあり、併用となったものと考えられる。

その始動方法は、本来はどちらかに選ばれることとなったはずである。しかし、時代背景とは言え、双方を始動の選択肢として持っているバイクは今ではほとんどなく、むしろ、そのことが CB400F の個性となっている点を指摘したかったわけで

---

[7] ケッチンとは、キックスタート時にキックアームをけり下ろした瞬間に、点火タイミングの狂いや進角装置の不良等によるエンジンの逆回転でキックアームが跳ねあがること

[8] チャールズ・フランクリン・ケタリング 1877-1958 米国 エンジニア・科学者 オハイオ大出身、バッテリーを利用したイグニッション・システム(高圧点火システム)を発明。

[9] アメリカの発明家。自動車及び航空業界の先駆者で、各ブレーキシステムや油圧システムを研究・発明する。

ある。つまり、**CB400F は二つの時代の機構を併せ持っている**ということが、魅力なのである。この時代の車両について同一の機能であるとのご指摘もないではないが、その時代背景を背負っている一車種としての特徴として敢えて要点としたところをご理解いただきたい。

　設計上の制約とも取れないわけではないが、CB400F のバイクらしさや、個性となった併用始動は、今となっては宝のような特性と言ってよいだろう。もし、キックスターターがバイクらしさの原点であるとするならば、セルスターターは、現代バイクの常識であり、その双方を持ち合わせる CB400F は時代を跨ぐ歴史的存在なのかもしれない。

　第 5 の特徴が、**4 サイクルマルチエンジン**という点である。
　これも第 3 の特徴で述べた 408cc という特徴と同様他の章で詳細を述べることとなるため簡単に説明するとすれば、当時 CB750FOUR を頂点とするインラインフォアは高性能の象徴であった。しかし、当時の日本人の体格にはあまりにもそぐわず、むしろ海外輸出を前提に外国人の体型を想定しての設計であったことからすると、日本人の体形にあった中型サイズの市場創造が戦略として打ち出されるたことは推測がつく。そこで新しいカテゴリーとしてまずは CB350F が登場することになるわけであるが、750・500・350 というシリーズ化の流れは、最終の 350 に来て単なるサイズダウンとの評価しか得られず販売は不調に終わる。ただ、ここで注目すべきは CB350F 開発において作り出されたコンパクトな 4 気筒マルチエンジンの存在である。ユーザーの価値観は「気筒数＝高性能」との見方であり、やはり CB750FOUR の性能を受け継ぐ血統をもった車両への期待感が高かったことは事実である。

　二輪車の新たなカテゴリーである CB400F の心臓部に、当時ホンダ最小の「4 サイクルエンジンが搭載された」というだけで、ユーザーは納得したはずである。「多気筒 ＝ 高機能」という構成概念は無視できなかったと考えるからである。
　つまり、エンジンは 4 気筒マルチエンジンでなければならないということである。その証左として、その後の中型市場は、川崎の Z400FX に席巻される。その後、2 気筒を主として性能でこそ遜色のなかったホンダのラインナップは、ことごとく劣勢に立たされ、CBX400F が出るまで自ら作り出した中型市場を他社に支配されることとなったことは何よりの証拠である。
　時として製品は「機動性能」だけでなく、誤解を恐れずに言えば「見かけ」というものも、いかに大事かという点を印象付ける出来事であったと思う。

第2項　「408」に込められた魂

　エンジン設計という視点から、408cc という排気量の特徴について、改めて語っておく必要性があると思う。初代 CB400F は 408cc である。心臓部は空冷 SOHC4 気筒2バルブ400マルチフルスケールエンジンであり、CB750F を源流とし、CB500F、CB350F の後にコンセプトも新たに生まれたのが CB400F である。

　このパワーユニットはホンダが純粋にインライン 4 のシリーズとして考え出したエンジンであり、**排気量規制とは全く無関係に創り出されたもの**である。

　つまり、**408cc 初代 CB400F こそ、真の CB400F** であり、その後に規制対策として創り出された 398ccF-Ⅰ、F-Ⅱというのは言わば修正版である。厳密には 398cc は、純粋にホンダが目指した車両ではないということだ。間違いなく言えるのは 408cc がオリジナルであり、本車両の登場は、中型車両 400 マルチのデフォルトとなったと言って良いだろう。この分野における事実上の草分けである。

　二輪専門誌「MOTO TRADIZIONE」[10] の特集ページ「ヨンフォア伝説　これがヨンヒャクだ」[11]という記事があった。「その源流は 60 年代の GP レーサー」という項目のなかに「400」というものの意義が語ってある。

　それは松本充治氏[12]の手によるものである。以下の様な記述があるのでそのまま掲載すると、「ヨンフォアのエンジンは、その孤高性と、メーカーが各々のマシン開発においてとらわれるものがまだまだ少なかった時代ゆえに可能とする自由奔放さが、何よりもの魅力だろう。そして正確かつ厳密な意味において、モーターサイクルがモーターサイクルであり得たあの時代というものに、現在ぼくたちが最もリアルな形で接することのできる最後にして最高の一台であるということもできる。」[13]

　この松本氏の文章から読み取れるのは、ホンダが何を考えていたかを知ると同時に、我々がホンダに寄せる期待感がそこにはあるような気がしてならないのである。つまり、「バイク屋の魂を具現化してくれて感謝する」とでも採れる松本氏のメッセージがすべてを語っていると思う。

---

[10] MOTO TRADIZIONE 「モト・トラディツィオーネ」　スタジオタッククリエイティブ 1996.08
[11] 同上　P82-P96
[12] 松本充治（まつもとみつはる）　日本のモータージャーナリスト。兵庫県出身、早稲田大卒。1984 東京タイムズ入社。「週刊ポスト」の契約取材記者。その後趣味であるバイクのジャンルに活動を広げる。
[13] MOTO TRADIZIONE 「モト・トラディツィオーネ」1996.08　P94　松本充治氏の文である

新しいものを造る、新しいカテゴリーを創る、そして、それが新しい市場を開拓することになる。そういった意味では **CB400F は中型のフロンティア**であり、新しい市場への価値観を想像したという点が凄いのである。だからこそ約半世紀を経ても、今に伝わるオーラを放つ存在となったと言っても良いと思う。CB400F はいうなればホンダが二輪の世界戦略の中で、あるべき姿を純粋に追い求めていた結果として生まれた産物であり、免許制度の中で翻弄されたことは否定しないが、何かの枠組みの中で創り出されたものではないということを再認識したい。

　日本人の体型、新しいタイプ、時代を予感させるもの、カスタムの先駆け、標準化への取り組み等々、未来を示唆する多くのテーマをCB400Fは合わせ持っていた。それほどホンダは本気であったということであろう。この一台を現代に至るまで享受できる我々のいかに幸せなことか。CB400F は、白紙のキャンバスにホンダが描き切った作品であり、歴史上に残る貴重なものであると確信する。

第3節　全体サイズを分析する

　第一の特徴である全体のサイズ感であるが、「動」というのが開発の象徴的コンセプトであったという通り、実際に乗車した時の軽快感は、この全体的サイズが日本人の体形という点で、最大公約数を捉えたかのようなジャストフィット感があるということである。「人車一体」すべてはサイズ如何である。

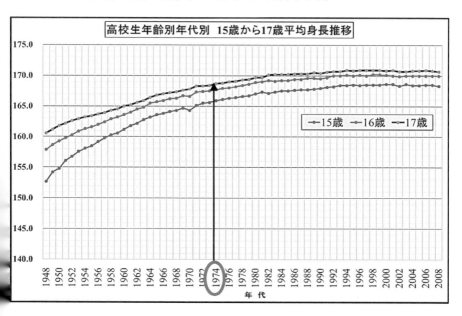

二輪車の乗り心地の良さは、そのサイズ感の良し悪しが大きく影響する。当然、オーダーメイドではないので一定のサイズに狙いを定めることになる。このフィット感はどこまで計算されて設計されたのだろうか。当時の日本人の体形と、そこから読み取れる将来におけるサイズ予測から、CB400F のフィット感の魅力を探ってみた。

　人間の成長は、ビタミンやカルシウムの摂取次第ではあるが、女性は 16 歳、男性は 18 歳が成長期限の目安である。そこで前頁図「高校生年代別・年齢別平均身長推移表[14]」をご覧頂きたい。大正から平成にかけての高校生 15 歳から 17 歳までの平均身長推移で、一番上の線が 17 歳を表し、順次 16 歳、15 歳を表している。

　昭和 23 年(1948 年)は男子高校生の平均身長は 15 歳で 152.7 ㎝、16 歳で 157.9 ㎝、17 歳で 160.6 ㎝であったが、平成 30 年(2018 年)には 15 歳 168.4 ㎝、16 歳 169.9 ㎝、17 歳 170.6 ㎝となり、17 歳の比較でいうと 10 ㎝の平均身長の差が生じている。それでは CB400F が発売になった昭和 49 年(1974 年)はどうであったか。15 歳 165.9 ㎝、16 歳 167.7 ㎝、17 歳 168.7 ㎝であり、すでに近代対比約 2〜3 ㎝の差はあるとはいえ、平均身長に大きな差が無いことが分かる。

　つまり、日本人の体形を 17 歳という時点を成長の目安と考えると、1974 年以降現代に至るまで、さほど変化していないことが挙げられる。その寸法の一致こそ、取り回しの良さ、軽快感、コンパクト感、そしてトータルとしてのフィット感を生み出したと考えて良いだろう。

　日本人にとってこのサイズこそが当時から未来にかけてジャストフィットなサイズとなることを、誰が予測し得たであろうか。バイクは人車一体という言葉が当てはめられる車両である。いかに取り回しが良いかはすべてフィット感に関わっている。当然、日本人の持つ体系的特徴や体力、腕力、技量も関わって来る。そのことを可能にするのは、扱いやすい軽量化されたボディ、サイズから生み出される操作性と安定性の良さである。それが混然一体になって初めて一体化できるのである。

　現代ではマイコン制御によってマシンの方が乗る相手を選ばずにコントロールしてくれる時代である。ただ、当時、いかにバイクを操るかはライダーの腕によって大きく左右された。まさに<u>このサイズ感こそ CB400F が永く愛されるキーポイントであり、乗り続けられるプリミティブな要因</u>とも考えられる。

14　文部科学省　学校保健統計調査　年齢別平均身長推移データより加工　2019.03.25 公開分

「設計の妙」というのはこういったところに垣間見ることができる。**CB400F はその「設計の妙」に愛された存在**だということである。

第4節 「プロモーション/ 販売促進1」1974 年カタログを読み取る

第1項 カタログの威力

1974 年当時、二輪車の販売促進の要は、カタログによるところが大であったと言っていいだろう。この節ではそのカタログを丁寧に読んでいくことで、CB400F の魅力を再認識する。というのも業界において**「これを超えるバイクカタログはない」**さえ言われ、カタログ自体特筆すべきものであるからだ。

現代にあって一般的にはプロモーションとして大きな力を発揮しているのは、テレビやラジオであるわけだが、ことバイクにおいては社会現象として問題視されていた暴走族への批判が高まる中で、メーカーでは自主規制がしかれ、開発においても公害を意識した配慮が必要な時代であった。特に中大型のバイクについては広報に制限がかかっていた。それだけに販売促進における主流は、雑誌や新聞広告、そしてカタログというモノに、より一層の力が込められていたと考えて良い。

ただ、そのような時代であったからこそ余計に、あの歴史的キャッチコピー「おお 400」、「お前は風だ」という名言が生まれ、ユーザーの心を捉えたのかもしれない。このコピーは、当時の東京グラフィックデザイナーズ(略称・東グラ)の野沢弘氏[15]の手によるものである。東グラは、カタログ製作ではトップクラスの広告代理店でありデザイン会社であった。日本のモータリゼーション黎明期だっただけに、寧ろ CB400F の魅力を引き出し、伝説を作ってくれたようにも感じるのである。

帰するところ営業宣伝活動の要は、顧客に実際の店舗に来ていただき実物を見て頂くか、或は業界紙、バイク雑誌等でその記事を読むかであったが、最も身近で、全ての情報がコンパクトに収まった「カタログ」の存在は想像以上に大きかったと考えても良い。何よりも実際の店で配布されていた「バイクのカタログ」が販促の手段の決め手となっていたはずである。それではカタログの詳細をみていきたい。

---

15 野沢弘(のざわひろし) 当時東京グラフィックデザイナーズ副社長 コピーライター

第2項　CB400F イメージ戦略

　1974年製のカタログの表紙を飾る写真は、「おお400」の文字とともにローアングルから仰ぎ見るような写真であり、背景の青空と車体の赤。
　そして 4into1 のエキゾーストパイプが流れるような曲線を輝かせその存在を強調した姿である。

(写真1)　1974年当時のカタログ

　ライダーのジャケット、フルフェイスのヘルメットも赤、長いブーツとライダーのパンツは黒、ジャンパーは赤、つなぎではないのが特徴である。まさにレーサーそのものであり一瞬でその走りを予感させるものとなっている。
　そして、車両を覆うようにライダーが跨ぐ姿は、いかにも走るぞと伏せた構えで、まさに人車一体を表現しており、バイクファンならずともインパクトを感じるものとなっている。そして、その上に白地に「おお400」の文字である。(写真1)

　元来、「のりもの」というのは一義的にはそのスピードを競うものとして存在する。　その意味でいうとこれ以上の表現があるだろうか。特急列車の名称が「つばめ」、「こだま」、「ひかり」と名付けられたように、乗るものにとってそのネー

ミングやキャッチほど期待感やイメージを掻き立てられるものはない。

　この「おお400」という名セリフとでもいうべきキャッチは、ミドルクラスに打って出たホンダの市場創造の叫びでもあり、新たなユーザーニーズに対する誘いとして忘れられることのないものである。

　そして、2頁(写真2)は、見開きいっぱいに「おまえは風だ」の文字とともに飛び込んでくるのは、スピード感を表わすCB400Fの流れるような走りのシーンであり、

(写真2)　1974年カタログ　2頁〜3頁見開き

右に配した「ENGINE PERFORMANCE CURVE」は、そのグラフ表示そのものも風の流れの様である。「おお400」をめくると2頁ぶち抜きで「おまえは風だ」の文字とこの映像。ユーザーの心を完全に鷲掴みといったところであろうか。
特に「のりもの」の第一インパクトはスピード感である。その意味では「風」という表現は、その速さや爽快感、開放感といった期待を膨らませる。さらには風という文字が異次元を想像させ、自分が乗車した時の飛ぶような滑らかな走りをイメージさせ、「乗ってみたい」という欲望へと誘うように計算されている。
4頁(写真3)冒頭では乗車した瞬間の感覚を刺激するキャッチが詩のように表現されている。

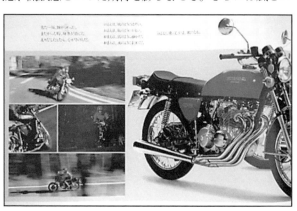

(写真3)

「見た一瞬、胸が躍った。またがった時、身体が感じた。走りだしたとたん、心がさけんだ。おまえは、風のようにはやい。おまえは、風のようにかるい。おまえは風のように静かだ。おまえは、風のように新鮮だ。おまえに乗って、いま、風になる。」はっきり言ってバイクカタログの文章ではない。まさに詩である。

車のデザイン性や基本機能などを語る前に、その直観的な感覚で訴えかけイメージを限りなく膨らませる。詩そのものの表現手法を駆使しているところはまさに稀有である。

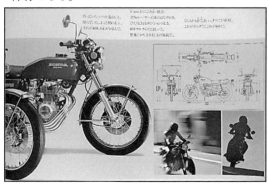

どうしても見落としがちになるが(写真3)の左に配置された4枚の写真であるが、森の中を駆け抜ける映像であり、風そのものの表現として、前述した詩を体感するような絵面であり、ここも良く計算されている。実は5頁(写真4)にも詩の続きがある。

(写真4)

「待っていた。いつか逢える、と。望んでいた。きっと現れると。それが400。それがおまえだ。4into1のこころよい低音。カフェレーサーのあのはなやかさ。ぴたりときまるポジションのよさ。400マルチのたくましい力。想像どおり、それ以上の操縦性。なにもかも目覚ましい。すべてが新鮮。これがホンダだ。これが400だ。」というものである。この期待感へのこたえとして用意されたものが「400」、「4into1」、「カフェレーサー」、「400マルチ」、という4つのキーワードである。

(写真5)

すべてが史上初を謳った宣伝文句であり、これこそホンダが重要視していたオリジナリティというコーポレートポリシーを具現化したものと言って良いだろう。何よりも**「400」という新たなカテゴリーを生み出した自負が感じ取れる。**

そして、現代にまで通じる「カフェレーサー」という改造思想の始まりであり、その夜明けを予感させてくれる。このカタログの 4.5 頁目(写真 5)に記載されたキーワードやキャッチコピーは、改めて読んでみると記念碑的讃歌として聞こえてくる。

このわずか 5 頁までで CB400F のコンセプトが明確化され、ユーザーに対するイメージ戦略が確立されたといって過言ではない。この見開きには、前述の通り**詩情を漂わせることで、期待感を膨らませる演出としての BGM 効果を醸し出し、新しく始まるであろう生活の背景を創り出している**のである。紙面には生活提案としての独特な空間を生み出すことに成功している。

その上で「スーパースポーツ」という言葉通り、その先鋭的な全体像と実車の雰囲気を 6 枚の躍動感ある映像でもって訴えかけてくる頁である。(写真 5)ではその中心に 2 台の CB400F 全形が映し出されている。ライトルビーレッドとバーニッシュブルーという深みのある赤と深みのある紺のソリッドな色、2 台のエキパイの流れるハーモニーと 4 気筒エンジンの豪華さ、両車ともにコンチネンタルハンドル。これがカフェレーサーであると定義して見せた瞬間であり、ここで実車の表現を最大限に盛り込んだかたちとなっている。

右端に車両のサイズが記載されているが、GL(グランド・レベル)からサイドミラーの中心までのサイズが、右 1,170mm、左 1,150mm となっており、通常同サイズというのが当然のように思うのだが、後方確認時の視認性なるがゆえの工夫であるとも考えられる。車両デザイナーである佐藤氏[16]が、車体設計の先崎氏[17]に確認したとされる部分である。

ハンドルの両端サイズが 705mm というのは、いかにもショートであり乗車したときにはじめて実感することになる。この紙面におけるサイズのプレゼンは、乗りたいと思ったユーザーに対して、購入意欲に対する次なる段階のプロポーザルであり必須の要件である。その段取りを踏まえたタイムリーさに脱帽である。

---

16 佐藤允弥氏　当時造形室主任研究員　CB400FOUR デザイン主幹

17 先崎仙吉氏　当時車体設計担当 CB400FOUR　PL

第3項　CB400Fを演出する為の計算

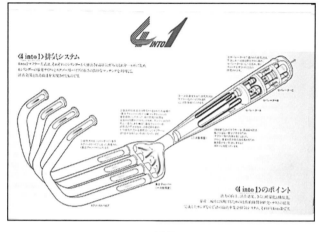

(写真6)

6頁目はCB400Fの最大の特徴とも言える「4into1」の排気システムについてその詳細を解説してある。(写真6)。
まずは、このシステムが市販バイクに標準装備として初めて搭載されたことに度肝を抜かれたはずである。と言うのも4サイクル、4気筒、4本マフラーという常識としての既成の概念が存在したことは事実である。

なにゆえの4into1か。その機能について「出力の向上」、「消音効果」、「軽量化」、「機能美」、「経済性の向上」の5つのポイントを指摘することができるだろう。

特に新システムである排気構造について透視図を使って、その流れと役割を語ったカタログは今まで無かったのではないだろうか。それほどCB400Fにとって、このシステムが重要であるかをうかがい知ることができると同時に、何よりもこのバイクを象徴するユニットであることが印象付けられている。

ここで重要なのがカタログの最初のページから5頁すべてを使ってイメージ戦略を実施したうえで、技術という現実の世界に引き戻すことによって、イメージギャップを創り出し「技術という科学」を融合させ、印象を強くするという計算がなされていると感じた。ここまでの演出は秀逸であり、特にバイクカタログでは見られなかったのではないだろうか。

7頁から8頁も見開き(写真7)となっており、心臓部であるエンジンの新規性、4into1の排気システムとエンジンの一体と成った造形美、エンジン性能や足回り、集約されニュータイプとなった左右のハンドルスイッチ類に解説がなされている。特に4into1システムの写真(イラスト)において、キックペダルのスターターラバーを描かずに表現されているところはいかにもメカニカルでありにくい表現である。

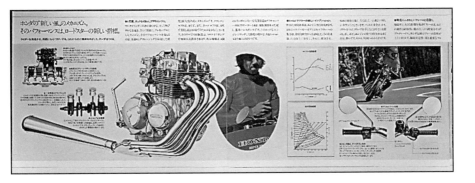

(写真 7)

　7 頁(写真 7 左側)で目を引くのはエンジンユニットとエキゾーストシステム一体と成った 408cc、4 気筒マルチの内燃機関であり、この CB シリーズの心臓部であるエンジンは CB350 から格段に性能向上していることを、マシンそのものを明示することで表現するなど、抑える部分はしっかりと拘った映像づくりがなされている。

　8 頁(写真 7 右側)では、エンジン性能曲線、走行性能曲線のグラフ、一見 4into1 のエクゾーストシステムが正面左に配されている関係上車両のバランスを気にしがちであるが、それを払拭するかのように、リーン性能について映像とともに丁寧に説明されている。

　9 頁(写真 8)では、ライト、メーター類、ヒューズ、タンクキャップ、タンクのカラー、そしてフレームについても説明し、それらをまとめる形でスペック表が掲載されている。特にフレームは、セミダブルクレードルフレームが採用され、ねじれ剛性の優

(写真 8)

れたものになっている。ダブルクレードルにすると剛性は高まるが重量は重くなる。かといってシングルクレードルだと安定性に欠ける。まさに、<u>中型として創造された新型には、セミダブルクレードル</u>が相応しかったのかもしれない。

これもミドルクラスの特徴としてホンダがデファクトとして示したかったのかもしれない。
　形状的にもオイルフィルターケースが、クレードルフレームの分かれているところから顔を出す形となっている。それを避けるかのようにエキパイが流れる。これも CB400F の特徴である。**技術的に計算されたものであったが結果として芸術性というものが備わった美しく流麗なエキパイが実現している。**
　エキパイは機能美の象徴としてあるが、実はセミダブルクレードルフレームの採用で大きく安全性としての剛性をしっかり示しつつ、軽量化されたとする説明を抜かりなく行っているところが凄いのである。

　10 頁目(写真 9)はライダーを含む二人の男がシート越しに何かメカについて語っているような様子で、写された写真が裏表紙を飾る形となって掲載されている。
　実は 8 頁目のライダー(写真 7 見開き真中)、9 頁の右端写っているライダー(写真 8)、そして最終頁の車体の間から写しだされている女性(写真 9)を含む全員がコーヒーカップを握ってくつろいでいる。
　カフェレーサーというイメージを印象付ける目的で掲載したものと考えるが、ただここまでやらずとも良かったのかなとも言える。それほどこの車の意味するところを、車両にかかわる映像を節約してまでも強調したかったのは、バイクの CM を超えて新しい生活スタイルを想像させる演出であったものと解釈した。

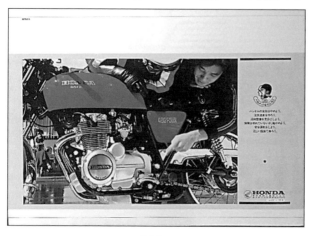

(写真 9)

　現代のバイクカタログと比較した場合、人とバイクの映像が非常に多いことに気付く。「バイクとスポーツ」、「バイクとライダー」そして「バイクのある生活」と言った構図も見えてくる。運搬具としてのバイクから、新しい生活を共にする擬人化された相棒としての存在へと誘おうとするかのようである。それにしても**戦略的で示唆に富む素晴らしいカタログ**である。

第4項　CB400F カタログ製作において

　この画期的なカタログには製作に関わる物語も存在するようだ。何事にもその場にいた人間しか分からないことがあるものだが、そのことがマニアにとっては極めてそそられる話ともなる。最近でこそ NG シーンやメイキング映像を通じて披露される製作秘話がこの CB400F にも存在した。ファンの方にはご存知ない方もおられると思うのでここに記しておきたいと思う。

　このカタログに登場するライダーについて、「ヨンフォア・カタログ撮影秘話」(ゴーグル 2004 年 5 月号ヨンフォア特集)の記載を、FACEBOOK「ケンタウロス」2018.05.13 で見つけることができた[18]。カタログ撮影の貴重な逸話が残されている。

　CB400F のカタログでモデルになった方は佐々木香児氏である。佐々木氏は 1967 年結成のグループサウンズ「ザ・バロン」[19]のメンバーであり、ドラムスの担当であった。現在も CM カメラマンとして活躍されておられるようだ。

　ゴーグル誌によれば、CB400F カタログ撮影当時の話を、佐々木氏本人に取材した際のその時の様子が、鮮明な記憶とともに掲載されている。

　記録によれば撮影場所は立科であり、雨に祟られ一週間ロケでは、1 カットしか撮れず、2 回目もやはり雨が多く 10 日間以上かかったとのこと。いかに撮影が大変であったか推測される。走りのシーン(左コーナーを回っているシーン)は、数十回に及ぶライディングが実施され、ライダーの通過軌跡を定めるために、地面にテープを貼り、ライダーもカメラマンも双方でご苦労があったようである。そして、佐々木氏しか知らない秘話が語られているのでそのまま記載する。

　「最初のカタログには、私しか知らない秘密がある。それは、この往復走行で 4 イン 1 の集合部分に地面との擦過傷を付けてしまった事だ。そのあとに表紙用の撮影をしたので、マフラーにその時の擦過傷が残っていたのだが、大いに許されたのもホンダならではの大英断だったと思う。のちに「カフェレーサー」と云うカテゴリーを生み出した４００フォーだが、私がコーヒーカップを持って女性モデルとくつろいで居るカットなどは、近接する軽井沢のリゾート地で行った。とにかく立科

---

[18]　https://www.facebook.com/MC.KENTAUROS/posts/1705418439540029/　2020.04 時点
　　モーターマガジン社「GOGGLE」2004.05　P44「傷」にも同様の取材記事が掲載してある。
[19]　1967 年結成。グループサウンズのバンド　1971 年解散、結成当時は尾藤イサオさんのバックバンドであった。

ロケ、軽井沢ロケが長期化して雨ばかり降っていたので、四つ玉のビリヤードが大変に上手くなってしまったほどだよ（笑）」(原文のまま)

　カタログは当時から数え50年が経過している。もうすでに時効であろう。佐々木氏の告白通り、当時のカタログを改めてみるとチャンバー部分に間違いなく「傷」がある（写真10、拡大図マル囲い部分）。これは紛れもなく正規カタログである。

(写真10)

　現代でなくても画像処理段階で修復は可能だったのではないかと思うが、見事に傷が付いたままで正規カタログの表紙となっている。指摘されると改めて驚かされる貴重なエピソードである。カタログをお持ちの方は実物をご覧いただくといいと思う。マニアであれば何かしらの感動があるはずである。

　正規カタログの最も象徴的な表紙を飾るものとして、大変珍しいというばかりでなく、ホンダ自体が良くぞ了解したものだと感心してしまう。
　実はこのカタログの不思議なところは、車両を眺めるシーンが多々盛り込まれている点である。表紙のライダーの視線は1974年、1976年ともに車体を眺めているように感じる。また、1974年のカタログでは9頁に珈琲カップを片手に持った男性、最終頁である10頁に女性がやはり珈琲カップを片手に車両を眺めているカットがある。
　佐々木氏の話された女性モデルはこの方と思われるが、そもそも女性モデルの登場自体目的あってのことと考えると何のためにとなるが、明らかに見えてくるのが

「眺めても楽しめるクルマ」という価値の訴求である。

　ここに女性が映っていることを、どれだけの人たちが気づいていただろうか。カタログの隅々まで目的を持った表現がなされていることを改めて認識をする。これもカフェレーサーや新しいライフスタイルへの誘いなのかもしれない。「カフェレーサー」というキーワードと「コーヒーをゆっくりと飲みながら眺められるクルマ」ということが重なり合うのである。女性が居るのは、車両の右側、つまり、エキパイがまとめられている方であり、CB400Fが美しく見えるアングルである。女性にも愛されるという意味も含まれているのだろうか。こうしたエピソードはマニアにとってみれば重要な情報である。

第5節　「プロモーション/　販売促進2」1976年カタログを読み取る

　それでは次に改めて1976年3月時点でのカタログを見てみることにする。

(写真11)

　1974年時点と大きく変わったのは頁数である。裏表合わせ10頁からなっていた前回1974年製カタログと比較すると、1976年製は、4頁減って6頁ものとなって

いる。その表紙であるが、仰ぎ見るアングルからの車体撮影は角度が緩やかとなり、何よりも前回ライダーが跨った形でいかにも走り出すぞというポージングから、今回はシートに両肘をついて手は組んだ状況であり、車体を眺めるおとなし目のポーズとなっている。(前頁写真11)

　1974年時ライダーは顔の表情自体はっきりと写しだされたが、1976年ではフルフェイスのヘルメットのシールドはきちっと閉じられ、ライダーの表情をうかがい知ることはできない。

　当時、騒音公害とともに二輪車による痛ましい事故の多発により交通規制や免許制度の変更といった社会的背景を受けていたことをうかがい知ることができる。

　その証左として1974年時点ではアンダーライン上にCB400Fの文字のみが記載されていたものが、1976年時点では「CB400F・CB400F-Ⅰ・CB400F-Ⅱ」と3車種の名称が刻まれ、さらにその下には「398ccの400も加わりました。中型二輪免許でお乗りいただけます。」と書きしるしてある。

　まさに、二輪史上に残る中型免許制度の狭間にCB400Fが、その当事者として直面した証拠である。その真っただ中にあってこの車両自体がその時代の流れに翻弄された証として歴史を刻むことになるのである。

　CB400Fが伝説となったもう一つの物語がここにあり、その後、この3車種の発売自体が原因の一つとなり生産中止の決断が下される。改めて表紙のライダーの表情を想像するに、この車(CB400F)の行く末を憂えているように見えるのは私だけであろうか。すでに前述した佐々木香児氏が、表紙の撮影の日だけ仕事が入っており、急遽、担当デザイナーの方が影武者を務められたというのが真相で、それゆえに

(写真12)

深々とヘルメットをカブリうつむき加減となっているのはそのせいらしい。ただ、

これが社会背景との兼ね合いを微妙に表現しているように見える。ハンドルの曲がり角度も緩やかなのは気のせいではないようだ。

　2頁〜3頁で(写真12)まず目に飛び込んでくるのが、「おまえが好きだ」の文字。「おまえは風だ」と語った前回カタログのコピーとは、似て非なる表現である。左からCB400F-Ⅱ、真ん中がCB400F-Ⅰ、そして右端がCB400Fである。ライダーのライダーズジャケットおよびヘルメットの色が車体に合わせて左から黄色、オレンジ、そして赤と変わり特徴を出そうとしたのか何ともコメントしがたい。

　佐々木さんの言によると伊豆サイクルスポーツセンター内で撮影は行われたとのこと。メインの走りは一般道をクローズしないまま撮影となったらしい。意図があるとするなら排気量が398ccになり最大出力が1psダウンし、アップハンドルを採用した左端のタイプⅡが最もリーンインの角度がついていて攻めている感じがする。

　つまり、**398ccは408ccと同じであり、「風」であり、その感動はいささかも変わることはない**と言いたかったのでないだろうか。逆に個性ある車両として表現していたとするならば、この撮影は違いを表現しきれていないとも言えよう。3枚はハイスピードカメラでとらえたストロボと捉えると、筆者には黄色のCB400F-Ⅱがオレンジに代わり、赤へと回帰するように見えてしまう。とは言え前回カタログの写真とは迫力としてのトーンが落ちていることも間違いない。

　4頁目(写真13)はカタログの裏にあたり、3車種が正面で並ぶ姿であり、今度は左からCB400F、CB400F-Ⅰ、CB400F-Ⅱの順であり、2〜3頁の並びとは逆である。ここではいかなる免許で乗車できるかを解説してある。一番左の408ccは大型免許、398ccは、新設の中型免許であり、タイプⅠ、Ⅱは、その意味で追加したとしているところが、免許制度の改定という動機以外はホンダの開発の意思

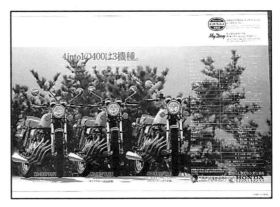

(写真13)

45

が伝わってこない。これが最も残念な点である。一見すると同一車種で同型としての車両である。それは間違いないのであるが、この**同一車種のように見える3台はまったく住む世界も乗車するライダーも違う**のである。そして、中型という明確なコンセプトで臨んだCB400Fの独自性は、史上初のマルチ中型という世界を世に想像してみせた。しかし、法律上の中型は398ccであり同一車種でありながらまったく違ったものとして扱われるようになったことはあまりにも皮肉である。

つまり、**CB400Fはこの二つの世界に存在する**のである。それも同形状、限りなく同スペックで、そして、1つのカタログでありながら、別カテゴリーの車種が同時掲載されるという状況。後にも先にも例のない表現となっている点も、史上稀有なものである。5.6頁は通しでスペックに関する表示である。やはり、前カタログでは2頁を使って表現していた4into1システムの機能について、全頁が6頁となった1976年製カタログにおいても1頁全部を割いており、CB400Fの最大の魅力として位置付けていたということが分かる証である。

以上、1974年製、1976年製各カタログをつぶさに見てきたが、まずは、カタログとしてのすばらしさに改めて気づき、また、奥深い意味や物語があることがわかった。そして、何よりもCB400Fに込められた製作者の想いを読み取れたことでより理解が進んだと思う。改めてカタログの凄さ、そして何よりもCB400Fという車両の凄さを思い知らされた。

第6節　当時の出版物情報を通じて

1974年12月、CB400Fがデビューして以降、数多くのバイク専門誌が、相当の関心をもってCB400Fを取材している。各紙は約一年以上かけて、こぞってそのスペックの分析・検証を実施し、かなり時間をかけたインプレッションによりデータを記事として読者に提供しており、その念の入れようは尋常ではない。

中型初のマルチバイクということでこれらの報道は、当時のユーザーに大きな影響を与えたと考えてよい。そこで当時の社会環境も踏まえつつ改めてそれらの情報を紐解くことで、現代にまで伝わるCB400F伝説の経緯を追うこととした。このこともまたCB400Fを理解するうえで重要なことであると考える。

ここでは、特に当時からバイク専門誌の代表格であった「オートバイ」、「モーターサイクリスト」の二誌に焦点を絞りその内容を吟味していく。

第1項　総合二輪誌「オートバイ」が捉えた CB400F

『月刊オートバイ』は、モーターマガジン社が出版し続ける国内最古の二輪総合誌である。

そもそもモーターマガジン社は、この専門誌の発行によって創業しているのである。創刊は 1923 年(大正 12 年)であり、今年(2024)で 101 年目である。社の歴史とともにこの雑誌は存在しているのである。

1974 年 12 月発売された HOND ドリーム CB400F のリリースからほぼリアルタイムで発刊されたのが「オートバイ 1975 年 2 月号」である。(下写真)[20]

現在でもそうであるが、出版は出版表記月の前月には発刊されるのが慣行である。つまり、2 月号ではあるが、1975.01 に発刊されて、CB400F 発売された翌月の 1 月には発売されており、略タイムリーに出版されたと考えて良い。

この号もすでに 49 年前のバイク専門誌という意味では貴重な資料である。

さて、ここからが本題である。専門誌自体の表紙が CB400F の 4into1 の映像である。多分、当時、見た人たちは度肝を抜かれたはずである。

バイクの造形美としても機能としても 4 気筒マルチエンジンは、気筒ごとに排気システムが対になっている 4 本マフラーが常識の時代である。それが、この映像から見て取れるようにマフラーは集合化され、一本に集約されているということと、何よりも流麗なエキゾーストパイプの流れに目を奪われたのではないかと思う。ユーザーの気持ちをキャッチするに十分な革新性を見せた表紙である。

「ひさびさにスーパースポーツが我々のもとに帰ってきた」との書き出しで始まる内容は、3 頁カラー版での紹介である。特に記事として注目しているのが「集合管」4into1 のスーパースポーツとの見出しである。後退ステップ、単色のタンク、集合管、6 速といった要素が「走りやライダーのすべてが濃縮している」といった

---

[20] 「オートバイ」　モーターマガジン社　1975.02　表紙　(筆者所有の本を自身撮影)

表現で記されている。

　1970年代の二輪車業界は、経済的にはオイルショックの影響もあったが、逆に二輪車の需要が増加した時代であった。ただ、一方で、二輪事故の増加による任意保険料の引き上げや、騒音規制、ヘルメットの着用義務化、大型二輪免許の厳格化といった規制が厳しさを増していた。メーカーにとって難しい対応が求められる背景があっただけに、CB400Fは時代の影響をもろに受けた存在であったことはご存じの通りである。

　そうした社会的に抑圧された中で、マシンとしての性能、とりわけスピード・機動性をより求めようとするユーザーと、社会背景としての規制の狭間の中で苦悩する開発陣の顔が目に浮かぶようである。それを裏付けるかのようなインプレッションの記事が躍っている。

　発表試乗会は1974年12月6日、荒川にあったホンダのテストコースで実施しされている。当時のオートバイ誌テストライダーの横内一馬氏[21]は、「CB400Fは、すっかり普遍化してしまった感のある最近のオートバイの中に、新風を吹き込むかのように、ユニークな内容が盛り込まれた車である。」[22]と書き出してある。
　CB400Fの登場は、鎮静ムード漂う時代背景の中で、今で言う「モビリティ」というものに原点回帰するかのように、オートバイとスポーツが結び付いたという印象があったようである。その象徴としてタンクの記された「SUPER SPORT」の文字は、小さいながら時代を貫く自己主張だった。

　横内氏の記事を追うと、加速の立ち上がり時のトルクカーブのアクセントや、集合排気機構によって排気脈動の利用と騒音対策への配慮、ヘッド部とシリンダー部に各1枚フィンを追加し冷却機能を向上させた点などを丁寧に挙げている。そのうえで、**「見ているものを乗る気にさせる車」**とも感想が述べられている。
　当時の横内氏によれば、実際に乗車した感じとしては幅70cmというセミアップハンドルによる前傾姿勢と、それに呼応する形での後退したフットレスト、によってポジションが決まり、人車一体が得られるとしている。

　時代背景もあってのことであろうか、排気音の静かさを強調、集合排気はその

---

[21] 横内一馬　元カワサキのテストライダー。1970年代のバイクのインプレッションには氏の名前が数多く登場する。
[22] 「オートバイ」　モーターマガジン社　1975.02　P84

ための機構とされており、その音については自動車的な連続音であり騒音性を感じないと表現している。クラッチの操作性や 6 速配分のギアレシオのおかげで、滑らかな走りと 6,000〜10,000 回転に至る加速感の高さから、確実な操縦安定性を得られているとの評価でもあった。また、やや直進性が強いとしながらも、それがかえって重心移動を基本とするオートバイの乗り方にとっては、重要であると再認識させられたと好意的に表現されている。ただ、フロントディスクブレーキの効きの甘さや、キルスイッチとスターターの関連がないこと、キル作動時のスタータースイッチオフの連動については、セルの空回り防止が成されておらず、キル本来の機能の多様性がないことを指摘されている。これらを総括する形で「オートバイらしい魅力」を持つものと評価。先代の CB350F を前提とすると、パワーアップと軽量化によって大馬力で重い車を走らせるのとは違い、<u>全く別のフィーリングを持つ車として仕上がっており戦闘機的ムード</u>と評され称賛されているのである。この表現自体に読み手も高揚感が生まれる。

第2項　総合二輪誌「モーターサイクリスト」が捉えた CB400F

もう一方の八重洲出版の「モーターサイクリスト」も、その発刊は古く、1951 年(昭和 26 年)であり、今年で 73 年の歴史を誇る。そもそも、八重洲出版も創業当初は「モーターサイクル出版社」といって、二輪専門誌から出発した会社である。

「モーターサイクリスト」は、モーターマガジン社の「オートバイ」と並ぶバイク専門誌の双璧と言って良いだろう。当時の日常生活において移動手段としての存在から、ステイタス性の高い嗜好の対象物へと変化していく様子がこのモーターサイクリストの

創刊時期に呼応しているような気がする。当時バイクがいかに生活の一部を成していたかがうかがい知れるところである。

さて、「オートバイ」と同じように「モーターサイクリスト」1975 年 2 月号[23]の表紙を見ると、やはり同様に CB400F を下のアングルから仰ぎ見る映像が表紙を飾っ

---

23 「モーターサイクリスト」　八重洲出版　1975.02　表紙 (筆者所有の本を自身撮影)

ている。本誌の記事の特徴としては、どちらかというとインプレッションを中心とする記事となっている。特徴としては「カフェレーサー」と言う概念とそれ以前の「スーパースポーツ」という概念の融合であるとの捉え方である。

　特に発売当時は戦後から数えて約30年を経過し、日本は高度経済成長下にあって、生活水準の向上により「モータースポーツ」という概念が日常生活に入っていきつつある黎明期であったと考えられる。その盛んになった二輪の存在が社会問題化したのもこの時期であり、モーターサイクリスト誌においても、社会背景を反映してその性能面における騒音、排ガス対策といった社会性に対する配慮がなされているか否かという点に着目しているところが他紙同様時代的である。

　テスト走行車はホンダから提供されたもので、本誌には車両の車体番号まで記載してあった。そのインプレッションは、実際の混雑した市街地の中を走行している点も面白い。重量の軽さ、クラッチレバーの軽快さ、エンジンの静音性を確認、6速ミッションの使い勝手について 2,000rpm 以上回していれば十分な実用性があると評されている。特に低速域がスムーズな車だという実感を第一印象としている。3,000〜4,000rpm も回っていると、追い越しに不便のないパワフルさをもっており、7,000rpm ともなれば、400 とは思えないほどであると述べている。この視点は実用車としてのものであり、かえって新鮮に聞こえる。

　特徴的なものとしてやはり、タンクと 4into1 のマフラー形状をあげ、「静から動」への転換というホンダのコンセプトを、筑波山をのぼる峠道でその乗り味を確認している。この記事を書いた大光明氏[24]は、「**十分に社会性のあるカフェレーサー**」であると締めくくっている。いかに当時がバイクに対する風当たりの強い時代であったかを思わせる。1950 年代から 1960 年代というのが CB400F を産み落とした 1970年代の素地にある。その意味から次項では業界の歴史的概観を観ておきたいと思う。

第3項　　戦後の二輪業界の趨勢を観る

　二輪誌が生み出された背景には当時の社会事情というのが大きく影響してくる。つまり二輪誌の視点は当時人々の志向を反映しているものであり、バイクに対する

---

[24]　大光明氏「モーターサイクリスト」1975/2　テストライダー　「ホンダドリーム CB400F」特集記事
　　P66-70 を執筆。

見方がどの点にあったかということを知る上で貴重である。

　二輪産業は戦後の基幹産業として位置付けることができるだろう。高度経済成長と相まって世界一の生産台数、輸出台数を誇るところまで行ったことに改めて驚かされる。当然、事業として参入が相次ぎ1953年に企業数がピークを迎える。その起業の最大の理由は、自転車に変わる存在として補助エンジンをつけたまさに「原動機付自転車」であり、初期投資も懸らず参入障壁が低かったことが要因とされる。まさに歴史的過当競争の時代、二輪戦国時代であったということである。

　1950年代に入ると朝鮮特需が業界参入に拍車をかけたということである。そのころから免許の制度改正が進んで行く。CB400F の中型免許制度もいずれ来ることが予想されなかったわけではないようだ。もし、それを予測しきっていたら逆にCB400F の誕生はまた違った形になっていたかもしれない。偶然は必然の源という解釈もできなくはない。現に1960年当時の道路交通法は道路交通取締法に代わり、免許制度は一端リセットされて再構築されている。

　そうした経緯の中、二輪の生産台数は徐々に増え1950年代後半から急速に生産台数は増えていく。[25]

　しかし、1953年にピークを迎えた二輪メーカー数は1950年代後半には企業数は急速に減りピークの1/4以下になっていく。そこに何があったかが問題である。

　工業化に伴う生産体制の格差、技術力の格差、資本力の違い、免許制度の改定、特需の終焉等により二輪業界は淘汰されていくのである。

　1960年代に入ると嗜好性の高まりという価値観の変化は、寡占化を決定的なものにするのである。[26]この段階に入ると世界的レースによる実績が商品価値を決定づけることとなる。

　レースで培われた技術力が商品にフィードバックされることで消費者に対するPRとメーカーとしてのブランド化が図られて行く。まさに1960年代は世界GPをはじめ、世界の名立たるレースに4大メーカーがしのぎを削るという構図であった。このように二輪業界は戦後まもなく戦国時代から淘汰の時代を経て、寡占化の中で世界戦略と日本の中でも先を行く産業として発展し、高度経済成長期の真っただ中

---

[25] 日本自動車工業会・日本小型自動車工業会(1954)「自動車統計年表」参考

[26] 片山三男「戦後二輪車産業の競争過程についての一考察」国民経済雑誌 212(2)71-93 2005-08　神戸大紀要論文　参考

である1970年を迎え、その経緯を経てCB400Fは生まれるわけである。

　CB400Fに対する開発の背景にある二輪業界の歴史的趨勢というものを、時系列的に見てくると消費者が何を求め、その求めに応じてコミュニケーターたる二輪誌が何を記事とすべきかが自ずと見えてくる。

　世界レベルのクオリティー、新開発の技術、新しい生活スタイル、モータースポーツへの期待、個性化という嗜好の魁(さきがけ)、それらこそがCB400Fの帯びた使命であったことには間違いない。それに見事に応えたからこそ今もCB400Fは伝説としてあり続けるのだと感じるのである。

第4項　「オートバイ」1975.3月号[27]「オートバイデザイン」

　1975.2月号に続いて3月号もCB400Fに関する特集が組まれている。[28] 特にデザインに関するものでありその状況がリアルに見て取れる。

　インタビューは、当時、本田技術研究所主任研究員であった寺田五郎氏、そして佐藤允弥氏が、顔写真付きで紹介されている。この特集の魅力は、真正面からバイクのデザインについて切り込んでいるところである。

特に佐藤氏の発言内容が掲載されているのでそのまま記しておきたい。

　・・・「オートバイは表裏一体です。たとえてみればガラスのコップのようなもので、コップを通して中身が見える。その中身をより美しく見せるのがデザインの見せどころですし、また、無理があれば簡単に割れてしまいますし、単純なようでむずかしいのがオートバイのデザインです。」・・[29]

　オートバイは、機械そのものに跨っているようなものである。それだけに、部品の一つ一つが機能と、デザインの両方を兼ね備えていなくてはならないし、その総合として有機的に形作られていることが求められる。いかにデザイナーの勝手にな

27　「オートバイ」　モーターマガジン社　1975.03　表紙（筆者所有の本を自身撮影）
28　「オートバイ」　モーターマガジン社　1975.03　P91「特集3」
29　「オートバイ」　モーターマガジン社　p92

らないかが伝わってくるコメントである。

　他の機械ものと比べてみても、エンジンや機構部分に対して外殻というカバーを持つものばかりであり、裸の状態そのもののバイクには多くの制約が存在することが理解できる。それだけに通常のデザインと違い、機能との緻密な調整やバランス、メカニカルな部分々との融合がより求められることになる。その意味で、佐藤氏の次の表現が興味深い。

　・・「デザイナーのイメージを 100％具体化したものがカスタムモデルです。しかしメーカーとして発売する場合には、多くの人に受け入れられるように、また製作上の問題などにより多くの制約を受けます。だからイメージの 80％が生かされれば成功だと思いますし、CB400F はそういう点で、80％は生かされたマシンだと思いますね。」・・[30]と述べられている。

　つまり、デザインの 80％が充足されれば、事実上の 100％のデザインであるということである。佐藤氏にとって CB400F は、100％自らのデザインを生かし切った作品だということである。この発言には作者としての満足感と技術者としての誇り、そしてプロダクトデザインの総合性がいかに大事であるかという深い意味も込められているような気がした。

　CB400F 開発にあたっては寺田五郎さんが総合的監督の役目を果たされたわけだが、コンセプトとして「動」のイメージを明示され、それに向かってチームが「同じ絵」を共有できたとされる。中でもタンクに小さく刻まれた「SUPER SPORT」の文字は、大きな意味を持ったと言える。

　当時の CB72 に見られるスーパースポーツの定義は、キットパーツを組み組めば、レーシングマシンに使用できるものとして考えられていたようである。

　しかし、この CB400F のスーパースポーツの意味は、新しい時代におけるバイクの楽しみと、レースのような構えたものではなくスポーツするという身近なイメージを作り出すことになったのではないかと考えられる。そして、何といっても注目すべき記事が、「4 into 1」マフラーの採用についてである。本田技研では多くは「頭の位置から設計が開始される」という。

---

[30] 「オートバイ」　モーターマガジン社　1975.03　P92

つまり、操縦安定性から設計に入り、デザイン・エンジン・フレームは妥協を求めつつ進められると言うことを取材記事として記してあるのだ。それがセオリーだとすれば「4 into 1 マフラー」は、どういった経緯で採用されたかという点に興味がわく。取材では、当時のレーシングマシンが集合マフラーを採用していたことが起点ではないとされている。

　どちらかというとレーシングマシンの最高回転率を上げる考え方に対して、市販車というカテゴリーでは、むしろ低回転域の充実を求める世界であり、妥協点自体見出せないほどの開きがあるとされている。

　これも考えてみると実用車両と嗜好性車両の違いと見ても良いかもしれない。ただ、マーケットにおける消費者の変化でいうと前者は四輪にとって代わられ、後者がいよいよ本格的に志向される時代に入って行くとみるべきであり、そのことにどう応えるかという視点が強くなっていったものと思われる。したがって二輪誌の視点もその点が掘り下げるべき点であったと考えられる。

　必要は発明の母と言われるが、その志向とは別にメーカーの思惑もあるわけで、実際、「4 into 1」システムは経済合理性から生まれたとされる。

　パーツの共有化、規格の標準化、生産性の向上、軽量化等によるコストダウンという工業生産品として要望を満たすことに主眼があったとされている。しかし、結果として世界で初めて量産車に集合タイプのマフラーが採用されたのはCB400F にとって、史上まれに見る幸運であったと言える。そのエキゾーストパイプからマフラーへの流麗な形状の美しさは CB400F の代名詞的デザインとなり、そして何よりもコンセプトとなっていた「動」のイメージを印象付けたと思う。機能的にも排気脈動効果で低回転域を力強いものにしたのである。

　「ハンドルとタンクで個性を強化」という項目を見てみると、この二つともにそれまでのバイクに無い特徴を要していたことがわかる。セミフラットハンドルは、その形状だけではなく、ライディングポジションをカフェレーサーとしてのファイティングなものしている。これも「動」というイメージを確実に表現し、跨った瞬間の感じを意識しながら設計され、その狙いが見えてくる。

　そして、最もユーザーの気を引くための道具立てとして「タンク」デザインのインパクトは、バイク全体デザインのメインであると言って過言ではない。その点についても佐藤氏のインタビュー回答を記載しておきたいと思う。

「ガソリンタンクは、その形によって、そのマシンのイメージが大きく変化するでしょうし、他のものと比べると、制約がゆるく、形状も自由なものが得られます。CB400F の場合ハイスピードツーリングマシンという用途に合わせ、タンク容量の増大ということも考え、四角に近くしました」[31]と述べられている。

　やはり「動」のイメージをコンセプトとして意識しつつ、機能面も向上を付加しながら設計されていることがわかる。そして何といってもソリッドでありながら深みのある赤系「ライトルビーレッド」のメインカラー色で、その「動」のイメージを配色としても表現されたものと考えられる。

　最後に造り手の側の達成度を問うかのような質問に対して、開発責任者の寺田さんは以下のように応えられている。発言をそのまま引用したい・・「**生産性はもとより耐久性、信頼性または部品の繁雑化をさけるために、CB350FOUR をはじめ他の機種とできるだけ部品の共有化を計っています**」・・[32]との談であった。

　これから推測されるのは、やはり経済的合理性ということが頭に浮かんでくる。ディスクブレーキ、バックミラー、グリップ類、ステアリングロック、メインスイッチ等々数多くの共有化、標準化がなされたという意味では、経済性を踏まえたいわば機能美の模範機種として設計されたものとも感じるのである。

　改めて言えることは、バイクというものは、部品が剥き出しの状態でありながら美しさを創り上げようとするものであり、モビリティとしての機能と構造を前提とすることから考えると、否が応でも部品の美しさによる全体調和が求められるはずである。

　二輪という代物は、この全体調和に対するデザインにこそ、真のデザインというものが存在することを教えてくれているようである。佐藤氏を中心とする方々によって実現した高い意匠、造形に感服するばかりである。

　改めてこの号に掲載されている記事全体を見渡すと、設計段階でのイメージ画が多く紹介されているのが印象的である。当時こうしたものに対する扱いは、かなり自由であったことが見て取れる。というのも現実のものとするには、多くの制約に対して試行錯誤がなされなければものにはならない。

31　「オートバイ」3月号　モーターマガジン社　1975.03　P96「特集3」

32　「オートバイ」3月号　モーターマガジン社　1975.03　P97

厳格で実践的なプロセスがそこにあるからこそ可能となるわけで、その自信からなのかもしれないが、製作過程で生まれたものの情報についてはオープンであり、逆に自由度が生まれているようにも感じる。寧ろ構想や企画を、実際のものにすることのできた成果として許された技術者としての自信と誇りがあるからなのかもしれない。そして、当時のホンダの自由闊達な職場の雰囲気を物語る証拠なのかもしれない。

第5項　「オートバイ」1975.4月号詳細徹底テスト「CB400Fをテストする」

「オートバイ」でのCB400F特集は事実上3か月間続くこととなる。[33]　4月号では、当時の運輸省工業技術院機械試験場・東村山テストコースに、テストライダー3名、評論家2名[34]を同時にアサインしてその性能を見極めるため、徹底した「テスト」を実施している。

スーパースポーツの実力を見たいというのが、取材班の目論見であると同時に、本物志向のユーザーの期待感があったに違いない。

「オートバイ」の特約テストライダー滋野靖穂氏[35]、オートバイ評論家の成毛弘侑氏[36]、両氏ともに **CB400Fを「蘇ってきたスーパースポーツ」と表現**。[37]当時の概念から言えば、そのスポーツテイストに対するメーカーの意欲は誰しもが認めるものであったようだ。また、メインスイッチについてのコメントが多く、使いやすさが強調されている。スイッチの位置の使いやすさ、ホールディングした両面キー、ヘッドロック機構等、今であれば当たり前のことではあるがこの点において評価は満点であると述べられている。逆にそれまではどうであったのかということからいささか違和感のあるところである。

33　「オートバイ」　モーターマガジン社　1975.04　P85～P93 特集「詳細・精密・徹底テスト CB400F」

34　1975.03号の特集に参加されたテストスタッフ(紙面からP86)原　系之助氏(オートバイ評論家)、成毛弘侑氏(オートバイ評論家)、滋野靖穂氏(特約テストライダー)、根本健氏(レーシングライダー)、横内一馬氏(本誌テストライダー)　(表紙は筆者所有の本を自身撮影)

35　1940年生　当時ブリヂストン所属のエースライダー。1966日本GP優勝者。「オートバイのレース・チューニング　勝利の条件性能アップの秘訣」学習研究社　1971の著作等あり。

36　成毛弘侑氏　自動車評論家(当時)

37　「オートバイ」　モーターマガジン社 1975.04　P86

それまで余程使い勝手が悪かったのだと改めて認識した。ただ、背景を考えてみるとバイクが運搬具や移動手段としての存在だったものが、日常的生活のシーンとしてレースや競技会といったものを意識した世界に期待が高まってきたということであろうか。

　時代の価値観の変化が、提供される製品の品質を決めていくということが分かる部分である。そして技術に関する感想は続く。中でもクラッチの重さが取り上げてられている。クラッチの切れの良さ、ポールジョイントによるリンケージのタッチの良さ、ストロークのフィーリングについても適正との判断であった。さらにフィーリングテストとして、ライディングポジション下におけるニーグリップ性に対しては注文がついた。滑るということである。この点に関しテストライダーの横内氏は、ニーグリップラバーやタンクの形状変更を示唆している。

　また、サスペンションについて、路面を踏まえて、波状路、石ころの有る路面といったものについては暴れ出す点も指摘されている。これは一般道路での想定と考えられるが現代では考えられない与件である。一方でテストコースの深いバンクでも時速100kmで抜けていけることについては、サスとスプリングのバランスの良さが評価されている。細かいインプレッションであり、プロとしての見立てが新鮮で気持ちが良い。

　プロのテストライダーが複数人関わった多方面からのテストだけに、意見が分かれる点も出てくるところは今には無い記事として読める。また前輪ディスクと後輪ドラムのブレーキの利き味について、どの視点でブレーキングを考えるかという議論がなされている。効き能力、味、バランスによって違ってくる中で実用車としての評価は悪くない。理由として安心してフル制動を懸けられるというものである。

　一方では前後のバランスを考えると、フロントのブレーキング絶対量が足りないとするもので、径の小さいダブルにしたほうが良いという提案もあった。ただ、低速域での効き味はドラムのような感じで良いといった感想や、ブレーキングは、万人向きであるということで良いとする意見もあった。未だにブレーキングについては、議論のあるところではあるが当時において良く分析されていることに驚いた次第である[38]。改善指摘の多いテスト結果のように見受けられるが決してそうではない。操縦安定性の良さや、急旋回、Uターンのしやすさ、定常円旋回によるスラロ

38　「オートバイ」モーターマガジン社 1975.04　P91

ームでも意思通りに取り回せること、そしてエンジンは CB350F とは別物との高評価をされている。テストでは常に改善点を指摘されており、当時のこうした専門誌におけるテストの在り方が、いかにプロフェッショナルな仕事に基づいてなされていたかという点が新鮮であった。また、定地テストデータも明示されており、言い換えれば「新車の検査」といった感じであったことがうかがい知れる。

　そして最後に総合評価であるが、結論のタイトルは「シンプルこそオートバイの原点」というものである。「カフェレーサー的なマシンなどメーカーの主力車種にはならない」という考え方自体を見直さなくてはならないほど、企業の開発研究に敬意を表するとするものや、「「スーパースポーツ」と銘打つのであれば、性能、仕上げ面にもう一味欲しい」いった意見もあった。[39]やはり「スーパースポーツ」という概念、このことへの期待が想像以上に大きいということを、各氏の感想から読み取れる。つまり、典型的な目線は、名実ともにスーパースポーツとしての品質をイメージしてのテストではなかったのかということである。厳しい指摘として、「グリップ開度が大きすぎる。スーパースポーツが泣きますね」といった一語もあった。いかに期待水準がレース基準の車両をイメージしているかが良くわかる。それと市販車を比較されてはと思うがそれほど期待が高かったということであろう。
　本誌テストライダーの横内氏は、「**スーパースポーツの、もの凄くシビアなものを求めるのは過酷だと思う。妥協という言葉は良くないが、現在考えられている機能性のかなり大きな面をカバーしているマシンだと思う**」[40]という言葉で特集を締めくくっている。

　これらからもわかることは、やはり、CB400F への期待感の大きさからくるフラストレーションを感じてしまうということである。逆にいかに期待されていたかという何よりの証拠であり、それが市販車でありながら比較の対象が、GP レーサーをイメージした本物志向であるということである。ここまで実施されたインプレッション評価は本当に素晴らしいと感じた。その意味では高い評価をされていたということではないかと思う。しかし、実はこの紙面の中で、根本氏[41]は、自分が買ったらどうしたいという具体的改造プランを語っておられた。カフェレーサーなるが

---

[39]　「オートバイ」モーターマガジン社　1975.04　P93

[40]　「オートバイ」モーターマガジン社　1975.04　P93

[41]　根本健（1948〜　）元 GP ライダー　1973 全日本ロードレース選手権セニア 750cc クラスチャンピオン(ヤマハ TZ350)　雑誌「ライダーズクラブ」元編集長

故に、スーパースポーツなるが故に消費者の想像が現実のものとなる可能性を感じさせる記事である。まさに、<u>自分だけの車というに相応しいポテンシャルを生まれながらにして備えた車</u>であったと語られているようである。後のことを考えれば、自分の色に染めることができるクルマ、言うなればカスタマイズ志向の始まりを予感させるものであり、この僅かな記事の中に次の時代のバイクの楽しみ方を提示していたと解釈すべきかもしれない。このことも CB400F を名車中の名車に育てることとなった一つの大きな要因であるようにも感じた。

第7節　二輪専門誌の広告今昔

第1項　二輪専門誌という広報の舞台

二輪専門誌「オートバイ」の表紙である。まずは見比べて頂きたい。

　向かって左が 2020.04 月号の「オートバイ」[42]、右が 1975.09 月の「オートバイ」[43]その年代差は 45 年。表紙を飾る絵も構成も大きく違う。左の 2020 年の表紙を飾っているのは HONDA CBR1000RR-R であり、右の 1975 年の表紙のバイクはハーレーダビッドソンのポリスタイプ、約半世紀の流れの大きさをはっきりと感じることができる。実はなぜこの現代 2020 年の表紙と 1975 年の表紙の比較を行ったかと

---

[42] 「オートバイ」2020 年 4 月号　モーターマガジン社　表紙（筆者所有の本を自身撮影）
[43] 「オートバイ」1975 年 9 月号　モーターマガジン社　表紙（筆者所有の本を自身撮影）

いうと、メーカーにとってみれば雑誌以外でバイク単独のプロモーションは行いづらい環境にあるのではないかということが、今も暗にあるような気がするからである。つまり、二輪専門誌の存在がいかに大きなものであるかということである。

　この古典的とも言うべき宣伝方法は、こうしたバイク専門誌の表紙を飾るか、見返りのところに大きく頁を割く広告が重要な販促手段であり、それは今も変わりないのではないかということだ。つまり、二輪専門誌の見返りの部分のカラーページは、各二輪メーカーの大舞台ということである。当然二輪専門誌の方も表紙の出来で販売部数も変わってくることは間違いないと思う。

そこで確認してみたいのが1975年当時どういう宣伝が雑誌の巻頭以降を飾っていたかである。何故なら発売間もないCB400Fがその舞台でどう踊ったかを知る為である。1975.9号の見返り2頁はカワサキの企業広告である。安全性を中心にした企業プロモーションとカワサキ400RSが掲載されている。その後は何と3頁以降10頁迄ホンダの広告である。実はここからが本題である。この年ホンダはDREAM CB750 FOUR(以下CB750F)、DREAM CB550FOUR(以下CB550F)ともに各F-Ⅱタイプとして、4into1システムを採用した機種を揃えた。3頁.4頁カラー通しでCB750F-Ⅱを発表。(左上の写真)ホンダがいかにこのシステムに拘って取り組んだかが見て取れる。

「オートバイ」のこの号では、「4into1マフラーのメリット＆デメリット」という実験レポートが特集として組まれている。市販4into1マフラーといえばHONDAしかない時代、なんとCB750F‐Ⅱ、CB550F‐Ⅱ、CB400Fの各4into1マフラーの比較テストでは、ヨシムラ手曲げ、機械曲げ、TESCO4イン1との比較検討などが実施されている。特に焦点が当てられていたのが、1975年6月に発売のCB550F‐Ⅱであった。(左下の写真)「静

かなる男のためのより静かなマシン」といううたい文句で、当初販売されたCB400F
とは全く違ったイメージ戦略でありキャッチコピーであった。

　ダンディーでジェントルな乗り物と言ったイメージ作りがなされている。改めて
バイクの静粛性とは何かを自問自答したくなる。

　特に排気音という言葉を使用している。当時の世相をメーカーが意識しすぎた感
があるのではと思うが、それもCB400F開発で手に入れた4into1システムに一役買
ってもらったのではないか思う。これで各シリーズすべて集合管ということでライ
ンナップされている。これもカフェレーサーの風を全ラインナップにそろわせたこ
とでニュースタイルの先駆けを印象付けている。

　これは排気システムとしての「動力性能アップ」はもとより、「軽量化」、「コスト
削減」という妙味に加え、何といっても「美しい」という四拍子揃った開発であっ
たことを裏付けるものである。いわば<u>市販車集合管元年</u>というわけである。

第2項　　夢のHONDAショップ

そして、もう一つ特徴的な広
告が5～10頁まで続く。ホン
ダ取扱店の宣伝である。(右広
告[44])すぐに気づくのは描か
れているイラストがCB400F
ということである。注目すべ
きはショップの写真である。

(次頁写真[45])こんな店が今あ
ったとしたら、まさに、私た
ちにとってHONDAドリーム
なショップである。

　店頭に並ぶ新車たちをご覧頂きたい。前面左端からホンダドリームCB500T、1
台おいてCB400F(ライトルビーレッド)、CB550F-Ⅱブルー、CB550F-Ⅱブラック、
CB750F-Ⅱイエロー、そして、CB400F(バーニッシュブルー)と並んでいる。こんな

---

[44] 「オートバイ」1975年9月号　HONDAバイクショップ全体のうたい文句であるが、この中に描かれ
　　ているバイクのイラストもCB400Fであることがファンとしては嬉しくなる。
[45] HONDAショップの当時のコーポレートカラーは、白い背景にウイングをイメージしたブルーのストラ
　　イプ、そして「HONDA」の赤い文字。懐かしいカラーリングである。

ショップが当時のホンダの新車販売店としてあったことを考えると、CB400F オーナーとして夢のショップであり、この当時の写真を見ているだけで、今であったらとどんなに良いだろうとワクワク感が止まらない。それも全国に各地にこのスタイルの店があったわけである。

CB400F ファンであれば、未だに新車が欲しいという願望を拭い去ることができ

ない。このショップには、その新車が並んでいるわけである。当時の新車を販売してくれるショップが有っても良いのではないか。ちなみにこのショップの写真の下には東京都下のホンダ販売店がずらりとラインナップされていた。

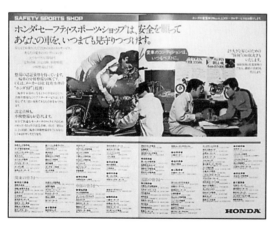

そして、再び注目して頂きたいのが、その次のページ(左写真/見開き 7-8 頁[46])である。これもショップの紹介であるが、整備をされている車両がCB400F であり、相談・或いは商談が進められている様子の

---

[46] 「オートバイ」1975 年 9 月号　HONDA ショップの全国広告となるものであるが、背景として使われている車両がすべて CB400F である。

62

背景にあるポスターも CB400F である。関心のない方にとってみれば、ことさら言うまでもないとの感想が聞こえてきそうであるが、CB400F オーナーの自分にとってみれば、当時の店舗への羨望は計り知れない。今、ここに掲載されている店舗があったとするならば、迷わず CB400F の新車を 4 台は購入したい。それほどの「夢」がこのショップにはあるということである。改めてこの号[47]で CB400F に関わるテーマとして取り上げられているのが、集合排気システムについてである。ここでも実験レポートとして、「4into1 マフラーのメリット＆デメリット」と銘打ち、なんと 13 頁も割き記事が掲載してある。「エンジンと排気系」では、4 ストロークエンジンと 2 ストロークエンジンの特徴を採り上げ、吸気、排気の両面から総合的にエンジン性能との分析を行い、出力向上を狙いとするロードレーサーの場合まで例にとって、そのコーディネートの重要性を書き出している。

古くは HONDA ワークス RC 系が 1964 年から 250cc に、その後 350cc クラスにも 6 気筒を採用し、片側 3 本ずつのエキゾーストパイプ・マフラーが他を圧倒したことを指摘。その後の RCS の開発した CB500R が、集合マフラーに変わったことを写真入りで掲載している。[48]

また、「エキゾーストパイプとマフラーの役目と機能」を明確化したうえで、「脈動効果による出力アップと性格付け」について、これも 2 ストローク、4 ストローク別に述べている。特に 4 ストロークエンジンの場合、排気作用の終わる時、つまり排気弁が閉じようとする時と、排気流の負圧波とを結び付けて、積極的に排気作用の向上を図り、さらにこの時吸気弁を開き吸入効果を向上させることができる点を指摘している。[49]

このように指摘は一般的マフラーの構造解説後、集合マフラーの採用について語

---

[47] 「オートバイ」1975 年 9 月号
[48] 「オートバイ」1975 年 9 月号　モーターマガジン社　P102
[49] 「オートバイ」1975 年 9 月号　モーターマガジン社　P103

り、結論としてホンダが、RC 系の GP マシンあるいは F1 で得た多くの経験が、CB400F、CB550F-Ⅱ、CB750F-Ⅱ取り入れられたことに間違いはないとしている。さらに続けてこの集合排気系の重要なポイントとして、エキゾーストパイプが集まる集合チャンバーであることを指摘している。チャンバーの容積がシリンダー間の脈動の干渉度を決定しエンジン性能・性格を決定しているとしている。

この実験レポートは、市販の 4into1 マフラーであるヨシムラの手曲げ、機械曲げ、TESCO 等に及び回転数と出力数のグラフを明示したうえで、分析を実施している。最後に CB550F-Ⅱ の 4into1 について言及し締め括られている。これらを通して言えることは、さながら論文と言えば大袈裟であるが、それくらい専門的な視点に立って解説されていることに驚いた次第である。

各紙面の内容について書き出すことはあまり意味が無い。しかし、記事を自らの視点でイメージしつつ、1975 年における各誌の CB400F に関する特集を書き出して見ると、内容については各記者の言葉を借りた形ではあるが、いかに注目されていたかを理解して頂いたと思う。

第8節　1970 年代から生じたバイク規制とは

第1項　規制と個性

CB400F が世に出た 1970 年代の日本というものはどういう時代であったのだろうか。それは、CB400F を理解するうえでも重要な要素になるかもしれない。

各誌の内容はより専門性の高い記事ばかりで、特に実験レポートや測定による分析といった実車を中心とする内容であり、メーカーから車両を借り受けて、1 年と

騒音規制の流れ							
							(単位:db)
年度	規制項目		定常騒音		加速騒音		近接騒音	
	規制車種		規制値	前年比	規制値	前年比	規制値	前年比
1971 年	軽二輪	(126〜250cc)	74	-	84	-	-	-
騒音規制値	小型二輪	(251cc〜)	74	-	86	-	-	-
1986 年	軽二輪	(126〜250cc)	74	0	75	▲9	99	-
騒音規制値	小型二輪	(251cc〜)	74	0	75	▲11	99	-
2001 年	軽二輪	(126〜250cc)	71	▲3	73	▲2	94	▲2
騒音規制値	小型二輪	(251cc〜)	72	▲2	73	▲2	94	▲2

いう長期にわたって実際に通勤で使用しつつ、走行調査するという「ロングラン・テスト」を実施するなど、現在では考えられないような企画が特集として組まれている。ツアラーというものに対する期待の表れだったのかもしれない。1970 年代の日本という環境下、二輪車に対して本物志向という価値観と新しいライフスタイルの創造ということが求められた時代であったと考えられる。

　ただ、一方では二輪車にとって課される厳しい規制の始まりだったとも言える。高度経済成長から安定成長へと移行するとき、新しい価値観が創り出されようとする中でモータリゼーションが本格化していくわけであるが、それまでの好景気の弊害として発生してくるのが公害である。下記表は騒音規制の年代別の流れである。それまで、経済成長することを優先するあまり、社会的に多くの犠牲が払われてきた。大気汚染や、水質汚濁、自然破壊、そして、騒音・振動問題が顕在化し多くの公害訴訟が起き大きな課題として取り上げられ始めた。そのことを契機として国民の価値観というものは大きく変化していく。と同時にメーカーにとってもそのことへの対処が迫られることになるのである。

　前頁表「騒音規制の流れ」を見て頂きたい。まず用語の解説をすると「定常騒音」は最高出力の 60%の回転数で発する騒音を 7.5m 離れて測定したもの。「加速走行騒音」は、定常走行状態からフル加速で 10m 走行して 7.5m 離れた場所で測定した騒音値、そして「近接排気騒音」は停車状態で最高回転出力数の 75%　(最高出力回転数が 5000 回転以上の場合は 50%)の回転数で発生する騒音を排気方向から 45 度、排気管から 0.5m 離れた場所で測定したものである。実は米国や欧州では定常騒音、近接騒音の基準はなく日本独自の規制基準である。また、加速騒音について表で見る通り近年 73db まで規制が強化されているが欧米では 80db なのである。これらから「日本は世界一バイク規制が厳しい」と言われている。

　騒音規制は 1971 年の規制導入以来、社会的規制機運は高まり 1986 年には加速騒音規制が厳しく強化され、さらには近接騒音規制が加わっている。例えば 1db 騒音が下がると、人にとっては 30%程度うるさが軽減されたと感じるようで、マイナス 13db というのがいかに大きな数字かが推測できる。レーサーレプリカが一世を風靡した時代があったが、近年フルカウルのバイクが増えているのは、姿形の良さや空力性を良くする意味合いばかりではなく、バイクから発生するあらゆる騒音を遮断するための遮音版としての役割があることも事実なのである。

振り返ってみるとCB400Fが生まれて時代を考えた時、1975年免許制度の改正(中型限定)というものを外しては語れない。排気量による規制により区分された流れに翻弄されたことは決定的であった。ただ、その背景には暴走族の行為を取り締まると同時に、騒音公害へいかに対処するかという具体策の一環であったことは間違いない。CB400Fの功罪というよりそういう時代に生まれたのである。その意味でも二輪史を考える時、外すことのできない存在だといえる。

　詳しくは別の章で述べるが、このこうした影響を受けたCB400Fの広告の変化に、その典型的出来事が如実に現れている現象が雑誌からも見て取れる。下記に示した広告を改めて見てほしい。

1975.3月号「オートバイ」へのホンダの広告

1975.4月号「オートバイ」へのホンダの広告

　左上の写真広告は1975年3月「オートバイ」に掲載されたCB400F広告である。名キャッチコピーである。「おお400 おまえは風だ」の文字が堂々と記載され、スピード感を出すために映像の車体もバンク角度は深い。

　一方、左下の写真広告は、なんと翌月である1975年4月号「オートバイ」に掲載されたものであるが、急遽、削除したとしか思えない紙面となっていることがわかる。左の頁下半分は「おまえは風だ」の文字が見事に消され、違和感のあるものとなっている。よく見ると表現としてのスピード感も損なわれ、バンク角も浅い表現となっている。

改めてこの時代のホンダの歴史を紐解くと、1970 年に二輪車・四輪車メーカーでは初の試みとして「安全運転普及本部」が設立され、安全運転の普及活動を開始。
　それは交通社会に関わる全ての人の体験、知識、意識の向上をサポートするために「ヒト」に焦点を当てた安全運転普及活動であり、その活動は今も継続されており、ホンダの世界的ネットワークの下で日本も入れて世界 41 か国に広がっているのである。つまり、世界のバイクメーカーとしていかに社会的存在となるかという宣言をした端緒となった時代であったということと、CB400F の存在は無関係ではないといえよう。

　高度経済成長下生活も豊かになっていく中で、メーカーに対しても、消費者にとってみても、1970 年頃から二輪車は、従来の運搬手段としての乗り物としてではなく、バイクは自己主張の為の乗り物となっていったと考えてもよいと思う。
　CB400F の本格的な機能とスタイル、日本人に合った車格は、当時の若者にとって恰好のステイタスとして位置付けられていたともいえよう。CB のシンボルであった上位機種 CB750F と比べると、比較的値ごろ感があり、本格的なカスタマイズの素材としてのカフェレーサースタイル CB400F の登場はタイムリーなものであったはずである。ユーザーの抱く思い入れや自己表現は、機能の向上や走行だけにとどまらず、排気音や乗り味まで個性化されていったと考えられる。CB400F はこうした個性化の進む趨勢(すうせい)から、図らずも規制の対象としての代表格と思われてしまったのかもしれない。CB400F がこの時代を象徴するバイクとなっていくのも運命的なものであったようだ。めぐり合わせというものはあるもので時代の寵児(ちょうじ)として伝説となっていったこともうなずけるのである。

第2項　　憧れと伝説

　端的に言うと族車といわれる車両としても存在した CB400F は、決して社会的にはプラスのイメージとはならなかったが、逆に言えば個性化の象徴としてライダーたちの想い入れや、その周辺にいる人たちの憧れを醸成していったとも解釈できる。

　一つのモノが伝説となるとはどういうことであろうか。後にそのデザイン性や設計思想のすばらしさについて述べるが、ノーマルでもカスタムでも変幻自在であった CB400F が、総合的に優れたバイクであったことは間違いない。しかし、さらに言うとその時代の要求する流れにあって人々のエネルギーと波長が合い、つむがれた物語が有るか無いかが、伝説にまで上りつめることができるかどうかの要点でも

あると思う。それは、モノが一つの意味を持つということである。

　それはとりもなおさずCB400Fが人生の物語を描くうえでの格好のパートナーであったということだと思う。当時人気があったにも関わらず、短命に終わり次世代車「ホーク」という車種にとって代わられることになる。この短命さも思いを寄せる人たちにとって、大きな欲求や願望となって記憶の中に強く残ることになったのではないだろうか。

　これらのことは、直接的表現ではないものの前述した通り、二輪誌の取材記事や評論、その雑誌に広告を載せてきたメーカーのプロモーションの内容をよく見ると真の姿が見えてくる。このように二輪誌を通して当時の時代背景や環境を見てくると、CB400F の上に降りかかってきた運命も偶然のものではなく、時代の流れとしては必然的に起こるべくして起こったとの解釈もできるのである。国の制度変更と、国民のライフスタイルの変化とも連動しており、CB400F はその真っ只中に産み落とされた産物と捉えることができる。そうした背景も CB400F がレジェンドと言われる素地となったと考えられるのである。

　以上、この章では CB400F そのものについて多角的に詳解させて頂いた。
まずは全体像について概要を掴んで頂けたのではないかと思う。次章からは各論に入りその魅力を深堀していきたい。
　まずは、作業として取りかかったのが「CB400F 初号機の存在確認」である。各論に入る前提として、1974 年 12 月に発売された CB400F の初号機を探索し、自らの目で確認したいという衝動が生まれた。

　マニアにとって初号機というのは**「夢の現車」**。今、動かないと失われてしまうのではないかと言うおそれは、実はデザイナーである佐藤允弥さんや LPL の寺田五郎さんに直接お会いする機会を得ておきながら、時すでに遅しと言う状況があったという悔いが、その衝動に結びついた原因であるともいえる。
　したがって、次の章では、CB400F 初号機を探し出し、それが真に初号機であるかということも含め、調査・取材を徹底して検証も行いたいと思う。
　この目で初号機を捉えるという実施調査の内容を第 2 章として上梓することとした。

第2章　　CB400F 初号機　探訪

ある方から「CB400F の初号機」を見たとの話があった。初号機というと出荷される対象としての製品第一号ということなのか、それとも、製品とは別に確保されたサンプルとされるものなのか、あっという間に想像が頭を駆け巡る。それが何であるかというより「この目で見たい」という欲望の方が刺激されて、冷静ではいられなかった。

その方は続けて、「以前ホンダの栃木工場で、その初号機を見せてもらい、写真も何枚か撮らせてもらった」とのことである。もう黙っては居られない。どうしても自らもその対象をこの目で見たいと思った。

ただ、ちょっと待て。何をもって初号機と断定するのか。その素朴な疑問が間髪入れず湧いてくる。

依然、ある雑誌で車体フレームナンバー「1000001」というモノが掲載してあったのをしっかりと覚えている。果たしてそれがそうなのかは別として、それが初号機の証であるのかどうなのか確かめる必要がある。

そもそもそれが初号機のナンバーなのか、それともシリアルなのか、いわゆる芸術の世界でいうところの AP「Artist Proof」[50]、或いは EA「Epreuve d'artiste」[51] といわれる「作家保存」のものなのか、疑問と興味は深まるばかりであり、世に出てしまった製品1号であるならそれは人手に渡ってしまっているはずである。

この情報の筋から行くと「栃木の工場で見た」ということが、メーカーに保存されているものと考えてよさそうである。

何れにして現存するのかどうなのかそこが知りたい。現存するとすれば、この目でじっくりと観察させて頂き、CB400F ファンの一人としてこの喜びを共有したいと思う。都市伝説的に語られる初号機の行方を検証しつつ追い、何よりも現存するのであればこの目に焼き付けたいと思うのである。何よりも現物を目の前にできるのであれば、その初号機という特別な存在に対して、自分の目を持って確

---

[50] 英語の「Artist Proof」作家保存という意味。

[51] 仏語の「Epreuve d'artiste」作家保存という意味　英語の AP とともに作家が自分自身の資料として保存したり、贈呈するためのものとして確保された作品を指す。

認し現物についてその隅々を見渡し、調べ、分析して、解釈できるものを書き残したいというのが本章の主題である。

これは取りも直さずバイクというものの中で一時代を築いた「古典」として証を見ることに他ならない。CB400F 一ファンとして、この目で初号機を見るという夢は果たしておきたいと思う。

第1節　CB400F 初号機の存在を知る

CB400F フリークを自認するものとしては、どうしても初号機の存在を確認したいという欲望を押さえつつ、冷静に考えるとそもそも存在するのかどうかということが確認すべき先決事項である。もし、存在するとしたらどこに保管されているのか。そして実働車なのかそうでないのか。そして何を持って初号機と判断するかということが重要となる。

その上で実働車だとすれば、どのようにメンテナンスが成されているのか。さらにはどういった場面で披露され、或いは開発等にどう役立てられているのかといったメーカーにとっての存在意義や目的についても多くの興味が湧いてくる。

CB400F が発売されて 50 年。今年は記念すべき発売 50 周年を迎えることとなった。　地球規模での脱炭素時代を目指す業界の流れから空冷エンジンのバイクが、事実上終焉(しゅうえん)を迎えようとする今、CB の直系たる CB400F の初号機にあたることの意義は大きいと思う。それは時代という歴史の継承をいかにおこなっ

ていくかということに結び付くからである。筆者としてはCB400F の魅力の原点をさぐるというテーマを遂行する上で外せない作業となった。

今から 36 年前、1988 年 1 月 15 日「ミスターバイク BG 2 月号」[52]が発売された。CB400F の特集号であり、復

---

[52] モーターマガジン社発行のバイク雑誌　モーターマガジン社は東京都港区新橋 1923 年（大正 12 年）、オートバイ雑誌『月刊オートバイ』を創刊して創業

刻版カタログが付録としてついていたのであるからその古さが分かる。その特集記事に「俺のヨンフォア」というものがあった。カラーで綴られたページをめくるうちに見つけたのが、CB400F の黒いフレームに刻印されたフロント部分の写真である。「"フレームナンバーCB400F-1000001"。ヨンフォアの１号車は、今も新車の状態を保って時を超える」と解説があった。(前頁下写真[53])

　その時に初めて、**初号車が現存すること**を知ったのである。さらにその他のムック本にも痕跡を発見した。平成 7 年(1995 年)１月、辰巳出版から発行された「甦る、70 年代の伝説 〝ヨンフォア〟のすべて」[54]に掲載されていたエンジンナンバーの写真である。(右下写真)これはホンダコレクションホール所蔵であり、エンジンナンバー「CB400FE-1000001」が刻印されており、１号車と記載してある。少なくとも初号機の存在を裏付けるものであることは間違いない。

　ということは、これが初号機かと考えてしまうのだが、ちょっと待てよ、それではあればミスターBG に掲載されていたフレームナンバーに付与されている「CB400F-1000001」との兼ね合いはどうなっているのであろうか、という素朴な疑問が出てくる。

　少なくとも「1000001」を冠している以上、最初のものであることには間違いないのだが、エンジンとフレームどちらがベースになるのか、また、双方の一致が成されているのか、それとも、そもそもその必要性があるのかないのかが気になってくる。そこがはっきりしないことには、初号機というモノが特定できないのではないかと考えた。

53　モーターマガジン社「ミスター・バイク BG」1988.2.15　P16 掲載 (筆者所有の本を自身撮影)
54　タツミムック「CB400FOUR 甦る、70 年代の伝説 〝ヨンフォア〟のすべて」1995.1 辰巳出版　P21 ⑭の写真部分　(筆者所有の本を自身撮影)

そこで車体番号であるところの「フレームナンバー」と「エンジンナンバー」の扱いや、管理の在り方を確認することとした。このことが初号機の特定と存在の確認の前提になる。また昨今、問題視されている車体番号(フレームナンバー)とエンジンナンバーの不一致についても、自ずと答えが出ることになると思う。

第2節　車体管理「フレームナンバーとエンジンナンバー」

車体番号(車台番号)は、車両の製造会社が国土交通省(以前は運輸省)に届出を行い、国が付与する車両一台一台の識別番号である。いわば車両の戸籍であり身分の証のようなものである。この車体番号さえわかれば身元を洗い出すことは容易ではないかと考えた。

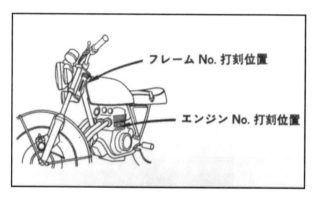

パーツリストに各番号の刻印箇所が明示してある。(左図[55])
この車体番号は外から損傷を受けにくいところに刻印されており、CB400Fの場合は、フレームボディーのハンドル装着部分に打刻されている。そのことからバイクでは車体番号を「フレームナンバー」とも呼ばれている。(以下、車体番号をフレームナンバーということにする。それに加えて「エンジンナンバー」というものがある。エンジンナンバーは、エンジン固有の識別番号である。エンジン本体への打刻か、プレートが張り付けられている場合がある。CB400Fはエンジン部分にプレートを貼りつれる方式になっている。日本の車両登録では、<u>フレームナンバーを持って特定される関係から車検証にも表記されるが、エンジンナンバーの記載は要求されていない</u>。日本ではと書いたのは、海外ではエンジンナンバーも重要な番号として車検証に記載することになっているからである。

また、確認したところによるとメーカーの製造工程において、<u>車体番号とエンジンナンバーを符合させる形での生産システムにはなっていない</u>様である。

---

[55] HONDA　ドリームCB400F　「パーツリスト　2」昭和51年9月20日現在編集 P3　「一般部品の号機管理」よりカット

纏まったものがラインに流されることはあるが、ロット単位では連番であるものの、次の供給が前ライン生産で流されたものとは限らず、通しで行けば必ずしも連番ではないと考えられる。

　このことから言えるのは「フレームナンバー」は国への届出としての必要とされる番号であり、その意味では対外的に共通認識に立てる番号として存在している。
　片や「エンジンナンバー」は、製造管理上の番号として管理されてはいるものの、故障による乗せ換えや、不具合、変更が想定されることから、予備エンジンや、差替え用のものとして製造される点もあることから、自ずと番号自体にズレが生じるものとも考えられる。いわば、連番のフレームナンバーとは別ものと捉えるのが自然である。

　ライン生産において個体管理自体の関係上、少なくとも「エンジンナンバー」とフレームナンバーとの双方が記録管理されていることは間違いない。ただ、<u>エンジンナンバーとフレームナンバーを、同番号で整合させることは品質管理上マストではない</u>ことが分かってきた。以上のことからフレームとエンジンの番号は整合しないことが多いと考えられる。よく盗難時にエンジンを載せ換えたのではないかという心配はあまり当たらないということも分かる。

　実はここまで各ナンバーについて確認作業を実施したのは、初号機を見極める為である。というのは、フレームナンバーのスタートを持って初号機というのか、エンジンナンバーのスタートを持って初号機というのかという点をはっきりさせたかったのである。事実、車体に付与されたナンバーで、代表的なナンバーがフレームとエンジンであり、どちらを基準にするかで車両の見方が違ってくる。すなわち、初号機の是非もここで決まるということである。

第3節　　初号機の特定検証

　初号機を特定する上で手掛かりとなる車体番号を観ていく。まずは輸出用車両フレーム番号について一覧を作成してみた。
　メーカーより入手した元データではないものの、その特徴から信憑性のあるものと判断し、CB400F 輸出仕様車の車種別エンジンナンバーとフレームナンバーの一覧を加工作成してみた。(次頁表)[56]

56　出典　Copyright © 2013 Getting Started CB400F Life. All Rights Reserved

輸出仕様車のエンジン・フレームナンバー				
車種	コード	エリア	エンジンナンバー	フレームナンバー
CB400FOUR（408）	A	アメリカ	CB400FE-1000001～1038563	CB400F-1000006～1038492
	E	イギリス	CB400FE-1000001～1069245	CB400F-1007709～1073399
	G	ドイツ	CB400FE-1000001～1068984	CB400F-1003864～1073209
	F	フランス	CB400FE-1000001～1067426	CB400F-1003859～1071669
	E D	ヨーロッパダイレクトセールス	CB400FE-1000001～1068486	CB400F-1003869～1072669
	D K	ゼネラルエキスポート（KHP）	CB400FE-1000001～1080155	CB400F-1000154～1084349
	D M	ゼネラルエキスポート（MPH）	CB400FE-1000001～1044878	CB400F-1007394～1047804
	S	スウェーデン	CB400FE-1000001～1033298	CB400F-1012968～1033142
	U	オーストラリア	CB400FE-1000001～1080210	CB400F-1007369～1084404
CB400FOUR-Ⅰ	A	アメリカ	CB400FE-2000001～	CB400F-2000001～2008280
	C M	カナダ	CB400FE-2000001～	CB400F-2008281～2009350
CB400FOUR-Ⅱ	A	アメリカ	CB400FE-2100001～2104125	CB400F-2100001～2104166
	C M	カナダ	CB400FE-2103573～2105072	CB400F-2103567～2105061
	E	イギリス	CB400FE-1084315～	CB400F-1073400～
	G	ドイツ	CB400FE-1081745～	CB400F-1074740～
	F	フランス	CB400FE-1082227～	CB400F-1075280～
	E D	ヨーロッパダイレクトセールス	CB400FE-1086660～	CB400F-1075640～

　少なくともこの表を観る限りにおいて、明らかな特徴を読み取ることができる。

　それは、初号機を考える上で時間軸としてCB400Fの発売になった1974年12月発表の車種は「408cc」である。従って**初号機は間違いなく、「408」として存在している**はずである。

　表を観ると先ず1974年当時の「CB400F-408cc」は、海外向けはすべて「エンジンナンバー」も「フレームナンバー」ともに「1」からスタートする7桁の番号である。（コードA-Uまでの両側の上の枠）

　アメリカ、カナダ向けに限って、輸出向け「CB400F-Ⅰ、Ⅱ（398cc）」は、「エン

http://park11.wakwak.com/~cb400f/life/index.html　2020.06 ネットより

ジンナンバー」、「フレームナンバー」ともに「2」からスタートする7桁(前頁コード A-CM の枠)となっており、こと輸出向け「CB400F-Ⅰ」はアメリカとカナダだけで、他の国には輸出されていないことが分かる。

そして、輸出向けのエンジンナンバーの附番の領域と、フレームナンバーの附番領域が一致していないことにも気付く。一致していないというより、一致させることができないという表現が正確かもしれない。<u>エンジンナンバーのナンバリングとフレームナンバーのナンバリングが必ずしも一致していない</u>ことが一目でわかると思う。

(右上下写真 CB400F カタログ[57])

例えば 408 のエンジンナンバーが各国ともに「1000001」からスタートすることからすると 9 台「1000001」が存在する。片やフレーム番号は国別としたうえで、スタート番号が途中からとなっており、その時点で整合しないのである。重要な点なので表に表示してあるものを再度確認してみたい。

初号機の附番を「1000001」からスタートするモノと考えると、エンジンナンバーに「1000001」と附番されたものがあるものの「フレームナンバー」には、<u>すべての車種、す</u>

---

[57] イタリア(上)・ドイツ(下)で使用されたカタログの表紙映像は、すべて日本で撮影されたものである。よく見ると名称のフォントが、日本のモノとは双方ともに部分的に違っている。(資料:提供 熊田一徳氏)

べての輸出国別の「CB400F 1000001」が存在しないのである。

　つまり、輸出物はエンジンナンバーでは、少なくとも輸出向けには初号機は特定できず、フレーム番号からも、特定できるという確証は得られなかった。残るは国内モノの号機管理がどのようになっているかに絞られてくる。

　ここまで観てきたのは、エンジンナンバーを観る限りにおいて「1000001」が、輸出用 CB400F(408)として、9台存在するということで、どれが初号機の証であるかと言う証明になるモノは存在せず、言い換えればエンジン番号だけで言うと9台がその資格があるという見方もできる。ただ逆に特定できるのはフレームナンバーであり、その番号に「1000001～1000005」が存在しないということが分かる。つまり輸出車のフレームナンバーには最初の番号が欠番となっている事実からすると、フレームナンバー「1000001」を持ってモノが初号機だとすれば、フレームナンバー的にも初号機と言えるものは存在しないということである。つまり、エンジンナンバー、フレームナンバーともに輸出車には初号機は特定できるものは無いと判断できる。

　それではどこにあるのか、改めて前段で述べた雑誌で示されたフレームナンバーの車体、エンジンナンバーの車体を追うという必要性が出てくる。
　過去、少なくとも二輪誌の取材に応え、撮影されたフレームナンバー「1000001」を持つ車両があるということが事実だとすれば、それがまずは初号機の可能性を秘めている。輸出車に無いフレームナンバーの欠番になっている番号が、国内車には存在するのではないかと判断してもおかしくないと思う。つまりは、国内車の中に初号機は存在するとみて間違いない。存在するとしたら当然、フレームナンバーは「1000001」ということになると思う。

　そのためには国内モノの号機管理を見てみる必要性がある。最も信憑性の高いものが号機管理表である。特にその表示が一般に公開され明記されているものが「パーツリスト」である。(次頁のパーツリストのオリジナルを入手の上確認)
　国内モノについては、上のパーツリストに「号機管理一覧表」が明示されている。

　まず、今までの理解を前提にして、号機管理の観点から「初号機」というものを論理的に特定していきたい。私の判断の裏付けになるモノも欲しいと考え、その為

項番	タイトル(対象機種名)	cc	帳表名	掲載内容年月日	管理番号	発行年記号
1	HONDA ドリーム CB400F	408	パーツリスト 1	昭和49年(1974) 11月25日 時点編集	2137701	SK/B10007502
2	HONDA ドリーム CB400F	408	パーツリスト 2	昭和51年(1976) 9月20日 時点編集	2137702	-
3	HONDA ドリーム CB400F	408	パーツリスト 3	昭和53年(1978) 11月24日 時点編集	2137703	SK/A8007901
4	HONDA CB400 CB400FOUR-I CB400FOUR-II	398	パーツリスト 3版	昭和52年(1977) 6月20日 時点編集	1537703	Y/A5007901
5	ホンダドリームCB350/400FOUR	All	サービス マニュアル	昭和50年(1975) 1月時点編集	6033302	Y C120.2002.07

に有識者にもヒアリングを実施した。パーツに関して非常に詳しいメンテナンスマ
イスターの方を、前巻執筆時にご紹介頂いたので、自らが解釈している内容につい
て率直に照会することとした。[58] 検証の意味も含めて、直接疑問を投げかけて協
議、検討してみることで確証を得ることができると考えた。

第4節　初号機を定義する

ディスカッションすべき事項として、以下のパーツリスト一覧に基づき初号機の
特定に関する質問を大きく3点にしぼり協議・検討し、初号機を定義することとし
た。質問としては以下の三点である。
- 第一に CB400F(408)、CB400F(398)各パーツリストから号機管理を確認の上、
  何をもって初号機と特定するか
- 第二はエンジンナンバーとフレームナンバー(車体番号)のどちらを基準とし
  て初号機を見分けるか
- 第三に初号機と試作機の考え方の整理

更に、この質問を具体的にする為に、現存するパーツリストから「号機管理一覧
表」を作成してみた。下記をご覧頂きたい。本表は下記に示しているように CB400F
「パーツリスト」の「408」初版、「408」3版と、「398」3版から作成した。
つまり発行されている<u>パーツリストはすべて押さえた</u>ということである。

58　パーツについて協議させて頂いたのは、プライベートサプライヤーでもあるフリーランスプランニン
　グ代表　櫻井 真氏である。詳細は前著第11章に記載しているのでご一読いただきたい。

号機管理一覧表

車種	エンジンナンバー(号機)	フレームナンバー(号機)	パーツリスト年月日
CB400F (408)	CB400FE 1000001〜1050935	CB400F 1000001〜1053847	1974/11/25 (1978/11/24 最終版として改定)
CB400F-Ⅰ (398)	CB400E 1000001〜1009359	CB400 1000004〜1011000	1976/3/1 (1978/12/20 最終版として改定)
CB400F-Ⅱ (398)	CB400E 1000001〜1010040	CB400 1000014〜1010660	

　まずは第一の質問に関する答えとして考えられるのは、ご存知のようにパーツリストは「408」と「398」の2種類が存在する。前節でも述べた通り「408」が1974年、「398」が1976年であることから初号機の特定を時間軸で考えると、当然「408」の号機管理に収斂(しゅうれん)する。ただ、含みとしてCB400F-Ⅰ、CB400F-Ⅱが独立車種として位置付けるとすれば、それぞれに初号機が存在するという解釈も無いわけではない。そこは注意深く見ておきたい。

　一般的には初号機といえば、まさに最初に生み出された製品を意味することからすると、1974年12月3日に発表されたCB400F「408」の一番初めの附番のものを初号機の第一の要件とすることには異論はないと思う。

　第二の疑問についてであるが、初号機の第一の要件を踏まえたうえで改めて「号機管理一覧表」を観て頂きたい。

　「エンジンナンバー」は「408」も「398」も「1000001」から附番が成されている。しかし、「フレームナンバー」は「408」が「1000001」から存在するのに対して、「398」は、F-Ⅰが「1000004」から、F-Ⅱが「1000014」からとされ、「1000001」が存在しないのである。

　つまり「フレームナンバー」の前の記号として「408」は「CB400F-」が、「398」は「CB400-」が記されている。これら「398」のフレームナンバーに1000001が存在しないことと、フレーム記号から観ると初号機、第二の要件が「フレームナンバー」から見えてくる。

　すなわち、初号機は、『「1974年製」のもので、車種は「408」の製品、フレー

ムナンバーが CB400F の「1000001」であること。そして、エンジンナンバーも「1000001」であること』ということになる。

　さらに付け加えるとするならば、フレームナンバーは、国への届出を必要とすることから、原則、同じ番号は無く、第三者に特定される番号として存在している。そのことからフレームナンバーの初番こそが、初号機の証明とも言える。

　確認の意味で遡ってみてみると、第3節でお示しした「輸出車のエンジン・フレームナンバー表」を再度見て頂くと、輸出仕様 CB400F(408)のフレームナンバーには「1000001〜1000005」までの附番が管理表の中には存在していない。

　また、輸出仕様 CB400F(398)-Ⅰ、Ⅱのフレーム番号は、アメリカ、カナダ向けはともに１ケタ目が「2」から附番されている。さらにはF-Ⅱのイギリス、ドイツ、フランス等欧州向けには「1」から附番されるものの「10073400」からスタートしている。そのことから言えるのは、ことフレーム番号については、「408」・「398」ともに海外向けには、「1000001」は存在しないということである。
　したがって、前頁の国内パーツリストの号機管理表に「1000001」が存在することから、初号機は海外向けのモノでは無く国内に限定できると裏付けられる。
　ここで素朴な疑問がわいてくる。つまり、第三の疑問である初号機と試作機の考え方を整理しておく必要性がある。

　改めて前頁にまとめた号機管理表をご覧頂きたい。フレームナンバーを基準に見分ける上で、「408」については先ほど述べた様に「1000001」からスタートしているのであるが、「398」の方はF-Ⅰが「1000004」からの附番であり、F-Ⅱが「1000014」からとすると、F-Ⅰの方で「1000001〜1000003」まではどうなっているのかということである。合わせてF-Ⅱについても「1000001〜1000013」までについても同様な疑問がわいてくる。

　これは有識者との協議の中でも疑問となった点であるが「試作車」、「製品ストック」ではないかとの話となった。まずは「製品ストック」というのが有り得るのか、現実にはメーカー在庫となるわけであるからフレームナンバーは届出上必要になる。とすれば何の為の空枠なのかという点がさらに疑問として残る。
　F-Ⅰと F-Ⅱの附番領域が重なっているという見方もあるが、これは車種で切り分けると考えれば理解できる。

ただ、もう一つの疑問である「試作車」というものの存在については、フレームナンバーを付し届出を行えば、物品税がかかると考えると試作車はフレームナンバーが無いのではないかという考えにもなる。つまり、試作車は試作車であって初号機とは言えないのではないかと言う見方である。

　そして、更には第三者に明示できる**フレームナンバーのないものは、完成車とは言えないので、初号機の定義の概念からは外すべき**という考えに至ったのである。

　例えそれが試作機として最初に造られていたとしても「398」の F-Ⅰ、F-Ⅱは、時間軸的にも最初に造られたものとの解釈は成り立たず、ましてや「1000001」の番号も存在しないということになると答えは絞られる。

　つまり、フレーム番号を見て頂く通り「408」に唯一の「1000001」がある。これを持って始まりの番号として特定できる。フレームナンバーを持たない可能性のある試作車は初号機の概念から外し、やはり**フレームナンバーを持つ「製品」であることが初号機の要件であると定義**づけたのである。そこには試作車と完成車としての要件を前提としていることから、合理性があり恣意性も排除できた定義だと考えても良いだろう。

　以上のことから、**初号機とはこの 3 点の要件を満たすものが初号機と定義できる。**　理想としては、エンジンナンバーも「1000001」が附番されていると初号機としての確証は確かなものとなる。したがって更に 4 つ目の要件であるエンジンナンバーまで含めてそろう車両があるとすれば、それこそ**パーフェクト「4」であり、完璧な初号機と言えるという結論に達した。**まとめると以下のように定義できる。

> 1.　時間軸として 1974 年 12 月初出の車両であること。
> 2.　国内モノの「408」であること。
> 3.　フレームナンバーが「CB400F　1000001」であること。

> 4.　以上の 1.2.3 は絶対要件ではあるが、エンジンナンバーも
> 　　「1000001」であると、正真正銘の初号機と言える。

　この要件に叶った車両を確認したい。初号機を実際に見てみたいという思いから、これらの 4 つの条件を、先達と言われる関係者の方にヒアリングし、確認の取材を

進めていくうちにその個体の在りかを絞ることができた。そして、実際にその車体と思われるものの個体がある場所を特定できたのである。

第5節　初号機現物確認調査

　それは、各有識者の取材を通し、実はホンダの社員の方からも確認したところによると、**栃木県にある「ホンダコレクションホール」に展示してある車両こそが、初号機であると考えられるのである。**当然であるが、実際に確かめに行ってきた。

（右写真=ホンダコレクションホール 2022.4）

　初号機確認の為、2022年4月11日、ホンダコレクションホールを訪問。当日は晴れ、7年ぶりでありCB400Fの原点に逢えるとの期待を持って行ってきた。（下写真[59]）　正面を入ると本田宗一郎氏の筆による「夢」の文字が刻まれた円形のガラスモニュメントがある。

　確認当時、正面玄関ホールにはホンダRC143、ホンダS500、ホンダ発電機E300、スーパーカブC100が誇らしげに展示してある。そして、お目当てのCB400Fは、2Fの奥、南棟、2輪市販車のフロアーに常設してある。

　その最も南の一角に展示してあることを前回来たときに、しっかりと記憶している。初号機であってくれ、本物であってくれと念じつつ、ほかの展示物には目もくれず展示場所に向かう。そして、7年前と同じ場所、同じ姿で、再会することができた。

---

[59] ホンダコレクションホール正面玄関写真　（自身撮影　2022-04-11）

ただ、今回は前回と違いこの展示車が初号機かどうかの見極めというのが最大の目的である。幸いなことに本日一番乗りであったこともあり、今のところ他にお客様は無く早速確認に入った。

（左写真[60]）

　まずは、全体像を見たうえで展示車両プレートを確認する。（右写真ネームプレートを正面に撮影したCB400F の全景[61]）「ホンダドリーム CB400FOUR 昭和49年1974」と書かれたプレートには左にスペック、右に完結な解説がある。

　その解説には「CB スーパースポーツの原点に返り、欧米に流行のきざしがみえたカフェレーサースタイル、4イン1集合エキゾーストをいちはやく採用、高い人気を得た。」と記載してある（下写真）。そして、そのプレートの横には、クリスタルプレートが設置してあり、「おお400 "CB400 フォア"」のタイトルに「おまえは風だ。」のキャッチとともにより詳細な解説が刻まれている。（次頁写真ご参照）

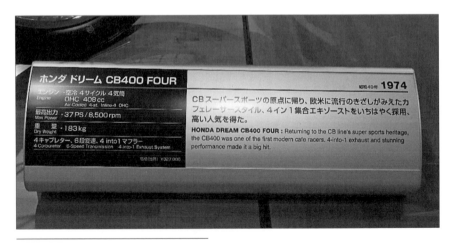

60　ホンダコレクションホール 2F 二輪市販車展示ブース南奥の一角　　（自身撮影　2022-04-11）
61　向かって中奥から CB750FOUR、CB500FOUR、CB400FOUR、右側には見えないが向かって奥から
　　ホンダベンリイ CB50、同 CB90、同 CB125、ホンダドリーム CB350 エクスポートと並んでいる。

2015年に見学した時と変わりない。オイルのにじみ、錆やほこりの一つも無く、ピカピカの状態で年月を重ねていることに改めて感謝した。定期的に行われ整備の一環である動態確認も成されていることを考えると、まさに現役の車両ということになる。この50年前の現役の車両としてここにあり、これが、自らが定義した「初号機」だとしたら感動のなにものでもない。

　車両の全体をつぶさに見たうえで、プレートの表示を確認すると、ホンダドリー

ム CB400F であることは間違いない。エンジンは空冷 4 サイクル、4 気筒、OHC、408cc であることも確認できた。

　1974 年製であるかどうかは、フレームナンバーが初番であることが最大のキーとなる。そして、排気量は 408cc で<u>エンジンナンバーまで初番であると、今目の前にしている車両がまさに「初号機」と断定できる。</u>

　期待に高鳴る気持ちを抑えつつ確認に入る。実は確認の作業としてフレームとの記憶が強く、セミダブルクレードルフレームの前面のフレームばかりを見ていた。どこを探しても打刻が無い、見つからない、ひょっとしたらモックアップ車両ではないかと気を揉んでしまい一旦諦めかけたのだ。正直焦ってしまった。そんなはずはないと独り言を言っていたと思う。

　しかし、そこは冷静になってと思い、前日にコレクションホールの管理の方に事前に電話をかけていて、初号機ではないかとフレームの刻印の話をしていたことを思いだした。その電話の段階では確認できなかったとは言え、受付に行って聞いてみることにした。そうすると偶然にも電話応対を頂いた方が勤務しておられ、どうしても刻印が見つからないと話すと、それでは、来館者が少ない開館間もない時間帯であったということもあり、同席して頂き刻印の場所をご案内頂いたのだ。

　「刻印はある」とのこと。それは展示して見える側のステアリングステムが入るフレームの外側だったのだ。通常冷静な時であれば当たり前にわかることに気づかなかったのである。改めて注意深く観察してみた。フレームは塗装の輝きが反射して、その打刻を肉眼で捉えることには苦労したが、フレームには確かに「**CB400F 1000001**」の刻印がはっきりと打ち込んであった。(次頁写真ご参照)

　フレームナンバーからして、間違いなく初号機である何よりの証拠である。何度も何度も確認し、そして写真を撮らせて頂いた。[62]　正直、「感動的であった」。
　これが CB400F の初号機であると思うと、昔の偉人にあっているかのようで小躍りするほど嬉しかった。これで、この展示車両が初号機であることに間違いは

---

[62] 2022-04-11 ホンダコレクションホールの展示車両は撮影可ではあるが、係員の方に再確認のうえ撮影させて頂いたもの。「1000001」の刻印がはっきりと確認される。(筆者撮影)

ないが、ここまで来たらエンジンナンバーも確認したい。そこで左舷側から見る限りCB400FE-1から始まる番号であることは確認できたものの、証拠写真を撮りたい。そこで右舷側からどうしても撮影したかったので、大変申し訳なかったのだがステージの一部を這って、エンジンに近づきエンジンプレートナンバーを確認してみた。

結果はエンジンナンバー「CB400FE-1000001」と打刻されていた。(次頁写真[63])
まさに、<u>この車両が408ccであって、フレームナンバー「CB400F 1000001」、エンジンナンバー「CB400FE-1000001」と、打刻された初号機であることが確認できたのである。</u>
このCB400Fの初号機の存在に対して何人の人が関心を持ち、拘りを持っておられるであろうか。関心のない人たちにとっては何でも無いことだと思うが、私にとって、あるいは関心のある方々が居られるとしたら、このことは**朗報として記しておきたい**。このホールに展示されている車両すべてが、初号機であるかどうかは定かではない。ましてやCB400Fは50年前のバイクである。個体が存在するだけで

---

[63] この写真でフレームナンバー「CB400F·1000001」の文字が明確に読み取ることができる。(筆者撮影)

も貴重であるのに、初号機が稼働する形で保存してあるということ自体、奇跡といっても過言ではないと思う。

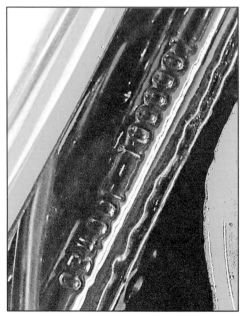

今、眼前に「CB400Fの初号機がある」。それを自らの目で見ることができる幸せに感謝したいと思うばかりである。初号機は時間を超えて歴史を刻んでいく。

そこには管理される方たちの日々の努力があってのことと思う。稼働することを旨として展示されている車両である以上、部分々で交換される部品も無いとは言えない。しかし、これらの車両ナンバーが示す通り初号機であることは明確に刻印付けしてあるのである。初号機探訪の為にこの章を加えた。正直確認できてこれ以上の喜びはない。

　事実の積み上げとしての初号機の定義をすることはできても、その初号機を発見することができなければ、ハッピーエンドには成らならない。幸いなことにこういう形でこの章を締めくくることができたこと自体幸せである。いつでもホンダコレクションホールに行けば、CB400Fの初号機が見られるのである。この手の話は噂の域を出ず、メーカー側が明確に提供している情報とも異なり、いつかは都市伝説化する場合もあると思う。その意味で今回、本書で初号機の定義を成したうえで、現車を確認できたことはとても重要で大きなことであった。

　2024年。発売50周年を迎えるCB400Fの初号機を自分の手で発見したかのようで感動的な調査となった。何よりも今まで噂でしかなかったものを、一つ一つ確認をしながら自らの手で解き明かしていった作業はとても楽しかった。
それと同時にホンダがCB400Fの初号機を走れる状態で維持・管理されていることに驚くと同時にこころから感謝したいと思う。

　改めて初号機に刻まれた車体番号の刻印と、エンジンナンバーの刻印を目に焼き付けたいと思う。もてぎのホンダコレクションホールに行けば見れると思うと、故郷がそこにある様な気がしてくるのである。(後日談として追加[64])

64　執筆当時の内容はその時点での展示の様子をつぶさに書き記しているが、2024年3月にホンダコレクションホールは全面リニューアルを実施した。展示物も各フロアコンセプト別にその主旨に沿って全面入れ替えがなされた。2024年6月、ホンダGOミーティングで再びコレクションホールを訪れた時には、残念ながらCB400Fの初号機の車体を見ることができなかった。ホンダ二輪の歴史を飾る車両は数多くあるが、半世紀を経て古典と呼ぶべき名車になったCB400Fを、再び故郷であるコレクションホールの舞台に戻してほしいと切に願うばかりである。筆者としては、永遠に展示され続けることを期待してやまない。

第3章　　CB400F オーナーズアンケート

　2018 年 6 月、東京都足立区で CB400F 一車種のメンテナンスを生業とされておられる「シオハウス」さん[65]の、全面的なご協力により本アンケートはスタートした。CB400F オーナーさん向けアンケートを通じて、得られた貴重な回答をもとに統計を取り、その分析結果から **CB400F の魅力に関する内容について各章で述べてきた推定を仮説検証していくというのが目論見**である。各オーナーの率直な意見を踏まえつつ、あくまでもデータ分析を通じて魅力を裏付けたいと考えた。

　本分析にあたり、アンケートの開始時点から既に 5 年が経過している。データの鮮度から有効性に憂慮すべきと思われる時間軸のずれを否定することはできない。本来であれば最新のデータを抽出すべく再度アンケートを取り直すべきとも考えた。また、そうすべきものかもしれない。

　ただ、当時のアンケートがいかなる結果であったかと言う事実は、それはそれとして意味を持つものと考えられる。**直近の価値観や方向性を指しているものとは言えないまでも、現在に至る過程の中で、消費者がいかに考えていたかと言う履歴や傾向を示すものであることには違いないと考える。**

　新たなるアンケートによって、現代の真を問うというより、当時のユーザーの考えであったことを前提として考察することは決して無駄ではなく、また、現在を推し量るうえで貴重なものとして位置付けることができるはずである。また、既に発売以来 50 年が経過するにも関わらず、未だ変わらず CB400F を愛車とする人たちにとって、その魅力を問うことに時間的差異はさほど問題にならないとも考えた。

　したがって、**このアンケートにおける結果を最大限重視しつつ、考察の過程において、現代の実態を表す数字や状況を加味しながら、CB400F オーナーの心境に迫ってみたいと考える。**CB400F オーナーであれば、その心情や価値観は不変ではないかと思いつつも、時間の経過は大きいものである。したがって、読者も今と 5 年前とどう変わったかということを比較しつつ、読み進めて頂くと面白いかもしれない。見方としては当時のアンケートを基礎に、オーナーの意見をどこまで拾えているかも意識しつつ再度アンケート結果について考察したいと思う。

---

[65]　「シオハウス」CB400F メンテナンス専業ファクトリー

第1節　アンケートの内容について

アンケート回答数地区別分布表

地域	都道府県	回答数	割合
関東	東京都	12	
	千葉	3	
	茨城	2	
	埼玉	8	81.8%
	神奈川	1	
	関東その他	10	
	小　計	36	
中部	愛知	1	2.3%
	小　計	1	
関西	大阪府	6	
	兵庫	1	15.9%
	小　計	7	
再　計		**44**	**100.0%**

アンケートは 2018 年 6 月から 2019 年 2 月まで実施した。アンケートの対象者としては CB400F オーナーに限定するという特殊なものであるだけに時間を要すると同時に当然その数、サンプルの数にも限りがあった。

ただ、「シオハウス」さんのご協力を得て、関東、関西の方々から貴重な回答を得ることができた。

配布総数は約 100 件、内、回答総数は 44 件。45 年前(実施時)のバイク CB400F をお持ちの方に、限定しての回答数と考えれば集まったと思う。

回答者の地区別内訳は左「アンケート回答数地区別分布表」の通りである。

　関東が全体の 8 割を占めるものの、中部、関西で約 2 割の回答数を得たことは貴重であったと思う。前述した通り、今回は改めてアンケートを実施することは無いが、現在、関東圏、都内、神奈川、千葉、埼玉、群馬、そして私が所属する九州のオーナーズクラブに加え、関西にもメンテナンスファクトリーの方々を介してのネットワークが有るので、再度アンケートを実施する機会があれば、更に多くのサンプルが集まることと思う。この点は明らかに 5 年前とは大きな違いであるだけに、いささか残念には思うが、今回の分析については、現サンプルで進めていくことをご理解賜りたいと思う。改めてその機会を得た時は読者諸氏にご協力のほどお願い致したい。また、前回お答えいただいた回答者並びに関係者の方々には、この場を借りて心より感謝申し上げたい。

第1項　　アンケートの目的

　アンケートの目的として回答用紙表面には以下のように記載した。

「　「CB400F」その魅力の源泉を探り出し、一ファンの記録として CB400F に

関する「本」をまとめ上げたいというのが、本アンケートの目的です。そのために、いまも CB400F に魅了される人たちの、こだわりや想いを聞くことで、このバイクを多面的に評価し、真の魅力に迫りたいと考えています。また、そうしたバイクを今後メーカーに生み出してほしいとも考えています。」とした。

　　最大の狙いは **CB400F** オーナーの人たちに限定し、その魅力について率直に答えて頂くことで、回答からその魅力に関する統計的、直感的確信を得ることである。今までに試みられた例がほとんど無いだけに非常に興味ある調査であったと考える。また、総花的なアンケート内容でなく、バイクの一車種(CB400F)、それも旧車に限定して、その魅力を裏付ける意味で、実施するアンケートの例は初めてであると自負している。

第2項　　アンケートの処理方法と出力について

　　アンケートの設問は、下記の表(質問形式一覧表)の通り全部で **24** 項目である。主に選択方式を採用して回答して頂くこととしたが、恣意性を排除したいという考えから、質問および理由について相当部分記述ができるよう記載欄を設定した。

質問形式一覧表

項番	質問形式	目的	質問数
1	記述式	全体の印象を聞く(優秀点、デザイン、全体印象)	3
1-2	選択肢回答方式・一部記述	オーナー属性、車輌の部分への質問等	14
2	選択肢回答方式・一部記述	デザインおよびイメージについて	6
3	記述式	魅力について全体意見	1
	質問数合計		24

　　ただ、質問の数、記述の部分と回答いただくのにかなり時間を要することとなったとこから、残念ながら回答の漏れや、選択肢の内 2 つを選ぶ形式であった場合、1 つしか選択されていないものや、未回答の質問項目もあった。

　　よって、統計的にはその質問項目の総数から差し引いた数を全数として集計した。質問項目の中には未回答が少なからずあり、中には統計的にどうかという見方も無いわけではないが、サンプルの絶対数が少なくまた貴重であり、それを極力生かすことを考え、各統計処理時点で前提を明確化して読み取ることとした。

　　また、電話連絡による回答フォローも実施、さらにシオハウスさんに来られる方々に直接インタビューを行い、内容を補いつつ、回答精度を上げ、客観性を高め

る為に最大限フォローを実施した。その意味ではアンケートとしての最低限のルールは順守できたものと考える。尚、自由回答はその人の意見を率直に述べたものであり、全体を貫く考え方ととらえることもできる。それだけに貴重な意見であり、その回答から統計の裏付けになるような確信を得ることもできる。また、少数意見の中に案外気づかない箴言が含まれることがある。よって少数意見を大事にすることとした。**統計の結果については、できるだけ「可視化」するということで、グラフによる表現を多用し理解しやすいように心がけた。**

第3項　シオハウスさんのご協力

　冒頭で申し上げた通り、シオハウスさんを情報発信源としなければ、このアンケートは実施できなかったと考えてよい。関東一円はもとより関西の方にもお声掛け頂き、回収についてもお手数をおかけした。

　また、インタビュー実施においては、ブログ(以下シオハウスのブログ記事[66])を通じて、呼びかけて頂くなど、大変なご協力を得たことをこの紙面を通じて感謝申し上げたい。

「CB400F」とシオハウスでのアンケート活動「アンケートの HP からの呼びかけ」

- ■　東京都足立区西新井 5-30-10　シオハウス様ブログ 2018/7/13〜19：03
- ■　アンケートのご協力を呼び掛けて頂いたブログ部分
- ■　明日土曜日午後は
　　ヨンフォアオーナーにお集まりいただけると助かります。
　　ちょっとアンケートにご協力いただきたいのです
　　ご協力頂いた方には粗品をご用意しています。
　　※すでにご協力頂いた 6 名の方にもご用意しています。

第2節　アンケートサンプル

　この章をお読みいただくうえで、アンケートの内容について原本を巻末に添付しようとも考えたが、どのような質問内容かあらかじめ、目を通していて頂いておくと読みやすいと考えた為、行間を縮め全文をこの節にそのまま載せることとした。是非、原本をご参照頂きたい。

66　シオハウスさんのブログを通じて呼びかけた HP の文章(そのまま掲載)

【アンケート】表紙

要約
CB400Fourオーナーとしてその魅力の源泉を探ることで、このバイクの持つ真のaura（アウラ）に迫る。

入江一徳
CB400Fourというバイクに魅せられた人々は幸せである。なぜなら生涯のパートナーを得たに等しいからである。

『 表紙 』

　表紙については、アンケートの目的をタイトルとして明確化し、狙いとしている点を要約として簡記した。

　ただ、「ゲニウス・ロキ」というのが何かご理解いただけなかったところはあったかと思う。その点からは正直表紙としては失敗であったが、シオハウスさんのアンケート協力の呼びかけがあったお陰で表面に拘ることなく、回答を頂くことができた。

　1頁目にアンケートの目的と、目的外使用をしない旨の文言を明記。筆者のプロフィールを記載して安心して頂けるようにした。

　特にCB400Fオーナーの方々にとって、筆者自身が同じ仲間であることが重要であり、プロフィールには「趣味」としてCB400Fの愛好家であることをアピールした。アンケートはA4の8頁ものとなっている。本書については、アンケート全文がどのようになっているか次頁以降に掲載することとした。ただ、紙面の関係から8頁に亘るアンケートを4頁に直してあることを予めご了承頂きたい。

　尚、アンケートは2018年時点のものである。

アンケートについて

● アンケートの目的

「HONDA　CB400Four」その魅力の源泉を探り出し、一ファンの記録として「CB400Four」に関する「本」をまとめ上げたいというのが、本アンケートの目的です。

そのために、いまも「CB400Four」に魅了される人たちの、こだわりや想いを聞くことで、このバイクを多面的に評価し、真の魅力に迫りたいと考えています。また、そうしたバイクを今後メーカーに生み出してほしいとも考えています。

アンケートへのご協力ほど、何卒よろしくお願い致します。

尚、アンケートのご回答は、本目的以外には使用致しません。

【アンケート依頼者　プロフィール】

■ 氏　　名　　入江　一　徳　（イリエ　カズノリ）

■ 生年月日　　1957-09-26　　（60 歳）

■ 住　　所　　千葉県八千代市在住

■ 職　　業　　会社役員　（現在も都内にて不動産管理業に従事）

■ バイク歴　　３８年　　（22 歳の時から）

■ 所有バイク　現在・CB400F 1 台、CB550F1 台　　計 2 台を所有

■ バイク遍歴　HONDA　　　　　CB400 ホークⅡ
　　　　　　　YAMAHA　　　　　XJ400　2 台
　　　　　　　HONDA　　　　　CB400F 1985 年から 3 台乗り継ぎ、現在の車輌が 4 台目。この 4 台目の車両をシオハウスさんより購入。

■ 趣　　味　　CB400F そのものが趣味。
　　　　　　　30 数年前よりこの CB400F の虜になり、其れが高じて、どうしてもこの車両に関する本を残したいと考えたのが、このアンケートに繋がっている。

■ その　他　　何かご質もがあれば以下のメールアドレスにご連絡いただければと思います。よろしくお願い致します。

　　　　　　　メール　iriekazunori@river.ocn.ne.jp
　　　　　　　携帯　　090-9858-0221

　2 頁以降からが設問となっており、記述式と選択式のアンケートで、結構時間のかかるアンケートとなってしまった。特に設問の 1.記述式(1)～(3)は、記載してもらい易くする為に CB400F の優れている点について、全体、部分、或いは最初の印象について問うたものにした。

1. **記述式質問**
   (1) ズバリ CB400F の優れている点を挙げてください。また、挙げて頂いた理由を教えて下さい。
   > ■

   (2) CB400F のデザインの優れている点を挙げてください。部分、部品、箇所、バランス等なんでも結構です。
   > ■

   (3) 初めて「CB400F」を見たときどのように感じられましたか?　(時代背景も含め記載願います)
   > ■

1. CB400F について　質問 2　選択式回答用アンケート　(選択式=枠の中に該当番号を記入して下さい)
   (1) 現在バイクを所有しておられますか・・・?
   　① Yes
   　② No

   (2) 現在、何台所有されておられますか。
   　　　　台

   (3) 現在 CB400F を所有しておられますか・・・?
   　③ Yes
   　④ No

   (4) YES とお答えいただいた方に質問。現在購入された CB400Four についてお聞きします。
   　① 何時頃購入されましたか。年月をご記入下さい。
   　　　　年　　月

   　② 購入金額は
   　　　　円

   　③ 何代目の CB400Four ですか
   　　　　台目
   　④ 購入された動機をお聞かせ下さい。
   > ■

   (5) 年齢をおたずねします。今何歳ですか・・?
   　① 20 代
   　② 30 代
   　③ 40 代
   　④ 50 代
   　⑤ 60 代
   　⑥ 70 代
   　⑦ 80 代
   　⑧ 90 代
   (6) CB400F の完成度を聞きます。オリジナルの状態で何パーセントの完成度と感じますか・・・?
   　(以下の選択肢からご回答下さい。)
   　① 10%
   　② 20%
   　③ 30%
   　④ 40%
   　⑤ 50%
   　⑥ 60%
   　⑦ 70%
   　⑧ 80%
   　⑨ 90%
   　⑩ 100%

　　私の狙いとして好きなモノを語る時、人は能弁になると考えていた。狙い通りいろいろな意見を生の声として頂いたのは貴重であった。以下が 3 頁〜5 頁である。一貫して CB400F の魅力を聞く中で、オリジナル自体に対する評価を中心に聞くこ

ととした。合わせて、箱に覆われたクルマと違い、剥き出しで機能美を宿命づけられている二輪のパーツの重要性を確認することとした。

---

(7) 現在所有の CB400F についてお聞きします。
　　改造されてますか・・・?
　　① 改造していない。
　　② 改造している。

(8) 改造している方にお聞きします。
　　① どの部分を改造されていますか・・?　　その部分をお書きください。

　　■

　　② 改造された理由をお書きください。

　　■

(9) CB400Four の完成度について、何が足らないと考えられますか・・・?
　　尚、オリジナルの完成度 100%と回答された方は⑥と記載ください。
　　① SPEC (性能全般)
　　② Design
　　③ Sound
　　④ Color
　　⑤ Balance
　　⑥ その他
　　　■ ①～⑥までで記載したいことがあれば□に番号をいれ、記載して下さい。

(10) CB400F の部分として、何が好きですか...?　3点選択して下さい。その中から最も好きな部分を 1 点選択し、理由を簡記して下さい。
　　【選択肢】
　　① タンク
　　② シート
　　③ エンジン形状
　　④ ハンドル
　　⑤ フェンダー
　　⑥ ホーク
　　⑦ サイドカバー
　　⑧ エキゾーストパイプ
　　⑨ マフラー
　　⑩ サイドランプ (ウィンカー)
　　⑪ ブレーキランプ
　　⑫ チェーンカバー
　　⑬ その他(　　　　　　　　　　　)
　　　　　　　　【最も好きなもの部分(番号)】

　　　■　好きな部分の理由

(11) あなたは、乗車派　(とにかく CB400F に乗ることが好き)ですか...?　　観察派(観て楽しむ、磨いて楽しむ)ですか? 改造派　(カスタムして楽しむ)ですか...?どれか一つを選んで下さい。
　　① 乗車派
　　② 観察派
　　③ 改造派
　　④ その他派

次が5〜6頁目である。CB400F の所有に関する事項と他のメーカーにない魅力を聞いてみた。また、2.ではデザインそのものについての評価や部分についての印象を聞くことで、前章までのデザインに対する解析の傍証を実施することとした。

(12) CB400F との関りについて
　① 現在手放すことを検討している。
　② 手放したくはないけれども、手放さなくてはならない事情があり手放す予定。
　③ 年齢とともに乗れなくなったら手放すと思う。
　④ 一生、手放すつもりはない。
　⑤ 遺産として残す。

(13) CB400F を所有している方にお聞きします。CB400F はどういう目的で所有されておられますか...?
　① 交通手段
　② 趣味としてのバイク
　③ 大事な宝物
　④ パートナー
　⑤ 肉　親
　⑥ 体の一部
　⑦ その他　　（　　　　　　　　　　　　　　　　　）

(14) CB400F が持っていて、他メーカーのバイクにないものは何ですか。番号を選択後その内容を簡記下さい。
　① SPEC (性能全般)
　② Design
　③ Sound
　④ Color
　⑤ Total　Balance
　⑥ HONDA であること
　⑦ その他
　　■　内容

2. CB400F の Design についてお聞きします。
　　CB400F は、すでに製造開始から数えて約 45 年。すでに現代のバイクとは性能的に比較にならない状況にもかかわらず根強いファンを持っています。
　　そこで、いまだにそのオーラを放ち続ける CB400F の魅力を聞きます。

(1) CB400F の魅力の大半は　_この点_に支えられると思うものは何・・・?　この点を番号でお答えください。選択肢以外の方は⑥と記入の上その内容を簡記して下さい。
　① SPEC (性能全般)
　② Design
　③ Sound
　④ Color
　⑤ Total　Balance
　⑥ その他
　　■　理由

(2) CB400Four のエキゾーストパイプについてお聞きします。
　　純正エキゾーストパイプから感覚的に連想されるものは何でしょうか・・・?　質問 A
　　下記の感覚的選択肢から、順に 2 つお選び下さい。
　① 力強さ
　② 精密さ
　③ 速さ
　④ 凄さ
　⑤ 美しさ
　⑥ 流麗さ

次は 6.7.8 頁であるが、部品別にその印象や、内容を確認する質問を用意し、デザインの評価を実施した。そして最後の 3.ではデザインに関し全体を通じた意見を、記述式で答えて頂き率直な意見を吸収することとした。

---

⑦ 神々しさ
⑧ スマートさ
⑨ 脆弱さ
⑩ 遅さ
⑪ その他

(3) 純正エキゾーストパイプから連想されるものは何でしょうか・・・質問B.
連想される具体的なものを選択肢から、順に 2 つお選び下さい。
① 風
② 雲
③ 槍　　　　　　　　　　　　　　　　　　　[　　　]
④ 箒
⑤ 川　　　　　　　　　　　　　　　　　　　[　　　]
⑥ 滝
⑦ 時間
⑧ その他
　■

(4) 純正エキゾーストパイプと　改造されたエキゾーストパイプを比較したとき
design としてどちらが好きですか。また、その理由をお聞かせ下さい。
① 純正エキゾーストパイプ　　　　　　　　　[　　　]
② 改造エキゾーストパイプ
　■ 理由

(5) フューエルタンクについてお聞きします。好きな点を 2 点あげて下さい。
また、その理由をお聞かせ下さい。
① 形状　　　　　　　　　　　　　　　　　　[　　　]
② 色
③ 容量　　　　　　　　　　　　　　　　　　[　　　]
④ 長さ　（サイズ）
⑤ マーク　(SUPER SPORT)
⑥ 機能
⑦ その他
　■ 理由

(6) フェンダー
設計段階でフェンダーは、タンクと同色にしてプラスチック製にする案がありました。あなたはどちらが良いと思いますか。また、その理由をお聞かせ下さい。
① 現行クロムメッキ製のフェンダー　　　　　[　　　]
② プラスチック製タンク同色フェンダー
③ その他のフェンダー
　■ 理由

3.　ずばり CB400Four の魅力について語って下さい。なんでも結構です。
　■ 理由

第3節　CB400F アンケート記述式回答分析

　冒頭の I 記述式質問、(1)〜(3)について、項目ごとにまとめたのが「次頁/〝記述質問 1.2CB400F の優れている点を挙げて下さい〟一覧表」である。まとめ方としては、狙いは CB400F の優れている点を単刀直入に聞くことが回答を得やすいと考えた。表の解説としては、理解しやすいように傾向として見られるものを分類し概念的に束ねる形を採った。また、分類する時点で第 1 の質問と関連して、どういった点(部分)が優れているかという第 2 番目の質問も踏まえ、双方を一表にして整理することとにした。そして以下のように 2 つの表にまとめた。

　第 1 項… 　記述質問 1 と質問 2 を統合した表　　(記述質問 1.2 の表ご参照)
　第 2 項… 　(3)の第 3 の設問は単独でまとめた表　　(記述質問 3 の表ご参照)

第1項　CB400F の優れている点についてのまとめ

　それでは、アンケートの内容及び結果について言及したい。次頁以降にまとめた表に基づき解説を加えたいと思う。(表に目を通して頂くと分かりやすいと思う)

　記述 1 に関する優れている点についての回答は、大きくは 4 つに分類できる。

1.「デザイン」

2.「ハード」

3.「サウンド」

4.「ステイタス」

　1.の「デザイン」は、何といっても「意匠性の高さ」に対する称賛である。詳細は後に解説するが、全体のデザインの良さを構成する部分の意匠性の高さが、相乗効果として造りの良さを高め評価されている点がポイントと言える。　2.の「ハード」については、評価の価値観をさらに 4 つに分類した。(1).エンジン・スピード性能　(2).ジャストフット感と乗り心地　(3).メカニックバリエーション　(4).カスタムという内容である。意匠の冗長性は CB400F の素材としてのポテンシャルの高さなるが故であり、その自由度か機能面においても高度化の支えになっていることが読み取れる。そして、大分類の 3.「サウンド」でいえば、何といっても排気音についての拘りである。これも CB400F なるが故にパーツメーカーの拘りが結果として出ている。

　4.「ステイタス」として分類したのは、所有そのものの喜び自体が感想として強く述べられたものである。

		記述質問1.2　CB400FOURの優れている点を挙げて下さい	
		（設問1,全体について優れた点と、設問2,部分について過ぎれている点を双方を纏めた）	
デザイン	意匠性の高さ	design	一言でいうとデザインが優れている。バランスのとれ佇まいと個性が光る。
		スタイルとエキマニ(エキゾーストマニホールド)	小ぶりな車体
		デザイン、ノーマルマフラーの集合管、ショート管に変えてもバランスが良い	デザイン・音・バランス・自分らしさ
		シンプルなデザインと全体のバランス	当時としては4in1はカッコよかった。
		スタイル:当時にしてめずらしいノーマルで集合管であること。エキゾーストパイプの流れるような曲線はエロスを感じる。後にYAMAHAでGX750が発売され、3into1はヨンフォアを真似たエキゾーストであったが、4本の方がカッコいい	デザイン・4into1、マフラー、美しい。
		スタイル	デザイン、身軽さ、昔
		スマートさ	特にないですね。強いて上げればコンパクトさ
		シンプルなデザイン、整備性	デザイン、サイズ感
		見た目と音、ギターと同じ基準で選びました。そんなに速くない飛ばさない自分には向いています。小さなエンジンの少し軽めの排気音が好きでする	空冷エンジン、まさに芸術です。フィンの造り、バリのないエンジン、量産のエンジンとは思えません。キャブレターの機能も最高です。
		デザイン。バイクを選ぶ時、ヨンフォア以外考えられなかった。	現代のバイクにないところ。見た目とか魅力を感じる。性能ではかなわないが、
		デザイン、4into1のマフラーの曲線美、タンク、シート形状燃費の良さ(ツーリング28km/ℓ)	タンク形状
		自由度が広い。走りも、デザインも	
ハードウェア	エンジン・スピード性能	美しいデザイン、整備性の良さ、SOHCなのに良く回るエンジン	
		45年前に造られたパイオニア的なエンジン	
		中速の加速	
	ジャストフィット・乗り心地	小柄で乗りやすい	
		車体のコンパクトさ。日本人の体形に合った大きさではないかと考えます(自分の身長は170cmも)てあますことが無く、自由に取回すことができる。自分の股の下で思うように操れる様な感覚	
		素直な操作性	
		乗りやすい	
		ズバリ言うのであれば乗っているときの楽しさ。運転することの喜びを感じさせてくれる	
	メカニック	パーツが豊富である(純正・リプロ・社外ともに)	
		旧車という点もあり、整備する楽しさがある。	
	カスタム	シンプルなカフェレーサールック。ノーマルですべてに完成されているが、自分好みに味付けすることによって、さらに楽しめるポテンシャルを秘めている	
サウンド	出力音	エンジン音(生きている感じ)	
		並列4気筒400cc。排気音が良い	
		音・バランス・乗りやすい	
		エンジン排気音、小回りできるところ	
		音とスタイル	
ステイタス	所有自体の喜び	現代のバイクにはない個性的なスタイル。性能面だけで考えると今のバイクに勝るところは一つもないが、所有することへの満足感では絶対負けない。	
		乗っていてすごく楽しいバイク。時々他のバイクに乗りますが、つまらなく感じてしまいます。	

第 1 の質問の回答として数の上で最も支持されたのは、「**デザイン・意匠**」の高さであり、全体的デザインについてその美しさを称賛すると同時に、各部品に対する視点が数多く語られている。代表的なものを上げるとすれば、やはり、「エキゾーストパイプ」、「タンクの形状」の美しさである。また、空冷エンジンの持つ機能美に言及、エンジンそのものについての美しさと同時にフィンの造りや、製造過程で発生するバリのなさについて称賛の声もあった。そして、専門家の目線なのか、意匠自体に整備性の良さをあげたもの、そのカスタムベースとしての完成度の高さからか、その自由度に対しても評価する記述があった。

　第 2 の回答として多かった「**ハードウェア**」は、その性能全体についていろいろな意見が観られた。エンジン性能については「SOHC なのに良く回るエンジン」、「中速の加速の良さ」といった意見、フィット感については、とにかく「乗りやすい」という意見が多い。そのほか、素直な操作性と日本人の体形にあっているという意見も観られた。メカニック・カスタム面では、手を入れることの楽しみについて、オプションパーツについてその数が豊富であるということと、それによって自分好みに変化させられるといった意見であった。

　第 3 の回答としての「**サウンド**」であるが、CB400F の持つ排気音について特徴的なのは、ノーマルであれ、カスタムであれ評価が高い回答であった。表現としては「生きているエンジン音」、「並列 4 気筒の排気音が良い」等であった。中型でありながら 4 気筒マルチエンジンを搭載していることが伊達ではないことが、ここでも証拠立てられているものと感じた。つまりは大型車両と変わらないサウンドを生まれながらにして持っているという遺伝子がそこにはあるということである。

　第 4 の回答である「**ステイタス**」という括りでは、「所有すること自体が満足」であるといった意見が象徴するように、他車と比較して愉しいというものである。ただこの回答自体分類することが難しいのかもしれない。というのも他の回答をされたオーナー全員が、そういう気持ちを持っている可能性も推測できるからである。
　これらから見えるのは、部分に集中することなくソフト、ハードともに満遍なくユーザーの満足感が感じられ、そしてそれぞれに拘りが観られるということである。訊き方として最も優れているものとのニュアンスがあったので、ある程度絞られた意見となった。このように回答が全体に及ぶというのは、トータルバランスとしての完成度の高さを裏付けたと言えよう。

第2項　初めて CB400F を見た時の印象を聞く

記述質問3　初めて「CB400F」を見たときどのように感じられましたか？　（時代背景も含め記載願います）＝第一印象について		
カフェレーサー	シンプルでコンパクトで「ザ・バイク」といった感じのdesign、飯打ちシートのカフェレーサースタイルに中学生の僕はドキドキしました。	カフェレーサーのよう
かっこいい	率直に言って「かっこいいバイクだなー」	高校生の時、黒の集合管しか見ていなかったが、初めてノーマルマフラーを観て、かっこいいと思いました。
かっこいい	古カッコいい	中型で4気筒。音の良さ、デザインがインパクトあった。
かっこいい	400CCで4気筒	イエロータンクのヨシムラ手曲をカットしたフォアだったので、恐ろしく爆音だったのですが、デザインが美しく綺麗なバイクだなあと想いました。
かっこいい	美しい	カッコいいバイクと思った
かっこいい	コンビニに止めていた車体を見て、言葉では言えない感じでした。（中学生の時）	そのまま、ただ、カッコいい
かっこいい	21歳、カッコいいと思った	
感動	わくわくしました。	CBX400Fが先で、4発のバイクの面白さを知りました。ヨンフォアは、その時は触らず、始めてみたのは、何時なのかな?。ていって映画「彼のオートバイ・・・」でヨンフォアをもう一見て音とエンジンにまりませんでした。今手元にきて1年。昭古レストアですが、處です。
感動	350Fがこれだけ進化するのは驚きました。ハンドルの低さに目が釘付けでした。バックステップとピロボール仕様のチェンジにはビックリでした。	どこからどう見てもバイクだ。すべてが美しい。これは芸術作品である。
憧れ	漫画であこがれて、現物のヨンフォアをみて凄すぎて変えないと思った。（1998年）	紺色の408　大型への憧れ
憧れ	中学時代、従兄の乗る姿にあこがれて	10歳のころ初めて黄色のフォアを観て、曲線的で美しいマフラーと、オートバイと乗ってみたいという気持ちになりました。
憧れ	当時中型免許で乗れる四気筒バイクでシンプルなスタイルに惹かれた。	小学校6年の12月に「月刊オートバイ」の新車発表の頁にて写真を見たとき、免許とったら絶対に乗りたいと思っていた。今までの地味なスタイルからかけ離れたスタイルに惹かれた。
憧れ	初めてみたのは高校生の頃に「スローなブギにしてくれ」という曲が流れたTVCMでヨンフォアが映っていたのを見たのが初めてと記憶しています。「かっこいい」の一言です。でも当時は3ないが運動真っ只中、原付免許は取得したものの、自動二輪は教習所で取得が一般的ですが、限定解除は、50回以上の試験を受けないと取得できない難関でした。金のない私は、ヨンフォアの所有は叶わぬ夢物語でした。	16歳当時欲しかったが、買えなかった。スタイルの良さ。
憧れ	憧れ・中学時代	一目で好きになった。中学の時、初めて見てこれに乗ろうと決めた。
憧れ	ヨシムラマフラーをつけて乗りたい	中学の時に観て、これが欲しいとなって、父親に金を借りて買いました。
憧れ	小学4年生の時にみました。当時自転車をバイク代わりに乗っていました。その時からバイクに憧れ有りました。	約28年前先輩が乗っていて、人目ぼれした。
憧れ	当時、FX等が出ていて、それでも4in1は魅力的でした。	自分が乗りたいる
憧れ	中学生の時、親戚の兄さんが乗ってて、あこがれる。31年前	一挙にその魅力に引き込まれた。これしかないというどうしようもない感じを持った。
ストーリー	風と友達になれる	高校生の時、漫画で知りました。（特攻の拓）実車を見たのは買う直前。（2018/4）
ストーリー	爆走族が乗っているバイク	
イメージ	長屋で長期保管されていた不動車を初め見ました。ほこりにまみれておりましたが、異様な魅力を発しておりました。	暴走族のバイク、16歳の時
失望	今から10年前の高校一年の時に、上野のバイク屋で初めてみました。69.9万円でした。あまり面白くないデザインだと思いました。当時の私は川崎のバイクにあこがれていて、マークTⅡカラーのZRXを買いました。ヨンフォアは、「ザ・バイク」というバイクだと思います。	

記述式質問の**3**問目は**CB400F**の第一印象を聞いたものである。**(前頁表)**その一覧を解説する。第一印象の回答については7つの印象に分類できる。

1.「**カフェレーサー**」、**2.**「**かっこいい**」、**3.**「**感動**」、**4.**「**憧れ**」、**5.**「**ストーリー(物語)**」、**6.**「**イメージ**」、**7.**「**失望**」である。

第1は「**カフェレーサー**」である。市販車で初めての集合管、GPレーサーを意識した造り、何よりも日本人の体形に沿った設計は、環境の追い風にも乗ってカスタム性の高い自分だけのバイクとして市場に提供されたということであろうか。シンプルでコンパクトといった感想に加え、何気ない鋲打ちのシートでさえ、その印象は印象に残るものであったようだ。

第2は「**かっこいい**」という印象であり、素直な感想であるだけにインパクトの強さが現れている。内容に触れるとするならば、「古かっこいい」と答えた方は中型の4気筒、音の良さとデザインにインパクトがあったと書かれている。「400ccで4気筒」に印象を持った方は、「イエロータンクのヨシムラ手曲をカットしたフォアだったので、恐ろしく爆音だったのですが、デザインが美しく綺麗なバイクだなあと思いました。」との感想であった。また、「コンビニに停めていた車体を見て、言葉では言えない感じでした。(中学生の時)」と答えた方は、「そのまま、ただ、カッコいい」との率直な感想で表現されていた。

第3は「**感動**」であるが、第一印象で「わくわくしました」、「350Fがこれだけ進化するのは驚きました。ハンドルの低さに目が釘付けでした。バックステップとピロボール仕様のチェンジにはビックリでした。」と。そして感想の続きとして「どこからどう見てもバイクだ。すべてが美しい。これは芸術作品である。」と述べられている。

そして、最も記述回答の多かったのが**第4**の「**憧れ**」である。実はこの分類における回答は一番多かった。「漫画であこがれて、現物のヨンフォアをみて凄すぎて買えないと思った。(1998年)」と答えた方は「紺色の408　大型への憧れ」であった感想を述べられている。「中学時代、従兄の乗る姿にあこがれて」と述べられた方は「10歳のころ初めて黄色のフォアを観て、曲線的で美しいマフラーと、オートバイに乗ってみたいという気持ちになりました。」との回答である。ここは誰しも経験があるところではあるが、長年持ち続けていた憧れが叶った喜びが伝わってくるような回答ばかりである。また、時代を反映して「初めてみたのは高校生の頃に「スローなブギにしてくれ」という曲が流れたTVCMでヨンフォアが映っていたのを見たのが初めてと記憶しています。「かっこいい」の一言です。でも、当時は

「三ない運動」真只中、原付免許は取得したものの、自動二輪は教習所で取得が一般的ですが、限定解除は 50 回以上の試験を受けないと取得できない難関でした。金のない私は、ヨンフォアの所有は叶わぬ夢物語でした。」と当時を振り返り印象を述べられている。「16 歳当時欲しかったが、買えなかった」とも述べられている。

その他にも「憧れ・中学時代」、「ヨシムラマフラーをつけて乗りたい」、「小学 4 年生の時にみました。当時自転車をバイク代わりに乗っていました。その時からバイクに憧れが有りました」、「当時、FX 等が出ていて、それでも 4in1 は魅力的でした」という方、「中学生の時、親戚の兄さんが乗っていてあこがれる。31 年前」と、皆さん憧れと同時に執着心や拘りを持った人が多いのを感じた。

その憧れが更なる言葉として語られたのが「小学校 6 年生の 12 月に「月刊オートバイ」の新車発表の頁にて写真を見たとき、免許とったら絶対に乗りたいと思っていた。今までの地味なスタイルからかけ離れたスタイルに惹かれた。」、「16 歳当時欲しかったが、買えなかった。スタイルの良さ」、「一目で好きになった。中学の時、初めて見てこれに乗ろうと決めた。」、「約 28 年前先輩が乗っていて、一目惚れした。」、「一挙にその魅力に引き込まれた。これしかないというどうしようもない感じを持った」との感想に気持ちが言い表されている。

第 5 が「**ストーリー(物語)**」である。これは「風と友達になれる」、「暴走族が乗っているバイク」という印象に対して、その背景が語られたのが「高校生の時、漫画で知りました〝特攻の拓〟の実車を観たのは買う直前。(2018/4)」というもので、漫画、映画の影響が見て取れる。この点については別章において CB400F の魅力を紡ぎ出しているものの要因を、映像文化や漫画文化等の視点から魅力を探ってみたが、いわばそれを裏付ける形での回答が観られたということである。

第 6 の「**イメージ**」は、第五で感じられた物語としての影響も関係し、目の前の現実として CB400F を観た感想が語られている。「長屋で長期保管されていた不動車を初めて見ました。ほこりにまみれておりましたが、異様な魅力を発しておりました。」とされている。また、現実にみた走り屋の人たちが専ら重宝していた車両であり、いわば走り屋の代名詞的存在として印象付けられていたのかもしれない。

第 7 は「**失望**」であるが、言葉からくるイメージは良くないものの「今から 10 年前の高校一年の時に、上野のバイク屋で初めてみました。69.9 万円でした。あまり面白くないデザインだと思いました。当時の私はカワサキのバイクにあこがれていて、マークTⅡカラーの ZRX を買いました。ヨンフォアは、「ザ・バイク」とい

うバイクだと思います。」との感想であった。その特徴的で当時革新的なデザインであったということからすれば、好みが分かれる存在だったのかもしれない。そして、そう回答された方も今はCB400Fオーナーである。総じてCB400Fの印象は鮮烈であったことが、皆さんの回答から伝わってきた。バイク単体の魅力は言うに及ばずだが、社会的背景や当時の価値観や個人個人の事情、新しいバイクライフの変化といった、大きなうねりと相俟ってその魅力が増幅されていったものと考える。

第4節　　CB400F アンケート選択式回答分析

　この項ではアンケートの太宗を成す、選択式回答方式を中心として **14 項目にわたる質問を観ていく。**(アンケート原版ご参照)　各オーナーのCB400Fに対する客観的データとして所有の実態を把握する中で、その魅力に関し統計処理ができるよう選択肢を作り問いかけることとした。この回答群によって、今まで仮説と考えていた事項についても一定の確信を持てるのではないかと考える。読者にも分かり易いように結果については見える化し、グラフという形で観ていきたい。

まずは、回答者がそもそもバイクを何台所有しているかという質問からである。

第1項　　バイクの所有状況について聞く

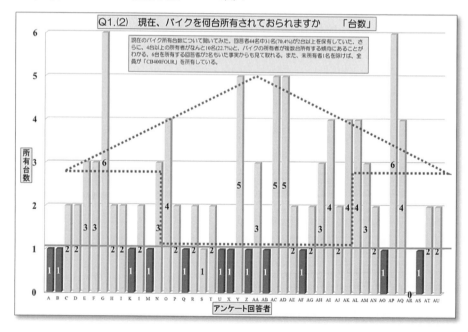

「回答者バイク所有台数グラフ」

44名中43名が所有との回答であり、1名は未所有者がおられた。そのうえで第二番目の質問として、所有している人たちに各人バイクを何台所有しているかを聞いた結果が以上(前頁)のグラフである。バイク所有者43名の所有台数合計は、106台であり、単純平均で一人2.46台となる。一人約3台。グラフを見て頂く通り、最多台数は6台所有者が2名、5台所有者が3名おられ、原則CB400Fオーナーの方々の大半は複数台所有者で、少なくともバイクに関してはかなりのマニアであることがわかる。

　ちなみに、1台のみ所有と回答された方々は、12名であり、残り31名(70%)が複数台所有者である。そのうえで念の為「現在CB400Fを所有しておられますか‥‥?」という質問に対しては43人全員が所有との回答であった。中には、CB400F自体を複数台所有される方もおられた。つまり、CB400Fオーナーは趣味人としてバイクへの拘りや関心の高い方たち所有していると見ることができそうである。

第2項　CB400Fの入手値段について聞く。

　質問の内容は以下の四点である。
　　① 　何時頃購入されましたか。年月(購入)をご記入下さい。
　　② 　購入金額は
　　③ 　何代目のCB400Fですか
　　④ 　購入された動機をお聞かせ下さい。

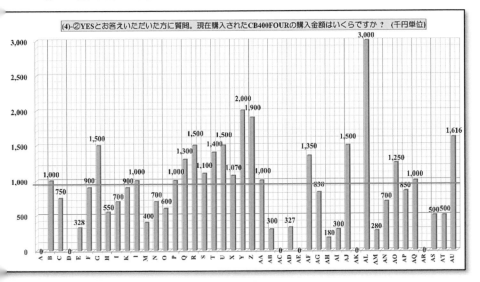

「購入金額グラフ」

質問の狙いとしては、1974 年から約 45 年。旧車の中でも根強い名車の代名詞 CB400F をいつ頃、いくらで手に入れられたかということを知ることで、その相場水準の動きを知り、その付加価値の推移を見定め人気の度合いを知る為である。

　そして、そもそも CB400F を入手された経緯があるのではないか、いわば謂れがあるのではという興味があり、根強い人気に新たな要因が見つかるのではないかという疑問に回答を得たかった。まずはアンケートの結果としての上記の「購入金額グラフ」に目を通して頂きたい。今回質問をした内容としていくらで入手したかという質問に対して、未解答のもの、不明のもの、そして中には内緒というものがあったので、その回答については総数から外した。その上で、回答を頂いた車両は 38 台。「0」というのは事情があって、そもそもヨンフォアを所有されていない方が 1 名、それ以外は購入ではなく受け継いだものや、動かなくなった車両を只での払い下げといったものである。その特殊要因を除いて、前頁の**購入金額グラフを見て頂くと最低は 18 万円、最高額は 300 万円であった**。単純平均すると約 93.6 万円(前頁購入金額グラフ赤線)いうことで、取得された年や経緯にもよるが、CB400F は約百万円前後しているということがわかる。

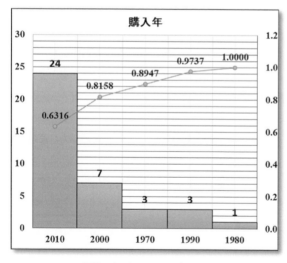

「購入年次ヒストグラム」

　左の購入年次ヒストグラムを観て頂きたい。左の縦軸は人数、右の縦軸は金額、横軸は年代である。**回答者の 81%が 2000 年以降に購入**されており、金額については現代に通じる妥当性があるものと推定できる。但し、昨今(2020 年)の値動きについては、かなり上昇傾向にあり、現在、程度の良いものは 1,500 千円をオーバーするものばかりであり、2 百万円台のものも少なからず出てきている。いよいよ CB400F はクラシックバイクの域に入ってきたようである。そこでバイク雑誌から現在市場流通価格を調べてみた。アンケート実施時の統計と現在(2020 年)とのギャップを見るために、中古バイクの雑誌を参考に調べてみた。

2020.07 時点「Goo Bike [67]」掲載「CB400F (408cc and 398cc)」にエントリーしている車両が、全国でCB400F(408cc)が51台、CB400FⅠ.Ⅱ(398cc)が14台、計65台を抽出し調べてみた。まずは下記表をご覧頂きたい。価格の高い順に並べてみた。

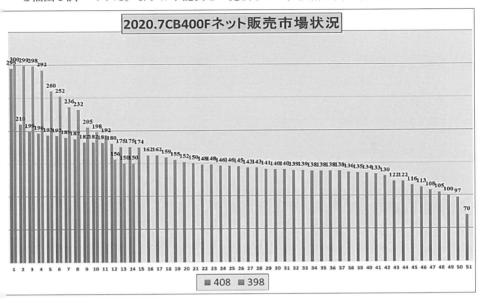

408ccでは乗り出し支払最高額は、295万円、支払最低額が69.98万円であり、51台の平均価格は152万円。　398ccでは、支払最高額は、300万円、支払最低額が149.8万円である。14台の平均価格は何と230万円となる。398ccは玉数が少ないこともありいかに高騰しているかが分かる。ここに示したCB400Fのトータルの単純平均価格は168.8万円。かなりの高額となっていることに改めて驚いた。平均価格対比でも1974年当時の定価327,000円の実に5倍ということになる。

　更にここから見て取れるのは、高額車両の領域では**398ccの車両が408ccの3～4割程度高い**という現象である。免許制度の関係から中型ユーザーを対象にした市場価格と考えられる。ただシンプルに考えるとするならば、確かに希少性という意味では国内モノ398ccが高くなるのは頷けるが、生産された玉数を考えると程度の良いものの絶対数は408ccの方が多いことは間違いない。あくまでも品質という面での確率から言うと408ccが価値あるものではないかと考える。既に半世紀を経ているバイクである。その点はユーザーの価値観次第ではあるが、**今からだとやはり**

67　「Goo Bikeホームページ」　2020-07-06時点を参考

408cc がお勧めと言っておきたい。そして、何より CB400F は 408cc がプロトタイプであるということも忘れたくない。 さらに、価格の話を続けたい。

　1974 年 CB400F 発売時の定価は 327,000 円。世の習いとして一端中古車として値は下がるものの、CB400F の場合ほぼ横ばいであり、**1990 年代を境に徐々に上がり始めているのが分かる。**下図「購入年・購入金額回帰分析散布図」、このグラフでいう多項式近似曲線を見て頂く通り、年を追うごとに確実に値段が上がっているのがわかる。

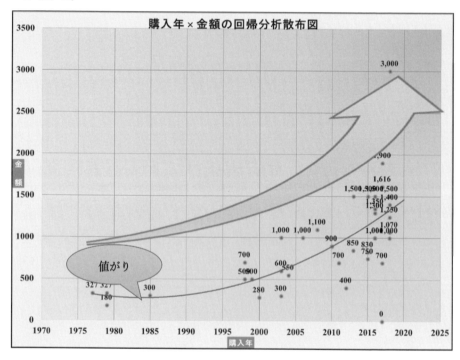

「購入年・購入金額回帰分析散布図」

　曲線で言えば、約 10 年前である 2010 年頃から 100 万円に近づき、直近期では 120 万円を超え、バラツキの最高額は 300 万円での購入者も出ているのがわかる。300 万円というのは特殊な車両として都市伝説化している再生新車と言われるレベルのものと考えられるが、傾向としては流石にレアケースである。

　但し、前掲の 2020 年ネット販売市場状況で見た通り、408cc クラスで 1 台、398cc クラスで 3 台、計 4 台の 300 万円円クラス(295～300 万円)が登場し始めている。

以上のように購入年と値段の間には年を追うごとに上昇していくという一定の相関がみられる。一般的には中古市場では、専ら古くなるほど安くなる傾向にあるが、それに対して CB400F は明らかにプレミアム度が上がり、45 年を通して逆の相関がみられる。これは市場が要望しているからこそ生まれる需要と供給の関係であり、時代を追うごとに高くなるという傾向こそ、ヴィンテージ性とでも呼ぶべき希少価値が生まれていることを意味している。

　曲線の角度を見てもらうと 2000 年以降そのカーブの角度の傾斜が上がっていることが見て取れる。つまり、ここ 20 年は「旧車」の復活期とみられ、市場が活気づいていることと、特に旧車の代表格である CB400F の値段が急速に上がっていることが読み取れる。これは当時憧れの世代が購買層として充実してきたことと関係があるのかもしれない。このことから次項では年齢との関係を見ることとする。

第3項　2023 年の相場状況を知る

　2020.07 時点「グーバイク」で前項の調査を実施したのであるが、そこから約 3 年超、2023 年の CB400F の相場は大きく変化している。したがって、この点については、同手法に基づいて再調査を実施することとした。**状況としては空前の値上がりと言って良い**。今回の調査で驚いた点は価格だけではなく、市場の玉数である。前回調査時では同誌掲載の個体数は 65 台、それに対して今回は 170 台がリリースされていた。

　そして、何よりもその価格であるが前回最高額であったものが 295 万円(車両価格)、それに対して**今回の最高額は 398cc で 594 万円、408cc で 550 万円**と言う値が付けられていた。前回比較すると倍近い値段となっているのが分かる。ASK を除く**162 台で単純平均すると 255 万円**となり、前回調査時の 152 万円と比較すると 67.7% も値が上がったことになる。全国的にも押しなべて値は上がっているわけだが、やはり関東圏での価格が突出している。(次頁都道府県別価格表ご参照[68])

　それでは、なぜここまで上がったのかというところに考えが及ぶわけであるが、その背景としていくつかの要因が考えられる。もちろん CB400F の人気の高さは前述した通りであるが、**背景として旧車自体の市場性に大きな節目が来たのではないかという気がする。それは空冷エンジン車の終焉** (しゅうえん)**である。**

---

[68] データは 2023-09-08 時点「Goo Bike」HP より UP された CB400F(398.408)全数をベースとする。

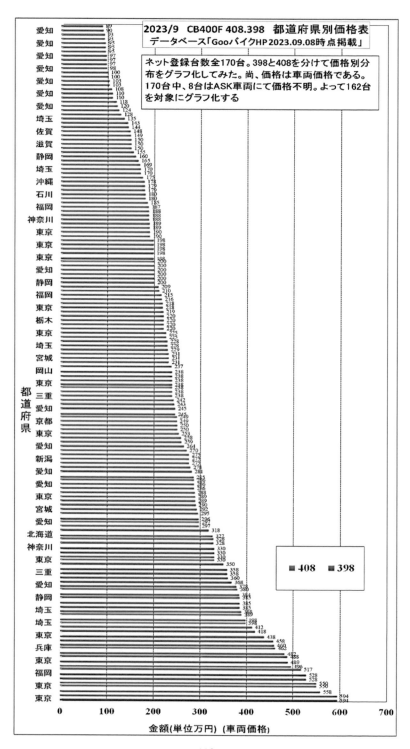

2021年11月をもって空冷としては最後の大型車両と言えるホンダCB1100シリーズが生産終了となったことが、時代の終焉を思わせる出来事であったと思う。それを受けて、空冷エンジンの希少性が高まったことで旧車全体に対する打ち止め感が生まれたのではないかと推測する。一つの時代が終わる時、過去へのノスタルジーが生まれるものである。この節目に現れるのが投機的価値判断に基づく、値上りを見込んだ需要の高まりである。実際、CB1100EX.RSともに走行距離を事実上持たない中古車[69]が、新車価格の4割、5割増しの値段で取引されていることが何よりの証左である。これらのことに加え、新型車両のデザインにおいてバイク本来のクラシック性への復古的嗜好の回帰や、当時物バイクの伝説の高まり、コロナ禍における安全性志向、ひとりキャンプに見られる個人主義的価値観の高揚等が背景として影響しているのではないかとも考えられる。それにしても過熱気味であることは間違いない。これも落ち着く時期がいずれは来ると思うが、<u>空冷車の生産がほぼ終わった今、旧車は「クラシックバイク」と言うより嗜好性の強い市場が生まれ新たな価格帯を形成していくものと推測する。</u>

第4項　所有者の年齢を問う　「1.(5)」

　「年齢をおたずねします。今何歳ですか・・？」という質問により、現在CB400Fを所有している層が、どの年代に多いのかということと、発売当初(45年前)、生まれていなかった人たちがオーナーとしてどれくらいおられるのかを調べることで、ファンの層がどう分布しているかを確認した。まず、回答結果は左記の円グラフのとおりである。アンケート自体は、CB400Fオーナーという以外に条件はなく、サンプリングした結果として、<u>所有者の年齢は50歳代が中心であった。これは明らかにCB400Fオーナーの特徴と言える。</u>上記円グラフは年代を回答頂いたものでサンプルは全数「44」[70]である。

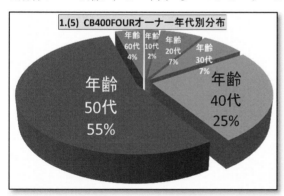

「CB400F 所有者年代別分布」

---

[69] 走行距離10km未満の車両
[70] 回答者の内、現在所有していない方が1名おられたが元オーナーとしての問となり全数は44とした。

これによると44人中24名が50代であり全体の55%、40代〜50代合わせると79.5%、約8割が中高年層オーナーである。これもCB400F所有者の典型的な特徴と言えよう。この傾向は明らかに50代の人たちが10代のころ発売になったCB400Fに当時憧れを持ち、当時の潜在的購買層として育って、購入可能年齢に達したことで、オーナーとなったと推測できる。

また、注目したいのは、発売当時生まれていなかった世代である。40代前半以下の人たちが4割以上おられるということである。通常の記憶力ということでいえば、7.8歳からと考えると50歳前半の方々も、CB400Fに触れたのは当時の現役世代の後ということで考えると、大半の人たちが第二世代ということである。

こうした第二世代の方々が、どのようにしてCB400F愛好家となったのかが興味のあるところであったが、この点については前章CB400F魅力の構造で見てきたとおりである。つまり、CB400Fにまつわる映像作品や出版作品等を通じて各世代にイメージが浸透していったことが、一つの要因として考えられる。

第5項　CB400Fの完成度を聞く。「1.(6)」

質問としては「オリジナルの状態で何パーセントの完成度と感じますか・・・?」というもので、車両に対する完成度を聞くことで、CB400Fに対して世代を超えた評価の視点を確認してみることとした。それをもってCB400Fの魅力に対して、時代を超えた普遍的評価として捉えたかった。

まずは、下の「%別完成度評価グラフ」を観て頂くと、ほとんどが70%〜100%の

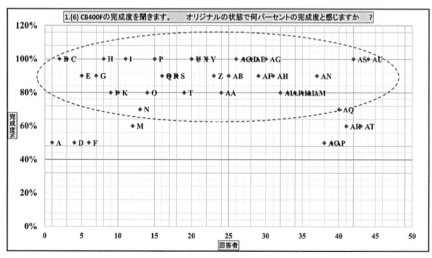

「％別　完成度評価グラフ」

括り(点線で囲われた部分)の中に入っていることが一目で分かると思う。

CB400F に対する完成度は 34/44=77.2％の人たちが 80％～100％と感じており、100％と回答した人が 14 人おられる。実に 3 割の人たちが完璧との評価をしていることがわかる。CB400F オーナーであることから、かなりの満足度であろうことは予測されるが、ここまでとは思わなかった。これは製品としての完成度はもとよりであるが、思い入れとしてのプラスαも含まれていることから、ある程度差し引いた捉え方は必要ではあるものの、数字として出たものは決定的である。

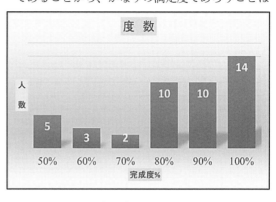

「完成度評価分布」

特筆すべきは、100％という回答者が 3 割を超え、そして、90％以上の完成度と評価した人たちを含めれば、アンケート回答者の半数を超える。これは何を意味するのであろうか。この本の目的である CB400F の魅力をあらゆる角度から分析した結果が、トータルとして現れたものと捉えて良いと考える。この結果を踏まえこれほどの評価を前提に考えると、改造はいわば改悪との解釈もできるのではないかいう疑問が湧いたことから、改造をしているかどうかを問うのが次の質問である。

第6項　所有している CB400F を改造していますか「1.(7).(8).(9)」

質問 1(6)でオリジナルの CB400F の現行車の完成度を聞いたが 80～100％と答えた人たちが 7 割強おられた。それだけに、改造の有無を問うた質問1.(7)(左)の回答結果は興味深い。その結果は、なんと半数以上が改造しているとの回答である。左図「改造有無分類円グラフ」を見て頂きたい。**ノーマルの完成度について多くの方々が高い評価であったが、予想に反し改造についても積極的であった。**

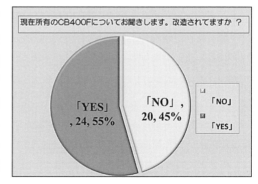

「改造有無分類円グラフ」

何故だろう。その理由を探ることも想定し次の質問「1.(8)　改造している人にどの部分をどういう理由で改造したか」を用意していた。つまり、どの部分に手を入れたかである。そのことによって改造すべき箇所から、改善・改良という考え方や、カスタマイズによる個性化の対象ポイントが見えてくる。

ランク	改造箇所	
1	マフラー	18
2	エンジン	9
3	ハンドル	8
4	ブレーキ	7
5	シート	7
その他	ライト	5

改造 YES の場合の改造個所・台数

結果として(左記表)、もっとも改造度合いが高かったのが「マフラー」で18台、続いてエンジン9台、ハンドル8台、ブレーキ7台、シート7台、ライト5台、そのほかホイール、サスペンション、オイルクーラー、ステップ等という回答を得た。

ここから見えてくるのは、オリジナルの完成度は高いものの、オーナーに改善・改良に対する欲求行動があるということである。

その変更ポイントとして、構造や機能面に関する視点においてエンジン、マフラー、ブレーキ、ライト等というのが位置付けられる。外装系領域であるハンドル、シート、そして、その両方の意味合いで「パワーアップ」、「排気音」、というものの改良ニーズでマフラーに手が入ったと考えられる。

1.(9)で「CB400F の足らない点」を聞いた結果、17/44 人(38.6%)が SPEC と回答されたが、それを上回る **19/44 人(43.1%)の方々は⑥の選択肢「完成度 100%(足らないものは無い)」との回答**であった。但し、意見として「ライトが酷い」、「部品の供給」に対する不足感が意見欄にあったことは明記しておく。

ノーマルに対して極めて高い評価でありながら、前問でも見られるように改造に対してかなり積極的に行われていることを考えると、その視点の動機を考察しておく必要性があると考えた。そこで、その動機としての視点を、「機能と意匠」にわけて考えてみる。

「走る、曲がる、止まる」という基本機能を主眼として設計されたバイクは、その現状性能に対して改良・改善を加えていこうとするものが、カスタムの基本であると言える。**「構造機能改善視点」**と呼ぶべきものである。

しかし、カスタムのもう一つの意味合いとしては「自分ならではのものとして作り上げる」という個性化の視点としての**「意匠的改善視点」**がある。

つまり、カスタムの欲求には二つの方向性と、或いは双方ともに実現しようとい

う流れがあることに気付いた。今回の調査で読み取れるのは、やはり基本機能を高めることによる改善・向上を目的とするカスタムが主流であることが読み取れる。**やはりカスタムは、早く走ること、そしてきちっと止まること、取り回しが良いこと、全体としてバランスが取れていることが求められているということである。**

　どうもカスタムというと、見かけの変化に目が行きがちであるが、少なくとも**CB400F** は、**「構造機能改善視点」**が、**カスタムの優先**となっていることがわかる。一方ではオーナーの意匠に対するカスタムの拘りも当然ある。

　CB400F が旧車であることと、「眺めて楽しめるバイク」としての完成度の高さを有しているだけに、基本機能のカスタムにウエイトが高まったのかもしれない。ただ、**カフェレーサーとしての本領は性能と個性のアップ**である。その意味で「構造機能改善視点」と「意匠的改善視点」は拮抗するとも考えられる。

　「意匠的改善視点」は、発売当時カフェレーサーのイメージそのモノが、消費者にカスタム化への扉を開いたのだという見方もできる。実際にカスタムされたCB400F が走る姿に、多くの若者が憧れを抱いたとよく聞いた。その想いを今に果たしたいということも、カスタム化の動機として捉えてよいだろう。回答として「ホンダが造ったカフェレーサーをさらに自分好みにするために改造しました」、「少し改造するぐらいが、一番カッコいいと思うから」、「当時風のカスタムにしたかった」、「16 歳の思い。大人の心」といった回答がそのことを裏付けていると感じた。

　当時、既成の製品を改造し自分のものにしていくという点において、カスタムということ自体、創生期であった言える。**カフェレーサーという潮流はCB400F を契機として生まれた新しい価値観であり、自らが持ち合わせた愛好されるにふさわしい自由度と優れた冗長性こそが、隠された魅力である**と言えるのかもしれない。

第7項　CB400F の惹かれる部分を聞く「1.(10).①」

　此処では単純明快に CB400F の魅力ある部分を直接聞いたのがこの質問である。「CB400F の部分として、何が好きですか…?　3 点選択して下さい。」というものである。(注:「調査データについて(10 項目の選択肢について 3 点好きな部分を選ぶ形式=44 名×3=132 回答であるが、2 点のみの選択者があり全数は 127 となっている。」)

　当時のホンダでは手順としてデザイン・造形を重視し、その結果として構造面の設計がなされたとされている。その造形に合わせた機能設計は、難易度の高いものになったとも推測されるのだが、そのことをうかがい知ることのできる興味深い調査結果が出たと思う。

[1.(10)①・②]の質問のまとめとして、下記グラフ「部品ユニット別人気グラフ」を見て頂きたい。第一にどの部分が好きですかという回答で最も多かったのは、「タンク」であった。37/44=84%の方々の支持を得ている。

　3点の選択肢であるので、一番好きな箇所ということは言えないものの、好きな部分として欠かせないものと位置付けることができる。

「部品ユニット別人気グラフ」

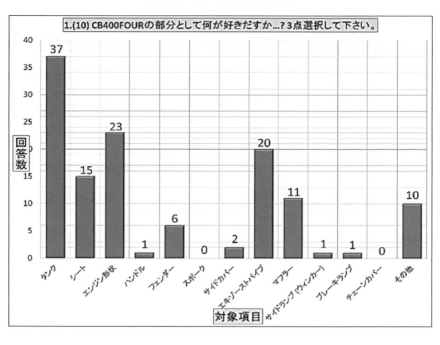

　バイクにおける「顔」として「タンク」が最も重要な部分であることは間違いない。或いは全体の印象を決定的にするといっても良いだろう。ソリッドな色合いや、タンク形状、そしてステッカー形式のロゴマーク、さらには「スーパースポーツ」というマークと同時にその称号としての響き、すべてがタンクに集約されており、車両の意匠デザインとしては最もアピール力のある部分と言える。間違いなくこの造形に成功した結果が回答となって表れているものと思う。

　第二に「エンジン形状」である。23/44=52%の支持である。約半数が選択したこととなる。回答者の意見として「空冷エンジンフィン1枚1枚手作りで作ったかのような、繊細さ。オイルパイピングが無いのでさらに美しい。1日磨いても飽きが

来ない。まさに機能美とはこのエンジンの為にあるような言葉だ。」、「ヘッドカバーの形が美しいと思います。また、エンジンのフィンや、エンジンぽいエンジンが好きです。」、「ヨンフォアの空冷 4 発エンジンは、どの角度から観ても美しいと思っています。変に前傾していないのも好きです」等。本田宗一郎がフィンの数に拘った結果はこうした意見の中からも見て取れる。エンジンがバイクにとって名実ともに心臓部であるだけに、その<u>造形と機能が一致した機能美の完成度が証拠立てられたような結果</u>であった。

<u>第三が「エキゾーストパイプ」である。20/44=45％の回答数であった。</u>
　<u>CB400F の造形の代表的部分として、あの流れるようなエキゾーストパイプはやはり支持されるもの</u>であった。バイクの全体造形を司る部分として、「迫力」、「スピード」、「性能」、「サウンド」等この部分から生み出されるだけに、これが支持されたということは、CB400F の核になるユニットとして位置付けて良いと考える。
　筆者として前述の通り当時のポスター、プロモーション活動を踏まえると「4into1」システムたるエキゾーストパイプが、最も多いのではと想像していた。しかし、<u>「タンク」、「エンジン形状」にそれ以上の支持が集まったところに新鮮な驚きを持った。</u>

　ロングタンクのスポーティーさは、レーサー感を醸し出し、バイクデザイン全体のイメージを決めるものであることがはっきりわかる回答であった。当然、エンジンはバイクの中心に座るものであるだけに、機能を前提としてエンジン造形に拘るという点は、物心両面からの満足を齎すべき対象である。機能と美しさの両方を兼ね備えるものでなくてはならないということである。いわば乗数としての作りこみが必要なだけに、この結果は何よりも構造設計に当たられたエンジニアの方々の勝利ではないかと思う。現在の CB1100 にもその思想は息づいていると思う。エンジン造形として「空冷」であることの妙味はここにあるのかもしれない。

　そして、改めて語るとすればエキゾーストパイプの造形は秀逸である。当時 4 本出しマフラーが機能的にもデザイン的にも常識とされた時代に、その双方についての命題に見事に応えたという意味で、やはりエキゾーストパイプは CB400F の代表的部分という点であることは間違いない。とても軽量化やコストダウンという課題に対応した結果だけではないということが、この部位の秀逸なところである。この質問に対して次に興味を覚えるのが、一番好きな部分はどこかという点である。この点については、次の質問で回答を頂いた。

第8項　最も好きな部分を聞く「1.(10).②」

　この設問[71]においては、惹かれる部分を聞いた結果として導き出されたものを、さらに突き詰め「最も好きな部分」を聞くことで、CB400Fの「象徴」とでもいうべき部分(部位)を確認することにした。というのはバイクをデザイン・開発する上において、何がキーとなるかを読みとりたかったからである。下のグラフを観て頂きたい。

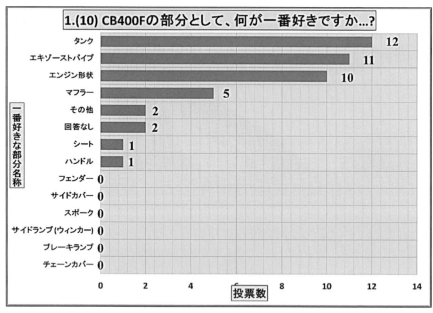

「部品ユニット別No,1 投票グラフ」

　結果としては、全質問の回答を反映しているが、最も好きな部分の回答は主要部分に集中した。一番好きな部分は、「タンク」であった。あくまでも一つを選択することが前提であり、回答者には迷ったものと推察する。**投票の結果は44人中12人の人たちからタンクが最も好きだとの回答を得た**のである。前問でも好きな部分複数回答で最も支持された部分である。次いで、「エキゾーストパイプ」が上がった。

　アンケートの選択肢として本来は「エキゾーストパイプ」と「マフラー」は一体と捉えるべきであったかもしれない。ここは推測でしかないが、その双方を合わせると16票となり、事実上は「エキゾーストパイプ」+「マフラー」が1位というこ

---

[71] アンケート4頁　1.(10)の「CB400Fの部分として、何が好きですか」という設問で3点あげてもらったが、中でも「最も好きな部分を選んでください」と言う設問

とであったと考えられる。3位はエンジン形状で10/44の回答であった。

　この結果から少なくともCB400Fというバイクを見る上で**重要なインパクトとなる要素は、「タンク」、「エキゾーストパイプ」、「エンジン形状」**であり、これらのデザイン・設計次第でユーザーの価値判断がなされることを知っておきたい。
　あくまでもCB400Fに関するアンケート回答ではあるものの、エンジンの性能や操作性等の機能面を除いて考えた場合、バイクデザインにおける三種の神器(三種の部位)と考えても良いだろう。外せない部分3箇所、これによってユーザーの印象は大きく変わるということである。
　但し、バイクはトータルのものである。これはあくまでもデザイン上、部位についての重要性を捉えたものである。考えてみると工業デザインというのがトータルのものであるという前提で考えると、佐藤さんが語られていたように、デザイナーが拘る部位というのは案外限定されるのかもしれないということである。それだけにタンクとエキパイ、エンジンに注目が集まったというのは、やはりデザイナーの力が発揮された証拠だとも言える。

第9項　あなたは何派ですか「1.(11)」

　一言でいうとCB400Fユーザーの楽しみ方を知り、嗜好の向かう方向で特徴を理解して魅力を見極めたかったということである。大きく3つの括りを造ってみた。
① **乗車派**　＝とにかくCB400Fに乗ることが好きだという志向
② **観察派**　＝観て楽しむ、磨いて楽しむという志向
③ **改造派**　＝改造・改良といったカスタムして楽しむ志向

　このバイクに対する価値観として、どういう傾向があるのかを知ることが、車両の企画設計段階における考え方を整理しておくことにもつながるのではないかと考えた。大袈裟に言えば設計思想を左右することになるかもしれない。まずは右のグラフを見て頂きたい。

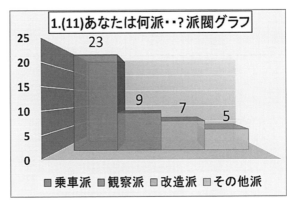

「CB400F 派閥分類グラフ」(単位:人)

約半数の 23 人/44 人=52%が「乗車派」である。所謂、「走ってなんぼ」ということである。そして観て楽しむ観察派は、9 人/44 人=21%、さらに、改造派その他と続くが、車両は乗るもの、走るもの、運ぶものという基本的考え方からいくと乗車派が多くなることは容易に想像がつく。ただ **CB400F は観察派が 2 割以上いることに驚かされる。眺めているだけで満足するもの**というと例えば「美術品」である。

どうしてもアンケートの関係上選択して頂くこととなるので仕方は無いが、CB400F という車両に乗るだけとか、見るだけというのは事実上ありえない。

主にどういう楽しみ方が自分なりのスタイルかというのが質問の趣旨である。このことで逆に **CB400F の多様性が垣間見える**のではないかと思う。

乗ることを楽しむ人たちが全体の半数を占めた。乗ることの喜びは、早く走ることもあるが、CB400F の場合、当時の憧れのバイクに乗るという充足感や満足感、旧車の中でも名車といわれる域にある CB400F のステイタス性に対する優越感もあると考えられる。また、走るという意味ではこのバイクに拘りを持つメンテナンス企業、チューナーが今も専門メーカーとして存在している。何故なら現代のバイクに伍して競うことのできるポテンシャルや冗長性がこの車にはあるということである。元祖カフェレーサーの名は伊達ではないということである。

「観察派」というのは、乗るよりも眺めて楽しむという括りである。アンケート 9/44 人ということは 2 割を占める。CB400F もマシンである以上、走行させることがマシンに対する誠意であるが、現在の顧客層を考えるとなかなか乗れないという人もいることは間違いない。本アンケートの冒頭で回答者の年齢別分布をご覧頂いた通り 40 代から 50 代が主力オーナーである。現実サンデーライダーである可能性は否定できない。事実、メンテナンス業者さんによれば車検時に走行距離を測ると 2 年間で 100 km～500 km前後というのはザラだと聞く。逆に言えば**乗るという欲求よりも「常時、眺めていても飽きない」という鑑賞欲、所有欲の現れであると考えてもよさそうである**。かく言う自分もこの派に属する。言い換えると持っているだけで満足し眺めていて満足する。「そばに置いているだけで良い」という感覚なのである。言うまでも無く鑑賞に十分耐え得る車であるからだ。

「改造派」とはカスタムを趣味の根本としてバイクに臨む人たちの一団と捉えている。CB400F 発売当初、中学生から高校生だった方々は、元祖カフェレーサーの誕生に、従来のバイクと違うカスタムを施した車両への憧れを持っていたと考えら

れる。CB400Fはその先駆けであったと言ってよいと思う。その当時の方々は今や中年も後半の域、果たせなかったカスタムへの憧れは根強く、まさにカスタムにこそCB400Fのあるべき姿をイメージしている方々は少なくないと思う。乗車派の人たちと価値観の共有を図りやすいのは、[カスタム=スピードアップ・パワーアップ⇒「カッコよさ」]という方程式が同一線上にあるからだと考える。

　CB400Fについての派閥分類を試みてはみたが、現実はもっと細分化されるのではないか思う。分析を進めていくうちに、今回のアンケートで見た形をさらに細分化して分類すると、以下のような構図「**CB400F 嗜好派閥分類図**」が見えてくる。そこまでCB400Fは楽しみの幅が大きいというわけであり、これも魅力の一つとして挙げることができる。分類図を解説しておこう。

CB400F 嗜好派閥分類図

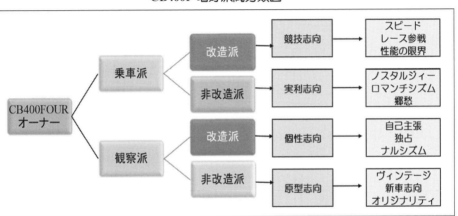

　大きくはアンケート通り、**大分類**として「**乗車派**」と「**観察派**」に分類できる。「**乗車派**」は、CB400F愛好家にとって未だ走りに拘りを持ち、スピード競技をする対象であるということが専ら重視される流れである。その中分類として、レースを目的とし走ることに拘りを持ち、徹底的に高性能化を志向した「**改造派**」と、この車両で当時のままに走ること自体に拘りを持ち、快感を覚える「**非改造派**」に分類できる。一方「**観察派**」は乗ることよりも寧ろ眺めて楽しむ、磨いて楽しむ、撮って楽しむといった分類である。内、中分類としての「**改造派**」は〝当時の改造スタイル〟でカスタムを施し、果たせなかった夢やロマンといった感慨を満足させたいと考える括りである。片や「**非改造派**」は、当時のままの車両に拘り、オリジナルをベストとして、保持しようとする括りの分類である。

さらに補足すると「**観察派における改造派**」は、現代の機能も併せ持つデザインや部材、ユニットを駆使し、走るというよりも、カスタムを楽しむことを主とした愛好家とした分類である。一方、「**観察派における非改造派**」は、あくまでもオリジナルに拘る人たちの分類であるが、ここではさらに細分化した小分類が生まれる。

　完全オリジナル部品をかき集めてでも、原型に拘る集団(非改造派の原型志向でオリジナル徹底派とでも呼ぶべき集団)と、オリジナル部品には拘らずに、一言でいえば新車をイメージして造り込もうとする一団がある。いわば非改造派で原型指向だが、「ASSY」[72]、「NOS」[73]、「リプロ」[74]、「One-off」[75]等を駆使して原型を維持することに熱心な集団である。この最後の集団は、当時のオリジナルが存在しないということからすれば、原型を保持するために、完全改造してでもオリジナルを作り上げようという分類である。原型を留めようとするあまり完全に改造するという皮肉な分類と言える。ある意味前述した「テセウスの船」の命題にも関わる対象かもしれない。尚、CB400F 嗜好派閥分類図の最終 4 分類の各志向には具体的なイメージを記載した。自分はどれにあたるか考えて頂いても面白いと思う。

　統計サンプルとして回答数が少ないという向きを否定するモノでは無いが、とは言え CB400F のユーザーに支持される根本的魅力の一端が垣間見えたとは思う。何といっても回答者全員がこの半世紀前のバイクを所有し維持し続けているという事実があるからである。そしてその回答サンプルそのものが貴重であるからである。この項において結論付けられる **CB400F の最大の魅力は、「現代にあっても走ってよし、眺めてもよし」という存在である**ということである。また、観察派という点においては、眺めて楽しむことのできる車、床の間に飾ることのできる車として裏付けられたと確信できる結果であった。

　カスタムにより引き出せるポテンシャルの幅と、深さを持っている車両としても、その潜在的品質の高さについても間違いないものと考える。また、それは愛好家だけでなく、現にそのユーザーを支える多くのステークホルダーが未だにしっかりと存在するということが更なる裏付けと言えよう。旧車という存在でありながら、現代にあっても前述した「乗車・観察」という双方の魅力を持ち、そして幅広い層に

---

[72]　「ASSY」=Assembly の略語　パーツ単体ではなく複数が組み合わさった構成部品

[73]　「New Old Stock」(新古品)　自動車、バイクの在庫部品　未使用品として在庫されたもの

[74]　「リプロダクト品」　オリジナルデザインを元に忠実に復刻生産した製品。粗悪品もある。

[75]　「One-off」とは、一度限りの製品・部品、一点もの、専用品

も支持されるということの事実は大きいと言える。免許制度の枠組みの中で、寧ろ同型でありながら双方の領域に適する汎用性を有し、それでいて大型車並みの魅力を放つという車は、唯一 CB400F だけである。むしろ免許制度がその存在を二つの領域に割いたおかげで、中型層においても、大型層においても魅力を放ち続けることになったことは、皮肉にも歴史に後押しされたというべきかもしれない。

第10項　CB400F との関りについて　「1.(12)」

　質問 1.(12)で問うた今後の関わり方というというのは、CB400F についてどう付き合っていくかを聞くことで、想い入れの程を明らかにすることが目的である。そこで単刀直入に今後手放すつもりがあるかどうかを聞く形をとった。

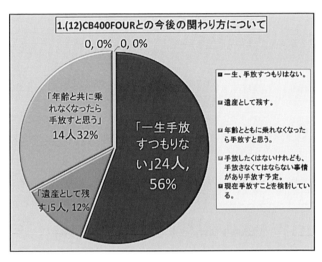

CB400F の今後の所有の是非を聞く

右の円グラフを見てもらうと、一目で分かる通り、半数以上の方々が「一生手放すつもりはない」と回答されている。(尚 CB400F 未所有者がおられ回答の全数は 44-1=43 である)

また、「遺産として残す」というのも言うなれば、自分の手からは放しても、子や孫に残すということを意味するものと考えられ、解釈の仕方によっては孫子の代まで持っていくということで言うと「一生手放すつもりはない」という考え方を超え、世代が変わっても持ち続けるという愛着の現れだと解釈できる。従って、その双方を合わせると、24+5=29/43⇒67.4%の人たち、約 2/3 のユーザーが、死ぬまで放さないという感覚をもっておられることがわかる。

　あとは「年齢とともに乗れなくなったら手放す」という回答者が残りすべてであり、「手放したくはないけれども、手放さなくてはならない事情があり手放す予定」、「現在手放すことを検討している。」と回答した方はおられなかった。これらの回

答から見えてくるのは、「年齢とともに乗れなくなったら手放す」という回答も裏を返せば、「乗れるところまでは乗り続ける」ということである。

つまり、全員が手放したくないということであり、CB400Fへの想いの強さを垣間見ることができた。モノへの執着というより愛着というものに代わったと表現すべきかもしれない。その愛着の形態を次の質問で掘り下げる。

第11項　CB400F 所有の目的は「1.(13)」

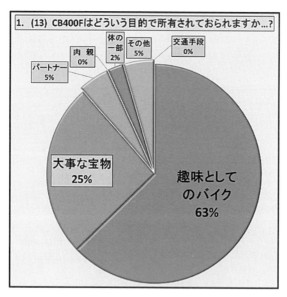

CB400F 所有目的分類円グラフ

この質問では、現在所有しておられるCB400Fを、どういう目的で所有しておられるかを聞くことで、前問1.(12)と同様に、その思い入れの度合いを測ると同時に「擬人化」[76]の度合いを見る狙いであった。((12)と同様にCB400F 未所有者がおられるためサンプル総数は 43 となる。)

43人中 27 名、63%の人が趣味のバイクと回答。一般的に想定された回答であり、2/3 の方々が趣味としてCB400F を所有されていることがわかる。

この趣味の域を超える回答として位置付けていたのが、「大事な宝物」という回答であり、11 名 25%の方々が選択された。趣味の域である方もおられると考えることもできるが、そのオーナーの生活観における価値として、かなり高い位置での評価として「宝」とみておられる方が見て取れる。

この質問のポイントとなる「擬人化」の度合いであるが、「パートナー」と回答された方が、2 名、「体の一部」を選択肢として選ばれた方が 1 名おられた。これは生

---

[76] 「擬人化」＝人間以外のものを人物として、人間の性質・特徴を与える比喩の方法。生物でないものを生物として、或いは人として例えるほどの感情移入が比喩として表現される様

活観の中で、CB400F が単なる機械としての個体ではなく、擬人化された存在として捉えられる方がおられたということであり、自らの生活にとって人格を伴う対象となっていると解釈できる。ここまで来ると CB400F も製品冥利に尽きるというものである。第 9 章「CB400F 魅力の想起構造」で述べた通り、それは正に CB400F がモノとしての「ゲニウス・ロキ」となって、意味を持ったものになった証拠である。人生を生きる物語の中に CB400F は位置付けられているということである。

　ちなみに、交通手段として捉えておられる方は一人もおられなかった。バイクが完全に運搬手段から離脱した証拠であり、こうなると実用性は劣後してプライスレスの状況を意味することとなる。CB400F はまさに奢侈品(芸術作品)ということになるが<u>「人生にとっての必需品」</u>であるということである。

第12項　他メーカーに無い CB400F の魅力とは「1.(14)」

　本質問においては、CB400F ならではの魅力が何によってもたらされているか、その独自性を調査したものである。基本的に車両本体に関するものを選択肢として

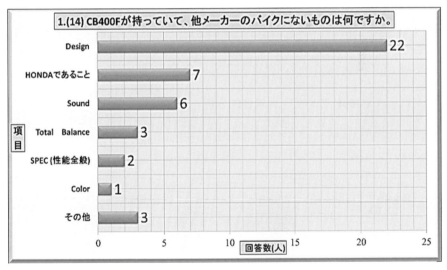

「CB400F 他メーカー比較分類グラフ」

用意したつもりであったが、ブランドとしての意識が思いのほか強いことに気づくこととなった。**CB400F の魅力として他のメーカーに無いものの回答として「デザイン」について半数の方たちが挙げられている。CB400F のデザイン性は他のメー<u>カーを凌駕</u>**し、インパクトを放っていることを明示する結果である。これが他の車

種であった場合、この結果と同じ傾向が出るかというと必ずしもそうなるとは限らない。二番目に多かった回答として「HONDA であること」に 7 名の人たちが回答。本質的な点において「HONDA」製品のブランド化が進んでいるものとも考えられる。ここで注目したいのは CB400F そのものが HONDA のブランド形成に寄与したかという点である。回答数が示す通り、ブランドで選んだ方々の数を、遥かに上回るデザインの良さに支持が集まった。つまり、**多くの方々にとって CB400F がホンダのブランドの価値を高めたと言えよう**。メーカーの開発における成果はこの点が重要となる。残りの回答として「サウンド」というのは集合管ならではの排気音の良さ、そして「トータルバランス」というのは CB400F の総合的評価の高さが、他のメーカーにはないものとして感じておられるということである。当時から現代まで通しての感想であるとすると、CB400F の完成度の高さの裏付けとなっているものと考えて良いだろう。

　記述としてもデザインに関する意見が多かった。回答者からの意見を紹介しておきたい。「エンジンが美しすぎる」、「一目でわかるヨンフォアの姿・存在感の高いデザイン」、「小柄ではあるが、その中に無理のない美しいスタイル。400cc として必要十分な性能」、「無駄のない美しいデザイン。コテコテしていない」、「どう見てもカッコ悪い部分が見つからない」、「あの全体のバランスはその時代の HONDA でしかできない」、「カラー、見た目にまとまりがある。」と、製作に関わられた関係各位に贈りたいと思うものばかりであった。

第5節　　CB400F アンケート総合的分析

　前段までは CB400F の優れている点は何か、そのことに対するオーナーの想い入れについて、心情面や直観的捉え方で回答を頂くことで魅力の源泉について分析してきた。この第 5 節では CB400F の魅力として強く支持された「**デザインそのもの**」**の源泉を問う**ことで、CB400F のデザインについて物心両面に亘り総合的に分析し掘り下げることとした。具体的にはそのオーラを放ち続ける CB400F の魅力についてデザインの面から、細部に焦点をあて、且つ、デザインから受ける印象を比喩的選択肢で回答を頂くことで、魅力の中身を感覚的にも捉えてみた。また、造形や色から受け止められる印象も同様の手法でアンケートを読み取ってみた。

第1項　　CB400F の魅力を支えているもの

　本質問は前節の第 11 項「アンケート 1.(14)」に一見似ているが、他社にはない CB400F の持っている魅力を聞いたのが前問であり、本件は CB400F の「魅力その

もの」ついて聞いてみた。「いまだにそのオーラを放ち続ける CB400F の魅力を聞きます。CB400F の魅力の大半はこの点に支えられると思うものは何・・・?」という問いであり、結果としては <u>26/44(59.0%)の人たちが「デザイン」そのものが、魅力の根源であるとの回答</u>であった。

　前節の CB400F の他社にない独自性の最大ポイントが「デザイン」であり、魅力そのものの最大ポイントも「デザイン」ということである。

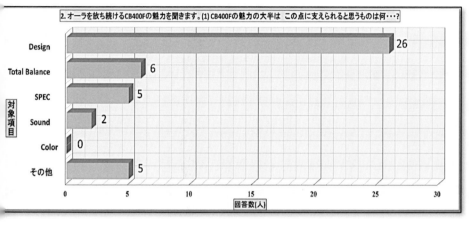

「CB400F 魅力分類グラフ」

　バイクは、そもそも走る乗り物との認識に立つと、その性能そのものに注目が行く。当然、現代でも重要な要素であることには間違いないが、このバイクの魅力として、デザインがいかに大きな地位を占めているかが窺い知れる結果である。

　デザインの持つ力というのは、時代を超えてその物の永続性という生命を吹き込むことになるのかもしれない。ちなみにカラーはデザインの一部と解釈すると、「0」回答とは言えデザインに包含されていることも考えられる。

　一方、第二の回答としてトータルバランスと回答いただいた方が 6/44 名であった。本来バイクは、走りの良さ、速さ、ハンドリング、制御機能等々のマシンとしての基本機能についてのバランスの良さが問われるものである。トータルバランスという回答は、具体的なデザイン面に踏み込んだものでもあり、回答者の意見を記載すると「タンク、シートフェンダーのバランスが最高である。」、「カラー的に見た目にまとまりがある。(シンプル)」、「45 年前のものとは思えないスタイル。長年見てきても全く飽きない」、「重々しさ、機械的」といった理由が示された。

　今のバイクと比較すると CB400F の場合、約 50 年前のバイクであるだけに基本

性能よりデザイン力によるところが大きいという感想は、時代という時間軸を調整してみておく必要がある。とは言えSPECということについても実は評価は低くないのである。回答をされた方々の意見を聞くと「決して速いわけではないが乗っていて楽しい」という回答が返ってきた。「楽しい」という感覚は何から生まれるのか、ここは想像でしかないが「手間のかかる楽しさ」、「苦労の末の速さ」、「操作しづらいものを乗りこなす喜び」といったものかもしれにない。CB400Fが元祖カフェレーサーとして、SPECについても手を入れることで応えてくれる素材であるということが、ここでも回答として返ってきたと考えて良いと思う。

そして、「サウンド」である。回答としては2/44であったが、すべてにおいてここが魅力という問いであることを考えると投票の意味は大きい。CB400Fファンにとって排気音自体、魅力だと多くの人が感じているはずである。回答としてサウンドを選択した回答者は、より音への拘りがあるものと考えられる。唯一理由として記載されていたのが「ショート管での音」というもので、カスタムによる作り出された車両のサウンドを意味する。国内初の集合管排気音は、その後のカスタマイズに多大な影響を及ぼしたことは言うまでも無い。ただCB400Fのノーマルマフラーのサウンドの評価も高いことを付言しておきたい。

その他の回答として頂いたのが、5/44である。理由として「現代のバイクと性能は変わらない。すべてメンテナンス次第と思う」というものであった。そこにはいかに維持し整備していくかという楽しみの存在を魅力として捉えたと考えられる。また、「16歳からの思い」というのは、そのオーラの根源が自分自身の憧れや思いから来ていると解釈できる。これも個人的シーンとCB400Fが結びついている例である。また、「知っている人が多い」という回答も得た。知名度の高さは車両のステイタスにつながる。魅力の大きな要素として「見られる喜び」、「注目を集める喜び」といった自己顕示欲を満たしてくれる魅力の存在を裏付けるものである。

第2項　　最大ポイント「4into1システム」について聞く

「純正エキゾーストパイプから感覚的に連想されるものは何でしょうか・・・？／　連想される具体的なものを選択肢から、順に2つお選び下さい」という質問に対する回答選択肢として、比喩的事項を用意し回答を頂いた。第8章で見てきたデザインに関する考察を裏付ける上でも興味ある質問であった。

本質問の要点は、CB400Fのデザインの魅力として最も象徴的な「エキゾーストパ

イプ」に注目し、イメージとして何を想像するか直観的印象を聞いてみることで、イマジネーションの広がりを見てみたかった。

　回答は2つを選択する形である為、回答総数は44×2=88回答グラフを作成した。バイクに対する総合的感覚にエキゾーストパイプがどういう印象を創り出し、どういうエフェクト(影響)を与えるかを検討、その造形が持つ魅力の効果を読み取りたいと考えた。直観的イメージは機能美と言うものを生み出す根源である。それだけに本項だけでなく次項についてもアンケート項目を用意しさらに掘り下げたいと考えた。まずはこの項に関する以下のグラフを見て頂きたい。

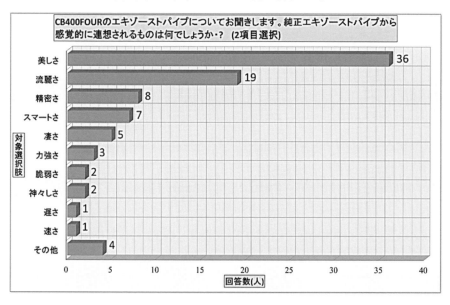

「エキゾーストパイプ連想グラフ1」

回答が集中したのは、やはり「美しさ」である。36/88(約40%)。これは誰もが認めるところであり、36人の人たちが投票したと考えると36/44(81%)の人が投票したことになりインパクトは大きい。2番目の回答として多かった「流麗さ」は「美しさ」の一形態と考えても良いので連動するものかもしれない。流れるようなラインと曲線の均一性、リズミカルな連続性には、大半の人たちが惹かれるものであることが分かる。自らの感覚としても想像通りの回答結果であった。

　3番、4番の回答として「精密さ」、「スマートさ」があげられた。いかに車両が設計上詰められたものとなっているかということである。エンジンの構造を尊重しつつ緻密に計算・造形されており、結果としてエキゾーストパイプ自体の軽量化、

コスト削減をも実現しメカニズムとしても集約され、機能もアップしているのである。また、コンパクトさはやはり目を引くものであり、機械ものに惹かれる方々にとってみれば、精密、スマートというのは間違いなくそれ自体が魅力ということになる。全体のバランスについても評価が高い理由はここにもある。

「凄さ」、「力強さ」との回答は、「4into1」の生み出すパワーを感じてのものと考える。造形としてもシェイプアップされたイメージを持っておられるのかもしれない。残りについては変わった選択肢を用意した。正直、どのような反応かを見てみたもので用意したが面白い結果となった。「脆弱さ」2、「神々しさ」2、「遅さ」1、「速さ」1という回答。一見マイナスと思われる選択肢に投じた人たちの感覚はどういうものであろうか。「脆弱さ」、「遅さ」には正直0を想像していたが、前者はエキパイの女性的感覚を持たれたのかもしれないし、後者は純正に対する見方からの評価とも取れる。「神々しさ」はまさに最大の称賛であり造形美としてはこれ以上ない評価である。エキパイの存在感を改めて認識させられる。

第3項　純正エキパイから連想されるもの

　エキゾーストパイプについてさらに深堀するための質問として、連想される感覚的イメージを具体的モノや現象として問うこととした。サンプル数は 85 で本来 44×2=88 であるが回答者の方で、1 点のみの回答しかなかったものが 3 名あり 85 となった。2.(2)に関連した質問としてイメージとしての感覚を聞いたものから、イメ

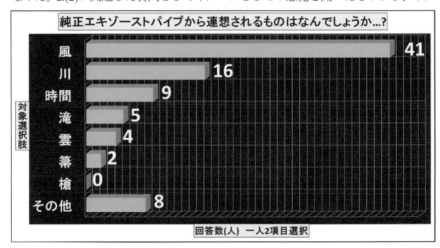

「エキゾーストパイプ連想グラフ 2」

ージそのものの選択肢を用意し回答を頂くことで、エキゾーストパイプの持つ具体像のエフェクト効果をより明確に理解することが目的である。結果は以下の通りである。

　エキゾーストパイプの具体的イメージ像の回答として最も多かったのが「風」である。しかし、**風はイメージであり、目に見えるものではない。それでもこの回答に 41/44=93％のオーナーが票を入れたということは驚きである**。エキゾーストパイプの形状が規則正しく流れるような線とそのしなやかな形状から、フォルムが光跡を残し、あとを引くような移動感、スピード感として捉えられたと考えられる。ただ、**「おお 400 おまえは風だ」というキャッチコピーの影響は間違いなくある**ものと感じた。二番目に多かったのが「川」という回答である。これは「風」とイメージ形状としては同一のものかもしれないが、川の方はスピード感というものが弱い気がする。その意味でいうと川はエキパイの流麗な形状そのものからイメージされたものと推察する。第 8 章第 3 節第 6 項で採り上げた「擬態」を裏付けるものとも解釈できる。補足の回答としてその選択肢に対する理由として「髪(女性の)」、「髪の毛の流れ、そう見えませんか?」、「セクシーなイメージ」という記載もあった。これも第 8 章第 4 節で述べてきた「性差モデル」の裏付けの例として考えられる。

　選択肢として用意した**「時間」**に 3 番目の票が入った。時の流れといった時間の動きをイメージしていたが、やはり時間の「移動」という印象だと思う。瞬間から瞬間への時の流れというより、もう少しスパンの長い時代から時代といった感覚なのかもしれない。時代を超えてという解釈もできる。選択肢としては最も観念的であり、その他という選択肢に近いものとして用意したのだが意外に多かったのには驚いた。オーナー心理の深い部分までインパクトを及ぼしていることが分かる。推測としてではあるが憧れていた時代と今を象徴しているのかもしれない。

　それに続いて「滝」、「雲」、「箒」は形状そのものの選択肢ではあるが、相応の反応であった。ただ、これらの対象イメージからは、そのものが持つダイナミズムが伝わっている結果と考えてよいと思う。箒は形状そのものの表現であって、活力や迫力というものは想起しづらいということから考えると、規則性や形状の美しさをそのまま捉えたものと解釈できる。何かの記事に「柘植の櫛」のようなという表現がありこの選択肢を用意したが、むしろ、櫛を選択肢とした方が良かったかもしれ

ない。回答として圧倒的に多かった「風」のイメージ形状が強いとすれば、スピード感や、心地よさ、スムーズさ、流れるような動きという感覚が発生するものと考え良いと考える。純正以外の集合管というものとは基本的にイメージを異にしており、それだけに<u>オリジナルの持つデザイン性は高く評価できる</u>。また、それを踏まえて「おお 400 おまえは風だ」というキャッチは、このアンケートからもいかに訴求効果の高いものであったかをうかがい知ることができる。

　発売されて 49 年、あまりにも有名なキャッチであるだけに「風」というイメージは差し引いて捉える必要があるのかもしれない。但し、エキゾーストパイプに対する純粋な回答であると考えると、<u>エキゾーストパイプそのものが「風」をイメージする要素であると理解しても差し支えない結果</u>と捉えた。

第4項　　〝純正〟VS〝改造〟エキゾーストパイプ比較

　エキゾーストパイプに関する質問の第三弾である。一連のイメージを確認したアンケート結果から推測される一つの結論としては、**CB400F のエキゾーストパイプが車両全体の魅力を決める重要ファクターであることは間違いない。**

　さらに言えば、CB400F を決定づける最たるユニットとも言えよう。にもかかわらず第 4 節第 6 項でも確認したが、半数以上(55%)のオーナーが改造を実施しており、中でもエキゾーストパイプの改造が最も多かった。

　そこで CB400F を印象付ける第一ファクターであるエキゾーストパイプを、いかなる理由で改造されておられるのかを分析するために本質問を用意した。
まずは、改造されているかどうかを問うてみた。下のグラフをご覧いただきたい。

　調査の結果として<u>「純正派」が **71%**、「改造派」が **29%** という結果</u>が出た。

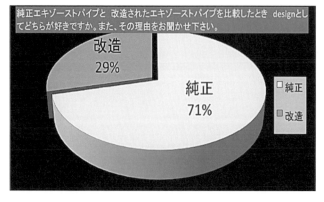

「純正エキゾーストパイプ使用率円グラフ」

実は各人の回答として、「比較できないという回答」で双方ともに無回答が 1、「どちらも捨てがたいということで双方に回答」が 1、「どちらも好きということで双方に回答」が 1、という

結果であった。つまり、44-1+2 ということで回答サンプルは 45 を 100 として計算している。本来は質問に正確に応えられていない回答は無効となるのであるが、傾向を見たいとの考え方から以上のやり方で処理している。この回答からもわかるように、**比較しがたい、どちらも取りたいという想いの人がおられること自体 CB400F の魅力を物語っているものと考えられる。**純正エキパイでもよし、カスタムエキパイでもよしということで、**つまり CB400F は二刀流ということ**である。選択された各回答について、更にどういう理由で選んだかを聞いているので各意見をピックアップしたい。

　まずは「**純正派**」では、「デザインは純正が秀逸です。音とデザインを考えるとヨシムラタイプの武骨な集合管も素晴らしい」、「40 年以上前にこのデザイン」、「やはり 400F は、純正エキゾーストパイプです。」、「メッキだからいいのです。」、「他にない」、「車体全体として形になっていると思う。」、「金属のパイプでありながら、機械的な角の有る曲がりではない、柔らか味の有る形状が人間的で好きです。」、「他には類を見ない、流れるようなエキゾーストパイプに大きな魅力を感じております。」、「他にないデザインが、なんとしても美しい。それだけでヨンフォアとわかる見た目。」、「美しいデザイン。ただ変えてみたい気持ちもある。」、「なだらかなエキパイの曲線がキレイだから」、「バイク全体のデザインの一体性。デザイナーの方に脱帽です。」、「トータルバランス」、「完璧との回答から純正に○とした」、「流れるようなエキゾーストパイプ。フランジ形状、メッキの質感、磨きたくなる美しさ。音も最高に良い。自分がノーマルマフラーを持っていないのが残念でたまらない。」、「静かすぎるのですが、美しいのです。悩ましい。」、「流れるような形状が良い」、「CB400F の一番の特徴」、「絶対他と被らない」、「流れるような形。(リプロのパイプが焼けなければつけるのに)」、「CB400F のシンボルであり、デザインの核である。」というものであった。回答は得心のいくものばかりであり、やはりオリジナルエキパイは CB400F の象徴であることを裏付けた。

　一方、「**改造派**」の回答理由を見てみたい。「青春時代の音」、「どちらも良いが、ショート管の方が好み」、「音の伸び」、「ヨシムラなどのショート管が好きだから、良く似合うから」、「今は手曲げが好きだから」、「純正がすきですが、音はモリワキ」、「音が良い」、「性能」といった答であった。

　ここから読み取れるのは、サウンドへの拘りとして改造をするという理由が見て取れる。言い換えれば、CB400F であればこそ奏でられるサウンドである。これも

CB400Fの持つポテンシャルということになる。

　「比較できない」、「どちらも捨てがたい」という理由も理解できる。音の基本は、音の高さ、音色、音の強さ、音の速さである。それらの総体として奏でられる音は、素材としての冗長性がなければ、改造後でも音色に限度があるものと考えられる。改造されたマフラー内部の壁や或いは直管構造によってサウンドは変化するものの、それを根本的に生み出すエンジンは変わらないわけである。つまりCB400Fのエンジンがプレイヤー(奏者)であることを再認識したい。

第5項　　フューエルタンクについて聞く（2点）

　第4節第6項で最も好きな部分として最多の回答数を頂いたのが、「フューエルタンク」である。図らずもその「フューエルタンク」について質問を用意していた。この最も人気の高い部分として位置付けられる「フューエルタンク」の何が好きであるかを問うと同時にその理由も聞いている。まずは以下の「フューエルタンク魅力分類グラフ」を確認頂きたい。(複数回答方式)

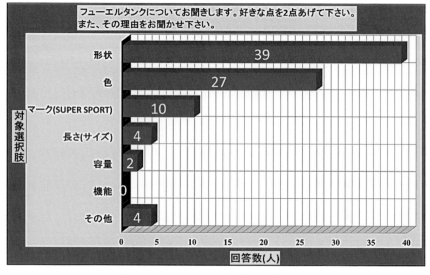

「フューエルタンク魅力分類グラフ」

　本質問はフューエルタンクについて、どの部分が好きであるのか2つを選択してもらいその理由を聞いてみた。ここでフューエルタンクについて質問をしていたことは幸運であった。サンプル数は44×2=88であるが、2つの選択肢に対して1つの回答しか記入のないものが2名。よって、サンプル総数は86となった。それでは中身を見ていくこととする。

もっとも回答数が多かったのはフューエルタンクの「形状」である。39/44 とすると実に 88.6%の方々が形状に惹かれているということである。回答の理由から 2番目の「カラー」や 4 番目の「長さ」と連動している回答が多かったようである。

　3 番目は「マーク」であった。具体的に挙げて頂いた内容を見てみると「シンプルな形。シンプルなソリッドカラー」、「形はカフェレーサーとしての速さと機能性を持った胴長のスタイル」、「形が好きだから」、「丸くもなく角もなく丁度いい。ソリッドカラーとエンブレムのデカールが良い」、「形は絶妙にカッコいい。色も赤、青、黄とシンプルでとても良い」、「丸みを強調したデザイン、タンクキャップの形状が素晴らしい。」、「美しい」、「当時としては未来を先取りしたものだと思います。」、「直線的なデザインと原色の色」、「当時にしては単色で派手な色合いであったが、そこが他のバイクにない個性だと思います。」、「シンプルな形、シンプルにソリッドカラー」、「スリム感」、「形状が好き。長さもちょうど良い」、「シンプルで他にないため」いったものである。

　まず、**第一はシンプル**さという回答が多かった。ここから読み取れるのは、余計なものを排除した素材としてのデザインの良さが伺われる。そして、レーサーばりのスリムさと長さといったタンク形状に惹かれていることがわかる。スポーツモデルとしての作り込んだ想いが見えた部分と言えよう。それと相俟ってソリッドなカラーが印象を深くしていることがわかる。すぐに快晴の青空を背景としたポスターに浮かぶボディの赤が鮮烈に蘇る。第 8 章第 3 節第 7 項で「赤」という色合いについては、詳しく述べさせて頂いたが、デザイン上も他社比較上も車両を印象付ける上で決定的な要素となったと考えられる。ある意味形状とその色合いというのは、一目で見たときの印象を決めることになると考えると、その双方がシナジーとなってCB400F を強く印象づけたものと考えられる。レーサー感覚というものに対するデザイン思想が、貫かれている結果であると考える。

　その次に意外と多かったのが「**マーク**」である。タンクに表示されるものがいかに大きいかということを改めて認識した。回答理由として「マークは他のバイクにもつけたくなる」、「今では SUPER SPORT ではないと思いますが、ガンバっている感がとても良いと思います。」、「エンブレムが普通であったのにびっくりしました。」、「シンプルだけど HONDA マーク。このタンクには立体エンブレムではいけない。」、「ソリッドカラーとエンブレムのデカールが良い」、「金色に縁どられたHONDA と SUPER SPORT のマークはしびれる。」と言った意見であった。

いずれにしてもこの「SUPER SPORT」という響きがステイタスを感じさせることと、メーカーの意思のようなものを伝えるタイトルとなったと考えられる。

もう少し深読みすると、「SUPER SPORT」の意味するものが醸し出す「プロフェッショナル」なイメージと「速さ」へのシンボル化に成功したと言えそうである。「HONDA」と「SUPER SPORT」という明示が相乗し、双方のブランディング効果が生まれたことは間違いない。そして、敢えてステッカーで表現した無造作な作りが、かえってレースそのもので使われる車両を想起させたことは大成功であったと言えよう。これらは、ユーザーがバイクに持つ夢をイメージさせ、さらにはCB400Fが創りだされたコンセプトタイトルそのものを言い表しているようだ。

第6項　実物の車両の力

「設計段階でフェンダーは、タンクと同色にしてプラスチック製にする案がありました。あなたはどちらが良いと思いますか。また、その理由をお聞かせ下さい。」というのが質問である。この問いかけの狙いとしては、当初企画段階でデザインされていた、よりレーシーなスタイルであるレッドフェンダーを装着していたとした

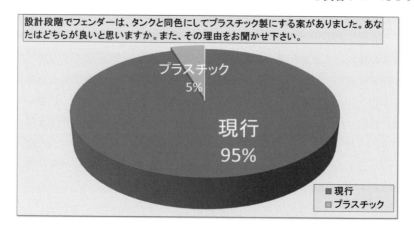

「フェンダー種類別支持率円グラフ」

らどうだったかという疑問から生まれている。

フェンダーはタンクと同色、素材もプラスチックに変え、よりスポーティーにした形状を想定したものである。回答サンプル数は42である。総数44に対して無回答1、複数回答1(無効)ということで、44-2=42を総数として集計を取った。

結果はグラフが示す通り歴然となった。40/42=95%が現行メッキ性のフェンダーを選択。この質問において全員がCB400F乗りの方々なので、開発段階におけるプ

ラスチックフェンダーのイメージを明確に持っておられるものとの認識に立っている。というのは印象を聞く際、現行の方がどうしても印象が強いからである。

仮にその分を差し引いてもメッキ製フェンダーの支持は強かったのではないだ

ろうか。デザインに中で言われる輝き効果もあったものと考えられる。(上写真[77])

回答者の具体的理由は以下のとおりである。「やっぱり古いものは鉄の塊であってほしい」、「旧車はメッキでしょう。」、「旧車はメッキでしょう。同色フェンダーとしても金属でしょう。」、「70年代を語るには必要なもの」、「ゴージャス感がある。」、「リアから観たときの輝き」、「プラスチックの多用は安っぽく見える。」、「古さがキレイ(昭和時代)」、「デザイン的にも剛性的にも優れていると思うため」、「プラスチック製でも今っぽさという点では良いと思いますが、所々がキラッと光る箇所があった方が「バイクっぽさ」を感じます。」、「バイクのデザインにマッチしている。」、「何を変えてもオリジナル400Fでありたいです。」、「他は考えられない」、「光り輝いている」、「クロムメッキは磨くほどに深みが出てくる」、「ステー形状も素晴らしい」、「フロントフェンダーからマフラー、リアフェンダー、チェーンケース、メッキの美しさでないとヨンフォアではない」、「基本パーツは鉄の方が好き」、「メッキの方が高級感があるから」、「カフェレーサーなのだから色つきで錆びないのもいいと思います」、「何とも言えない鉄フェンダーが好き」、「メッキが良い」といったものであった。

ここから見えてくるのは、<u>バイクにおけるスタンダードなスタイルへの希求である。旧車に求めるものの核として、「バイクらしさ」への拘りが見えてくる。</u>

77　ほぼ市販車に近い形状ではあるが、佐藤さん拘りの赤い前後フェンダー、つや消し黒のマフラー、銀のフレームというモックアップ

特に素材としての鉄、メッキの輝きである。さらにはCB400Fの現車のイメージが強く、他のものとは想像しづらい点があったとも考えられる。試作におけるモックアップ段階での比較がフェアなのかもしれない。少数意見となったが逆に興味深い点なのでプラスチック許容派の回答を見てみたいが、2名の回答者中、理由として書かれていたのは1名であった。「カフェレーサーなのだから色つきで錆びないのもいいと思います。」というものである。よりレース仕様を想定してのものと推測する。CB400Fをそもそもどういう目的のものとして捉えるかという点で評価は分かれるが正解は存在しない。つまり「これもあり」という風にとらえるのが正しいと考える。

　理由としては、当時の車両がメッキを多用した作りが多く、且つ消費者の志向として、光り輝くものを求めるという営業上の視線は、やはり疎かにできないということかもしれない。また、回答からも見えてくるのは、当時のバイクの常識として「メッキ塗装のフェンダー」は、定番であるという現代人の期待欲求が、その強い支持に加わっていることも事実である。

　それにしても佐藤さんのデザインは、それほど新しい時代の新しい姿を表現したものとして、逆に改めて驚かされた次第である。

第6節　自由回答について「CB400Fの魅力について語って下さい」

　アンケートの締めとして回答者にCB400Fの魅力について自由に述べて頂くこととした。統計や集計のできない項目なのでまとめることは難しくなるが、選択式の質問では読み取れないニュアンスや、質問しきれていない事項に対する点を補う上でも重要だと考え記載させて頂いた。整理していく上で、回答に流れる「次元(時間軸)」、「特性」、「ニュアンス」としての性質や感覚的要素をキーとして分類してみた。

　すべてが主観であり本来はそれぞれを読んでいく中で理解を深めるものではあるが、あくまでも筆者が読み解くうえでの見立てとして区分けしたことをご理解頂きたい。まず、**第一に区分としたのは時間軸としての視点**である。過去、現在、未来という3つの次元で感想を区分した。そのことによって、過去への思いとして語られているもの、今現在の事象として捉えられているもの、将来に対する感想や希望として述べられているものに区分。

　この時限性を明確化することでCB400Fの魅力の発生時点を捉えることができその魅力の原因を見極めやすくした。

第二に時間軸によって区分されたものについて、その特性や感覚的要素としての**ニュアンスを概念として括ること**とした。というのは、特性や性格は、時間を経ても共通した魅力として考えることができるからである。時間との連関では、その魅力がバイク固有のものであったのか、それとも社会的背景や経済的事情等によるものなのかも読み取りやすくなると考えた。

　第三は、**文章で語られている内容**は、インタビューや協議によって生み出される言外の意味は捉えにくいということで、回答に対してタイトルをつけることで、直感ではあるがその**ニュアンスと感じられる言葉を固有名詞としてラベリングすると理解しやすい**と考えた。そのことで回答を頂いた内容についての広がりを読者にも伝えたいと考えたわけである。それがかえって自らも幅広にイメージを膨らませることになったことは報告しておきたい。

　総評としてCB400Fの魅力に対してあらゆる角度からの感想が述べられた。総評から導き出せた概念を纏めると**3つの時限を9つの特性と9つのニュアンスに分類**できる。区分の概念を整理する意味で「**CB400F アンケート総評区分表**」を作成したので下図をご参照頂きたい。

　CB400Fの「過去」という時間軸では「歴史」というものの匂いと、バイクらしさという伝統性に評価がなされている。そして、当時の憧れや想いが物語となって語られているのである。

　例えば「**伝統性**」という部分でくくったものとして「バイクらしいデザイン」、「45年の歴史」、「昭和モダンなデザイン」といったものが上がってくる。

時　限	特　性	ニュアンス
過去	伝統性	トラディショナル
	物語性	ストーリー
現在	総合性	トータル・バランス
	趣味性	アミューズメント
	高級感	ラグジュアリー
	五感性	フィーリング
未来	冗長性	ポテンシャル
	志向性	デザイン
	芸術性	ステイタス

CB400F アンケート総評区分表

「バイクらしい」という点について考えると、まさに佐藤允弥氏が述べられていたデザインの理想とする姿として「スタンダード」ということを標榜されておられた。それだけに嬉しい感想であると思う。

「物語性」という括りは「学生時代を思い出す」、「若い頃からの憧れであった」と言った過去からの想いが続いていることを率直に伝える感想が述べられている。いわば当時から今においても CB400F への想いが続いているということである。大袈裟に言えば人生のストーリーの一部として存在しているのではないかと感じた。現在という時間軸で括られるものには「観て、乗って、感じる」、「すべてにおいてバランス良い」といったように、「総合性」の高さに多くの意見が集まった。

これ自体が魅力の特徴ともいえる。中には CB400F に乗っていることで「知らない人に話しかけられる嬉しさ」という回答もあった。何よりもこのバイクを通じて「仲間もたくさんできました」という人と人を繋ぐものとして、喜びを語る感想もあることにこのバイクの魅力のすばらしさが感じられる。現在という次元においては、当然ではあるものの最も多くの感想が持ち寄られた。「バイクに乗ることの楽しさ」といった「趣味嗜好性」や、音、美しさ、形、といった美的感覚に訴えかける力強さには多くの感想が集まった。

「高級感」という現代の括りでは、「各メーカーが現代では作れない」とする感想が寄せられている。これは取りも直さず、芸術性や作品として捉えている思考であり、構造や機能の工夫といった細部に亘る拘りを施していることを、内外ともに知り尽くしているからこそ言える感想と受け止めて良いと考える。この感想は多くの人が持っているのかもしれない。

さらに、「五感性」として括ったのは、フィーリングという感覚的感想として述べられているものであるが、すべてがエモーショナルなものへとつながる感性である。「エンジン音」、「見て、乗って、愉しいバイク」、「全部好き、自分の感性にすべてしっくりくる」、「とにかくカッコいい、美しい」等々上げればまだあるが、すべてが情動を動かされた結果として発せられる感想ばかりであった。

そして、未来という時間軸であるが、カスタムを楽しむことのできる素材のポテンシャルである「冗長性」への評価がなされている。「自由度が広い、走りもデザイ

ンも」という言葉にすべて言い表されているのかもしれない。また、バイクとしての機能やその存在感を主張するデザインに対して、夢や憧れを感じておられ、「夢」、「究極のデザインによって創り出されたバイク」という感想で括られておられる方もいた。これについては、フッサール[78]の言う志向性として捉えた。

「志向性」と読み説いたのは、そのデザインがもたらすものの先にあるイメージへ、向かおうとする意志が感じられるからである。そのイメージは、自分だけのカスタムであり、CB400F と生活を共にすることによって見えてくる新しいライフスタイルのようなものである。

それは CB400F のトータルバランスの良さが生み出す「自由度の伸びしろ」があるからこそ生まれる感覚と考えられる。ステイタスに分類した意見の中で「まるで生物のようなデザイン」というものが、未来の可能性を象徴的に言い表していると感じた。言い換えれば、造形美、機能美の秀逸さがステイタスにまで高められたということである。こうした揺るぎない魅力を一言で言い表すとするならば、「芸術性」の高さではないかと解釈したのである。

CB400F の魅力についてアンケートの最後に自由意見として記述して頂いたことは非常に貴重なものであった。これらの**すべての感性を併せ持つバイクは CB400F 以外ないのかもしれない。**

各オーナーの心の中にしっかりと過去と現在そして未来が存在し、その中で完成度の高い芸術作品とでも呼ぶべき CB400F に親しむ姿が見えてくる。これ以上の趣味嗜好は生まれないとさえ感じる。大袈裟と思われるかもしれないが、人との出会いも一期一会なら、モノとの出会いも一期一会ということだと思う。アンケートに答えて頂いたオーナーとの方々と、そして今尚**CB400F を鉄馬として愛でておられる方々とともにこの一期一会を喜びあいたいと思う。**

回答内容を 3 つのキーワードで切り分けた一覧表を作成したのが、次頁の表である。アンケートにご回答頂いた方々の貴重な直言であり、ご一読頂きたいと思う。ご協力頂いた方々に改めて感謝申し上げる。

---

78 エトムント・フッサール (1859-1938)オーストリアの哲学者 数学者 現象学の提唱者。志向性（しこうせい、独:Intentionalität）あるいは指向性（しこうせい）とは、エトムント・フッサールの現象学用語で、意識は常に何者かについての意識であることを表すとするものである。出典(wiki 2020.11.08)

記述回答 （最終総合意見欄） 3.ずばりCB400FOURの魅力について語って下さい。なんでも結構です。

時 限	特 性	ニュアンス	各 意 見	
過去	伝統性	トラディショナル	バイクらしいデザイン	45年の歴史
			昭和モダンなデザイン	今のバイクに無い魅了があると思う
	物語性	ストーリー	学生時代を思い出す	いろいろなところに行きたい
			若いころからあこがれいたので,今乗れてよかったです。	
現在	総合性	トータル・バランス	観て、乗って、感じることができる単車である。	見て良い、乗って良い、知らない人に話しかけられる嬉しさ
			今までの記載の全部（designetc)	その時代に設計、開発、販売という中で、顧客のニーズにあったバイクだと思う。販売期間が短く、後出のホークⅡにはがっかりした。反面教師として出たCBXでメーカー側は、ユーザーの大切さが分かったと思う。
			持って満足、乗って満足、見られて満足の三拍子。古いバイクでも存在感が十分にある。	全体的にバランスが良い。自分好み。エンジン音も好き（ノーマル）
			OHC4発であること。誰にでも乗れる素直なバイク。408cc排気量	所有して、整備して、頑張れば自分でできるバイクです。仲間もだくさんできました。
	趣味性	アミューズメント	初めて買ったバイクなので、スピードが速いとか遅いとかわからなかったけど、環七を走っているときが最高に気持ちよかったなと思ってましたね。全然遅かったんだろうけど、大型免許取って改めて遅いと気づいても、スピードが出るとか関係ないなと気づきました。このバイクで走るのが楽しく思いました。	
	高級感	ラグジュアリー	各メーカーが現代では作れない。高級品	
	五感性	フィーリング	あのエンジン音	どノーマルでも、カスタムしてもこんなにカッコいいバイクはないと思う。
			見た目と音	デザイン、音
			見て、乗って、楽しいバイク	分からない。気づいた時には夢中になっていた。それが魅力。
			全部好き。自分の感性にすべてしっくりくる。	音が良い、形が好き、とにかく良い
			兎に角、カッコいい、美しい	乗っていて楽しい
未来	冗長性	ポテンシャル	元がシンプルな分、自分の好きなようにいじくることができる。外観も中身も	自由度が広い。走りも、デザインも
	志向性	デザイン	当時から欲しく、一度入手したが事情により手放した。数年前に再度購入できた。単純に好きなのだと思う。	存在と存在感、そして、バイクであること。
			夢	究極のデザインによって創り出されたバイク
			整備を通じての哲学、不変な法則、自然を学ぶことができる上、きちんと整備された後の乗車にて違いや変化を体感することができる点、様々な体験、時間を共にさせて頂きました愛車を嫁がせていただきまして誠にありがとうございました。	
	芸術性	ステイタス	ヨンフォア空冷4発のエンジン。まるで生物のようなデザイン。量産とは思えない。また、1年ですが、エンジンを愈かない日が無いほどです 。ハンドル、配線、ホイールすべてバラシ拘って組立作った人の心が宿ってしまったような造り込み。1日眺めていても全く飽きない。走行もアイドリングから、エンジンが回っている感じを強く思える。まさにホンダが造った芸術品だと思います。	所有してから約40年。一度も他のバイクに乗り換えることを考えたことが無い位に自分を惹きつける。クローム部分の多さは、手入れが大変だが、反面接する時間が多いのがうれしい。
			同じ年より上の方に良く話しかけてもらえる。今の若い子にも話しかけられる。	

142

第4章　　CB400F 多角的デザイン考

第1節　　デザインから捉えた CB400F

　デザインと言っても幅が広い。一般的に企画・設計・意匠がその典型であるが、技術そのものをデザインとして捉えることもできるだろう。工業製品の場合であれば品質の均一性であったり、経済性であったり生産性というものと、どのようにマッチングさせるかということもデザインの重大な役割である。

　人が求めるものと作り手が応えようとするものとが、いかに接点を結ぶかという点においてデザインは存在すると考える。社会環境やそれに基づくライフスタイルの中から求められるデザインもあれば、作り手が社会生活における新たな世界を創造し作り上げるデザインもある。そうしたデザインは最後には生活の中に溶け込み、人々の文化にまで影響を及ぼす価値を提供するものとなる。

　そうしたデザインに着目し、その視点から**CB400F のデザインに込められた狙い、その背景、そして想いを捉えたい**と思う。具体的には CB400F のディテールに踏み込み、その部分々々の形状、構成、バランス、色、そしてトータルである佇まい等について、**デザインの法則という視点も借りつつその魅力をつかんでいきたい**と思う。

　特に注目するのは CB400F のデザインの特徴を、主なデザインの原理とされる考え方に照らしながら、関係性が高いと感じた法則をピックアップし、その物差しをCB400F に当てはめてみて魅力の源泉を確認したいと思う。**デザイン上どういう解釈ができるのかを独自の視点でスポットを当ててみる**ことにする。まず、基本はデザインの法則の理に沿って分析を行い、前章のアンケートの回答も参考としながら検証をする意味でも CB400F の魅力を捉えていく。

　デザインの世界は感性である。ただ、その発想の原点は、より良い人間生活の創造であると考えるとデザインの重要性の大きさに気づかされる。そうした思いの中で生み出された作品、ここでは「CB400F」になるが、人の人生をも変えてしまう力があると思うのである。多くの与件を総合し生み出されるデザインは、主観であると一言で片づけられるものではない。それだけに主観的見方も踏まえ客観的分析ができるかを意識して CB400F の魅力の構成要素を探っていく。

第1項　プロダクトデザイン的視点

　この項ではプロダクトデザインという点から、日常生活に関わる製品として、オーナーである使用者としての視点と、その環境を考えて創り出された造り手としての視点も考慮しつつCB400Fを考えたいと思う。

　CB400Fは工業製品という見方をすれば、インダストリアルデザインということになるが、それも概念的にはプロダクトデザインに包含される。プロダクトデザインの目的は、より良い人間生活環境を目指して、より賢く、より楽しく、快適で喜びの有る暮らしを実現するために、ユーザーの視点に立って新しい製品の開発を目指したものである。その意味でプロダクトデザインこそ、いかに新しいライフスタイルや文化、価値観といったものを生活提案できるかが問われるものである。CB400Fはまさに新しい生活をデザインする為の相棒として生み出されたのである。

　プロダクトデザインが生み出す商品性は、ユーザーのニーズと、産業が持っているニーズの融合が求められる。CB400Fが生み出された1970年代は、大阪万博や成田空港の開港など日本のグローバル化の進展が進み、国際社会における日本の位置づけが明確になっていった時代である。その変化のうねりは個性や独自性、特別なものという志向を創り出し、個人というものの価値観が強くなっていった時代でもある。

　そうした世の流れに対して当然メーカーでは、「個性化」というものが社会的ニーズでありそれを商品にどう取り込み、表現するか、いかにそうした要請に即応するかを製品開発の上で問われたはずである。CB400Fは時代背景的に「個性化の魁」として誕生したのではないかと考えられる。何故なら、CB400FからGPレーサー的デザインが本格的競技者のイメージを想起させ、カフェレーサー的改造思想が現実のものとなったことを考えるだけでも、個性化に進むきっかけを与えたと考えてもおかしくないものと思う。

　結果として**CB400Fが独自性を生かす素材の優秀性と、ユーザーの個性を生かす冗長性の双方を実現した車両であった**からこそ、時代のニーズに応えられたのではないかと考える。それは今も変わることのないカスタムへの拘りが続いているのである。**CB400Fが、当時の人々はもとより現代に生きる人々に対しても、その魅力を持ち続けているというのが何よりの証拠である。**

CB400F のプロダクトデザインは、1970 年代を分岐点として、**集団成長の価値観から個性化の価値観へと変化していく過程に生れた**と解釈できる。**次の時代を反映するスタイルのプロトタイプとなった**ということが、歴史的に言えるのではないかと考える。

　このプロダクトデザインのタイムリーさを可能としたのは、当時のホンダではプロジェクト単位で完結するという組織構成が採られ、一貫して何でもこなすことが当たり前とされた時代であったことが奏功したのではないかと推定される。まさに、商品の戦略、企画、開発、製造、販売に至る一般的商品開発のプロセスを、即断即決の環境下で各分野の専門家が協力し、共通の目標に対して課題を設定して解決していくという開発の進め方であったと聞く。

第2項　　CB400F が誕生する前夜

　プロダクトデザインを考えるうえで、重要なのはその時代の社会や生活環境、産業の進展状況である。1974 年に発売になる前夜としての 1960 年代のモータリゼーションはどうであったか簡単に振り返ってみたい。

　1960 年代の日本は経済大国の仲間入りを果たし、まさに高度経済成長の真っただ中であった。1964 年の東京オリンピックは象徴的出来事であったと思う。
　モータリゼーションの世界では、国産初のスペシャリティカーである「スカイラインスポーツ」やオープンスタイルの「ホンダ S600」、「トヨタスポーツ 800」等が登場。**単なる運搬車両としての車から、「スポーツ」の名を冠する車が生まれていた**。この時に、その後、スポーツカーとして名を馳せる各メーカーのヘリテージとなるモデルが生み出されているのである。

　二輪の世界においては 1950 年代バイクを製造していたメーカーは、日本でなんと 150 社を超えていたが、1960 年代に入り今の 4 大メーカーにほぼ集約されていく。四輪よりも早く淘汰が進んで行った歴史を観ていくと、消費者の嗜好というものが運搬具としての扱いから嗜好品としての扱いに変化する速度が二輪の方が早かったことを意味するものと思う。モータリゼーションの進化は二輪の世界から始まったと言って良いだろう。
　個性化の観点から言うと 4 輪よりも歴史は古いということになる。ましてや日本では 1954 年にホンダがマン島 TT レースにいち早く出場宣言し、1959 年初参戦後、

145

わずか3年目の1961年には125・250クラス1位から5位を独占するという快挙を成し遂げている事実。その経緯を考えるとユーザーの二輪車への期待感は、すでに世界クラスであったと言えよう。

1969年、バイクの歴史を変えることになったエポックメイクな出来事がある。それは市販車として「ホンダ CB750F」がデビューしたことである。どうしても車は高額で、実用車優先という考え方がある中で、二輪車とは言え「世界水準のマシンが日常として手に入る」ことが現実になったのである。若者の憧れや希望という非日常性が、この車両によって日常のものとなっていく。生活スタイルや価値観は大きく変化し、そのインパクトは車というものに繋がっていくわけであるが、その後のモータリゼーションに決定的な影響を与えたことは間違いない。

もう一つ押さえておきたい点として、**CB750F の登場によって市販二輪車の高性能モデルの概念が形成されたと考えられることである。**

つまり、「**4気筒エンジン**」、「**4本マフラー**」、「**ディスクブレーキ**」、「**大型排気量**」、「**高出力**」というキーワードから生まれる。「非日常車両」或いは「スポーツ車両」というものが、消費者の頭にインプリンティングされたと考えられるのである。

こうしたライフスタイルの変化や、二輪車に対する評価のあり方は、CB400F が生み出される背景としてすでに創られ、そのことが CB400F を高みへと押し上げる土台となったと言って過言ではないと思う。

第3項　CB400F の持つデザインの普遍性

それでは、CB400F が身に着けたプロダクトデザインというものの背景を、もう一歩掘り下げてみたい。

今まで述べてきた時代背景の中で、創り上げられた要素として、外してはならない「普遍性」というものが定まっていく。CB750F の革命的登場によって欠くことのできないデザインファクターとしては、4つの要素がピースとして導き出される。

デザインを考える上でその**普遍性を形作る4つの要素の第1としては、独自性を企業文化として保持し続ける技術集団、「HONDA」というブランドが第1の要素で**ある。ユーザーに対して、二輪の世界で作り上げてきた実績を、「HONDA」というブランドに昇華しえたことが何よりも大きなものである。

その時代、創業者である本田宗一郎氏は現役である。その魂の薫陶を直接受けた車両は、ホンダイズムというイデオロギーを纏うこととなるわけである。CB400Fはつまりはその申し子ということである。

第2としては、日本が世界に伍して生み出した世界水準という商品が持つステイタス性である。つまり、戦後の日本において「世界レベル」という称号を戴く先駆けとなることである。これは HONDA というブランドにも通じることではあるが、敢えて別要素としたのは、CB400F という中型というカテゴリーが存在しなかったということである。新しいカテゴリーを創造しそれ自体が特徴的な要素として挙げられる。この新しい分野は、商品のラインナップとしての目的もあったが、世界レベルという日本人の潜在的欲求を意識したものであったと考えて良いと思う。

第3として、「カフェレーサー」という改造思想を反映した車両イメージである。個性の新たな表現ができること、素材としての自由度を与えたことも大きな要素である。「オーダーメイド」で自分だけのものという個性や、独自性を満足させる表現ができる喜び、素材としての潜在的魅力が、その可能性を与えているのである。まさに、時代の価値観に沿ったものであり、新たな生活への提案となったと考えて良いだろう。別章でも指摘したが決してメーカーが意識したのは RC レーサーというものであったのかもしれないが、カフェレーサーという概念と図らずも一致したということかもしれない。例えそれが偶然の一致であったとしてもその風に同期するという戦略を採ったことは事実であり、その後形成されていくユーザーの嗜好と見事にリンクしたということである。

第4が本格的モータースポーツを意味する「スーパースポーツ」への誘いである。それはプロレーサーというさらに進んだ非日常性を漂わせる。本物志向という考え方の中に、CB400F は見事に融合した存在として印象づけられた。プロのモータースポーツを標榜していく上で、市販車はレースで使用されるそのものではなかったことを過去のものとした。その意味で更なる魅力を生み出す要素として確固たる価値を生み出したのではないかと考えられる。

　以上、4つのデザインの普遍性を支える要素と捉えたが、各要素は造り手の側から意図したものだが、現実に CB400F を印象付け魅力を増幅させたことは間違いないと思う。以上のまとめとして図を作成してみた。それが次頁の「CB400F プロダクトデザイン要素図」である。ご覧頂きたい。

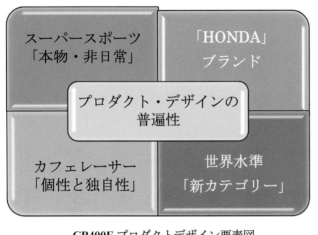

CB400F プロダクトデザイン要素図

これらのことからも分かるようにプロダクトデザインの方向性や変化への読みが、見事に CB400F というものの価値や評価を上げたのである。人々の価値観の未来的デザインを表現できていたということなのかもしれない。間違いなく時代の流れが CB400F を想像以上に押し上げたとも考えられる。

例を挙げると「カフェレーサー」という流れを意識するとき CB400F が起点になって改造思想は高まっていく。プロモーションとしては明確であった。一方、それは暴走行為といった悪しき社会現象の元凶となったのではないかという見方もあるかもしれない。しかし、ユーザーである乗り手の側にとって自らの嗜好に変化してくれる魅力ある存在であったということは間違いない。それは良くも悪くも時代の要請であって、プロダクトとしての普遍性がその時代にマッチしていたと解釈することもできよう。個性化による CB400F の物語づくりは印象を強くし、その普遍性はさらに高まったと言える。

但し、誤解があってはならないので改めて述べておくと、開発コンセプトや開発目標の設定、意匠・構造・設計デザインに至る対応がなされ、市場調査や、製造ラインの構築や部品等の調達を踏まえ、生産計画や販促に至るまでプロダクトデザインが緻密に作り上げられたということは間違いない。それだけに必然は偶然というべき創造を生むということかもしれない。

時代を経てそれを総合的に俯瞰してみると初めてわかることも少なくない。普遍性という評価の正当性を可能ならしめるのは、製品が長期間愛され続けることが唯一の証明となる。ひるがえってみると CB400F が現代においても乗り継がれてきたということであり、各要素は演繹的かもしれないが証明されたと言えよう。

第2節　バイクデザイン考

第1項　CB400F デザインに思う

　大袈裟なタイトルではあるが、簡単に言えば、CB400F のデザインについて、部分、部分に注目し、角度を変え細かく見てみようというものである。

　具体的には「光」であり、「色」であり、「形状」であり「リズム」であり、そして「全体像」に対して、まずは、手始めに一定のデザインの法則に照らし合わせてその魅力を読み取ろうとする試みである。

　例えば、<u>美しさを語るうえで「バランス」というものは、対照的でありながら双方が組み合わさった融合の産物として調和という心地よさをもたらす</u>。「シンメトリー」、「緩急」、「遠近」、「強弱」、「阿吽」等々感覚的にバランスを表現するものは数多く存在する。その中でも「形」で表現されるもの、「色」で表現されるもの、「シェア(比)」で表現されるものに目を向けると、造形物の魅力のセオリーと言われているものに触れることとなる。

　CB400F に魅了された人々と価値を共有するにあたり、一般的に評されている「カフェレーサー」の何たるか、それをどう表現したのか、或はエキゾーストパイプの形状がもたらす魅力の根源や、<u>全体デザインのバランスから生まれる相乗的審美性といったものを重点に観ていきたい</u>。例えば各部分の形状や色、メッキとゴム、プラスチックとの質感のバランス等々、機能というよりデザイン・形状といった点に焦点をあてた切り口の議論において、その魅力を詳らかにできると考えた。

　更には惹きつけるものを創り出した時代的背景としての経済環境や、家庭環境、或は業界環境も含めその世代の人たちが、何故に CB400F の魅力が刻印付け(インプリンティング)されたかを社会・文化・歴史の観点でも見定めたい。

　例えばCB400F が意味するものは何かという点も明らかにするうえで、最も注目

すべき象徴的デザインが「エキゾーストパイプ」である。

　4本のパイプと1本のマフラー。つまり4in1というシステムの魅力と、その4本形状の魅力をデザインの大きな要素としても掘り下げたい。

　また、全体の色と金属と比率の割合分析。名車といわれる者たちとの比較。その黄金比に該当するキーワード、例えば「カフェレーサー」、「ネオクラシック」、「ロードレーサー」、「モタードイズム」等々、スタイルの総称として語られるワードの指し示すもののイメージを具体的に抑え、人の生活やライフスタイルとの間にどういう象徴的意味を持つかを検証する。そのことでCB400Fが語られる魅力のイメージするものとの整合性を裏付けてみたいと考える。

第2項　　金属という光るデザイン

　車やバイクのデザインは「形」に加え「色」と「動き」等がデザインの要素として存在する。モーターサイクルは、さらに「音(Sound)」が要素として加わる。まず、ここでは光る素材について考えてみたい。モーターサイクルである以上金属素材は不可欠なものである。ましてやバイクは金属そのものをどう組むかという造形物と言って良いだろう。中でも金属の放つ光、**「金属光沢」はデザインの決め手**となる。バイクの金属光沢というと、通常その前後輪の「フェンダー」や「バンパー」、「チェーンカバー」、「ハンドル」、「ホイール」、「スポーク」、「キックペダル」、「カバーの一切」等が考えられるが、中でもバイクの魅力を大きく左右し、その中心を成すのが「エキゾーストパイプ」と「マフラー」である。

　光るものは常に光り輝くものと角度によって輝きが変化するものとがある。バイクのデザインにとって**「金属光沢」は、その姿かたちを決定づける全体のアクセントとして重要な意味を持つと同時に、全体のフォルム自体を決める**ものとなる。そこには感覚の持つ一定の領域が存在する。極端な例としてすべて光る素材で作成されたバイクや車があるが、一つのデザインであるとしても人の美観には厭(あ)きをもたらすものであり真に美しいとは言い切れない。それはなぜかと言うと、人々がバランスや調和の中に美を求めるからであって、「発見としての美観」を究めようとするからではないか、或いは、際(きわ)の中に潜む快感をもたらす美を求めるからではないかとも考える。眺めていて飽きない美とは、そうしたもののことではないだろうか。

　CB400Fはトラディショナルなバイクである。時代の要請というものを否定はで

きないが、適性に採用されたメッキ部品は絶妙に組み込まれている。また、「スポークホイール」の魅力も光る金属として位置づけられる。その光沢の配置はバイク全体のアクセントとして調和し、さらにシートに打ち込まれた「リベット」がバランスよくデザインされている。その光るものとソリッドな車体色もまた調和の極を成すものと言えよう。

　機械部分がむき出しになっているネイキッドバイクであるだけに、押しなべて言えることは、金属のレイアウト次第で表情が大きく変わるということである。いわば金属の光沢や輝き、その色も含め素材の持つ性質をどう扱うかがデザインには問われるのである。CB400Fの魅力と考えられる要素の一つとして、こうした<u>金属の光るもので車体の輪郭が構成されている</u>ことが、ネイキッド以外のバイクに比して秀逸であり惹きつける力を有していると考えられる。

　バイクはカウル装備のものは別として、クルマのようにカバーを纏っていないのが専らである。いわば剥き出しの機能金属の塊として捉えると、より金属部分の性質をデザインする上で意識しなくてはならない。その意味では<u>「光るもので構成された輪郭」という魅力を、いかに創造し得るかが重要である</u>と思う。光るものは人を惹きつける遺伝子を刺激する。故に当時のバイクが未だに色褪せないのは、そのプリミティブな方程式を読み取り、魅力向上の手段としているからだと思う。

第3項　四本のエキゾーストパイプ

　CB400Fの最大の特徴の一つが4into1のエキゾーストシステムである。GPレーサーをイメージしてデザインされ、エスキースから生まれた形状は流れるようなエキゾーストパイプを生んだ。結果として<u>「良い連続　(Good Continuation)」</u>と言われる表象を生み出したのである。CB400Fをデザインした佐藤さんは4本のエキゾーストパイプを集合させるに際して、「自然に奇妙な形になった」と語られているが、そこにデザイナーとしての意志が働いていなかったとは考えられない。

クランクケースの先にあるオイルフィルターを避ける方法は他にも考えられる。柘植の櫛を思わせる見事な連続性、そして流れるような斜線として纏められたエキパイは、流麗な水渓を思わせ、例えれば日本画の表現とも採れる造形であり、まさに「よい連続の原理」そのもののデザインであると確信できる。[79]

　また、佐藤さんの GP レーサーのようなスタイルとした基本コンセプトを表現する上において、このエキパイは、例のタイトルコールである「おお400　おまえは風だ」というに相応しいスピード感と風の表情を齎(もたら)すことに成功している。実際、CB400F に装着されている純正外品によるカスタム化されたエキパイは、そのエンジン性能や独特のサウンド発生には寄与するものではあるものの、そのデザインという意味では別物である。

　実際にカスタム化された CB400F の方が、パワー面やスピート・サウンドそして抜け感といった多くの長所を引き出すことは可能であろう。ただ、皮肉なもので純正エキパイの持つデザイン性の強さは、性能を凌駕するかのような造形美を持っており、「スピード」、「速さ」という印象は、むしろオリジナルの方に軍配が上がると言って良い。それほどオリジナルの持つ表現力は秀逸であるということである。

　そう考えるとデザイン上、その機能やマシンとしての制約の間に「得るものと損なうもの」との間で熾烈な葛藤が生じることは当然である。それほどオリジナルの完成度が高いということを意味している。

第4項　　デザインの法則たち

　「モデュロール」は、フランスの建築家、ル・コルビュジェの著したもの[80]であり、人体の寸法を黄金比で割り込んだ形であらわされる数値で、建築において美しさ・調和の基本となる尺度として捉えられている。ル・コルビュジェは、現実にこの寸法をベースとして数多くの建築物を設計している。

　著書のはしがきに「建築」という語[81]は、以下のことを意味するとしてこう述べている。「家屋・宮殿ないしは社寺、船舶、自動車、車両、飛行機などを築く術」と。この中に自動車、車両が明確に記してあることを見て頂きたい。となるとル・

---

[79] William Lidwell・Kritina Holden・Jill Butler　著　「Design Rule Index　要点で学ぶ、デザインの法則 150」
　　　ピー・エヌ・エヌ新社　2017.06.30 初版 5 刷　参考
[80]　ル・コルビュジェ「モデュロール I」吉阪隆正訳　SD 選書　鹿島出版会　2006.02
[81]　同上　P9 より

コルビュジェの建築理論という観点から CB400F を観た場合、その検証をすることに大いに興味をそそられる。つまり、**モノ作りには共通した審美性がある**とも読み取れる。デザインする上において避けては通れない論理であるのかどうなのか、少なくとも本章では観ていく必要性があると考えられる。

　「モデュロール」と言うと手を挙げた人の絵(下図82)を覚えておられる方もおられると思うが、人体の寸法とフィボナッチ数列83、そして、黄金比に基づくものとされている。こうした美観に対する数量化は、美しさというものがなかなか図れるものでないだけに、数多くのモノ造りに関わる人たちが何か法則は無いものかと悩んできた課題でもある。

　それを**コルビュジェが人体のプロポーションの良さやバランスといった審美性を**、**所謂**(いわゆる)、**数量化してみせたわけである。**思いの外この数量比は整合性があることに驚かされる。人間の五感には共通性があることには違いないが美観が主観によるものだけに、建物や**モノづくりにおける魅力の最大公約数が存在する**のは大きい。「フィボナッチ数列」や「黄金比」もそうであるが、デザインの法則と呼ばれるものすべてが美への追求をした結果なのだ。

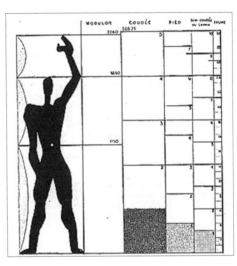

モデュロール　図

　統計的に 80%の影響を与えるのは、わずか 20%の要因によってもたらされているという「パレートの法則」があり、それもデザインのセオリーを成すものである。メカニズムの追求から言われる「形態は機能に従うという法則」もデザインを創造する上重要である。そのほかにも前項で述べたように光沢感のあるものが好まれるとされる「光沢感バイアス」であったり、広く日常に存在し、その事物の特徴を模倣したり、応用することで得られる利点を生かすという「擬態」、シンプルなデザ

82　ル・コルビュジェ「モデュロールⅠ」吉阪隆正訳　SD選書　鹿島出版会　2006.02
83　フィボナッチ数は黄金比(1.1.618)に収束するとされる。特に自然界の現象に数多く見られ、花弁の数や、蜂や蟻と言った昆虫の家計の流れにも、その現象が観られる。Wikipedia 参考

インが望ましいとされる「オッカムの剃刀」といった変わった呼び名の法則もある。

さらに「赤の効果」や「領域配列」(エリアアライメント)、対称性、そして「ブローモーションの構図」などがある。これらの法則を活用して、改めてCB400Fの魅力を独断と偏見で探っていく。次節以降はそれらの法則を踏まえつつ、どう関連があるかを観ていきながら分析することでCB400Fの魅力を掘り下げる。

第3節　機能と形状に法則性を探る

第1項　形態は機能に従う

建築家のルイス・サリヴァン[84]は「形態は機能に従う。(form ever follows function.)」として、デザインの最も重視すべき点はその機能性であり、形はその次であるとしている。この言葉はデザインを志すものにとっては、一度は聞いたことの有る格言であり、また、この考え方は現代にも連綿と受け継がれ多くの有名デザイナーがその考えに倣うことを否定してはいない。私が注目したのは、建築における

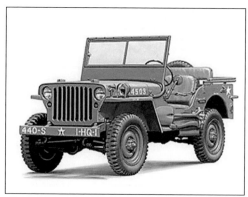

格言にとどまらず第二次世界大戦における軍用車両である「ジープ」[85]のデザインが、形態は機能に従うという言葉を具現化したものとされ、アイゼンアワー軍司令官が「第二次世界大戦を勝利に導いた3つの兵器の一つ」として評価していることである。[86]　つまりは、工業デザインの典型例がそこにあるということである。

例えばCB400Fのデザインにおけるエキゾーストパイプのデザインは、軽量化の為4into1の集合管結束よる機能向上を果たすために、クランクケースの先にあるオイルフィルターを避けたことで生まれた形状であることは間違いない。それはまさに

---

[84] ルイス・ヘンリー・サリヴァン（Louis Henry (Henri) Sullivan, 1856年9月3日 - 1924年4月14日）はアメリカのフランク・ロイド・ライト、ヘンリー・ホブソン・リチャードソンともにアメリカ建築の三大巨匠。この言葉はモダニズム「近代主義」のデザイン指標となる。

[85] JEEP 公式ホームページより 1941-1945 WILLYS MB

[86] William Lidwell・Kritina Holden・Jill Butler 著「Design Rule Index 要点で学ぶ、デザインの法則 150」P120-121

機能デザインの原則に沿ったものといえる。言い換えれば**機能が生み出した美しさ**である。「ジープ」のケースは、あくまでも軍用車両であり、機能に大きなウエイトを置いた設計であることは間違いない。その機能性の高さなる故に美しいという見方には、共感するものがある。現に「きわめて稀な機械芸術表現のひとつ」とされニューヨーク近代美術館に展示されているのである。

　ここで忘れてはならないのが「美しさ」、「優雅さ」、「心地よさ」、「かっこ良さ」等々の形容詞が現代のデザインには不可欠な点である。ただ当然、機能との両立をいかに成立させるかを求められ、さらに経済合理性を問われるということである。つまりは、**車両デザインには「審美性・機能性・合理性」という3つの要素が求められる**ということであり、この力点配分がそのデザインの是非を決めることとなる。

　そこで改めて CB400F はどうであろうか。10 kgの軽量化を果たした 4into1 のシステム。車両の軽量化は速さや燃費といったものにつながる機能を齎し、工業生産品としての原価を低減させ、生産工程におけるプロセスやストロークを減らすことで、更なる低コスト化を実現させることにつながったものと思われる。
そして、流れるようなエキゾーストパイプは、速さや優雅さの象徴として表現され、極論すれば、エキゾーストパイプの美しさなるが故に購入を決めた者も少なくないはずである。

　さらに、世界的にバイクの新しい潮流を形成していた「カフェレーサー」というスタイルを開発の流れの中で取り込むことで、新たな時代の新たな生活提案を成しえたものと考える。運搬の道具からライフスタイルの象徴としての存在の始まりであったと思う。**本田宗一郎氏が求めていた「優れた技術者は優れた芸術家たれ」**といったホンダイズムそのものがここにある。それだけに現在の最新バイクにみられるエキゾーストパイプについて敢えて苦言を呈したい。乗れば乗るほどエキパイの焼けが進みその酷い姿を見ることが増えた。なぜ、二重管にして表面を維持しないのか。そこには企業としての合理性の追求も見え隠れするが、先に述べた「美・機能・合理」の力点配分が曇ってはいないかと心配になるのは私だけだろうか。

　CB400F が速さだけを追求していたら、或は経済合理性だけを追求していたら、あの形状はこの世に生まれ出なかったと思う。4into1 システムが速さだけならあのエキゾーストパイプは、マフラーにつながる通称「手袋(集合チャンバー)」部分までの距離をできるだけ同寸法にしたはずである。ましてやオイルフィルターを避け

る方法は他にも考えられたはずである。車やバイクを考える上で私は「**経済合理性が無ければ工業生産品足り得ないだろう、当然、機能に優れていなければ車両足り得ないとも思う、しかし美しさが無ければ生涯をともにするパートナーとはなり得ない。**」と思うのである。

第2項　CB400Fと「パレートの法則」

「1976年CB400F-Ⅰ、Ⅱ発売当時のカタログ」(図1)

経済学者ヴィルフレード・パレート[87]というより、パレートの法則[88]という方が分かりやすいかもしれない。

人口の20%の高額所得者に、社会全体の80%の富が集中し、残りの20%の富が80%の低所得者に配分されるということを説いた学者である。私が前職で営業をやっていた時代、パレートの法則で述べられている目標に対して、手持ちの確かで有力な20%の材料が、結果として成果の80%の計数を稼ぎ出すことを当時実感したものだ。

翻ってCB400Fのデザインにおいて、このエキゾーストパイプやタンク等が果たしているデザイン的成果は、製品全体のデザイン表現を100とした場合、その20%にしか過ぎない部材が、全体の80%を占めるデザイン力となっているのではないかという強引な仮説を立ててみたのである。

直観的な捉え方であるが、視覚でとらえられるインパクトは、<u>**全体を100とした場合、パレートの法則でいう20%の特徴的魅力が、モノの太宗80%を印象付けているのではないか**</u>という点である。そこで、画面に占める部位の面積割合を、計数として捉えてみてはどうかという観点に立ち計測してみることとした。

研究方法として、特定の紙面に映し出されたCB400Fの映像に対して、各部分の

---

[87] ヴィルフレード・パレート 1848-1923　伊　技師、経済学者、社会学者、哲学者
[88] 80対20の法則=パレートの法則

面積割合を算出することを考えた。複雑な紙面形状を測定するために、紙面のピクセル(単位=pixel)[89]の数、つまりは、画素の数を、面積の大きさとして使うこととした。この方法で把握してみることで、バイク自体の全体ピクセルの数を算出し、それを 100、つまりは分母として、例えばエキゾーストパイプの個別の面積のピクセルの数を導き出し、その割合を算出することで、全体に対する割合を観る試みの分析方法である。[90]

分析の具体的内容は、紙面におけるピクセルの数を把握する方法として GIMP [91] (GIMP 2.10.0 を使用)を利用した。手段としてはカタログにあるバイク全体及び部分について、切り取りを行い、各パーツのピクセル数を把握。そのうえで、全体に対して各部分がどれくらいのウエイトになるかを計算することで全体と部分との面積の計数関係を計ろうとするものである。

算出する題材は、最も使用されたカタログやリーフレット、アングルの中でも最もポピュラーなものを選定してみた。それは 1976 年 CB400F メーカーカタログで、あまりにも有名な映像「おお 400」(前頁図 1)のカタログである。

まずは、全体のピクセル数を測ったのが「**A**」(右図)で、白く抜き取った部分がそうである。順次「**B→B'**」でエキゾーストパイプ、「**C**」でタンク、「**D**」でサイドカバーと切り抜き計測を行ったものが順次展開している左図をご覧頂きたい。本来このような方法でのデザイン力の分析を試みるのは、稀有かもしれない。

バイク全体の切り出しのための挟み入れを実施し切り取った車体後　「**A**」

---

[89] ピクセル（英: pixel）、または画素とは、コンピュータで画像を扱うときの、色情報 (色調や階調) を持つ最小単位、最小要素。

[90] 映像は Nikon COOLPIX A900 V1.0 で撮影。イメージ ID 大きさ 5184×3888、幅 5184 ピクセル、高さ 3888 ピクセル　水平方向解像度 300dpi、垂直方向解像度 300dpi

[91] GIMP = **G**NU **I**mage **M**anipulation **P**rogram=本格的な画像編集、加工ソフト

エキゾーストパイプの切出し映像「B」

もっといえば違和感を持たられ読者もおられるかもしれない。ただ、これも一つの数量化による検証と捉えて頂きたい。敢えてパレートの法則が存在するかどうかを確かめることで、CB400Fのデザインの力を疎明したいという考えから試みたものである。

エキゾーストパイプはCB400Fの部品としては、最も重要な要素であり、機関としての要素はもとより外見的にも非常に目立つ要素であることから、この部分と全体の関係は、特にみておく必要性がある。エキゾーストパイプの面積は、マフラーの部分までを捉える

エキゾーストパイプ切出し後「B'」

こととした。外見として一体のものであるからである。

実際の切り取り過程を示したのが、「B→B'」である。

一見しても分かるように、エキゾースト部分を抜いたCB400Fは、デザイン性のコアを失ったようであり、そもそも前提としての完成度の高い車両であることから、その棄損の影響

は大きいことが直感的に見て取れる。二次元表現下の検証であることから、立方体としての車両にその儘当てはまるものではないが、この実験を踏まえて見えてくるものがあればそれを美観の参考とすることは無駄にはならないと考える。

続いて、佐藤さんもデザインの際に語っておられるデザイナーが数少ないデザインの自由度を発揮できる大きな要素、タンクである。これを抜いたのが「C」(右上図)の図である。確かに、切抜いてみるとこれもいかに大きな存在かが分かる。

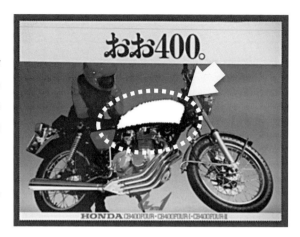

タンクの切出し「C」

　その次はサイドカバーである「D」下図。部位の面積としてはさほど大きくはないが、両方の真横から見ると、構図の中心をなすものである。メーカーの名称や排気量等を専ら表示する場所としては極めて目に留まる場所であり、デザインによってはタンクと一体デザインがなされる場所でもある。

これらはデザイナーにとっても限られた自由度を許される部分と言われる。特に外見的要素として、<u>エキゾーストパイプ、タンク、そしてサイドカバーの三つは、カラーリングやその統一性、マーキングを施せる部位であることもありバイクデザインの三大要素として位置付けて良い</u>と考える。

サイドカバーの切出し「D」

ドライバーズシートや、タイヤ、ホイール、スポーク、フェンダー等々他にも重要な対象物は多々あることも事実である。ただ、その中でも機能的制約を極力抑えることができ、部位におけるデザインの自由度が高いという意味では以上の 3 つがやはりデザイン上の要所である。<u>このことから「A」をベースとして「B」、「C」、「D」との面積比をピクセル数で計測した結果が以下(次頁)のパレード分析表</u>である。

パレート分析表 （結果)

部位名称	記号	ピクセルの数 (画素の数)	算式	%	構　図
バイク全体	A	7,424,893	-	-	「おお 400」という文字に向けピラミッド形状で安定（図　A ）
エキゾーストパイプ	B	899, 327	B÷A	12.11	低アングルから最も目立つ位置。エキパイを強調（図 B→B'）
タンク	C	474,393	C÷A	6.39	映像の中心部の交点。青い空を背景に赤色を PR（　図　C ）
サイドカバー	D	148,101	D÷A	1.91	背景の人物と相俟って赤を強調（　図　D ）
B+C+D	E	1,521,821	E÷A	20.5	バイク全体に対してポイントとなる。3点合計比は、20%対 80%を構成

　以上の結果から推測できることは、デザイン自由度の高い部位で、CB400F の最も特徴的デザインと言って良いエキゾーストパイプ「B」「4into1 システム」とタンク「C」とを、全体と比較すると、「18.5:100」となる。そして、これもデザイナーのアクセントとして手を入れることの出来るサイドカバー「D」も加えた画素数合計を全体との比率を出すと、「E =(B+C+D)」(20.5%)となる。

　つまり、全体比率で表せば、「100-20.5=79.5 」に対して 20.5 がデザインの核として考えれば、「20.5:79.5」となる。この結果から CB400F にパレートの法則というものがデザイン上働いており、意味を持つということが見て取れる。

　CB400F のデザインにおける二次元レベルでは、タンクと、エキパイ、そしてサイドカバーのデザインが変わると、その魅力は大きく変わるのではないかという推論ができる。直感的にも 4into1 のシステムのその形状の美しさ、タンクの佇まい、サイドカバーのアクセントは、間違いなく CB400F のデザインを決定づけられるものであり、改めてアンケートでそのことを再度裏付けたい。

　部材の表面面積や重量といったものをベースに数量化による疎明を計ったわけであるが、理論上、「E=(B+C+D)」を外すと、デザイン的には 80%の魅力ダウンになるという理屈である。それだけにバイクにおけるこのデザインの三大要素は、マ

シンという機能的工業生産品にとってみれば、デザイン上決定的優位を持ちうるかどうかを左右する可能性があることを承知しておきたい。この三要素がバイクデザインにとって自由度が最も許された箇所であるだけに、意識する必要性があるものと考える。この導かれた答えから被験者(車)であったCB400Fを改めて捉えると、<u>数値上ではパレートの法則に則った形でデザインされている</u>ことが分かった。佐藤さんはそのことを決して意識されてはいなかったと思うが、答えとして出されたデザインの最適解が、試みとは言えこの様な視点で読み取れたことは良かったと思う。

第3項　優れたカタログの構図

デザインをさらに検証するために、<u>プロモーションの基本であったカタログ</u>に再び目を向け、その表現に潜むCB400F魅力アップの構造を読み解きたい。

再び1976年製カタログを観てほしい。

このような視点でのデザイン力の分析は初めてかもしれない。当然ではあるがこのカタログがCB400Fの魅力の一端を担ってきたことは間違いない。

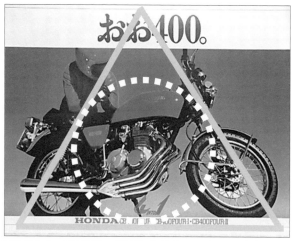

この構図(右図)を見てもらいたい。「おお400」を頂点として三角形の安定した佇まいである。中心には真赤なタンクとエキパイがこのバイクを象徴するかのように配置されている。構図と構成は非常に安定感のあるものである。

　前節のパレート分析でも見てきたように、構図としての一定の線を引いてみると、<u>このバイクの視線の行く先が、デザイン上タンクとエキパイに集約される形となっていることが分かる</u>。また、バイクの背景に注目してほしい。一点の曇りもない真っ青な空であり、実は男性が最も好む色であり、そして、赤は男性が選ぶ3位の色とされる[92]。色合いとしては最高の取り合わせであり、当時この背景にメインカラ

---

[92] 「デザインを科学する」ポーポープロダクションソフトバンクプロダクション 2013.03.10 初版第3刷

ーの赤を組み合わせたことに、そのプロモーションの緻密さを感じる。

また、バイクは静止画であるが、ハンドルが若干左に切られており、言わば前後輪は、ハの字形となり、さらにドライバーがのぞき込む視線も加わり、中心のエキゾーストパイプが三次元的に浮き立つような映像表現がなされ、いかにエキパイを注目させたかったが伺われる。これらのことから分かるのが、この構図が画面構成に終始しているわけではなく、バイクそのものの特徴と良さを最大限引き出すために、構図が決められているということに気付く。

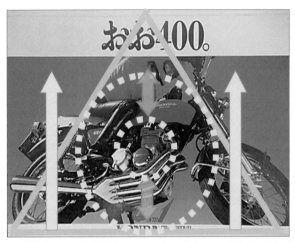

当然、1974年発売当初のカタログ(左図)も同様である。この構図に至っては、ライダーの乗車しているスタイルそのものが、構図の骨格を成すと同時に、わざとはみ出す形での撮りによって、広がりとアグレッシブさを醸し出し、バイクそのものの性格までも引き出した素晴らしい出来となっている。さらにつけ加えるとするならば、「おお 400」→頭→タンク→エキパイ→「4into1」へ垂直の同線が存在し、そして三角の構図は上へとの視線を創り出し、中心部のエンジンに誘うあたりは流石である。

これらの演出は、プロモーションスタジオとメーカーのチームワークによる共同芸術とでも言うものではないかと思う。永年、HONDAの車両に関し広告物としてのポスター・雑誌広告等を手掛けてきたプロモーションスタジオが1961年創業の東京グラフィックデザイナーズである。そのホームページには、1970年代を代表する作品としてCB400Fのカタログ、雑誌広告が誇らしげに掲載してある。前にも記したが有名なコピーライターでCB400Fの「おお400 お前は風だ」のメインフレーズを生み出したのが、東京グラグラフィックデザイナーズの野沢弘氏である。野沢氏によれば、あらゆる意味において「こんなカタログは作れない」と語られている。[93]

---

[93] 「モト・トラディツィオーネ」スタジオタッククリエイティブ 1995.08.10P96 参考。

162

この取材をしたスタジオタッククリエイティブは、その主文として「**今なおこれを超えるバイクカタログはない**」[94]まで表現している。この**稀有なカタログの存在もCB400Fの魅力を押し上げた要因といって良い。**

第4項　CB400Fと黄金比 (1:0.618)

美しさの構成比とされる「黄金比」は、科学的に根拠立てられたものではないが、逆にそれだけにデザイナーとしては無視できない法則の一つであろう。車両設計の方にお聞きしたことだが、設計において黄金比は当然のように意識されており、黄金比だらけであると言われたことがあった。真偽の程はわからないが、実際、CB400Fの形状において、数多くの部分でその比を見つけることができる。

本来、黄金比は、右の式を展開すると 1.618 乃至は 0.618 という少数が産出される。よって黄金比は「1:1.618」或いは「1:0.618」で

$$\phi = \frac{1+\sqrt{5}}{2} = 1.6180339887\cdots$$

$$\phi^{-1} = \phi - 1 = \frac{-1+\sqrt{5}}{2} = 0.6180339887\cdots$$

表現される。私がここで試みたのは「長辺を 1 とし短辺を 0.618」として黄金比を見たものである。

黄金比が CB400F の上でどのように踊っているのかを見定めることは、その魅力を読み解くうえで非常に興味を深いものである。

例えば全長、全高を捉えた時、黄金比は見事に認められる。その

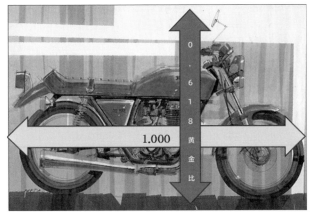

企画段階におけるエスキースに対する黄金比の測定

値は一方(長辺)を「1」とすればもう一方(短辺)は「0.618」となる。測定に使用した図は、CB400F 企画段階のレンダリング後のデザイン画(右上図[95]) である。

94　185 に同じ「モト・トラディツィオーネ」スタジオタッククリエイティブ 1995.08.10 P96 バイクを起因とする公害問題で、基本性能やスピードを強調することにメーカーも自主規制するようになった時代があった。当時はまだ自由な表現が許され、PR も腕の振るえる時代であったとの意味合いと取れる。
95　遊風社「バイカーズステーション」10月号第 17 巻第 10 号 No,193　2003.10　P21 図を測定

原画ではないものの掲載誌の寸法が原画を撮影したものであるということを前提とすれば、大小に変化はあっても原画の縮尺であるという見方はできよう。

そこでその儘を計側してみると紙面上の全長 18.7 ㎝を長辺として、全高との関係で黄金比を計算すると⇒18.7 ㎝×0.618=11.557 ㎝が短辺と計算される。

通常、全高の定義は、車体サイズのすべてにバックミラーは含まれていない。それは車体サイズから除外されているためである。しかし、あくまでも全体の美しさを検討する上でバックミラーの高さまで計算に入れてフォルムとすることには違和感はないと思う。何故ならバックミラーもデザイン上は、デザイナーの自由度が可能な重要アイテムであるからである。したがって、ここではデザイン性を検討する上で、全体の形状の最高点はバックミラーの頂点を最高とすることが妥当であると考えた。そこで、ミラーの頂点とタイヤの設置点を全高として、実測すると測定している著者自体が驚いたのであるがドンピシャの 11.55 ㎝であった。

佐藤さんのデザインによるレンダリング段階では、"黄金比そのもの"であることが分かる。

このことを前提に最終的に製品化された段階での CB400F の実寸の主要諸元[96]基づいて、主要対比項目を想定し再計算すると以下の表(次頁)のようになる。尚、諸元計数は完全ノーマル車で実車寸法であるが、計算結果寸法は器具による測定でないために「≒(約)」とした。また、全高対タイヤ外径については、一瞥の見栄えとして捉えることを想定し、敢えて実寸諸元を採用し比較した。

その結果、導き出された数字は、すべての項目において、見事に「1 対 0.618」という黄金比に対して近似の比率が算出された。実際に試算してみて筆者自身再び感心してしまった。

デザインを考える上において「黄金比」は、やはり無視はできないということであり、寧ろ重要視すべきものであることが分かる。

CB400F のトータルバランスの美しさの背景には、間違いなく黄金比で形作られた形状の数値が幾重にも事実として存在することを結論付けることができる。

但し、とは言って黄金比の数多くの組み合わせだけを意識して製作すれば、最も魅力あるものになるかというとそう単純なものではないと思う。

---

[96] PERFECT SERIES 「HONDA CB400F」辰巳出版 1995.01.15 P157 より

CB400F 黄金比測定表　（主要諸元は CB400F 公式寸法）

対比構造	諸元実寸(単位 m)＋ミラー寸法加算	黄金比換算 = 1:0.618		黄金比対比
全長対全高	2.050　：　1.040+0.215≒1.255	1:	0.612	近似値
全高対全幅	1.255　：　0.705+(0.025×2)≒0.755	1:	0.602	近似値
全長対軸距	2.050　：　1.355	1:	0.661	近似値
全長対タンク・シート全長	2.050　：　0.545+0.705≒1.250	1:	0.610	近似値
純全高対タイヤ外径	(1.040(BM 除諸元のまま))　：　≒0.630	1:	0.606	近似値

　人が生み出す美しさやその芸術性というものが、黄金比ですべて語られるかというとそうではないと思う。結果として導かれ造形美を測定してみるとそうなるという見方が正しいのかもしれない。何故ならすべてが人間の感性によって創りだされているからだ。

　実際は車・バイク等が、企画・デザインされ、そして設計され形作られる過程の中で、1 ミリ単位で修正・収斂が繰り返され生み出された製品が、結果として数多くの黄金比を具備することとなったと考える方が自然なのかもしれない。

　最後に美観は、人の感覚を持って自然と収斂するということが求められるものと理解しておきたい。

第5項　　CB400F の領域配列　（エリアアライメント）

　CB750F に代表される 4 気筒エンジン、4 本出しパイプ＆マフラーのシステムは、その対称性をもって高性能を表現するばかりでなく、バランスや安定性、同一性そして視覚的連続性から、成功したデザインであることは誰もが認めるところである。対称性は最も基本的な美の表現方法と言われている。それでは CB400F を改めて観てみよう。

　CB400F のバランス自体は、黄金比の中でも語ったように十分に収斂された形となってはいるが、しかし国内初の 4into1 システム導入にあたって、デザイン上真

に悩ましい問題があったとすれば、**右舷にすべてのエキゾーストシステムを寄せるという挑戦**ではなかったかと推測するのである。

　デザインの一つのセオリーである対称性に逆らい、二輪車というメカニズム的制約をクリアするためのデザインはどのように発案されたのであろうか。その点の記述については記録としてはなく、また、佐藤さんも故人となられており聞くことは叶わない。今、それを読み解くしかないということであるが、**非対称の要素は、元来、中央を基準に位置を揃えるのではなく、その部位を占有領域として捉え、また、視覚上の重量を基準に配列するという「領域配列」**[97]**の方法がとられたのではないか**と考えられる。ただ、この配列法はデザイナーの眼識と判断力によるところが大であり、感覚的にも技術的にもそのデザイン力が問われる。私見であるが**華道における「真、副、体(控)」**[98]**の総合的バランス美とでもいうべき視点、これがCB400Fのデザインには問われたのではないかと感じる**のである。そこには西洋にない和の美学が息づいているとの認識である。

　寺田さん、佐藤さんを中心とするCB400Fプロジェクトメンバーの方々は、どのように折り合いをつけられたのであろうか。メカニック上バランス的制約を受ける二輪車にとって、**物理的にも意匠的にも両立した領域配列を実現する必要性がある**。

　特に車体設計に携わられた先崎氏[99]のご苦労されたお話が残っている。特に4into1マフラーは、その形状や、市販車初の集合タイプマフラーであり、さらにここでのテーマである領域配列を念頭に配置するということになると、左右対称のものとは違い苦労の連続であったと推察する。

　先崎氏曰く「開発で苦労したといえば、やはり4into1マフラーですね。取り回しをどうするかとか、途中の排気チャンバーをどうするかなど、ずいぶん悩みました。結局図面を引かずに、まず手造りで曲げてみて、現車に合わせながら造ったの

---

[97] William Lidwell・Kritina Holden・Jill Butler 著　「Design Rule Index 要点で学ぶ、デザインの法則150」　ビー・エヌ・エヌ新社　2017.06.30 初版5刷　P32「デザイン要素の端を揃えるのではなく、デザイン要素の占有領域の位置を揃える配列法。…デザイン要素の形状が不揃いで非対称な時は、それらの占有領域を基準に配列する」というものである。

[98] 池坊では「真(シン)」、「副(ソエ)」、「体(タイ)」であり、草月流では「真」、「副」、「控(ヒカエ)」と言われている。池坊、草月流ともに、万物の基礎を「天地人」にならい花材を役枝(ヤクシ)と呼び、活花の構成としての骨組みをそう呼んでいる。

[99] 先崎仙吉氏　本田技術研究所　車体設計担当　CB400FのPJメンバー。特に4into1マフラーについては、自ら手作業でマフラーメーカー(三恵技研工業)との調整にあたられた。

ですよ。」[100]と述べられている。　改めて、下記全体図面[101]　(下図上段)から切り出した正面図[102]　(下図下段)を見て頂きたい。

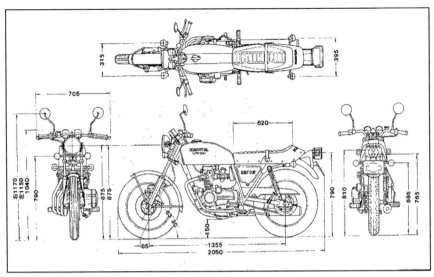

CB400F は下図(左側/前方図)　右舷のエキゾーストパイプシステムとそれに隠れ

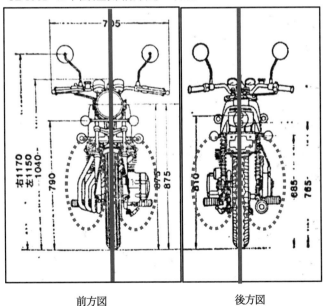

て右舷のクランクケース、左舷の(左/前方図右側部分)ダイナモが張り出した形となっている。これが CB750F であればマフラーは左右対称の 4 本出しとなってデザイン的にも重量的にもバランスはとりやすいが、CB400Fの場合、エキゾーストパイプを右舷

前方図　　　　後方図

---

[100]　PERFECT SERIES 「HONDA CB400F」辰巳出版　1995.01.15　P80　第二段落 7-12 行目　抜粋
[101]　1974　CB400F カタログより(自己所有カタログ自身撮影)
[102]　1974　CB400F カタログより(自己所有カタログ自身撮影)より正面を切り出し加工。

に集合させた関係で意匠上ダイナモの果たしている役割は大きいと考えられる。

　二輪としての左右重量バランスは元よりであるが、視覚の上でも重量を意識しつつ、量塊(マッス)として捉えて、軸を決めデザイン配置することが成されているものと考えられる。

　上図(前頁左下/後方図)後方から観た図面[103]でもわかるように左舷(後方図左側)のダイナモをどう表現するかが領域配列のポイントと考えられる。また、細部ではあるが左舷にしかないサイドスタンドもその役割を担っていると考えて良い。メインスタンドバーの跳ねまで捉えると、正中線を境に領域としてバランスよく配置され、右舷に寄せられたエキゾーストパイプシステムとの重量配分もなされている。

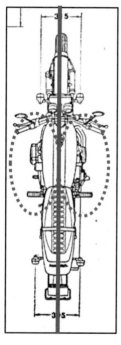

平面図

通常はあまり見ないアングルだが、左図[104]は真上からの視点となる平面図を観た場合、左舷のダイナモ及びスターティングモーターのカバーを含むクランクケース、サイドスタンド、右舷のポイントカバーと連続したブレーキペダルと、その出張り方も微妙にバランスされており、マフラーの片寄集合スタイルを実現している。

　二輪車における領域配列は、車体設計的にもバランスという点で重要な課題であり、重量配分においても細やかな計算のうえに成り立っていることが窺い知れる。

　何と言っても**初の市販車 4into1 集合管**ということであるだけに、**そのトリム調整は神業であった**のかもしれない。

　そもそもジャイロ効果によって、走っているときは安定する二輪車であるからこそ、**静止しているときのバランス精度が問われることは言うまでも無い**。そして意匠としてもそのことが問われるということである。

　また、さらにバランスという点に配慮したと考えられるのはフレームである。軽量化の意味もあるかもしれないが、フレームは、ダブルクレードルと比較してみて、一本のダウンチューブで重量の力点を集約することで、左右非対称の形状から

---

[103] 1974　CB400F カタログより(自己所有カタログ自身撮影)より背面を切り出し加工。
[104] 1974　CB400F カタログより(自己所有カタログ自身撮影)平面を切り出し加工。

くる重量のアンバランスを受け止める意味で「セミダブルクレードルフレーム」が採用されている。剛性という面でもその性能を保持しつつ撓(しな)りを効かせ易くしたことが、サイズと相俟って左右の取り回しの良さを実現しているように感じる。

<u>CB400F の領域配列はフレームの構造にも配慮されたものだと理解することができる</u>。その技術表現はカタログの中でもしっかり PR されている。この<u>神業と言っても良い「領域配列」こそ、CB400F の隠れた芸術性</u>なのかもしれない。

第6項　CB400F の擬態と光沢バイアス

「擬態」とは、デザインを行う際に実際に存在するものの特性を模倣する形で、その良さを取り入れる技法だが、他の項でも述べた様に再びエキパイからイメージされるものについて考えてみることとした。

一言でいうと「風のそよぎ」、「流麗な流れ」、「雲のたなびき」、「小波」等といったものが迷うことなく出てくる。

左図 1[105]は実際の川の流れを俯瞰したものである。その蛇行した姿や流れゆく川面の姿は、デザインした時にどのような姿になるのであろうか。例えばということで自身が描いたものが図 2 [106]である。山の上から俯瞰したものであることから、大きな流れとして写り、その中の流れはゆっくりと、しかし済々と流れる降る姿をイメージしたものとなった。

図1

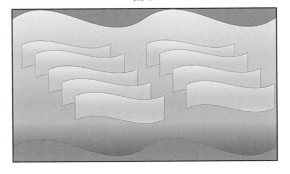

図2

105　図1/　石川県白山市「獅子吼高原から観た手取川扇状地 (自身撮影)」
106　著者自身が作成 (オリジナル)

169

図3

図4

もう一つは海を捉えたものが左図3 [107]である。

これは日本新三景「三保の松原」から駿河湾越しの富士を臨むものであるが、その波打ち際の様子を捉えたものである。これを改めてデザインするとしたら図4 [108]のようなイメージになる。

撮影時の海は天候も悪く、波も高い方で白波が目立った。そして、雲からも推測できるように富士も観えず荒れ模様であったと記憶している。その時のイメージをデザイン化したものである。

図1、図3ともに、川や風、そして波や雲を表現したものであり、そのデザインからも自然の姿が擬態として抽象化してみると、その空気感や形状のイメージは、どことなくCB400Fのエキゾーストパイプの造形に近いものとなってくる。

それは、日本画の表現や水墨画でも目にすることができると思う。我々の既存のイメージとして存在する自然をいかに表現するかは、自然の持つ力強さや美しさを素直に感じたままを取り込むことに基本はあると考えられる。

それは自然の力を借りることであり、**人工の姿に生きた意思を与えることが「擬態」という手法**なのだと感じる。デザインにおいて自然の持つイメージを憑依させることは、自然を取り込むことになり、その魅力は見る人の潜在意識に働きかける

---

[107] 図2/ 2021-11 図 静岡県日本新三景「三保の松原 波打ち際 (自身撮影)」
[108] 著者自身が作成 (オリジナル)

のかもしれない。したがって、エキゾーストパイプの形状に惹きつけられる我々の感覚の中に、自然の持つ力が作用していることは否定できないと考える。この形状には光り輝くクロムメッキの色合いも加わり、光沢バイアス効果を得て、さらに流れるような個体として印象的付けるものに昇華されていくようだ。

人類が生き抜いてきた本能として水を得ることの大切さは、水源の光を求め・好む性格としてインプリンティングされている。人類の進化とともにマットなものへの理解が進み、ものの色彩も多様化してきたが、やはり光り輝くものへの希求は強いものがある。二輪車の場合、その構造上、金属そのものの部分がむき出しになった造りであることから、自ずと金属製の光沢をいかに駆使するが、二輪車におけるデザインの大きなテーマであると考えてよい。

ということは、**CB400F のエキゾーストパイプはデザインにおける効用の二種である「擬態」と「光沢バイアス」を備えているということである。**

さらにその流れるような曲線は規則性を持っており、切れ目なく伸びる線が「よい連続」というゲシュタルト現象を生み出し、その流れが続くような効果を齎しているのである。これらの効果から思い出されるのが CB400F のキャッチコピー「おお 400 お前は風だ」というフレーズである。**「擬態」というデザインの基本において、少なくともこのエキゾーストパイプに関する限り CB400F は忠実であり王道そのものを形にしたといえる。**

昨今、この様な考えを御座なりにし、バイク全体の魅力を損なっている例が多いように感じるのは私だけであろうか。特にエキゾーストパイプを見る限り、経済性に走り二重管という配慮を怠り、焼けて無残に変色してしまった状況を見るにつけてデザインへの喪失感は想像以上に大きいと思うのである。排ガスの厳しい規制からその基準をクリアする為の構造的副作用が発生することは否定しないが、美しくなければその存在感は単なる運搬具になってしまうことを憂慮しているのである。

エキゾーストパイプの焼けを大げさに言えば、人々の遺伝子に組み込まれている光沢バイアスを犠牲にしたことと同義で、美しさが損なわれ、完全に購買意欲を削がれることをメーカーは覚悟すべきである。そこまで犠牲にしてユーザーに訴えかけたいものは何か、と自らに問いかけてほしいのである。つまり、支払う代償が大きいということを覚悟してほしいのである。排ガス規制やコストダウン要請は今に

始まった話ではない。

　これらのことを大いに活用してユーザーの満足度を上げてきたのがハーレーダビッドソンだと考える。彼らが日本のユーザーを拡大し続けているのは、未だに大型排気量の代名詞とされる知名度と、個性と自由を強調するカスタムのバリエーションと、そのプロモーションを怠らない姿勢が奏功しているのだと考える。あらゆるライフシーンへの生活提案に加え、そのタイプに方向付けをして、そのタイプごとにバリエーションを広げるための豊富なカスタマイズパーツが用意されている。

　自分だけのバイクを演出できるという自由度の広がりによって、ユーザーの個性に切り込む作戦であることは間違いない。中でも一貫しているのは、タイプは違えども各車種ともに備えている「擬態」と「光沢バイアス」としての金属表現である。一言で言うならば<u>「擬態によるイメージ作り」、そして「メッキ部分」のデザイン性の妙</u>と捉えている。

　ハーレーの商品カテゴリーは、大きくは5つの分野が存在する。「SPORTSTER」、「SOFTAIL」、「TOURING」、「CVO」、「TRIKE」ともにあらゆる部材オプションに、メッキ部品を用意し、ガラスコーティングをもってその光沢を強調するラインナップを用意している。反面、光沢を犠牲にしても個性を強調するため「DARK CUSTOM」と称してマットなラインナップも揃えている。いずれの場合も走った後の結果として現れる「焼けの損傷」は現れないのである。その点を筆者が最も日本の各メーカーに訴えたいのである。

　ことメッキ技術は奥深く、光沢というものに秘められた機能性や耐久性や安全性等といった点で、「宇宙産業」、「自動車」、「航空機部品」、「医療」、「半導体」、「電子機器部品」等々の各分野にその技術の蓄積は広がっている。こと二輪車にとっても不可欠の技術であり重要な研究開発分野と言える。それだけにデザイン・機能という両面から、より技術の向上をお願いしたいものである。繰り返すようではあるが、メーカーにとっても「擬態」表現の有効性と「光バイアス」をみすみす失うことの損失の大きさを改めて知ってほしいのである。

第7項　CB400F の車体色の「赤」の意味するもの

以下に 1970 年代を中心に、CB400F が発売になった当時の各メーカーの主力商品のメインカラーを拾ってみたのが、下記「1970 年代主要メーカー代表車種一覧表」[109] である。まずは目を通して頂きたい。

メーカー	発売年式	代表車種	メイン色	特　徴
HONDA	1974.12	CB400F	赤	400 マルチ・カフェレーサーの魁
HONDA	1969.08	CB750FOUR(KO)	青	当時ナナハンの代表的先駆車
HONDA	1978.09	CB900F	赤青	新世代インライン4　DOHC
HONDA	1979.06	CB750F	銀青	CB750FOUR から 10 年の極み
カワサキ	1971.11	750SS	橙	当時世界最速　マッハ最大排気量車
カワサキ	1973.00	900SUPER4	赤黒	ZI 国内規格外の性能=輸出専用
カワサキ	1973.02	750RS	赤黒	Z2= Z1 のスケールダウンでない独自
カワサキ	1978.00	Z1R	青銀	メーカーカスタムの先駆
カワサキ	1979.00	Z400FX	明赤	CB400F 以来の中型4気筒
SUZUKI	1971.09	GT750	臙脂	水冷2ストローク3気筒
SUZUKI	1976.11	GS750	臙脂	打倒 Z2.クラス最軽量へ
SUZUKI	1978.00	GS1000	青	スズキ初のリッターモデル
SUZUKI	1979.00	GS1000S	白青	スズキ　鈴鹿クーリーレプリカ
ヤマハ	1970.02	XS1	緑白	ヤマハ渾身の大型4スト車
ヤマハ	1976.04	GX750	銀濃青	パワーユニットにはポルシェ参画
ヤマハ	1978.00	XS1100	銀灰	ヤマハ初のリッターモデル
ヤマハ	1979.00	XS1100LG	黒	リッターアメリカン

---

[109] 参考「The 絶版車 File 二輪車編〜1979」インフォレスト 2006.12.10、1970 年代を彩った憧れの名車たち 2018.0529　より作成

日本の二輪車メーカーが世界に冠たる技術力をもって、クラフトマン魂をぶつけ合った結果として生を受けた名車たちは、ほとんどがこの時期にプロトタイプが造りだされたと言っても良い過ぎではない程のラインナップである。それだけに当時の車両の色が気になるところだが、意外トラッドな色合いが主流となっている。主だったところを観てみても原色カラーのものは数少ない方である。

　はっきりしているのはメインカラーにソリッドな赤を採用している車両が殆ど無いことが分かる。混じりけのない赤は競技用としてのカラーリングに適しており、量販市販車の色としては、先の事情と相まって知らず知らずのうちに枠外として位置付けられていたのではないかとも考えられる。

　少し"先の事情"なるモノに触れておきたい。騒音公害の元凶と言われた「カミナリ族」[110] というのが各地で騒がれ始め、それらのことを懸念してメーカー側が刺激しないようにと、佇まい、カラー、音等々を押さえ自粛していたことは事実である。現実に派手さそのものを抑えることを強調した例もある。特に同じ年代に発売されている 4into1 の兄弟である HONDA の CB550F-Ⅱは象徴的であった。[111] 静粛性や静かなスタイルのバイクであることをキャッチとして謳ったその車体のメインカラーは黒色[112] であり、それまでの CB500・CB550F のカラフルな車体から遠ざかった色合いとなっている。

　ただ間違いなく 1970 年代は、日本二輪車業界のまさに黄金期であり一覧表のとおり各メーカーともに現代車の原点にあたる傑作の数々が生み出された時期で、本来はスポーツを想起する「赤」を基調としたカラーリングで、車両を目立たせたかったのではないだろうか。それだけに、カワサキ Z400FX だけが単色無地の「ファイアクラッカーレッド」(赤)を採用していたことは記憶に残る。

　「灯台下暗し」とでもいうべきものなのか。純粋に GP レーサーをイメージしておられた佐藤さんの頭の中には、そうした雑念はなく「自分の乗りたい車」をつくるという考えに徹し、迷うことなくこの「赤」、つまり「ライトルビーレッド」が選択されたものと思う。

　このことは CB400F を鮮明なものとして印象づけ、レーサーそのものの雰囲気を

---

[110] 公道を高速で且つ高音量で走る集団が昭和 30 年代から 40 年代に現れた。暴走族の前身ともいえる。

[111] HONDA　CB550F のキャッチコピーは「静かなる男のための、より静かなモーターサイクル」である

[112] 車体色はメインカラーは「フォレストブラック」であったが、あまり見かけないものの「フレークサファイヤブルー」と二色であった。

醸し出すうえで際立たせたという意味でその印象は決定的であったと言えよう。

　さらに、レーサーレプリカやビキニカウル、フルカウル車が市販車市場に出てくるのは 1980 年代以降である。つまり CB400F は、GP レーサーの外観イメージにおける表現が「カフェレーサー」という潮流によって集約され、その象徴として「赤」をメインカラーとしたことが CB400F のイメージを際立出せたものと考えられる。
　<u>図らずも CB400F の「赤という色」は、市場において、なかば独占する形で得たことで赤色の持つ良さを遺憾なく発揮することとなった</u>と考えられる。「赤」は総合的に魅力を向上させ、競合する場合など攻勢に立ちたいときに効果を発揮すると言われている。その点からも CB400F の存在を優位ならしめたと言える。

　<u>赤自体の持つ認知機能として、競合する他車種と色という点で「優位性」を得たこと、そして赤色の持つ印象としての「優秀さ」を想起させ、そして「総合的な魅力」を高める効果があると言われる。</u>時代背景としての周りが沈む色合いにあって、「赤」はアゲンストな風を事実上浮力に変えた形となり、強力な印象付けに成功したものとも考えられる。この「赤」という色については皮肉なことに CB400F 生産中止の後、多くの要因は考えられるもののカワサキの Z400FX がその赤い色合いとともに、事実上中型クラスのすべての人気を引き継ぐこととなったことは印象深い。
　ちなみに CB400F のボディーカラーの国内車(下表　国内車両カラーリング表 1)

「CB400F 国内車両カラーリング表　1　」[113]

CB400F (408cc)	CB400F Ⅰ・Ⅱ(398cc)
●車体色	
前方車両=　ライトルビーレッド	前方車両=　ライトルビーレッド
後方車両=　バーニッシュブルー	後方車両=　パラキートイエロー

---

[113]　出典:1976 CB400F 販売用パンフレットより

は、「ライトルビーレッド」、「パラキートイエロー」、「バーニッシュブルー」の3色であり、海外輸出車2色は、臙脂色にライン(下図、海外車両カラーリング表2)、黄色にラインとバリエーションがあるが、よりスピード感やスペシャル性を強調したデザインである。海外向け車両は国民性やその国の文化、社会的価値観といったその国の風土に合わせた流れを具現化することが必要となり、輸出国における市場リサーチをベースに決められたものと考えられる。

「**CB400F 海外車両カラーリング表　2　**」[114]

配色箇所	臙脂色	黄　色
タンク色・デザイン		
タンクロゴマーク	HONDA SUPER SPORT	HONDA SUPER SPORT
サイドカバーマーク	400 FOUR	400 FOUR

　ただ、メインカラーのライトルビーレッドはCB400Fを代表する色であり、デザインの普遍性を鑑みれば「赤」をもって統一するという考え方もあったのではないだろうか。当然、塗装資材のスケールメリットや、ラインにおける工程の一貫性といった経済合理性もあり、統一的カラーでさらに印象付けるということも考えられたのではないかとも思う。いずれにしても、前述した社会環境等を考えると赤のインパクトは大きく、赤と言えばCB400Fとイメージされると思う。国内仕様については、408ccも398ccもメインカラーは「赤」であり玉数が多いことも車両の代表色となった所以と言える。

　プロモーションにおけるポスターやカタログにおいても赤をメインとした扱い

---

[114] 出典 1977 Honda CB400F Decal & Stripe Kit.Files　より作成。

となっていることは言うまでもない。広報に活躍したポスター、カタログでその代表的なものが「おお400」である。澄み切った青空に地面からのアングルで撮られた写真は、ライダーのコスチューム、ヘルメットの赤とCB400Fの車体の赤がマッチして見事なイメージを創り出した。

　尚、ホンダのホームページで公開されている壁紙(右上写真[115])は、「おお400」の1974年時点のポスター作成時の一コマとして撮られたものと推察される。背景の空と雲、ライダーの空をあおいだ様子は、やはり車体、ジャケット、ヘルメット共に「赤」で統一された姿は印象深い。

第8項　CB400Fと「オッカムの剃刀」

　オッカムとはイングランドにある村の名前である。そこの出身で14世紀のフランシスコ会修道士であり哲学者であり神学者でもあったウィリアムという人が「ある事柄を説明するためには、必要以上に多くを仮定するべきでない」と語った言葉がこの箴言のもととなっている。それは節約の原理のことであり哲学の教えであるとされる。**単純に言えば「取り除いても不都合を生じないものは取り除きシンプルにしていく」ことで美しさにつながるということである。「剃刀」は不要な存在を切り落とすという比喩**である。

　デザインに置き換えてみると「不要な要素は、デザインの効率を損なう」、或は「シンプルなデザインこそが望ましいという考え方」と解釈される。**CB400Fのオリジナリティの素晴らしい点は、「カフェレーサー」とされる価値観やその具体的

---

[115]　1974年時点のカタログ撮影時に撮られた一枚が壁紙としてリリースされたものがある。ライダーの顔もはっきりと映し出されており、シートにライダーが両肘をついて、寛ぐ姿は1976年カタログに関連するものである。下からのアングルで、背景の空が大きく映し出されているところが特徴である。カタログとは一味違ったものである。

な対応(改造)を、量産されるべきバイクデザインの中に取り込み調和させたことである。と私は考えている。

　CB400F の完成度は、現車そのものをもってデザインの頂点とし、改造によってもたらされるデザイン性は、引き算となっても足し算とはなり難いということが謂われる。まさに完成度の高さを表すものだと思う。オリジナルのプロトタイプにこそ、CB400F のバイクデザインとしての究極があると筆者も考えている。オリジナルそのものがベストであり、まさに「オッカムの剃刀」を地で行くものであると思うのである。

　下図は「オッカムの剃刀」をイメージしたものである。この箴言の持つ逸話そのものが、必要項目と考えられる仮定を絞り込み、削ぎ落として、機能と美しさに基づいていかに集約するかという究極のデザインの真骨頂が生み出されるセオリーを示しているように感じる。

オッカムの剃刀のイメージ図

CB400F 開発においても「オッカムの剃刀」を思わせる取り組みがなされた痕跡が数多くある。

　思うところを上げるとするならば、何といっても4本マフラーを廃し、4into1システムを開発したところであろう。これは正に機能と美しさの一体化である。排気脈動効果を生み出した形状は、軽量化、コストダウンといった要素まで含んでいる。そして、流麗且つ優美なエキゾーストパイプの形状。まさにこの車両の代名詞的造形をも創り出した。また、CB400F の部品は標準化の為のプロトタイプであるとも考えられる。

それは前作CB350Fの販売不振が既存生産インフラの使用を前提としていた点からも推測できる。

　CB350Fの市場に対するリベンジという課題と、徹底したコスト削減という命題が課されていただけに、開発チームは双方の意味もあって、**CB350Fをベースに見直す際に、徹底した削ぎ落としを実施している。加えて軽量化による機動力のアップも経済性もすべて削ぎ落とすことが肝であったと考えられる。**

　このことそのものがデザインを究極まで引き出す背景であったとも考えられる。「オッカムの剃刀」を否が応でも進めなくてはならない箴言であったことがデザインには幸いしたと考えて良いかもしれない。また、装飾によって豪華さを競い始めた時代であったことを考えれば、シンプルにソリッドな色で統一し、改造の標準化を進め、デザイン性によって新たな調和が醸し出されたことで、本質的な傑作が生まれたのではないかと確信するものである。取り除いても何も不都合が生じないものは何度でも見直されるが、**CB400Fについては、どれを除いても不都合が生じる究極のデザインであると感じている。そこまで削ぎ落とされ収斂したというべきかもしれない。**

　ホンダにはこの「オッカムの剃刀」というデザインの究極の姿を持った車両が別にある。「Honda　design」の象徴としての「スーパーカブ」である。

　2017年10月、シリーズとして世界生産累計1億台生産を達成し、2018年、誕生60周年を迎えた。C100をベースとして開発された輸出車両CA100は、米国において「ナイセスト・ピープル・キャンペーン」[116]と銘打ち大々的広告を展開し大成功を収めることとなる。

　1960年代の米国でのオートバイは「不良の乗り物」とのイメージであったが、「オートバイは生活のパートナーであり、生活を楽しく、豊かにしてくれる」と、「スーパーカブ」は、生活スタイルそのものを変化させたばかりでなく、日本企業そのものの価値を向上させたと言われている。このエピソードは、現代まで引き継がれていくことになるわけだが、驚くべきことに当時のデザインがほぼそのまま現代に通じているという事実である。

---

[116]　「YOU MEET THE NICEST PEOPLE ON A HONDA (素晴らしき人々ホンダに乗る)」というキャッチフレーズによって、1960年初頭　米国で大々的に広告キャンペーンを実施した。

このデザインを担当したのが当時 26 歳の新人であった木村譲三郎氏[117]である。「スーパーカブ」のコンセプトを決める会議などなく「…オヤジ(本田宗一郎氏)さんが蕎麦屋の出前も乗るから右手だけで運転できるようにしろ、藤澤武夫氏(後の副社長)からは、女性が好んで乗れるようにしろ、そのためにはエンジンが露出しているものはダメ、また、オヤジさんから、ジャリ道を走るには馬力がいるから 4.5 馬力はいるだろうと言い出し、これでスーパーカブのコンセプトは一挙にまとまったのです」[118] と木村氏が語っておられる。

このやり取りでは、**現代の「ユニーバーサル・デザイン」そのものが造りだされていることが読み取れる。「オッカムの剃刀」的デザインが収斂した姿であると思う。**

デザイン創造のプロセスには、人間工学としての動作や身体的特徴、生理学的な反応に加え、ジェームス・J・ギブソンの生態心理学[119]でいう「モノに備わった行為の可能性 (例えば引手のついたタンスであれば、タンスは引いて開けるものという関係性が存在する)」を示唆する議論も行われているものと推測する。

今でいうダイバシティという多様性についても、自然に協議されてきたのではないかと思うのである。モビリティとしての究極の利便性をコンセプトに、人・機械との融合について命題が出されたその一つの回答として、「スーパーカブ」は存在するのだと思う。

ただ、ここで異論が無いわけではない。それはバイクがただ単なる運搬の道具としての存在ではなく、嗜好品としての局面を色濃く持っているからである。

機械と人との関係を突き詰めれば、一つの代表作がアップル社の「iPhone」へとつながるのかもしれない。「iPhone」のように極限のシンプルさには、機能と美しさが備わっている。そして嗜好性への領域も持ち合わせており、所有したいという欲求が生まれるものである。一見、違って見えるバイクにも、考え方としてこのシンプルさが求められるのではないかと感じるのである。

---

[117]　1930 年生まれ。大分県佐伯市出身ホンダ創立 9 年目にあたる 1956 年(昭和 31 年)11 月入社　千葉大工学部工業意匠学科卒　(工業デザインの高等教育を実施していたのは千葉大だけであった) 。1956 年 (昭和 31 年) 入社後、車体設計課でスーパーカブ C100 のデザインを担当。以後デザイン部門の主任研究員マネージャーに就任し、四輪、汎用製品等のデザインも手がける。ブラジルホンダ取締役等を経て、1990 年 (平成 2 年) 定年退職。(Honda HP 時代を駆け抜けたバイクたちより)

[118]　出典　「Honda DESIGN Motorcycle Part1 1957〜1984」　日本出版社　2009.09.10　P16〜〜P17 より

[119]　James Jerome Gibson 1904-1979 米国心理学者　認知心理学とは一線を画した直接知覚説を展開。「アフォーダンス」の概念を提唱したのは有名である。

話が大分発展しすぎているように感じられる向きもあると思うが、実はその姿の実現がCB400Fにも存在するのではないかと思うわけで、それもカブとは違い嗜好品としての究極の姿ではないかということである。

　バイクやクルマは工業生産品であるという前提、量産を宿命とすると言われながら、嗜好品としての必要性も求められる。その双方を満足させる節理があるとするならば「オッカムの剃刀」で例えられるデザイン性は、現代の車両にも求められる命題である。そこにバイクが芸術作品に昇華される道があると観るのである。

　結論としてCB400Fはバイクやクルマに期待される物理的機能と、美しさという心理的機能双方ともに併せ持ち、シンプルに研ぎ澄まされたものの一つと言えよう。ひょっとしたらこのバイクこそが、カブを超えたところにある嗜好品としての性質もデザインされた芸術作品とでも評すべき、真の「オッカムの剃刀」を地で行くものではないかと考える次第である。

第4節　デザインのセンスと性差モデル

第1項　性差という魅力の具現

　引き続きCB400Fのモノとしての魅力を観ていく。いきなりではあるがエキゾーストパイプの形状から女性の髪を想像する人もおられると思う。

　逆にソリッドなカラーを配し、リベット止めされたシートに男性の武骨さや逞しさを想起する方もおられると思う。前出のジャン・ボードリヤールの著述の中に「男性的モデルと女性的モデル」[120]という項があり非常に興味深く、CB400Fの魅力を押さえるデザインの要点として参考になる。

　男女差がモノの性質を象徴する上で秩序立てられ、消費を促すことや、「男性モデルと女性モデルの間には至るところに伝染と拡散がみられる」[121]と述べている。その点について、CB400Fのデザイン全般にわたって心当たりのあるところが数多く気づかされるのである。この示唆に基づきCB400Fの男性的モデルの部分と女性的部分を次頁の表「**CB400F 性差分類比較表**」のように纏めた。少し解説しておきたい。

---

[120]　ジャン・ボードリヤール「消費社会の神話と構造」今村仁司・塚原史訳　紀伊國屋書店　2017-07
　　　P147
[121]　同上　P151.1行目

CB400F 性差分類比較表

項番	項目	男性的モデル		女性的モデル	
		視点	男性感覚	視点	女性感覚
1	Shape1 (全体形状)	左側からの視点・堅実	シンプル	右側からの視点・華麗	マフラーの曲線美
2	Shape2 (部分形状)	燃料タンク、シート(リベット止め)、エンジンフィン	大きさ、メカニカル感、力強さ	エキゾーストパイプ、バックミラー、ポイントカバー、クラッチカバー	丸み、繊細さ、輝き、流れ
3	Color1(色)赤	勢いの表現・潔さ	パッション	清楚さの表現・気立て	情熱
4	Color2(色)紺	実直さの表現	勤勉、手堅さ	-	-
5	Color3(色)黄	若さ・溌剌さの表現	目立つ	軽快さの表現、可愛さ	エレガント
6	Form1(動き) 通常時	豪快でシャープな走り	力強さ	美しい佇まい	ナルシズム
7	Form2(動き) 傾斜時	見せる走り	ナルシズム	見せる走り	ナルシズム
8	Sound1(音) 通常時	静かなハスキー低音	ポテンシャル	-	-
9	Sound2(音) 開放時	咆哮	ポテンシャル	-	-
10	The Total(全体)	-	-	牝馬のイメージ	血統

　CB400F への筆者の見立てではあるが、男性的イメージは「戦闘的」であり、常に「誇り高く」、そして「力強い」ものであり「独創的」である。それはデザインにおける表現として、間違いなく企画段階で議論されたコンセプトであると思う。

　また、女性的イメージは「ナルシスト」としての「美しさ」と「しなやかさ」を持ち、「軽やか」そして「健気」で居て「気品」があるように見て取れる。こうした感性をいかにモノに賦与できるかがデザインとして求められる課題と言えるのでないだろうか。その双方の性質は打ち消し合うのではなく、ボードリヤールが言うように伝染と拡散をし、シナジーを生み出すことで双方の「調和」が起こり、モノの魅力を高めていると考えて良いだろう。

男らしさ、女らしさという見方を進めると、双方が持ち合わせている特徴的魅力をいかに具備できるかという新たな視点が生まれてくる。敢えて言えば**男女双方の魅力を持った車両という意味で CB400F は他の追随を許さない魅力が醸し出される様に感じる**のである。

第2項　CB400F の男女両面性

「調和」というのは言わば二つ以上のモノが融合し新たな姿や価値或いは機能を創り出す状態であり、時としてパワーを生み出す場合によく使われる言葉である。前頁にお示しした表[122]からもわかるように、**CB400F は男性的要素と女性的要素を、強いて分けるとするならば左右の姿形に二面性が見て取れる。左舷を男性的表象、右舷を女性的表象として捉えることができる。**

通常 4 気筒車は、2 本対称のマフラーが左右に均等に配され、左右どちらから観ても同じ姿をしているというイメージが強い。それに対して CB400F の最も特徴的なのが左右の姿がこれほど違うバイクはないということである。

CB400F　右舷の表情

その点において男性、女性の二面性を併せ持ち、それがうまく調和しているように見て取れるのである。例えば、右向きのアングルから捉えた場合 (写真上)、特にエキパイを象徴として流れるようなラインは、タンクのスマートさを引き立たせ、シート形状のエンド部分における若干跳ね上がった形状は、上品ささえ感じ取れるものである。

また、ポイントガードカバーのメッキの輝きが軸を成し、エキゾーストパイプとマフラーのシャープな輝きは、フロント、リアの各フェンダーとの連続性を演出して流れるように美しい。リベットの輝きさえ一体感を感じさせてくれる。当然、光り輝くリムとスポーク仕立ての前後輪は必須のものである。そしてキックアームと

---

[122] CB400F に観られる男性的モデルと女性的モデル分類した「CB400F 性差分類比較表」

ブレーキペダルのガード形状に繊細な配慮の跡がうかがい知れる。これらの一体感は芸術性すら漂ってくるのである。車体のライトルビーレッド色彩はシンプルで、ソリッドな配色は情熱と気立ての良さを感じてしまう。まさに、しなやかな牝馬をイメージさせるものである。

一方、左向きのアングルで観た場合（下写真）、最も特徴的なエキゾーストパイプも目立たず流れるようなマフラーも無いことで、バイクとしてのシンプルさが際立つ姿となっている。特にキャブレターのチョークやギアチェンジペダルのアームとタイロッドボルトからなるユニットの細かさ、クランクケースカバーに「HONDA」

CB400F 左舷の表情

という浮かし彫りの文字と同時に、MADE IN JAPAN の文字が配された設えは、強いて言えば、造り手としての誇りと品質を謳っており、男らしさ堅実さを感じさせる。

こうした二面性が左右のアングルに特徴的に表れているように**CB400F は、全体的に男女双方の要素を持ち合わせているということだ。**

敢えて部分々を分解して見てくると、こうした読み・感じ方ができるということは、それほど考えられた作品だということであり、この<u>男女両面性を色濃く持ち合わせた融合体であるということが</u>、**CB400F** の魅力の根源を増幅していると考える。

第3項　　デザインから観るカスタムという志向

前項までに観てきたように、デザインには男性的要素、女性的要素を融合させることで、その双方の良さを表現することが可能でありそのシナジーは大きい。ユーザーに訴えかける力としてその有効性が高い。男性的なモノは女性を惹きつけ、女性的なモノは男性を惹きつける。この機微をデザインの要素として意識するか否かは重要だとも考えられる。

翻(ひるが)ってカスタムやドレスアップという消費者の嗜好(味付け)のスタイルそのものにも、男性流、女性流というものが明確に表れるように感じる。

一つの例としてカスタムの定番とされる「ヨシムラ集合管」は、まさに男っぽい、武骨さが表現され、且つ、そのサウンドは「咆哮」といった趣である。味付けの基本としては、男性的傾向を好むか、女性的傾向を好むかに分かれると思われる。

　また、全体的なカスタムと部分的なドレスアップがあるが、前者はユーザーの完全支配欲を伴うものであり、ユーザー自体が男っぽい性格ともとれる。後者は素材尊重の考え方で、まさにカスタムというより「ドレスアップ」という女性的目線のユーザー嗜好が想像できる。何故、人の心理として完成度の高いもの程変えたくなるのか。一言で言えば自らのモノにしたいというユーザーの所有欲や性格からくるものと考えられる。そこにあるのは完成度と言うより満足感であろう。ユーザーの好みであり、ユーザーにとって満足をもたらすものであれば良いのである。

　それだけに、その嗜好を満足させられる素材は、柔軟性を持った素材でなくてはならないし、男女の要素を持ち合わせ、調和性が高いものほど良い筈である。完成度の高いものほど変えたいという衝動に駆られ、そしてその変化を受け入れる普遍的素質が求められる。

　CB400F は男女の要素を合わせ持つハイブリッドバイクであると言って良いだろう。表の中にも記載したが「サラブレッドの牝馬」のイメージである。力強く、しなやかでいて美しい。それでいて武骨なところもあり力強さもある。その男女の良い部分が全体的に融合しているからこそ、長きにわたりあらゆるユーザーを魅了し続けているのだと思う。

　一般的に改造やドレスアップの行きつく先に、ほとんどのユーザーが「ノーマル」という原点回帰の行動をとるのは、元の姿に対する畏敬の念から来ているのかもしれない。まさに素材の良さ、素材の完成度にそもそも魅力を感じていた証拠ともいえる。自分好みの変化も、やはり素材あってのことであり、最後は元の姿に戻したいという気持ちにさせるのではないだろうか。つまり、「CB400F は究極のノーマルであり、究極のカスタムなのかもしれない。」

第5節　　浮世絵と CB400F

第1項　　浮世絵的表現として

　クルマと言うものが歴史的に欧米の創造物に一つの目標がおかれ、より近づけようとする弛まぬ努力によって、機能ばかりでなくデザインにおいても模倣されてき

たことを否定するものでは無い。むしろそれは学びのよる成長の為の一過程という見方である。それが1970年代、ホンダ二輪が世界を獲る立場になり、初めて機能に留まることなくデザインにおいても、いかに世界をリードするかという立場に立った時から、どの様にオリジナルをつくり上げるかという志は高まったはずである。

そのオリジナルにはその国の文化や歴史に根差した造形美が存在ものとされている。一段古くはなるが歴史的には本田宗一郎氏自らがデザインした神社仏閣様式と言う二輪車が生みだされたことが何よりの証拠である。ここで注目して頂きたいのが、日本の伝統的デザイン様式と大和絵の時代から続く浮世絵の存在である。

新たなるものを創造するにあたりいかに魅力あるものにするかという点を突き詰めると、お国柄というところに発想の原点が回帰することは決しておかしくは無い。何故ならモノ作りはその国の文化だからである。そこにデザインの原点とも言うべき国独自のオリジナリティが存在すると考えるからである。ただデザインとしての姿は、絵として描かれたものと実物とでは違ってくる。

最初はどんなものでもデザイン画からスタートする。つまり、その時は「絵」なのである。配色もその時に決まる。特にその色彩表現は、色から受ける効果を最大限利用した形で採用されていく。バイクの場合、専ら金属製の風合いとして鍍金によって与えられる光沢のある「銀」をベースとして主要なフォルムが構成される。それを一色として捉えるとその陰である「黒」がもう一色として加わる。

デザイナーがコンセプトに相応しい色合いを表現できるのは、唯一タンクとサイドカバーが残された主なものであることは間違いない。そこにどう配色するかを考えると色遣いはかなり制限されてくるのではないだろうか。

イメージとして踏まえるべきは目には見えない背景と言うキャンバスである。実際は、背景としての山や川、海や大地といった自然界や人が造りだした建築物などを背景して走ることになる。この感覚を踏まえたデザインというものが大事になるように思うのである。

日本の四季をイメージし、日本の各地の風景を創造しつつカラーを決めることが重要な要素であると思う。創造物がその国の気候や風土をいかに反映したものになるかということが、最後の一手としてカラーの決め手となると思うのである。日本文化と描写というものを遡ってみると、平安の時代から日本独自の絵の

作法、大和絵に至る。それは日本の原風景や時代の人物、事物や出来事を表現してきたが、日本の伝統文化そのものと言って良いだろう。

その源流にあって近世に浮世絵と言う新しい絵画分野が創出されたと言われる。特に注目したいのは町人の絵画として、洋画や近代技法を吸収したとされるところである。ここで生み出されたデザインの考え方が、現代の私たちの日常生活に存在しており、嗜好を司っているのではないかと考えるのである。

下の二枚の錦絵を御覧頂きたい。(左写真[123]　、右写真[124])

左右の錦絵を比べてみて頂きたい。根本的に違うところが分かって頂けると思う。そこには背景の有る無しが明確な違いとして存在する。左には背景は無いが、右には背景が存在する。

改めて CB400F のカラーリングを振返ってみたい。
その時代にデザインされた他メーカーの作品と比べ間違いなく言えることは、CB400F がソリッドな赤であり、ラインや他の色を混ぜることは行われていない。

---

[123]　東京国立博物館蔵　「風俗東之錦・帯解の祝」鳥居清長　作　江戸時代　18世紀　錦絵
[124]　東京国立博物館蔵　「萩之玉川」　歌川豊国　作　江戸時代　19世紀　大判　錦絵

そこには日本の伝統的文化と言える「浮世絵」の存在を思い起こさせるものがある。つまり、<u>水墨画の持つ「白と黒」の世界、浮世絵の持つ「白と赤」の世界、象嵌や螺鈿といった伝統工芸に観られる「金と銀」の世界。そういったものが、このCB400Fのメインから読み取れるような気がする</u>のである。

第2項　和モダン的色彩

左に浮世絵師、喜多川歌麿の有名な「ポッピンを吹く女」の色使いに、CB400Fとの共通点が多々あることを見て取ることができる。

　もちろん人物と機械なので咀嚼してみる必要性はあるものの、大きく開いた髪の形と黒い髪色の決まり方、モダンさを感じる顔と全身の曲線とフォルム、何よりも女性の髪止めと口紅、着物の赤がアクセントとなり、全体のバランスを創りだしている。

これをCB400Fに置き換えると全体のフォルムを形作るフレームやシート、ハンドルグリップは黒、エンジンやクランクケース、キャブレター類は銀、そしてフロントホーク、ハンドル、フェンダー、エキゾーストパイプ、マフラーは輝きの色合い、その中で真っ赤なタンクとサイドカバー。色遣いや相似する点が多々あることに気付かれると思う。こうした点は日本人の色使いとしてしっかり残っているものと考えられる。

　強いて申し上げたいのは「**デザインには国の文化が宿る**」ということである。その国の環境や価値観、そしてそこから生み出された文化は、ありとあらゆる創造物に反映をするということである。この日本という国の文化をデザインに反映させるということは、日本人の持つ嗜好への呼びかけである。それは日本の持つ感性を呼び覚ますこととなり、日本独自のオリジナリティを実現するものではないかと思うのである。

　CB400Fデザイナーの佐藤さんの表現者としての意思にも、日本文化に対する強

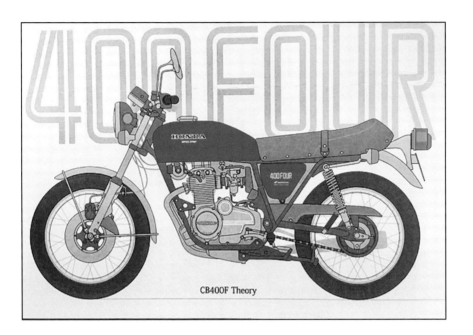

いこだわりがあることが見て取れるのではないだろうか。

　作りだされる造形物がその国の価値観やその文化に根付いているものであって、初めて愛されるものになるのだと明言されているのである。CB400F のデザイン、色遣いやフォルムの深淵さがそこにあるからこそ、恒久的に愛されるものとなっていると考えると魅力の説得力は高まるものと考える。(上イラスト[125])

　浮世絵に見られる背景の無さは、観る側が何を創造するかによって変わってくることを、造り手が託したものであり、そのことによって創りだされたものこそがはじめてユーザーの手になるということを理解しておきたい。

　<u>クルマ(バイク含む)のような自らが全身で受け止めて操作するモノで、特にシーンを創り出すのはユーザーであり、その創りだされたイメージこそ、その商品の魅力を最大限引き出すものであり、加味されるものである。</u>実際にカスタマイズするという行為の前に、ユーザーのイマジネーションが生まれた瞬間にカスタマイズが成され、そして個性化が成立しているのかもしれない。<u>浮世絵の面白いところは、単に絵と言うより、それを観ている人がイメージを創り出すことで、完成するものと解釈できる。</u>その美的感覚が CB400F にも施されていると感じるのである。

125　イラスト作成は、友人　山本直氏による。

第5章　　CB400F の魅力の背景とその強運

　CB400F の魅力にはモノそのものが持ちうる魅力と同時に、その背景が創りだす現象によって、本来の力以上に魅力を高めることが考えられる。理解して頂きやすいように図示すると以下の「モノにおける魅力の構造図」のようになる。

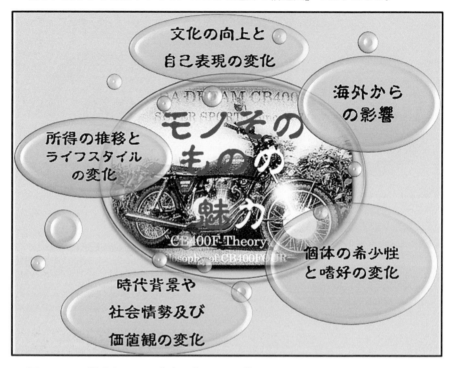

　図について説明すると、真中に指し示す「モノそのものの魅力」というのは、CB400F が本来持っているデザインやスペック等に該当するものである。当然モノそのものに力が無ければ周辺のシナジーは全く意味がなくなる。それに対して**背景や強運と称しているのは、CB400F が世に出た時の時代の背景や、個人の生活環境や例えば所得等の個別事情から発生する拘りや想い、或いはそのモノの希少性や嗜好や価値観の変化、そして国民全体の文化が創りだす自己表現の変化、そして海外からの影響と、モノに付与される魅力の発生源**といったものを指している。

　従来 CB400F そのものが持っている魅力については、前章までに語ってきたことであるが、此処では CB400F の背景や周辺で想起された変化要因が、その魅力をいかに高めているかを考え、その要因を探ることで魅力の解明をしていこうとするも

のである。

　つまり、新たな視点として今まで語られてこなかった**CB400F の周辺から醸し出される「魅力の輪」を捉えることで付与される魅力にアプローチする**モノである。この**「魅力の輪」には、時間軸としてのタイミングというものが存在する**と考えた。実はそれが世に言われる「時宜を得る」、「世の流れに乗る」、「運の強さ」と言われるものである。

　メーカー側が予期せぬ結果を良くも悪くも製品にもたらすことがよくある。何が売れて何が売れないか、消費者が或いはユーザーが何を欲し、どういった形でその満足感を得ているのかということも関係してくるものと思う。

　CB400F をより深く知るうえで、どうしても、**CB400F の周辺にある背景や目に見えない時代の流れや風、タイミングといったものを考察しておきたかった。**

　お読みいただいている途中で、今どこにいるのかという迷いを感じられる読者もおられるかもしれないが、この冒頭にお示しした図を思い出して頂くと、整理して頂きやすいのではないかと思う。言うなれば**CB400F の魅力を周辺から探るエッセイ**と捉えて頂き読んで頂くと良いかもしれない。

第1節　　CB400F のオーナー数を推計する 1　　「現存静態数の把握」

　ここでは CB400F ユーザーの事情や時代背景を捉えつつ、このバイクを取り巻く社会的・文化的環境そのものにスポットをあてて、その魅力の根源を探っていく。特に発売当時モータリゼーションの革新や、生活の変化の中で生まれたと考えられる CB400F オーナーの心理的渇望感の真相を捉えたいと思う。

　そもそも**CB400F のオーナーになった人たちは、どれくらいいるのだろうという素朴な疑問がわく。オーナー数の趨勢が、現代おける CB400F の魅力のバロメーターとして押さえておくべき数字と思うからである。**どれくらいの人たちが今も個体を維持し、愛好家として生き残っているかを推測することは、どのような背景があって維持されているかを知る手掛かりになると考えるからである。発売から約半世紀、事実上の「絶滅危惧種」と言って良い CB400F の所有者をまずは試算推計することにした。その点を再認識する中で現オーナーの存在を推し量り、その根強い支持というものを確認したい。　製造されたとされる CB400F のオーナー数を当初の生産台数から推計してみる。CB400F の総生産台数は、輸出向けを含む 408cc が 94,605 台(93.9%)、国内向けのみ 398cc が 6,213 台(6.1%)　合計 100,818 台が製造され

国内外に出荷された。[126]　1974 年、昭和 49 年 12 月 4 日に 408cc 発売。1976 年 3 月から 1977 年 5 月生産中止まで、中型免許制度改定による改造で排気量 398ccF-Ⅰ・Ⅱを製造。法の急な改定による仕様変更があったとは言え、延べ約 10 万台以上が生産された。

　輸出仕様車のエンジン・フレームナンバーに輸出国を示すコードが付してある。CB400F/408cc では 9 か国、CB400F/398cc では F-Ⅰが 2 か国、F-Ⅱが 6 か国と、振り分けられている。特に欧米各国にいかに輸出されたかが分かる。CB400F 全生産台数の実に 93.9%は 408cc とは言え、第二章第三節でご提示した「CB400F 輸出仕様車の車種別エンジンナンバーとフレームナンバーの一覧」から推定すると 398cc の海外向け輸出数もかなりある。日本国内の免許制度変更によって 398cc は生まれたが、海外輸出がなされていることを考えると 398cc で純粋な国内モノは想像以上に数は少ないと考えられる。以上のことを踏まえ、CB400F 生産終了段階では、新車を複数台所有することがないという前提を置けば、ピークのユーザーは単純に一人一台として理屈上は 10 万人を超えていたということである。ここから現存するCB400F の台数とオーナーの数を大胆に推測してみたい。統計は古いが下の「二輪車保有台数年代別表」をご覧頂きたい。

単位:

年	原付第一種 (50cc以下)	原付第二種以上(51cc以上)					合計	前年比(%)
		原付第二種 (51～125cc)	軽二輪車 (126～250cc)	小型二輪車 (251cc以上)	計			
1970	3,727,426	4,431,745	583,316	109,771	5,124,832		8,852,258	100.
1975	4,851,140	3,132,818	492,307	276,715	3,901,840		8,752,980	101.
1980	8,794,335	2,281,006	506,567	383,639	3,171,212		11,965,547	109.
1985	14,609,399	1,747,957	1,047,426	775,627	3,571,010		18,180,409	104.
1990	13,539,269	1,517,228	1,669,771	1,045,519	4,232,518		17,771,787	97.
1995	11,165,390	1,421,031	1,823,446	1,177,229	4,421,706		15,587,096	98.
2000	9,643,487	1,337,395	1,704,522	1,288,399	4,330,316		13,973,803	98.
2005	8,566,613	1,353,732	1,857,439	1,397,392	4,608,563		13,175,176	99.
2008	7,902,051	1,429,738	1,976,829	1,478,724	4,885,291		12,787,342	98.
2009	7,694,009	1,479,588	1,996,311	1,505,304	4,981,203		12,675,212	99.
2010	7,448,862	1,511,440	1,992,939	1,524,176	5,028,555		12,477,417	98.
2011	7,154,455	1,540,687	1,975,623	1,535,181	5,051,471		12,205,926	97.
2012	6,899,459	1,582,925	1,959,845	1,542,856	5,085,626		11,985,085	98.
2013	6,661,807	1,626,094	1,969,187	1,566,341	5,161,622		11,823,429	98.
2014	6,438,002	1,674,884	1,980,411	1,595,335	5,250,630		11,688,632	98.
2015	6,188,710	1,704,083	1,978,462	1,611,089	5,293,634		11,482,344	98.
2016	5,899,276	1,717,092	1,970,471	1,629,461	5,316,024		11,215,300	97.
2017	5,615,360	1,737,911	1,961,109	1,641,580	5,340,600		10,955,960	97.

表 1 ：　二輪車保有台数年代別表　（各年 3 月末現在の統計）[127]

---

[126]　本田技研浜松生産管理部調べ「ミスターバイク BG」1995-1 P29「ヨンフォアの記録あれこれ」より
[127]　注：原付第一種および原付第二種は、2006 年より 4 月 1 日現在の課税対象台数で総務省の調査による
　　　資料：国土交通省、総務省　出典 ：一般社団日本自動車工業会 HP より

車両クラスに関係なく見てみると国内バイク保有台数が約 1,100 万台[128] であり、小型二輪 251cc 以上保有は 2017 年段階(矢印赤枠)で 1,641,580 台、全体の 14.98%、約 15%が 250cc 超の車両である。絶対的保有台数が減る中で 251cc 以上は原付同様、統計開始の 1970 年以降もじりじりと伸びている。CB400F の主流はこのカテゴリーに今も厳然と存在している。この 2017 年度、二輪車市場動向調査[129]によれば、二輪車について継続的に乗車するかどうかの意向調査をした結果、オールラウンドでの回答として「今後もずっと二輪車に乗り続けたい」という回答が全体の半数の 50%であったとされる。次の回答選択肢は「あと 10 年ぐらいは乗ると思う」というもので、その回答を踏まえ 10 年目以降は手放すと考えると、一般論として発売から 10 年経てばユーザーは半減すると考えてもよさそうである。

　一方、中古車ユーザーの特性として、新車・中古車購入状況から 26%は中古車購入層という傾向が出ている。[130]　とすると 10 年おきに半減していく台数のうちその約 3 割近くは新たなユーザーが手にすることとなる。

　そこで、この回答を前提に、まずは **CB400F 約 10 万台のその後について推計してみたい**と思う。2017 年度二輪車市場動向調査をトレンドとして考えてみる。

第2節　　CB400F のオーナー数を推計する 2　　「絶滅危惧種生存試算」

　1974 年から発売されたのだから、1976 年の 3 月生産中止になるまでに、広報では月産 5,000 台として最初の購入者は 2 年半経過していることになるが、あくまでも生産中止時点での 1976.3 月をエンドとして累計生産台数を 10 万台とする。

　机上計算であるが 10 年後ユーザーが半減し、残りの半数がまた 10 年後に半数を手放し、その内 3 割は新ユーザーのもとで生き残ると仮定する。1976〜2016 年までの 40 年間で、100,000 台の生産台数に見合う保有者は、17,850 台となり、82,150 台がこの世から消える。2021 年の数字については、2016 年と 2026 年の中間ということで、ラフではあるが 17,850+11,602÷2=14,726 台が残っているのではないかと試算できる。

---

[128]　国土交通省調べ　バイク保有台数 10,955,960 台(2017.3 現在)

[129]　一般社団法人日本自動車工業会/2017.3 月調査　二輪車市場動向調査　2020.3　P62 「今後の意向　二輪車乗車同行、継続乗車意向」

[130]　一般社団法人日本自動車工業会/2017.3 月調査　潜在性の特性と購入可能性　中古車ユーザー　基本属性調査　P828.5

$$100,000 \times (0.5+0.5 \times 0.3)^5$$

$$
\begin{aligned}
&= 100,000 \times (0.65) = 65,000 &&\cdots 1986 \text{年} \\
&= 65,000 \times (0.65) = 42,250 &&\cdots 1996 \text{年} \\
&= 42,250 \times (0.65) = 27,462 &&\cdots 2006 \text{年} \\
&= 27,462 \times (0.65) = 17,850 &&\cdots 2016 \text{年} \\
&= 17,850 \times (0.65) = 11,602 &&\cdots 2026 \text{年}
\end{aligned}
$$

前節の統計結果を単純式にすると以上のようになる。

しかし、ここで**角度を変え別の試算をしてみることとする。**
2021年段階では、10,000台を超えるユーザーが果たしているのだろうか。

正直、仮に個体台数は物理的に存在していたとしても、直感的には生存そのものが難しいのではないかと考える。なぜなら、実はここでの計算は産業の仕組みを与件として考慮していないからである。ご存知のように重要保安部品は、機能を維持するために製造物責任というものが必ず要求される。それを念頭に置くと10年間は保持されるという状況は想定できる。逆にそれ以降、部品は生産終了とともに在庫が減ってきて、在庫切れとなれば基本その車両は機能保持が難しくなると考えるのが一般的である。

ホンダは依然、本田宗一郎の伝説的発言で、「車両が存在する限り部品について、永久に供給し続ける」という実話があった。しかし、それは昔の話で今やホンダばかりでなくスズキ、ヤマハ、カワサキともに厳格な経済合理性の中にある。BMWが30年程度は普通に部品供給がなされるとされる事例はあるものの例外とも言えよう。現代の一般論で考えるならば、生産終了後、半世紀を迎えようとするCB400Fは、そのバイクの生存環境は既に損なわれ、本来は一台も生き残っていないのではないかと考えるほうが自然なのかもしれない。

そこでまず**10年後、法的に規制されている安全保安部品や、起動するのに不可欠とされる部品が、在庫限りとなるとその残存率**[131]**は逓減していくと考える**ことが

---

131 残存率＝時間の経過とともに車両の残存を示す率。ここではアンケートで回答のあった10年経過しても半数の50％は保持されるという数字を指す。

自然である。その逓減していく傾向を以下のグラフでイメージしてみた。
(右グラフ)

　右肩下がりの直線は 50%の残存率として示された線である。前提として最初の 10 年で、50%のユーザーが残り、損なわれた 50%の 3 割が中古車として新しいオーナーに受け継がれる点は不変である。

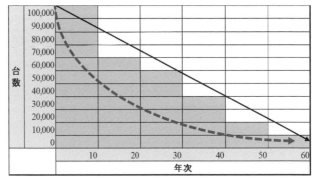

車両保有台数逓減イメージ図

　しかし、10 年以降は保安部品を含むパーツの入手が困難になるということから考えると、メーカーを要因とする台数の減少、乃至は廃車が進むと考えられる。
　したがって、次の 20 年目には、車両自体、維持したくても車両が淘汰されていくということ、ユーザーが年齢等で乗らなくなるなども考えると、減少の仕方は更に加速し、グラフの赤の点線の示す逓減傾向を辿るものと考えられる。

　とすると、**台数の残存率は、10 年目の半分、つまり、次の 20 年目は 50%の半分の 25%と想定することが妥当**ではないかと考えた。こと左様に **30 年目にはその 1/2 の 12.5%、40 年目には 6.25%、そして 50 年目には、その 1/2 の 1.625%になると考えてみる**こととした。但し、それでも残存率に対する中古車の割合は 3 割を想定す

```
= 100,818 ×  (0.5+0.5×0.3=0.65)              = 65,531・・1986 年
= 65,531  ×  (0.25+0.25×0.3=0.325)           = 21,297・・1996 年
= 21,297  ×  (0.125+0.125×0.3=0.1625)        = 3,460・・・2006 年
= 3,460   ×  (0.0625+0.0625×0.3=0.08125)     = 281・・・ 2016 年
= 281     ×  (0.03125+0.03125×0.3=0.040625) =  11・・・2026 年
          ∴ 2021 年=(281+11)/2  =  146 台
```

る。その上で以下のように再度計算を実施してみた。

下にイメージ図「CB400F 台数減少推測図」を作成してみた。

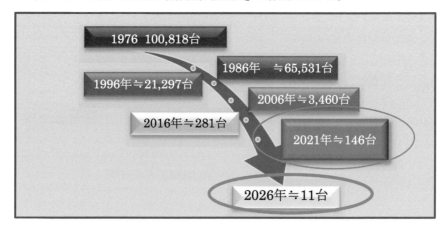

CB400F 台数減少推測図

以上のように、約 100,000 台製造されたものも、製造中止になってから、約 50 年後の **2026 年には 11 台程度になってしまうという試算**ができる。

これは一つの試算であり、あくまでも可能性の話である。それほど一般的市場性ということで推定すると、このような計算結果も出てくるということである。

2021 年の試算は、前の計算と同じ考え方で行くと 2026 年と 2021 年の中間として、「2020 年=(281+11)/2=」と**推定として生存推定台数 146 台**と試算した。

以上の 2 つの試算も踏まえ、さらに**現実的与件**をもう一つ加え再試算してみる。

廃車になる対象から再生される**第三の生産によって組み上げられる CB400F** があることが確認できる。実はベースになる車両 1 台に対して **3 台〜5 台程度の廃車部品によって、第三の生産が行われ、1 台が生まれるというプラス α を予見する**必要性が現実にある。

まずは第一の試算を前提に、廃車の台数を下の表で確認する。再生されるという可能性を試算するわけではあるが、完全に廃車になるものも考えられる。従ってこの表でいう 100,807 台の廃車台数の内、90%は完全廃車になるものの**10%程度が再生車両の対象として残る**ものとする。(10%の推定値は、廃車台数÷新車販売数の傾向割合とした)[132]

---

[132] 自動車検査登録情報協会、日本自動車販売協会連合会による 2013〜2016 までの年度新車販売台数に対して廃車台数の割合が 2013/88.3%、2014/87.5%、2015/90.7%、2016/93.6%で 4 年間加重平均 90.0025%という結果から 10%程度は残るものと位置付けた。

それらを前提に考えると 100,807×0.1=10,080 台それらは部品として 5 台から 1 台が組み上がるとして 10,080÷5=2,016 台が生まれると推測すると、**約 2,000 台前後の台数が第三の車両として生み出され存在していると推定**される。

車両保有台数逓減イメージを前提とする計数と廃車台数			
年代	生産台数	10 年後残存台数	推定廃車台数
1986	100,818	65,531	35,287
1996	65,531	21,297	44,234
2006	21,297	3,460	17,837
2016	3,460	281	3,179
2026	281	11	270
			100,807

　以上より、第三の生産により 2026 年に約 2,016 台の車両が生まれるとして、生まれながらにして純血として受け継がれてきた車両 11 台を加え、**2,027 台が日本をはじめ世界のどこかで生き続けているのではないかと推定される**。

　この推定計算方法を前提とすれば 2021 年度現在も 2000 台程度であると考えられる。市場流通推定値を 3 割(当初の計算)として、1,400 台程度は何らかの形でオーナーが存在していると思われる。但し、半世紀も経過するとオーナーの中には複数台の CB400F を所有する方もおられ、オーナーの数自体は少なくなることは推測できる。また 408 の場合、輸出量から海外残存率が高いとも考えられる。

　湿度の高い日本と比べ自然環境からいっても、海外の保有者も多いと考えられるが、日本に里帰りしている台数もあることから、それを含む推測はデータ不足の為、推定は難しい。今、絶滅危惧種と言って良いこの車両は、厳しい環境下にあるにも関わらず、上記の推計通り再生していることは事実として確認できる。それでなければ当に絶滅していてもおかしくないのである。リビルト品や部品パーツの流通が、幅広く多種に行われているのが生存している何よりの証拠である。

　実は CB400F について、国土交通省の二輪車の登録に関する部署に直接聞いてみたが回答を得ることはできなかった。その為、以上のような推定を余儀なくされたが、本来であれば陸運局登録をベースに試算できればそれが最も確かなものと考える。但し、実際には廃車の状態で倉庫に長期保管されているものがあることも事実であり、この試算はこの辺が落ち着きどころであると考える。

以上、確証とは言えないものの一定の確度で推計できたものと考える。CB400F
は約半世紀を経ても、2021年現在、2,000台前後の現存車両と、2,000人前後のオー
ナーが居られるのではないかと考えられる。当然、輸出車両であったことを考える
と日本だけでと言うより全世界でという方が正しかろう。

　現段階でもCB400Fを所有されておられるオーナーさんは、正直、幸運のなにも
のでもないと思う。CB400Fに対する買い手の動向を販売サイトの動きで見る限り
強い想い入れを感じる。旧車全体に言えることではあるが、そのヴィンテージ度の
高まりの中で、その玉数は確実に減ってきており売り手側の動向が気になる反面、
逆に買い手の側の手に入れたいという想いには一定の覚悟も必要となろう。
　一つのモノが歴史を持つということは、人との関わりや歴史とも絡んで来るとい
うことである。単に長い間市場に出回っているということではなく、長い間出回る
には出回るなりの理由があるということである。

　玉数が減り、性能が相対的に劣化し、故障も増え、その上補修のための部品もま
まならない。当然、メンテナンスコストも上がり、車両そのものが高額となると、
市場原理的には商品サイクルとして廃棄の段階に入る。それにも関わらずCB400F
は未だ衰えることのない人気と市場性を備えている。その理由には大きな要因が考
えられるが、理由は単純である。一つには**商品の持つ魅力の普遍性(芸術作品的意味
合い)が存在する**ことで、陳腐化せず希少性が高まる。
　そして、もう一つがその歴史性ゆえに、**モノに人々の想い入れが物語を創り、拘
りの根拠となる「意味」が生まれる**ということである。加えて言うなら、その車両
が全く手の届かない存在ではなく、庶民のものであるということも要素の一つに加
えるべきものかもしれない。

　ここで人の嗜好を云々するつもりはないが、モノへの拘りは人の持つ情念のような
モノであり、それなくしては欲望というエネルギーは生まれてこないと思う。
　左様にこのバイクの本来の魅力については、前章までで分析してきたデザイン、
意匠というものに加えて、ここで謂うその想い入れを増幅させたものがあるはずで
ある。その点を引き続き次節でも観ていくこととしたい。

第3節　　CB400Fが生まれた時代背景

CB400F発売当時、このバイクに興味を持ったであろう10代半ばから20代半ば

の世代は、どういった時代背景の中にあったのだろか。昭和40年代後半、高度経済成長期、購買層の生活環境を念頭にCB400Fの市場を考えてみたい。

　一般的に対象物に対する「憧れ」というものは、必ずしもその時に成就するものではない。「憧れ」こそが、CB400Fを長く支持させる原因となったのではないかという仮説を立ててみた。まずは時代背景を知るうえで家計のスケールと当時の収入というものをざっくりとではあるが把握したい。そのことによって当時の若者がCB400Fを生活の中でどのように捉えたかを推測する。

　バイクというものが、運搬手段からステイタスとしての時代へ進んでいこうとしていた**価値観の変化を見極め「憧れ」の発生メカニズムを追うこともCB400F魅力の背景を知ることになる。**

第1項　年収から魅力の発生源を追う

　昭和49年(1974年)12月CB400Fは、販売価格327,000円で発売された。次頁の厚生労働省　賃金構造基本統計調査(2012年/平成24年ベース)によれば、1974年大卒者初任給は、78,700円、現在価値に換算すると165,570円であり、2.103倍である。327,000円を同方式で換算し直すと327,000×2.103倍=687,681円となる。現代の感覚としては687,681円というのは、現代における中型バイクの価格の範疇かなと感じるが、その金額自体月給の4か月分(327,000÷78,700=4.155倍)と考えるとかなり大きな額となる。統計として最も直近の平成30年度「賃金構造基本統計調査」の結果によれば大卒男子初任給は210,100円。その4か月分となると840,400円で、CB400Fの金額設定感覚を実感できる。

　また、1974年当時、総務省統計局のエンゲル係数の推移（1946年〜2005年）（二人以上の世帯)によれば30%を超えている時代である。同統計で2005年には20%台になり、家計におけるゆとりある時代と比べ支出の優先順位が違うのである。何よりも可処分所得に対する贅沢品の支出ハードルはかなり高かったと考えて良い。

　事実、時代背景として戦後30年とは言いながら生活向上のため、家庭内インフラの整備や教育費の向上等が優先された時代環境である。運搬手段というよりは、嗜好性の強いスポーツモデルを買うという感覚は、庶民にはハードルの高い時代ではなかったかと考える。家計にとって想像以上に贅沢なものであったことは間違いない。

年	【出典】: 賃金構造基本統計調査 (厚生労働省)	
	大卒初任給	換算大卒初任給
	当時	(現代の価値に換算)
2012 (平24)	201,800円	201,800円
2011 (平23)	205,000円	207,320円
2010 (平22)	200,300円	197,488円
2009 (平21)	201,400円	197,556円
2008 (平20)	201,300円	194,003円
2007 (平19)	198,800円	191,461円
2006 (平18)	199,800円	193,601円
2005 (平17)	196,700円	187,068円
2004 (平16)	198,300円	186,544円
2003 (平15)	201,300円	190,355円
2002 (平14)	198,500円	185,558円
2001 (平13)	198,300円	183,831円
2000 (平12)	196,900円	177,675円
1999 (平11)	196,600円	174,178円
1998 (平10)	195,500円	170,471円
1997 (平9)	193,900円	166,475円
1996 (平8)	193,200円	168,125円
1995 (平7)	194,200円	168,886円
1994 (平6)	192,400円	164,926円
1993 (平5)	190,300円	162,442円
1992 (平4)	186,900円	160,297円
1991 (平3)	179,400円	156,945円
1990 (平2)	169,900円	156,247円
1989 (平1)	160,900円	153,815円
1988 (昭63)	153,100円	150,495円
1987 (昭62)	148,200円	150,956円
1986 (昭61)	144,500円	149,621円
1985 (昭60)	140,000円	146,692円
1984 (昭59)	135,800円	145,922円
1983 (昭58)	132,200円	145,774円
1982 (昭57)	127,200円	143,780円
1981 (昭56)	120,800円	144,030円
1980 (昭55)	114,500円	142,111円
1979 (昭54)	109,500円	145,952円
1978 (昭53)	105,500円	149,671円
1977 (昭52)	101,000円	151,725円
1976 (昭51)	94,300円	154,389円
1975 (昭50)	89,300円	161,758円
1974 (昭49)	78,700円	165,570円
	CB400FOUR発売	発売価格 327,000円
1973 (昭48)	62,300円	159,017円
1972 (昭47)	52,700円	157,052円
1971 (昭46)	46,400円	151,795円
1970 (昭45)	39,900円	143,568円
1969 (昭44)	34,100円	138,641円
1968 (昭43)	30,600円	137,670円
		: 推計値

つまり、**当時の庶民にとって CB400F はやはり高根の花であったということである。**ましてや欲しいと考えるのは 10 代〜20 代の若者である。仮にアルバイト収入から考えるとしても、とてもすぐに手に入るものではない。あくまでも大卒男子の初任給ということから推測すると、4 か月分の税込額が 840 千円として、手取り 20% を源泉徴収され 672 千円、それから生活費として最低分のエンゲル係数割合 30%をオフすると手元は 470 千円である。つまり 1 か月で使えるのは 117.6 千円で、実感として 4 か月＋約 3 か月≒7 か月の給料を費やさないと実際上は購入できないと試算できる。

このバイクがターゲットとしていた顧客層を 20 代から 30 代と想定すると、戦後に生まれで昭和 20 年代中盤から昭和 30 年代前半の人たちと考えられる。1974 年(昭和 49 年)の大学進学率 35.2%。高校卒業者の 2/3 は就職した時代と考えれば購買力層はこの層である。

そのころ乗りたいという思いの人たちがあったとしても、家庭内消費の方に優先度が置かれたはずである。まだまだ消費の向かう方向は娯楽ではなく家庭生活の安定と充実であり、ましてや通勤手段や運搬具として

のものであれば別であるが、趣味を志向し新しい生活のスタイルの中でレジャーを
イメージするようなバイクに庶民が向かうには、まだ早い時代であったと結論付け
られる。[133]

第2項　ライフスタイルの変化がもたらすもの

　大学進学率は翌年の 1975 年に前年比 3.2％アップし、教育シフトがエスカレート
し始め 1978 年の共通一次試験を象徴として受験戦争へと入っていく状況の中、「バ
イクどころではない」、「入学を果たしたら」と言った思いが、購入に「待った」を
懸け、その思いが果たせぬまま現在に至った 50 代、60 代も多く存在するものと推
測しておかしくは無い。敗戦から約 30 年後の 1974 年、高度経済成長の波の中、日
本は新たな生活の夜明けを迎えていた。というと何事かという話になるが、その前、
1950 年代三種の神器による家電化の波は人々の生活を一変させる。生活が変わる
ということは、文化や価値観が変化するということであり、新たなライフスタイル
が生まれることを意味する。

　現に 1960 年代に入ると新・三種の神器はカラーテレビ、クーラー、車となり、
特に車は 1964 年東京オリンピック以降普及し始めることとなる。CB750FOUR の
発売が 1969 年であるから、スポーツバイクに対する理解と認知が進むまでにはよ
り時間が必要であったと考えられる。そして、1974 年に CB400F は発売となるが、
価格もさることながら、乗り手である若者が手に入れるには環境的にも厳しい時代
であったと考えられる。ただ、一方ではクルマをはじめとするモノに対して**すべて
の所得を注ぎ込んでも手に入れる**という**時代的価値が生まれていた**ことも事実で
ある。日本人の生活の価値観の中に新しい生活スタイルや余暇やレジャーに対する
拘りが生まれようとする過渡期であったとも言えるだろう。

　当時のバイク専門誌を紐解く意味で CB400FOUR の発売になった 1974 年 12 月
の翌年、バイクが活発に動き出す春、業界のラインナップから消費者・愛好家の嗜
好の動きを推測してみたい。1975 年「モーターサイクリスト」4 月号〝75 年国産車
アルバム特別増大号〟を見てみると　HONDA Gold Wing GL1000 に始まり
CB750Four 、SUZUKI Rotary RE5・GT750、YAMAHA TX750、KAWASAKI750RS・

---

[133] 厚生労働省　全国加重平均最低賃金推移(1977〜2022)で見る限り、2022 年の時給 961 円に対して、
1978 年(発売から 4 年後)で 334 円であり、現代の 3 割弱である。

650RS W1 と大型車の名車と言われるものはすべて揃い、そして中型では **HONDA CB400FOUR**、KAWASAKI400RS、・400SS、SUZUKI GT380 と充実、分野的にもオフロード車として SUZUKI Hustler400・TrialRL250、YAMAHA Trail DT360・Trial TY250、HONDA Elsinore MT250・Bials TL250、KAWASAKI 250TX、レクレーショナルビークル的な分野としては、SUZUKI VanVan125、HONDA Mighty Dax ST90、そして原付バイクの世界においても充実のラインナップであった。

(左写真[134])

二輪の価値観や用途が嗜好品の分野に一挙に向かう過渡期であったことを裏付けるものであったことは間違いない。

魅力ある名車が数多く生み出されていた反面、当時、庶民にとって生活環境的にちょっと手の届かないところにあったことも事実。**ポイントは全く手の届かない存在ではなく、あと一歩の存在であったということが、愛好家の想いを強くした要因になったのではないだろうか**。

1970 年代は伝説的バイクが発売された 10 年間であり、各人・各様、それぞれのメーカーのそれぞれのバイクへの思いが凝縮された時代であった。それだけに現在、家庭事情や収入も安定の域に達した人たちが、<u>当時のバイクに絶大なラブコールを送り、憧れを持った人たちが今でも旧車に対する根強いブームを支えていると考えてよいだろう</u>。それは本書の為に実施したアンケートからも読み取れることである。

第4節　魅力と感性

前節ではモノの周辺にまつわる要因が、モノそのものにどういう影響を与えているかということを経済的時代背景から見てきたが、ここでは **CB400F** の「**背後にある魅力と人の感性**」という点で、**モノに込められた想いというものを観ていくこと**とする。CB400F の魅力が想いれの中でどう醗酵していくかを観ていきたい。これも魅力を探る周辺アプローチの一つと考えている。

---

[134] 1975 年「モーターサイクリスト」4 月号　(筆者所有の本を撮影)

第1項　　　消費社会と「モノ」に込められたもの

　デザインの持っている力を考える上で、日産自動車のデザイン部に所属されていた森江氏[135]の話が興味深い。車の使い方について、デザインの世界から観たときの考え方として「車の物理的機能を使うのではなく情報機能を使う」としている。また、「自由主義経済社会は成熟消費社会へと進み、そこで消費者は情報価値、すなわちモノの記号性を消費する」[136]と言った点に着目したジャン・ボードリヤール[137]は、商品が使用価値としてあるばかりでなく、記号としてその価値が現れるとしてデザインの世界を捉え説いているのである。

　具体的には大量消費時代に入り、ものの価値が単なる使用から、美しさや、心地よさ、容姿といった新たな機能と呼ぶべき魅力によって、左右される時代へと価値基準が進化することを予言したものと解釈できる。

　敢えて意図的にいうとすれば、<u>消費は個性化という名のもとに、人間の更なる欲望を掻き立てるかのような細工がされたと箴言している</u>わけだ。ただ、多かれ少なかれ、消費の本質にはそうした目的をいかに掻き立てるかという宿命が存在していることも事実である。そういう意味では「デザイン」の存在は、人々にとって欲求を進化させる方法と解釈することができると思う。<u>「欲求の進化した姿」</u>こそ、<u>「モノ」に賦与される取り組みの中で大切な要素</u>であり、<u>モノを創り出し消費によって夢を提供する企業人やデザイナーにとって、果たさなくてはいけない目的</u>なのかもしれない。

　デザインに対して造り手の側に立った視点でモノづくりを見てみることも必要である。この「モノ」というものに込められた想いというものについて、デザインの視点で語っておられるのが本田技研におられた岩倉信弥氏[138]である。

　その著書『ホンダに学ぶ　デザイン「こと」始め』[139]で自らのデザイン曼荼羅を

135　森江健二　1961生　慶応大法卒　武蔵野美術大学工芸工業デザイン科卒　日産自動車デザイン部、その後武蔵野美術大学教授、名誉教授

136　森江健二「カーデザインの潮流」(風土が生む機能と形態)　中公新書1992.7　P4.5-11

137　ジャン・ボードリヤール1929-2007　社会学者　著書「消費社会の神話と構造」今村仁司・塚原史訳　紀伊國屋書店　2017-07

138　岩倉信弥　1939　和歌山県生まれ　1964多摩美術大卒　ホンダ技研工業入社　1990本田技術研究所専務　1995　本田技研工業　常務　1999　本田技研工業社友　アコード、CR-X、オデッセイ　各初代開発に従事

139　岩倉信弥著　「ホンダに学ぶ　デザイン「こと」始め」2004.3　産能大学出版部

披露されている。この中で冒頭、「モノ」から「こと」への時代を標榜するとした場合、「南方熊楠 [140]」の言った「『モノ』と『こころ』でつくる『こと』という不思議な世界がある」という点を強調され、自らの曼陀羅の一つの起点とされている。

これはデザインにおける考え方を示したもので、デザイナーは「モノ」にだけ発想の原点を求めるのではなく、その「モノ」によって齎される「こと」に想いを馳せることの大事さを示されたものだ。デザインを行う側と、デザインを求める側の接点というものを、モノとしての奥底にある共通の物語(こと)を創り出すことが作り手の目指すべき最重要課題なのかもしれない。何故なら造り手の独りよがりのデザインがユーザーのイマジネーションを膨らませてくれるとは思わないからである。いかにモノにそれからの物語を語らせ、ユーザーの想像を膨らませる起爆剤となり得るか、デザインの心得というものがそこにあると思う。

こうして見えてくるのは、モノの魅力はモノそのものの魅力ばかりではなく、モノが、いかなる物語を紡ぐ素質が包含されているかということの大事さである。

言い換えれば、モノそのものが人の欲望に対していかに変化し得るかということである。最も単純なケースはカスタマイズというものである。人の嗜好の変化に着せ替え人形のように新たな魅力を紡ぎ出す素材としての優秀さが、モノの魅力として求められているということである。翻って言うならばCB400Fのデザインは、オリジナルそのものに従来にないワクワクする物語が込められ、その先にある発展・変化(カスタマイズとしておこう)にも思いを馳せてデザインされていたということである。

第2項　CB400Fとデザインセンス

前述した目線でクルマやバイクといった工業製品を捉えてみると、マシンという性質上、機能や性能を優先的に問うべきものであるだけに、そのデザイン性というものが、人の感性との両立をいかに図れるかという難問に挑まないといけなくなる。それだからこそ工業デザイナーの存在は重要となる。事実、機能に合わせたデザインほどつまらないものは無い。そうは言ってデザイン優先のあまり、機能を損なってしまっては本末転倒と言われかねないのも事実である。

140　南方熊楠　1867-1941　和歌山に生れる。博物学者、生物学者、民俗学者。1929 年昭和天皇に進講。
　　民俗学の柳田國男に「日本人の可能性の極限」と言わしめた。

「形は機能に従う」という箴言を踏まえれば、機能を凌駕するデザインを求めるというより、機能を収斂しきったところに調和としての形が存在しており、それを探り当てるのがデザインなのではないだろうか。何故ならデザインというモノの持つ人間性というところに、人の嗜好が存在すると考えるからである。

　その嗜好の回路図は、AI 万能と言われる時代が来ても、人間で無い以上超えることのできないものかもしれない。現実にそうしたデザインが科学万能と言われながらも時代とともに人間的魅力を持ったものが生み出されてきたことも事実である。直感的に言えば「色褪せないデザイン」というものがイメージされる。

　製品の機能が時代の変遷とともに向上していく中で、逆に計量化することのできない美しさや繊細さ、優雅さや落ち着きといったデザインの持つ普遍的で色褪せない魅力が備わっていたからこそ、人の嗜好性や琴線と言われるモノに語り掛け、人との物語が紡がれ、永く愛されるものが出来上がるのだと思うのである。

　未だに CB400F のデザイン的魅力が損なわれていないのは、やはり、設計・デザインがその領域に達しているという証拠であると考えられる。現実に CB400F が 1974 年、世に出た当時はその機能とデザインは相俟っており、双方が消費者の満足感を満たすものであったことは間違いない。
　2024 年の今、その機能を凌駕する同クラスのバイクは余多あり、且つ、下のクラスでも CB400F を上回るスペックを備えたバイクも現存する。
　それにも関わらず一ユーザーである我々は、なぜ CB400F を選んで憚らないのか。それは明らかにスペック以外の何ものかが存在するからに他ならないのである。

　CB400F が世に出てから 50 年が経過したにも関わらず、その魅力を損なわないのは、明らかに目には見えない力、つまりはデザイン性によるところが大なるからである。もちろん歴史を経たことによるヴィンテージ性や、希少性が加味されることもあるだろう(本章・冒頭「モノにおける魅力の構造図」ご参照)。しかし、何よりもこのクルマを押し上げる魅力があるとすれば、CB400F の素材そのものの姿形が、次の時代の「古典」となる独創性を備え、素材としての無限の発展性を持ち、守るべき保守性と未来を創造させる革新性を併せ持っていることかもしれない。それが標準となるべき魅力の柱を形作っているものと考えられる。
　だからこそ「変化への柔軟性」や「イメージを造りだす物語性」を持ちえたと考

えられるのである。「カーデザインの良し悪しは企業の市場対応姿勢云々は別として、簡単に言えばデザイナーを初めとして、其れに関わる人たちのセンスの良さで決まる」[141]と森江は指摘する。人間の感性に訴えるのは感性でしかないということ。その感性を生み出すものは、人のセンスというところがいかにも人間的である。

そして、**注目すべき点は、そのセンスはチームのセンス、或は企業文化的センスによる**ということを述べている点である。芸術家と呼ばれる人々は、画家であったり、音楽家であったりするわけだが、それらはチームではなく個人である。確かにセンスを生み出すのは個人であることには違いないが、こと自動車業界において必要とされるべきセンスを生み出すためにはチームワークとしての学びが必要であり、そして、それはデザイン自体、企業としての知見の蓄積を必要とするということであろう。

個人のセンスを生み出す土台として、むしろチームとしての連携、共有、協同があって初めてデザインの方向性が見えてくるのかもしれない。そうした中で生み出される個性やセンスが森江の言う「アイデンティティ」であり、企業の作品としてその車両たちは、この「アイデンティティ」によって各部門のセンスが、企業としてのセンスを生み出すということになる。

この点が一般のデザインと工業デザインの違いだろう。企業人であることの重要性とチームワークとしてのセンスの醸成が、戦後の日本自動車成長の源となったことは間違いない。今の業界の隆盛は、それこそデザイン力が世界的センスにまで引き上げられたということだと思うのである。

そのセンスによって創りだされたモノは、商品と言うよりも作品としての普遍的魅力を纏うことになるのではないか、それだからこそ、時間が過ぎ、時代を経ても残り続けるものになるのだと思うのである。

当時の本田技研工業も同じ立場であったとすれば、CB400F も佐藤さんのセンスと開発に関わったチーム、そして、チームを纏めていった寺田さん、さらにはホンダの企業文化が生み出した産物ということであり、当時のホンダという会社自体のセンスの賜物であるとも言えよう。

---

[141] 森江健二「カーデザインの潮流」(風土が生む機能と形態) 中公新書 1992.7　P18　6-8

第5節　個性化「チューニングという名の神業」

　今まで語ってきたカスタムという言葉の中には、意匠デザインを自ら個性で作り上げるというものもあれば、既存のスペックを遥かに超える性能を引き出すために行われるチューナップというカスタムが存在する。特に後者において、日本の二輪チューナーの先駆者は何といってもヨシムラジャパン創業者「POP(ポップ)ヨシムラ」こと吉村秀雄氏その人である。いわばヨシムラヒストリーを追うことも CB400F の魅力を探る手掛かりとなり、また、その背景を知ることにもなると考えられ、その視点に立った CB400F の魅力を探ってみたいと思う。

　読者もご存知の通り予科練航空機関士であった吉村秀雄氏は、戦後まもなく進駐軍を相手にその技術力を生かしてバイクエンジンのチューナーとして名を馳せ、昭和 29 年(1954 年)福岡市博多区雑餉隈(ざっしょのくま)で、吉村製作所(ヨシムラモータース)を開業されている。当時、板付空港(福岡空港)にあった米軍基地で、米兵たちが余暇として空港でのドラッグレースを楽しんでいた時代があったらしい。

　米兵はその競争に勝つためにチューニングを依頼しに吉村氏のところを引きも切らずに訪れていたという。これが「世界のヨシムラ」を創り出すきっかけになろうとは吉村氏自陣も想像していなかったのではないだろうか。1959 年福岡における米軍基地であった板付や雁ノ巣などで、本格的にロードレースやドラッグレースが展開され、それが発展する形で 1962 年第 5 回全日本モーターサイクル・クラブマンレース雁ノ巣大会が行われるに至る。そして、翌年 1963 年全日本選手権第 1 戦でヨシムラマシンは優勝を果たすのである。[142]

　吉村氏のチューンの仕方で最も重要視される方法の一つが、カムシャフトの切削によってエンジンのチューナップをするという方法である。

　素人なりに推測すると 4 サイクルエンジンの 4 つのストローク「吸気⇒圧縮⇒爆発⇒排気」の循環においてシリンダー内のパワーが、いかに滑らかにサイクルを昇華し、それも気持ちよくピストンを動かして、最大のパフォーマンスを引き出すかは、俗にいうシリンダー内の「火加減」が分かってないと無理なのではないだろうか。そして、その火加減によってシリンダー内の環境を最適にコントロールする決め手の一つがカムシャフトというわけだ。

---

[142]　ヨシムラ公式ホームページ「創業者 POP 吉村」参考

そのチューンの方法は、混合気そのものの加減が大事であり、カムシャフトの動き加減に懸かっている。エンジン全体の運航ガイド的な役割としての調整をいかに行うかが問題となる。カムの最終切削は、まさに人の手加減によってその削り込みを行い、研磨を手触りで調整するというもので、それは人の感性領域であり、なんとも神業と表現するしかない。

例えると釣りの名人が潮の流れを読み、海底の地形を読んで、魚種の性質や性格知り、習性に基づいて、漁場を決め、そして、それに相応しい竿、餌、針、手筈等を整えて、百発百中の精度で獲物を吊り上げる状況と似たところがある。ましてや吉村氏が相手にしていたのは、生きものでなく機械であり、チューニングがその部分だけ良ければ良いというものではなく、やはりトータルバランスであるということを考えると、調整の組み合わせは無限大になるといってよい。

その神業は、吉村氏が予科練で航空技術を学び、物理的に限界と思われる日本の戦闘機の性能を極限まで磨きぬくことで生み出されたものと思われる。戦闘機の性能の是非はパイロットの生死にかかわるものであり、何としても生きて勝たせたいという整備士としての魂からその神業は創り出されたに違いない。

2018 東京モーターサイクルショー　YOSHIMURA 展示スペース　参考出品　CB400F「レーシング機械曲ストレートサイクロン」と CB400F「TMR-MJN28 キャブレター　DUAL STACK FUNNEL 仕様」（自身撮影）

素材の調達にも事欠く時代、燃料の質さえ贅沢が許されない環境にあったと思う。まさに命を懸けた戦いに出陣する若い仲間たちをいかにしたら助けられるか、敵機の性能を凌駕できるか、その一心で磨きぬいた技こそが、神業といわれるチューニング技術を生み出したものと思う。

個人的な話であるが、吉村氏が 1922 年大正 11 年福岡で生を受けられたということで、私も福岡の出身であること、父が昭和一桁生まれの戦争経験者であるということもあって、懐かしさと同時に親近感を持っている。現在の福岡空港、私が小学校時代は板付空港と呼んでいたが、私の郷里の自宅からバスで 20 分余りの距離にある。吉村氏の元の家業としていた炭鉱で使用されていたコンベアの継手も、吉村

氏が直接売り歩いたということであり、海軍直属の糟屋炭田(福岡炭田)のある宇美町[143]、志免町、須恵町の採炭所へも足を運ばれたことを思うと、別の意味での親近感が更にわいてくる。改めて話を戻そう。

　ヨシムラの名声は、米軍のドラッグレースがきっかけで、1957 年以降国産のバイクである HONDA　CB72・CB77 の持ち込みが増えると同時に、その性能向上とも相まって吉村モータースは本格的に動き出す。

　時代背景としても 1955 年の第一回浅間高原レース、1958 年同じく浅間で、第一回全日本モーターサイクル・クラブマンレースが開催され、1959 年ホンダがマン島 TT レースに初出場。1961 年にはホンダは世界グランプリで 125cc、250cc メーカータイトルを獲得するまでに至り、日本の二輪車は世界のトップ水準の技術力を有する域にまで駆け上がることとなる。こうした二輪車の流れと国内二輪チューンナップメーカーの先駆「ヨシムラ」の存在そのものが、大袈裟に言えばその後の CB400F を支える素地を築いてくれたのではないかと思う。なぜなら、CB400F が生まれながらのカフェレーサーという風をはらんでいたからである。

　まさに CB400F はそうした分野のフロンティアたちによって支えられ、進化し続け現代へと至ることになるのである。その証拠に 2018 年東京モーターサイクルショーに CB400F 仕様ヨシムラ MIKUNI TMR-MJN28 キャブレター(右写真[144])が展示され発売された。

「ヨシムラ CB400F TMR-MJN28 キャブレター　DUAL STACK FUNNEL 仕様」(筆者撮影=上部から)

---

[143]　筆者の出身地である福岡県糟屋郡宇美町には大谷炭田、須恵には新原採炭所、志免には海軍志免採炭所があり、私企業として三菱勝田炭鉱、明治高田炭鉱があった。宇美町には県社である「宇美八幡宮」があり、筑前参宮鉄道が敷設されていたが、戦中、石炭・鉄道の重要性が増し、国鉄勝田線となった。しかし、各炭鉱の閉山によって 1985 年(昭和 60 年)勝田線は廃線となる。一方、糟屋炭田のもう一つの路線である香椎線は現在も JR 九州が運行している。

[144]　CB400F ヨシムラ MIKUNI TMR-MJN28 キャブレター　近影　(東京モーターサイクルショー2018)

1974 年発売のホンダ CB400F の最新開発部品を供給し続けているのは、リビルト部品や代用品を提供するメーカーを別とすればヨシムラが右代表と言えよう。

　カスタムの為の部品メーカーも数多く存在するし、チューニングを主にするプロ向けのファクトリーもあるが、日本の改造思想は技術的に「ヨシムラ」の存在なくして発展はありえなかったかもしれない。特に CB400F に対してのカスタム化、言い換えれば改造思想の動きは、ヨシムラはじめとする熱い愛好家が生まれたからこそ、その魅力が引き出され、長寿の恩恵に浴する一要因になったとも思うのであるが言い過ぎであろうか。**CB400F はそうしたカスタムやチューンアップの一流の技術者や愛好家をも味方につけた素材であるという事実に驚きを禁じ得ないのである。そして、その歴史はこれからも引き継がれていくと確信している。**

第6節　　「カフェレーサー」と「テセウスの船」

　カスタムと言う新しい個性表現の姿を「カフェレーサー」という改造思想について、その造り手の視点も含め見てきた。

　それだけに CB400F に関して筆者の意見はプロトタイプにこそ、真の CB400F の魅力が完成度高く具備されているとの考えが強く湧きあがり、カスタムや改造等について一歩引いて考えてしまうことがある。ファンの人たちは、自分のものとすべくカスタムを施していくわけであるが、それは果たして元の CB400F というものと同一性のある車なのか、それとも別のものなのかという命題をここで語っておきたい。CB400F はどこまで行っても CB400F なのか、それともいつか別物になる瞬間があるのか、その疑問にも答えを出して置くことが、やはり CB400F の魅力を知るうえで大事だと思うからである。

　この節の題名でもある「テセウスの船」というのは、哲学における命題として取り上げられている。ギリシャの伝説の英雄であるテセウスが、乗っていた船の話である。テセウスはギリシャ神話に出てくるアテナイの王である。紀元前 490 年のアテナイ・プラタイヤ連合軍とアケメネス朝ペルシャの遠征軍がマラトンで戦った。その結果、連合軍が勝利を収めるわけであるが、その時テセウスはアテナイの先陣を切り大いに連合軍の士気を高めたとして英雄となる。

　彼の功績を後世に残したいという市民が、彼の使用していた船を後々にも保存するために、朽ちた木材を徐々に新しい木材へと張り替えつつ、保存していった結果、

210

元の木材はすっかりなくなってしまったとのことで、この船は本当にテセウスの船といえるのかという命題が生まれたということである。

このテセウスの船の例で考えると CB400F のオリジナルに手を加えていき、外装ばかりでなく内燃機関まで載せ替え、内外ともに改造した CB400F は、本当にCB400F かという命題として考えることができる。ここにオリジナルというものの意味が問われることになるのである。厳密に言えばメーカー純正で固められた、工場出荷当時の車両は CB400F オリジナルそのものであることは間違いない。

出荷されユーザーの手にわたった瞬間からがスタートである。まずはカスタムでなくとも、この車両が故障し消耗品の取り換え等によって純正部品が適応される場合は、間違いなくまだオリジナルということができる。これが時間の経過とともに部品が欠品し始めてくると、リプロ品やワンオフで製作されたもの等が装着される場合はどうかという疑問がわく。このケースの場合も、基本、元の設計・仕様等に準じて作成されるものであるとするならば、ここまでは元の CB400F といえると考えてよいだろう。

それでは、エンジンを改良して排気量をアップし、それに相応しいフレーム、足回り、ブレーキングシステム等をすべて設えた場合は、外装は似せたモノであったとしても元の CB400F と言えるのか。こうなるとカスタマイズによる全く新しい車両ということになるのではないか。その意味でカスタムは、その遺伝子配列である元の設計に基づくかどうかによって分かれるものと考える。

カスタム部材そのものが CB400F の設計に基づいて作り出される部材だとすれば、内外ともに大きく変化したとしても CB400F と言えるが、全く基本の設計に拘らないものであるとするならば、姿かたちは似ていたとしても CB400F とはいえないのではないかと考えられる。ただ、一方ではカスタムをプロトタイプの発展形と考えるとその血統はつながるという解釈も出てくる。

カフェレーサーという改造思想は CB400F の楽しみ方を大きく変えた。姿かたちばかりでなく、構造や機関にまで変化を求める人たちもいる。それでも CB400F は、CB400F であるといえば、発展形や進化形であるとの考え方からすると、CB400F であると言えないこともない。

結論として言えるのは、CB400F 製作者へのリスペクトの有無が最後に残された

砦だと考える。どんなに姿形は変わったとしても CB400F が原点であることに違いない。CB400F の原点を支える考え方の支柱は、プロトタイプだけが持つオリジナリティそのものの要素のことである。それを一つでも受け継ぐものがあるとすれば CB400F と言えないことは無いが、逆にプロトタイプのオリジナリティを一つでも損なってしまえば、CB400F とは言えないとも考えられる。最後はその CB400F を原点とすることを前提として、その意思や想いがその対象に意味を成すものとして形作られているかどうかということに帰着すると考える。CB400F が長寿なのは、このように変化に即応できるオリジナルとカスタマイズの双方の魅力を生まれながらにして持ったからだともいえる。

第7節　欧米の風

第1項　米国のカフェレーサー

　調べてみてわかったのは、CB400F をデザインされた**佐藤さんがカフェレーサーという思想やヨーロッパでの動きについて、どちらかと言えば後に知ったとされている**ことである。佐藤さんは真っ先に GP レーサーそのものを意識され、デザインのコンセプトを絵にされている。それははっきりと言ってカフェレーサー的と言うよりレーサーそのものである。佐藤さんの見たカフェレーサースタイルというものは、イギリスのエースカフェではなく、どうもアメリカ、ロスアンゼルスのマルホランド・ドライブにある峠のカフェで見た光景らしい。

　考えてみると　CB400F の最大の輸出国は米国である。その米国というマーケットにいかなる風が吹いているかと言うのは、日本メーカーにとって最重要事項と言って良いだろう。つまり米国の風はいかなるものであったかということも CB400F の周辺で起こったこととして理解しておく必要性がある。そこで「米国のカフェレーサー」についても考察しておきたい。

　どこの国のバイク野郎にも溜まり場や名物ロードいうのがある。米国西海岸の一角と言っても広いのだが、ロサンゼルスのサンタモニカから海沿いの道を約45km、西に遡るとレオ・キャリロ・ステート・ビーチに着く。そこを起点としてレオ・キャリロ州立公園の中心をひたすら抜けて北に向かい、23 号線を北上して、**西へと延びるくねくねの山道も含めマルホランドロードである。**そして、その途中にガソリンスタンドを備えた石造りのストア＆カフェがある。

そこが通称ロック・カフェ(ロック・ストア Rock Store, 30354 Mulholland Hwy, Cornell, CA 91301)である。(下図の示す地点) [145]

マルホランド・ハイウェイは、マリブを出てから、カラバサスでマルホランド・ドライブにぶつかるところまでの 50 マイル(63 km)程の道路である

　ここにライダーたちは集まってくるようだ。マルホランド・ハイウェイの丁度中間地点あたりであり、食事のできるガソリンスタンド、更には峠の一息つくところとなると、此処しかないというロケーションである。佐藤さんの記述によればロードレーサー風のカスタムバイクが数多く並んでいたと記述されていた。[146]

　佐藤さん自らこの手のバイクがカフェレーサーと呼ばれていることを認識されたのは、CB400F リリース後のことで、事実「ヨーロッパスタイルのカスタムバイクが徐々に巷で目に付くようになった現象は、**私が提案した CB400F のデザインに思いがけない追い風となった**」と述懐されていることから、最初のコンセプトとして既成のモノでは無かったことが分かる。[147]　つまり、カフェレーサーとして実際の目で見られていたのは、米国マルホランドの光景だったということである。

　CB400F はデザイン当初カフェレーサースタイルそのものを意識されていたの

---

[145]　グーグルマップ加工
[146]　CG カーグラフィックス 2004.04/P226　「自動車望見」=マルホランドのカフェレーサー
[147]　CG 2004.04 自動車望見「マルホランドのカフェレーサー」　第三段落　後 5-2 行目に記載。

で無いことがはっきりわかる発言である。あくまでもGPレーサーのイメージあったことは裏付けられた。更にエースカフェを中心とするヨーロッパからの**カフェレーサースタイルが、結果としてCB400Fをカフェレーサーの先駆けとして位置付けることとなったことも事実**として認められた。また、それはCB400Fのその後にとって想像以上に大きなフォローの風となって吹きつづけ、半世紀を経てもその風はやむことは無いようだ。

　佐藤さんが謂われるようにデザイナーの作り出した作品が、真に付加価値を生んでいく過程の中には、いかに消費者がそのものをとらえるかということと、消費者によって名車は創り出されるということの証左がここにもありそうである。つまり、「カフェレーサー」は単なる改造思想という捉え方よりは、時代を経るごとに積み重ねられる対象(バイク=CB400F)への愛情表現として考えても良いかもしれない。

　もう一つ気になることがある。

　それは、この米国マルホランド・ドライブのロケーションである。ライダーたちにとってこの峠のカフェはどういう位置づけにあるのだろうか。参考までに前頁の地図を再度見て頂きたい。そこは山道を縫うように走る峠コースの道なのだ。バイクばかりではなく、他にもいろいろな車がやって来る場所であり、英国のエースカフェと比較すると、マルホランドはロードの中間というモノに対して、エースカフェは出発地点、そこから時に目指すべきものがイメージされるかどうかという点も違っているようであり、ロケーション的には意味合いも異にする。

(写真1)　ロック・カフェ正面

マルホランドのこの道はいくつもの州立公園を縫うように走っており、かなりの起伏に富み、多くのカーブを伴う峠道続きである。景観を楽しむというより自らのドライブテクニックを楽しむ道路といった感じである。此処にはエースカフェのような、道に対する歴史や物語というものは存在せず、人々の記憶を辿るようなことは無い。ただ、起伏に富んだ道のりは、バイク乗りやクルマを楽しむ人々にとってみれば格好の遊び場であり、いわば走り屋たちのメッカとなる

214

要素という意味では双方ともにその資格要件を満たしている。

　都合63kmに及ぶ峠道の中間に存在するカフェ。ここには多くのドライバーが集まり、一つの名所として人の想いが感じられ異空間が創り出されているようだ。「ロック・カフェ」(前頁左下・写真1)の佇まいは、石造りのレストランといったところであろうか。下の写真は観ての通りここが数多くのライダーたちの憩いの場となっており、マルホランドの拠点として利用されているのがわかる。(下写真2.3)

(写真2)　カフェに集まるライダーたち

(写真3)　ロック・カフェのテラス

　こうした場所は英米に限らず世界中にある。日本でもそうであるが阿蘇九重の草千里で10年に一度開催されるアマチュアライダーズイベントや、CB400F乗りが集合する富士朝霧高原で開催されている「ヨンフォア・ミーティング」、メーカー主催で鈴鹿や茂木等サーキットでのイベントがあり、バイク雑誌では季節になると全国津々浦々で開催された記事が紙面を賑わす。

　そうした場所は「聖地」と呼ばれることになるのかもしれない。そうなるべくしてその場所は存在するのだと思う。いわばライダーたち一人一人の想いが創りだしているのだと思う。

　バイクというモノ、ライダーというヒト、それを演出するシチュエーションを引き出す「ロード」の数々、そしてライダーを癒してくれる「カフェ」という空間、その必要条件が満たされたとき、ライダーたちにとっての「場所」として資格要件が揃うこととなる。さらには人々の思い出がそこで紡がれ、繰り返され、歴史が造られることで、その場所を取り囲む環境としての道や川や山も意味を成していく。

　その感覚や想いはいつしか人生の物語の一つとなっていく。それら一連の雰囲気や考え方は、例えば「カフェレーサー」という思想へと結びついていき、それが人々の人生の物語を紡ぐこととなるという構図が見て取れる。

第2項　　ホンダカフェレーサー

　「カフェレーサー」という英国からの風を受けてデビューしたCB400F。その風に馴染んでか、馴染まずか、メーカーサイドではどう意識してデザインしていったのだろうか。この項ではメーカーサイドの視点でCB400Fが創りだされた過程を改めて追いたいと思う。

　1973年当時開発責任者であった寺田五郎氏が示唆したコンセプトは、牛若丸のような「動の400」、軽く俊敏なモデルというもの。当初のデザイン画とは、佐藤允弥氏の書かれたスケッチではRCレーサーをイメージするもので、シングルシートを採用した攻めのスタイルとなっている。スタイリングデザインは「虚飾を廃した軽快さを狙った走りのイメージを表現する」というのがテーマであったとされる。[148]

　改めて開発の流れを分かりやすくするために、下の図「CB400F 開発 point の流れ」を作成してみた。方程式としては<u>「動の400」=「カフェレーサー」</u>という図式である。<u>「カフェレーサー」=「速さの為にあらゆるモノを削ぎ落して、速さの為に必要なものを追加する」</u>というコンセプトが一貫された流れと考えられる。

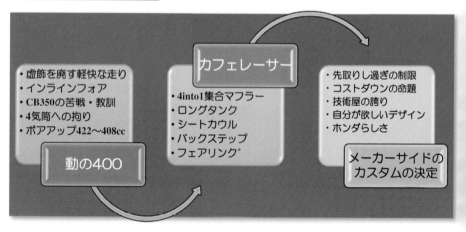

図　CB400F 開発 point の流れ

　この図の流れから行くと「動の400」という考えを現実のものにする為に、動力性能のアップの為に、CB350Fで創りだされたエンジンのバージョンアップ、

---

[148] PERFECT SERIES 「HONDA CB400F」タツミムック　辰巳出版　1995.01　P70～「開発物語」参考

216

CB750F から受け継がれた 4 気筒スタイルの継承を果たしつつ、新しい中型バイクのカテゴリーの創造が成されたはずである。各部署では多方面にわたる議論が検討される中で、CB350F 以来一貫して変わらないものがあるとすれば「中型という新しいカテゴリーの創造」ということではなかったかと考える。

　そのためにデザインされた「GP レーサーのイメージ」は、関係者の核心にしっかりと刻み込まれていたのではないかと思うのである。自ずとそれがメーカーサイドの求めるスタイルとなるわけであり、事実「GP レーサー」を思わせるスタイルである「4into1 集合マフラー」や「ロングタンク」、「バックステップ」、「セパレートハンドルを想起するフラットなハンドル」等という形で具現化されたと考えて良いだろう。

　つまり、CB400F は新たに造りだされた中型のカテゴリーにおけるデファクトとして生み出された姿が、結果として、それも偶然に英国の風であった「カフェレーサースタイル」とリンクしたものと言えよう。面白いのは、<u>メーカーの作りだしたデファクトが「汎用性が高いカスタム」とでもいうべきスタイルであった</u>ということである。言い換えれば、<u>ホンダカフェレーサーの誕生</u>である。

　<u>開発とは、新しいカテゴリー、新しい分野、新しいタイプのスタンダードとは何かを探ることであり、新しい時代の価値観への希求ということ</u>である。

　CB400F は究極のカスタムでありながら、それが<u>「新しいスタンダード」</u>であるということである。正に<u>「究極のカスタム=現在の標準の破壊→新しい標準の創造」</u>という関係式である。「新しいスタンダードを創る」という点にメーカーサイドのカスタムの真骨頂があると言える。ただ、此処には考え方の背後から一貫して吹いている風が見えてくる。それは欧米を凌駕し世界一になるという<u>「ホンダらしさ」という魔法</u>だ。その意味で CB400F はホンダカフェレーサーなのである。

第8節　誇りから生まれた CB400F 「強運その 1・2」

第1項　偶然という必然

　人の出会いというのは偶然である。しかし、後で振り返ってみるといくつもの共通点や必然とでもいうべき磁力が、働いているとしか思えない事柄が生じていることも事実である。「運」というのはそこに生れるのかもしれない。第 4 節、「魅力と感性」のところでデザインを生むセンスについて述べたが、そのセンスも結果と

して発揮される機会が与えられなければ生かすことができない。それは人の出会いや与えられた環境によって違ってくる。一見、偶然に見える状況であっても、そこに「運」という構造が存在し、そのチャンスに恵まれて初めてことは成就するモノと思う。それが生かされたとき偶然は必然となる。CB400F という名車が生れたのは、まさに、偶然と言う名の必然が「運」を運んできたのかもしれないのである。この節では目には見えないものではあるが「運」というものを、結果として現れた事実関係を検証しつつ、CB400F の魅力の根源を探るものである。

CB400F が生み出された「運」というものを感じる第一は、まさにこの開発チームとして選ばれた男たちの出会いではなかったかと思うのである。開発責任者はLPL/寺田五郎氏、造形室デザイン PL/佐藤允弥氏、造形室担当/中野宏司氏、車体設計 PL/先崎仙吉氏、エンジン設計/白倉　克氏、エンジン担当/下平　淳氏、完成車テスト担当/麻生忠史氏が主だったメンバーであったと聞く。特に全体を指揮した寺田さんと、デザインを主導された佐藤さんがその両輪であったことは間違いない。お二人の経歴について記載された記事[149]が興味深い。

寺田氏はもともと家業がモータースであり根っからのエンジニア。戦後実家を手伝われた後ヤマハに入社されている。試作部門に所属して国際レースのメカニックとして最先端の技術力、そしてチーム力を磨かれた方である。紆余曲折を経て 1964 年ホンダに入社されたのだ。寺田さんと僅かな機会であったが交流をさせて頂いたこともあり、改めて人となりを追いたいと思う。

一方、佐藤さんは、お父様が美術の教師をされておられたということで、その素養をお持ちで、その天分故か東京芸術大学に進学。傍らアルバイトでキャノンのパーツリスト作成に関わられ、それ自身が後々非常に勉強になったと語られている。苦学の末に 1962 年ホンダに入社されている。

各氏の印象として寺田氏は、「技術者」というより「技術屋」というべきであろうか、その物言いと周りの方たちの評価から技術職人、マイスターというイメージが強い。片や佐藤さんは見るからにアーティストといった感じであり、そして、当時のホンダを支えられた名デザイナーであることは間違いない。

このお二人が、ほぼ同時期にホンダに入社されたこと自体が幸運であったことと、

---

[149] モーターマガジン社「Mr. Bike BG」 2016 年 4 月号　P36-40

そして、お二人の出会いを中心とする開発チームそのものが、CB400F 誕生の第 1 の強運と言える。寺田さんの言う技術者としての誇りは、新しい部品や素材を新規に製造して形作るのではなく、既存の材料をいかに生かしながら魅力のあるものを造るかということである。背景に企業人としての多くの思いを感じさせるものがある。CB350F の不評を受け、その為に製造されていたデッドストックへの対応や、そもそもの原価の低減、そして CB750F を頂点とする 3 種のインラインフォアの揃い踏みという名誉回復等々がホンダサイドにあったことは、開発に関わる経緯を観ていくうちに容易に想像ができる。

　CB350F の素材を生かしつつ、いかに既存の部品を使って(既成部品の応用)原価低減を図るかという課題、当然 CB350F の工場ラインをそのまま使うという制約の中である。新車開発は生産設備の構築をも意味している。一旦生産ラインが設計されると、生産計画に基づき流れ作業を可能とする為、加工器具、組立ツール、工程管理、技術管理、そしてラインスタッフの育成・シフト計画等々一連のものが用意されることとなる。その結果、生産計画に応じた販売がなされないと、部品在庫のデッドストック化や、究極は製品在庫を抱えることとなり、採算性を失して企業経営にダメージを与えることとなる。一旦、造られたラインの再利用は重要な経営課題となるのである。つまり CB400F 開発はリベンジ案件であり、所与のインフラを使用することは当然の流れとなる。

　ただ、新製品である以上その性能面において魅力ある機能とデザイン、独創性が要求されることは当然である。特に、速さへの拘りによる軽量化を機能とした RC レーサーの実現、CB750F を頂点とするホンダインラインフォアの車格の確立、その結実として CB350F で果たせなかった CB インラインフォアの名誉回復。そして何よりもコスト低減と、どのテーマも重いものばかりである。これらの命題に一挙に答えを出してこそ「ホンダらしさ」という賛辞がなされるのである。

第2項　　CB400F 開発の命題

　結果的に後に影響を与える出来事が海の向こう側で動いていた。メンバーが開発に取り組んだ 1973 年。折しも 1969 年に「カフェレーサー」のメッカと言われた英国「エースカフェ」が惜しまれながらも閉鎖されたが、その潮流は世界中に広まりつつあった。このタイミングで英国を中心として潮流となった「カフェレーサー」

のスタイルは、図らずも、開発の命題に対して、見えざる方向感を示唆してくれることになったのである。これは偶然というべきか。

更に「速さの為にあらゆるモノを削ぎ落して、速さの為に必要なものを追加する」という命題の存在である。結果として CB400F の魅力アップにおいて成功に導くカギとなったと考えて良いだろう。明確な目的のもとに削ぎ落すことと、付け加えるべきものの究極のシチュエーションが徹底的に議論されたと聞く。

削ぎ落すべきものとして、軽量化とコスト減、付け加えるべきものとして「動の400」というコンセプトのもと動力性能のアップ(CB350F 比)「GP レーサー」という新スタイルの確立となるのだが「物理的に付け加えられたものは何一つない」というのが寺田氏の話である。[150]

結論としては企業の論理としては良いとこ取りの開発に昇華されていく。その時代の潮流とされた「カフェレーサー」スタイルというものに対しても、媚びることなく、偶然にも佐藤さんのデザインがその風を呼び込んだというのが真相であった。そこには、モノ造りにおける造り手と使い手の妙と言うべきものが、国内外を問わずシンクロしたのかもしれない。結果として佐藤さんのRCレーサーのイメージと、カフェレーサーの概念が共鳴したとしか考えられないのである。

「徹底して削ぎ落とす」と言う考え方は、軽量化における原材料の見直し、虚飾を廃し機能を重視したシンプルなスタイルの実現、生産面においては既存ライン・既存部品の活用による付帯設備費の再利用と原価管理が徹底へと結びつく。

CB350F の販売不振の挽回という制約や条件があったからこそ、一から見直すという実践は、新規の道具や設備を要さずして、独創的新規性を生み出すという生産本来の極意に達したのではないだろうか。

こうした数多くの課題や制約、そして、新しいカテゴリーの創造といった苦難が無かったとしたなら、さらには果敢に取り組む人々の技術屋としての誇りが無ければ、CB400F は生まれていなかったということである。一見、アゲインストと思える風の流れは偶然の産物と思われるが、これが名車を生み出される為の試練であった言えよう。となると、その開発の与件すべてが必然と解釈されるのである。

---

[150] モーターマガジン社「Mr, Bike BG」1995.01P21「ヨンフォア開発秘話」寺田氏インタヴューを参考

これら一連の試練・命題こそがCB400Fの第2の強運であったと考えるのである。
分かりやすくするために一連の命題の連関を纏めたのが下図である。

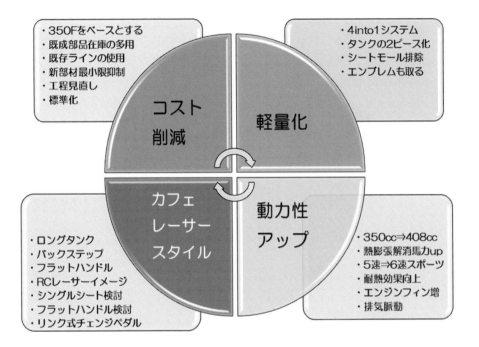

CB400F 開発上の命題連関図

ちなみに佐藤さんは「本当は、フレームは銀、マフラーは黒、フェンダーはステー無し」にしたかったと語っておられる。その試作車の写真は各雑誌で散見されるので読者もご存知のことと思うが、デザイナーにもエンジニアにもゴールというモノは無いのかもしれないと思った。結果としてこの命題の連関は見事に果たされ、名車CB400Fが生まれた。まさに「ホンダらしさ」の真骨頂である。

第9節　ホンダらしさと強運の連鎖「強運その3・4・5」

　前節で述べた様にホンダという企業論理を背景とした価値観の制約の中で、CB400Fは生み出されたというところに大きな価値がある。
　ホンダの創業者である本田宗一郎氏の創り手としてのセンスや、イデオロギーは当然のごとくその従業員に浸透している。当時、常に現場主義であった氏は本社よりは、常に現場にあって、日常茶飯各現場従業員との真剣勝負で、コミュニケーシ

ョンがなされていたと聞く。

　つまり、何よりも寺田さん、佐藤さんともに本田宗一郎氏のイデオロギーに直接、接することのできた世代であり、ホンダの権化、本田宗一郎のモノづくりのセンスを体で覚え、薫陶を受けたホンダの企業文化の体現者であったということが、CB400F が生み出された第3の強運と言えるのかもしれない。

　あくまでも一般論として、造り手の考えと消費者の嗜好とが、必ずしも一致するわけではないことは往々にして起こる事である。消費者の動向やマーケットの流れ、海外の動き等を把握した上で、且つ営業サイドの要望も総合されメーカーのモノづくりはなされていく。だが、どうしても分かり辛い未知数の部分が消費者の嗜好である。何故ならそこは主観だからである。そこをどう決断するかというところに、モノづくりにおける本質的真価が問われるような気がする。

　最後は企業としての文化、つまりは「ホンダらしさ」がものを言うのではないかと感じたのもその為である。「自らが乗りたく成るクルマ造り」或いは「ホンダ信者を創るモノ作り」にいかに取り組むかということが問われているようにも感じるのである。

　そのためには消費者の生活を想像し、その中に過去からの変わらない価値観や、現代の生まれ変わろうとする価値観、更には新しいライフスタイルを提案するという未来の価値観を提示してこそ商品性が生まれる。ただそれだけでは時代は動かないと思う。人の価値観が実際に動き出す潮目をいかに読み、それにいかに乗っていくかと言う点が問われるのである。

　CB400F がリリースされたこの時期、バイクに対して、スポーツという競技に関わる新しい価値観と、自分だけのものという個性を求める時代へと移行していった嗜好の変化こそ、第4の強運であると考える。

　この個性を求める時代の到来は CB400F 自体の個性的存在を際立たせ、更には個性化の為の改造思想へと発展していくこととなる。さらにはその個性化を後押しするプレイヤーが続々と現れ、細分化されていったことは周知のところである。

　個性化の代表的概念であるカフェレーサーという改造思想を真っ向から受け止め、或は自主的に挑戦する多くの造り手がいてくれたくれたからこそ、ユーザーのニーズはより高められたと言える。1954 年に創業した吉村製作所の誕生は、次々と第二のヨシムラを生み、二輪車のチューニング事業の成立を見たことは、何よりの証左だと考える。

大手メーカーであるヤマハ、HONDA、ブリヂストン等もショーモデルではあるもののカフェレーサースタイルのバイクを出し、1960年代に入ると浜松自動車工業がオール鉄製とは言え、国内初オールフェアリングの販売を開始。1970年代以降は船場モータース、日本ビート工業、K＆H、キタコ、ヤジマ等々[151]当時の二輪車乗りが虜になったビルダーが技術をそして美を競い合ったというわけである。

　このことは後に半世紀を経ても、CB400F を魅力ある車として支え続けるインフラと言える存在となったと言ってよいだろう。<u>チューナー、カスタマイザー、ビルダーの存在は想像以上に大きなものであったと言える。これが **CB400F** の第 5 の強運と捉えることができる。</u>

　この 5 つの強運は CB400F そのものと言うより、背景として持ち合わせたものである。大袈裟に言えば時代を動かした或いは時代を超越した潮流と言えるかもしれない。　さらには素材としての完成度の高さが、その潮流をわがものとできた原因だとも言える。以上 5 つの強運を纏めて図にしたのが、下の「**CB400F 5 つの強運の連関図**」である。ご覧頂きたい。

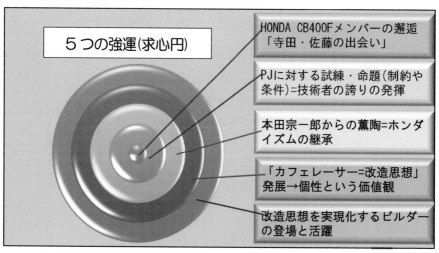

CB400F　5 つの強運の連関図

　<u>これら強運とも言うべき、新たなる時代の嗜好と、新たなる時代の機能、そして新しい生活スタイルを持ち合わせてその素材たる **CB400F** は生まれたということである。</u>

---

[151] 「THE　JAPANESE　CAFFRACERS 知られざる国産カフェレーサーの真実」八重洲出版　2017.9 参考

素材として CB400F のポテンシャルが、そのものの魅力と同時にユーザーの嗜好からくるイメージの創造によって魅力はさらに引き出される結果となった。

　これら 5 つの強運が融合し、化学反応を起こしながら CB400F は、その魅力をいやが上にも高めたのだと考える。

　名車というのは、その車両そのものの魅力は言うに及ばず、社会環境の変化や、世の中の価値観の変化、その産業を支える潮流を味方につけることができるかが重要だと考える。それこそがユーザーを味方につけ、ユーザー自体の支持を得ることこそ、車両を名車へと押し上げる絶対条件と言えよう。

　名車の条件は、佐藤さんが言われていたように「**ユーザーが名車に育てる**」ということに他ならない。CB400F によって、ユーザーの期待するバイクライフ、レーサーライフ、エンジニアリングライフとともに憧れとしての生活が生み出される。さらに日常に溶け込むことで、生活にそしてその人の人生にとって、なくてはならない存在へと変化していくのである。CB400F はこれらの強運によって今も名車としての伝説を紡ぎ続けている。

第10節　機能を伴うデザインの前提

　今一度、この議論の纏めとして重要なことがある。それは、魅力を見抜く力を持った消費者の存在であり、センスを見抜く消費者の感性である。

　造り手が真に満足する瞬間は、消費者の賞賛によって結実する。造り手のセンスは、相手である消費者に響いてこそ評価される。つまり、造り手だけが先を行ったとしても、消費者に受け入れられなければ冥利は生まれない。受け入れられない理由にはいくつかあるが、造り手の独り善がりは別として、われとわが身を振り返ったとき、消費者自身が育っていなければならないという点に気付くのである。

　「猫に小判」、「豚に真珠」のたとえ通り、社会的環境や世の中の価値観、消費者の嗜好の変化と財政状態、そして消費者そのものの感性の練度が問われるのである。工業デザインの難しさはここにもあると考える。

　私が言うまでも無いことではあるが、世に新しいモノを送り出す際に重要なのは、人々の傾向を歴史も含めワールドワイドに掴むことであろう。アイデアやセンスの種は、もしかするとそうした人間のムーブメントやブーム、トレンドやパターンに存在するものと思う。工業デザインにおいて真のセンス、真に良いデザイン、真に良い造形物とは、造り手とその使い手が相乗して初めて創り出されるものと言える

のではないだろうか。それを可能にするのは、ここで謂う5つの強運と称したあらゆる条件と事象が合わさったとき、生れる奇跡のようなタイミングなのかもしれない。さらには造り手と使い手の双方の感覚の融合が生まれなければ結実しないものかもしれない。これを運と呼んでしまうと偶然とイメージしがちであるが、これらの要素が揃わなければ起りえないものとするならば、必然でなければならないのである。

こうした考え方の中で、改めてCB400F開発に関わる人々とその環境を観てみると、機能を伴うデザインは一人の力では成り立たない。すべては個人のセンスであり、チームのセンスであり、そして企業のセンス(カルチャー)が融合して生まれるものである。そう考えるとプロジェクトリーダーには、それぞれの役割の中で関わった人たちのすべてに着目し、気を配る必要性が求められることになる。

工業デザインの成り立ちにおいて、いかに人間臭い関わりが大事であるか、そして人と人の関係性や出会いの中から生まれる化学反応が、モノづくりにおける根幹をなすかを痛切に感じる。機能を伴うデザインの前提がそこにあることを知っておきたい。その意味でもCB400Fは人と人の融合によって生まれた共同作品であり、

CB400Fの一オーナーとして、この多くの人たちとの「奇跡の出会いと強運」に感謝したいと思う。(下イラスト[152])

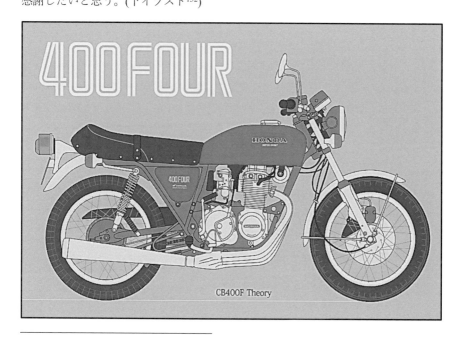

---
[152] イラスト作成は友人　山本直氏による。

第11節　国民・文化・時代が造りだしたバイク

　ホンダに勤務され自らが CB400F の製作に関わった方へのインタビューの際に、逆にその方から問い掛けられたこと、つまりは**「CB400F は何故そんなに人気があるのか」**ということについて、ここまでの分析を通じて俯瞰した形で一つの答を纏めておきたいと思う。

　世界初のバイクが生まれたのが 1885 年ドイツ人ダイムラーによって考案され、実物が完成して運転にも成功し、そこからオートバイの歴史は始まったとされる。

　それから 139 年(2024 年時点)が経つ。その一世紀を超える時間の中でモビリティの価値観は大きく変わってきた。翻って日本バイクの歴史も 1909 年、大阪の島津楢蔵[153]が製作した 4 サイクル、単気筒、排気量 400cc のバイクが作られ、この時から日本のオートバイ史は始まることになる。

　それから 115 年。大戦を経て日本のバイクは世界を席巻し、今もその勢力図は衰えていない。日本の覇者はすなわち世界の覇者である。世界をリードする日本のバイクは世界のトレンドを造り出すと言っても過言ではない。

　これは日本の文化や風土がバイクに込められているということであり、目に見えない感性が形となって製品に反映されていることは間違いない。

　バイクの魅力を探り出すためには、日本という国のその時代その時代の背景や、国民の生活感や嗜好の変化、時代の価値観の流れを追うことを抜きにしては、真の魅力を掴むことは不可能である。CB400F の魅力について、この章でも特に多角的な視点に基づき分析をしてきたのはそのためである。魅力に迫る道筋があるとすれば、それは「エモーショナル」と言うキーワードを抜きにしてたどり着けないと思う。

　つまり、何の変哲もない指輪がエンゲージリングだとしたら、そこに飾られた石の重さを表すカラットは関係なくなる。それは心理的な目に見えない価値が重要なものとなってくる。それに似た感覚が CB400F にも憑依(ひょうい)していると考えることはできないだろうか。CB400F のデザイナー佐藤さんの言葉が思いだされる。**「名車はそれを愛する者によって作られる」**ということである。

---

[153] 島津楢蔵 (しまづ　ならぞう)1888-1973 大阪生まれ「国産二輪車第一号生みの親」と言われている。1908 島津モーター研究所設立、1909 年 4 サイクル 400cc エンジン完成。国産二輪車第一号「NS 号」完成　出典:日本自動車殿堂　参考

そもそもCB400Fの持つ造形の妙とは何か、この世に出てからの歴史的、世界的なバイクの潮流、高度経済成長時代の生活感の変化、当時の時代背景に生れた個性という嗜好の高まり、その時代に果たせなかった欲求への抑圧、そしてヒーローというモノに対する憧れの増幅、それらすべてのエネルギーがCB400Fというバイクの存在に共鳴し共振し続けていたのだと考えると、スーッと腹に落ちてくる。

　時代とユーザーの変化が作り出した複雑で多様な嗜好の波長が、絶妙なタイミングで世に出たCB400Fの魅力とフィットして、人々の欲求を駆り立て続けていたということだと思うのである。　「なぜ、こんなにCB400Fに人気があるのか」という質問に私が応えるとしたら、それが私の答である。

　そして第9節で述べたCB400Fの持つ「五つの強運」である「出会い(encounter)」、「試練・命題(Challenges and Propositions)」、「薫陶　(Training)」、「改造思想　(Reformation Thought)」、「仲間　(Friend)」が加味されて、CB400Fの魅力がさらに増幅されたことは間違いない。これも二輪大国である日本という国であったからこそ生み出されたものと確信している。

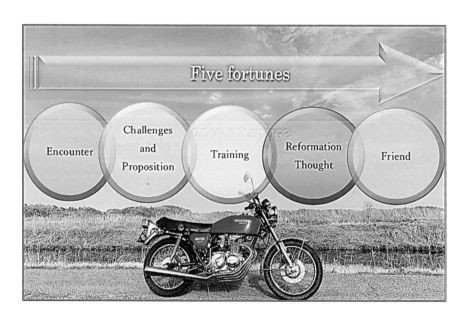

第6章　　CB400F 魅力の想起構造　(モノとしてのゲニウス・ロキ)

CB400F の時代背景と人々の想い

　(人生の疑似体験、「漫画」・「映画」等のインパクトを知る)　―

　CB400F のオーナーたちは必ずしもオールドピープルばかりではない。何故に若い人たちが現代バイクに伍して CB400F の存在を意識しているのだろうか。単に性能だけではない魅力が無ければ拘るはずもない。デザイン性や意匠といったもの以外に、彼らの嗜好には何かが影響しているはずである。

　間違いなくマスメディアやその中から創り出されるイメージの影響は否定できない。それらは CB400F にまつわる物語と繋がっているものと考えられる。幼い頃、憧れたヒーローや、物語の主人公が乗っていたあのクルマやバイク、有名な映画のシーンで観たあの勇姿、そういったモノが CB400F を偶像化しているものと思われる。具体的にはバイクをキーとした映画・映像であったり、バイク乗りを主人公としたアニメや漫画であったりその影響は思いのほか印象が強いものである。マスメディアは、バイクをマイナーな乗物からメジャーなものに変身させ得るのである。

　改めてその点にフォーカスし CB400F の魅力を紡ぎ出しているものの要因を、今度は映像文化や漫画文化等の視点から探っていくのがこの章の目的の一つである。そこで、<u>一定の場所やモノが、その人にとっていかに特別なものとなり、その人にしか感じることのできない感覚が、いかに形成されるかというメカニズムをまずは捉えることとしたい。その上で、その構造に基づき **CB400F を主役として造りだされた心理的、精神的、哲学的魅力というものを探っていくことにする。**</u>

第1節　　「ゲニウス・ロキ」とは

　「ゲニウス・ロキ」[154]という言葉をご存じであろうか。「ゲニウス・ロキ」とは、建築史学の世界において、その場所が景観や地形や建物、そして空間を素地としてその場所に関わった人たちの歴史や文化が、風土というものを創りだす空間のことを指すとされる。もう少し詳しく解説すると物理的存在である土地や建物が意味を持ち、人をひきつけてやまない存在として創り出され、接するものに対してその場所に意味や物語が形成され、場合によっては文化にまで成長することがある。

---

[154]　「Genius loci 」ラテン語でゲニウスは守護の霊、ロキは土地のことで、「土地の雰囲気」とされ　鈴木博之氏が「地霊」と訳された。

そこには精霊が宿っているが如くに魅力を放ち、人々を引き付ける場所となるのである。誤解を恐れずに言えば広い意味での「パワースポット」かもしれない。
　著者が専門分野として研究してきた不動産の世界にあって、建築史学の泰斗、故鈴木博之氏[155]が名付けた「地霊」という概念がより詳しくそのことを語ってくれる。つまり、その応用としてモノ(ここでは CB400F)にもそうした現象が起こり得るものと考えたわけである。その構図を図示すると下図のようになる。

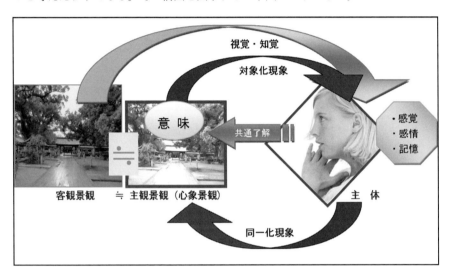

心象景観の想起構造イメージ図 I

　「ゲニウス・ロキ」について理解頂くうえで小生の論文梗概[156]を抜粋する。
■抜粋　「ひとの側(主体)」と「ものの側(客体)」の関係 (場所論としての立場)
　「阿部(1990)[157] は景観研究というもの自体が環境に対し直観を扱うものと位置付けており、景観研究の目的は「主体と環境の日常的相互連関の解明」としている。ここではどうしても客観の実在を捨てて、人が感覚的、主観的に知覚されるものを出発点として捉えるという主観、客観二元論に立ち至り、客観的世界像(超越)が成り立ちうるのかを「主観」の側から説明する(竹田 1989)[158]という方法を避けては通れない。「ゲニウス・ロキ」を理解する上でも重要となる。ただ、この点において加

---

[155] 鈴木博之(すずきひろゆき 1945-2014)　建築史家　東京大学名誉教授　青山学院大学教授
[156] 入江一徳「「ゲニウス・ロキ」の想起構造に関する研究　(その 2)－景観から観た「ひとの側」と「ものの側」との関係－」日本建築学会　近畿大会　梗概集　2014.04
[157] 阿部一「景観・場所・物語 ──現象学的景観研究に向けた試論 」地理学評論 1990
[158] 竹田青嗣『現象学入門』NHK ブックス 576　1989.6 日本放送出版協会

えるものが有るとすれば、「ひとの思考の動性」である。つまり、阿部の言う「景観の意味が「物語」によって表示されるとする構造」は、「ひと」の景観に対する変化として捉えられている。この変化というもの上記図1には、対象からの意識と対象に対する意志が相互に繰り返されることで、感覚や記憶が積層するという「思考の動性」が存在すると考える。その構造を観てみることで、現象の存在を実存として捉える事ができる。それを図示したものが図1である。阿部の言う「物語」を展開する主体と景観の変化をもたらす動きが、図1の対象化現象[159]であり、同一化現象[160]である。この「思考の動性」が「もの」に対する想いを吹き込み、それが物語となり、時間の経過とともに歴史となっていく。それが繰り返されることにより「もの」は濃密なものとして醸成すると考えてよいだろう。

「ひと」の「思考の動性」は対象から得られる感覚を高めようとする「志向性」[161]を創り出す。つまり、意味を持った景観は、対象化現象や、同一化現象によって創り出されると考える。両現象のループによる相乗こそが、その特別な場所の

心象景観の想起構造イメージ図Ⅱ

---

[159] 対象化（現象）＝大辞林／(1)あるものを認識するために、一定の意味を持った対象としてはっきり措定すること。(2) 自己の主観内にあるものを客観的な対象へと具体化し、外にあるものとの考え。

[160] 同一化（現象）＝心理学における防衛機制としての同一化は「対者の状況を自分のことのように思うこと」例えば映画の主人公と自分を重ねてみる。ペットを可愛がりながら自分を重ね癒されると言ったことを指す。筆者としては、それらのことから環境への働きかけや、対象物に対する想い入れや拘りとして本用語を使用する。

[161] 向性＝大辞林／ 志向性：「志向」①意識をある目的へ向けること。志すこと。

雰囲気の濃淡を左右する。ここに一つの「ゲニウス・ロキ」想起構造の特徴が見えてくる。」梗概ということで纏めた文章であり、分かり難いかもしれないのが、これを応用したものが上図(前頁)である。CB400F に当てはめ再解説すると以下のようになる。人がものを見る場合、まずは①視覚等の感覚でものを捉え②取り込まれた情報は、分析され、判断され、記憶として保管される。その際、過去の記憶や感性の強弱によって、③新たに形成される記憶は「意味」という総合的判断のフォルダに纏められる。

そして、自分の見方・感じ方(主観)に対して、意味を持つ具体的対象としての④〝対象化現象〟が発動される。このことで、バイクは意志や感情を伴う対象となり、⑤最終段階として、対象を自らに投影するという〝同一化現象〟を生じさせ、主観化がさらに進んで行く。例えば擬人化は一つの例である。具体的には「バイクを友人や相棒、パートナー」といった呼び方で呼び、認識するようになることなどがあげられる。そのことは経験の重なりによって繰り返されることとなる。(これを「思考の動性」[162]と筆者は読んでいる)

つまり、バイクに対して意味付けが成され、単なるバイクというモノではないものに認識が変化を遂げていくのである。時として人生にとって、なくてはならない存在へとモノが昇華されている場合がそうである。そして「ゲニウス・ロキ」がそうであるように、そのモノが意味を持った瞬間から、そのモノがその人に心理的影響を持つ存在となり、モノのオーラを感じる感覚が創り出される。その現象はCB400F というモノにおいても同様な現象を創り出すものと考えられる。

後で述べるアンケートの結果の中にもパートナーとしての捉え方であったり、生涯の存在であったり相棒といったように実感として擬人化が進み、オーナーの心を捉えて離さないものに変化した結果が見て取れるのである。
　もう少し分かりやすくするために次節では「カフェレーサー」というものの概念を、この論文の趣旨に従って分析してみた。今まで使われている「カフェレーサー」というものの意味も、具体的事例で読み取って頂くと理解も深まるものと考える。

---

[162]　入江一徳「ゲニウス・ロキ」の想起構造に関する研究(その2)：景観から観た「ひとの側」と「ものの側」との関係　(景観イメージ(1),都市計画,2014 年度日本建築学会大会(近畿)学術講演会・建築デザイン発表会)　日本建築学会　学術講演梗概集　2014 年度大会(近畿) P511 第二段落　3.(1)10 行目〜P512・　5 行目

第2節　カフェレーサーとは何か

第1項　「カフェレーサー(Cafe Racer)」という英国の風

　1900 年代半ば、英国・ロンドンの北西、サーキュラーロードに面するドライブインにバイクで集まる若者たちがいたという。彼らは乗って来たバイクに改造という個性を施し、そして性能を競い合うことで各々の主張とライフスタイルを築いていったのである。その走り屋たちは革ジャンに、リーゼントスタイル、ジュークボックスでレコードをかけ音楽を楽しみながらバイクのスピードを競い合っていた。それを観ていた周りの人たちはいつからかカフェに集まるレーサーたちという意味だったのだろう彼らのことを「カフェレーサー(Cafe Racer)」と呼ぶようになったという。そして、彼らのライフスタイルに見られるバイクへの愛情表現や個性を際立たせるための改造は一つの文化を産み出すこととなる。「カフェレーサー」＝「改造思想」という概念の誕生である。

　CB400F を生み出した背景として「カフェレーサー」という思想は外せない。まずは、CB400F が纏っているその新しい思想的要点を抑える必要がある。なぜならCB400F が国内で最初にその称号を冠した量産バイクとされているからである。
　そして、その思想を纏った故に CB400F を出発点として、現代のバイクライフにどういった影響を与えたかということを知ることにもなる。CB400F 自体が結果として担うこととなった歴史的ポジションと役割、そして存在そのものが意味するものを理解しておく必要があると考えた。その理解の為に当時の英国の事情をおさらいしてみたい

　一説によれば、「カフェレーサー」たちは革ジャンにリーゼント姿からであろか「ロッカーズ」とも呼ばれ、どうもこの英国の「ロッカーズ」なる人達は、失業者や政治に不満のある人たちが社会に対する鬱憤を晴らすために、バイクという乗物を通じて自己主張の手段としたのではないかと謂われている。車両の改造によってその個性を表現し、社会に対する新たな価値観や自由な生活態度を示そうとしたことが、一連の動機となっていたようだ。当時、英国はバイクのメッカであり、代表的なものがトライアンフ、BSA、ノートンといった名車たちである。最先端を自負していたバイクに対する若者たちの思いは、世界を駆ける馬といったイメージがあったのではないかと思う。それを駆れば世界のどこへでも連れて行ってくれる、ど

こへでも行けるという自由解放の道具とリンクしていたのかもしれない。

　故にオートバイへの拘りが生まれたのは当然かもしれない。そして、自分だけのものにする為に、姿、形はもちろん速さという性能を引き出す改造がなされていく。彼らが個性豊かに改造を施すことが、彼らそのものの呼び名である「カフェレーサー」と同一化され、「個性ある改造を施すこと」を「カフェレーサー」と呼ぶようになったと考えられる。気ままに乗れて何処へでも連れていってくれる愛馬としてのバイクは、若者にとって未知の世界に導いてくれる身近な乗物であり、日本も海外も共通していたようである。

第2項　　改造思想の聖地の構図を分析する

　カフェレーサーについて英国の「ACE CAFÉ(エースカフェ)」を場所論[163]から構造的に捉えながら少し踏み込んで分析してみた。「ACE CAFÉ」はロードサイドカフェとして、ロンドンのノースサーキュラーロードに 1938 年オープンしたと ACE

　CAFÉ London 日本公式サイト[164]に記してある。さらに続けるとそこはイングランド北部へ向かう高速道路の起点に近く、モーターサイクリストの人気スポットであったこともあり、バイカーだけではなくドライバーたちのたまり場ともなったとされる。当時の建物は戦災によって破壊されたが 1949 年に再開。戦後「TON-UP BOYS(100 マイルオーバーで走る若者)」と呼ばれるモーターサイクリストが急増し、その流れの中でレザーにリーゼントのバイクファッションに身を包んだ「ROCKERS(ロッカーズ)」と呼ばれる若者たちがバイカー集まるメッカとなって行ったようだ。[165]

　現在、ACE CAFÉ の有る場所は、ロンドン北西部で、有名な場所としてはサッカーの聖地と言われる「ウェンブレースタジアム」から 3 ㎞、地下鉄の駅である「ストーンブリッジパーク」駅から 5 分のところにあり、ブリテン島北部に向かう高速

---

[163]　場所論とは、丸谷一(2008)は、「空間は一般的に均質な広がりをもっているが、そこに人間が関与することで空間が意味を帯び、方向性が生れ、徐々に均質性が崩れていく。このように人間が関わることで空間が限定して、特殊な空間が生じるが、これが「場所」である。」と定義している。場所とは、個人や集団にとって特別な主観的意味を帯びた空間として位置付けられるもの。特に人文地理学の分野において現象学的な枠組みをもとに、人が関わることによって意味づけられた感覚上の世界を研究対象として扱っている。筆者の研究してきた「ゲニウス・ロキ」(詳細は後の章にて述べる)という領域との認識である。場所 (地理学) – Wikipedia　2021-05-24 を参考

[164]　https://acecafejapan.jp/history-of-ace-cafe-london/　2018.10.08

[165]　ACE CAFÉ JAPAN　公式ホームページ「HISTORY OF ACE」参考

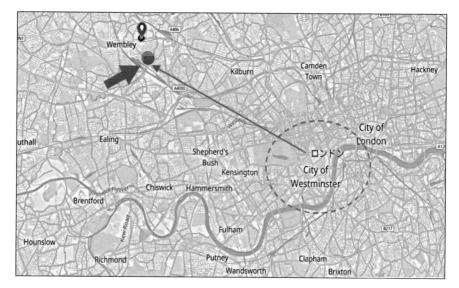

「ACE CAFÉ」所在地図

道路の入り口付近にある。

　参考の為、地図を明示すると(上地図[166])、矢印の指す印の場所が「ACE CAFÉ」である。こうしたロッカーズの行動はその時代を生きる若者たちの新たなライフスタイルとなり、「ACE CAFÉ」は若者たちの一つの表現の場としての舞台となって展開されたと考えられる。

　いうなれば、その地理性によって場所の持つ性質が生まれ、人々を集散させたのではないだろうか。そして時代背景が人の心に鬱屈した自己表現の方法としてこの場所のバイク乗りのスタイルが新しい文化を育んでいったのかもしれない。その場所に人々の何かが齎され意味が生まれたと考える。

　この場所が戦争で荒み切ったカフェレーサーたちに人生の構図を暗示させてくれたのかもしれない。ヨーロッパ大陸からイギリス本土に亘るドーバー海峡をどんな気持ちで超えていったのだろうか。帰還兵にとって英国の歴史と連合王国と呼ばれた文化の中で、それぞれの生い立ちを持った帰還兵に向けられた冷たい風をどのように受け止めていたのだろうか。[167]これらの要素を関連付けながら読み解いていくと、この場所の意味するものが見えてくるような気がする。

---

[166] ACE CAFÉ JAPAN　公式ホームページ「HISTORY OF ACE」よりタイトル映像
[167] Harley Davidson LIFE MAGAZINE FOR BIKERS「VIBES」2015.8　海王社
　　（特集スーパーラリーin UK ACE BIKERS）P18-27

まずは、起点(ポイント)、地理的位置、道路の配置、スケール等が交差し積み重なっていく様を想定すると、人が集まり会話が生まれ、ことが動く必然性を創り出しているものが現れてくる。そこで以下にその要素と考えられるものを、場所と歴史とを関係づけ分類し地理的意味を整理してみた。それを一覧表にしたのが下の「ACE CAFÉ LONDON の場所と意味の関係表」である。一読頂きたい。

「**ACE CAFÉ LONDON** の場所と意味の関係表」

場　所	歴　史	地理的意味	解　釈
ノースサーキュラーロード	1938 イングランド北部に向かう高速道路の起点にカフェオープン	道の起点 ⇒スタート地点	新しい人生を築く出発点
ACE CAFÉ(旧)	第二次世界大戦の空襲で消滅	旅の終焉 =旅立ちの場所	新たな人生を愛で集う場所
ACE CAFÉ(新)	1949 年場所は移動したが再びオープン	蘇りし場所 =再出発の為の準備	大戦後傷ついた若者たちの再出発の機運⇒出発のための仲間たち集う→改造
イギリス全土へ続くロード	1950-1960 ロックンロール、バイクファッション等の新文化の発信	冒険の始まり =自己主張	自らが発信するという考え。そして新たな旅立ちへ。一人で或は仲間たちと
開発の波と閉鎖	1969 イギリスでの高速道路事業の多角化の波により再閉鎖	再び起点を失う	新たな発信への希望、希求
高速「M1」の入り口=行程踏破	2001.9　Mark Wilsmore により三度目のオープンへ(ロンドン北西部)	自己実現=再生の地	その道を走ること(仲間たちと)の喜び(共有)
目的地=新生→新たなる場所	現在のエースカフェへ⇒バイカーズのメッカに。	人生そのものを語る場所	ファッション・音楽・文化の発信地⇒新たな人生を切り開く⇒象徴・伝説

伝説化された場所は地域文化となり、言わば「パワースポット的な場所」となったと考えられる。その過程を人の視点から追うと下図（「地理的意味と解釈の構造図」）のような解釈をすることができる。

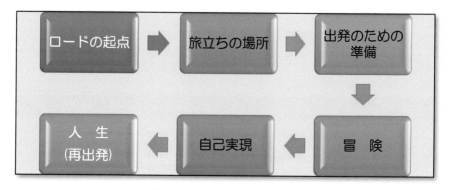

「地理的意味と解釈の構造図」

　言わば人生の構成図であり、当時の人々はこれらの構造から想像するに各々が人生の物語をイメージして、このカフェに集まって来たのだと考えられる。

　「エースカフェ」は人生の起点と解釈されるのだ。物理的な高速道路の起点が、旅立ちの準備をする為の精神的起点という場所として、意味を造りだしたと解釈できる。彼らは戦争で失った青春や思い出を再び蘇らせ、新たな人生の再出発の場所を「エースカフェ」に重ねたともいえる。そして、旅立ちの為の道具であるバイクはいわば人生の相棒であり、新しい土地に新しい人生に導いてくれる道具として存在していた。その道具には自らを化体させ、個性という改造を施したと解釈してもおかしくはない。改造は個性の表現であり、自己実現でもあったのかもしれない。

　「カフェレーサー」の改造思想の背景には、場所と精神の融合といえる意味が存在するということではないだろうか。

　2018年、「ACE CAFÉ」は開業80周年となった。その地はライダーの想入れとともに歴史が刻まれ、人々の物語は今も紡がれている。この場所はバイク乗りたちの人生が息づいているということであり、世界からいくつものグループや個人が、巡礼のように集まり、語らい再び世界中に戻っていく。その様子を見るとまさに聖地巡礼であり、この場所が伝説となったということである。その場所の影響は、バイクの個性を競うことばかりでなく、その個性を際立たせるためのデザインや技術、ファッションや音楽といった文化にまで影響を及ぼすことになった。

改めて「カフェレーサー」と言われる概念の奥深さに感銘すると同時に、そのイデオロギーはCB400Fに息づいていると解釈すべきと考える。スタンダードでありながら、生まれついての「カフェレーサー」がCB400Fであるとすれば、カフェの伝説を当初から纏った「生まれながらの伝説」とも言えるのではないか。当時の開発にあたられた方々にとって、図らずも「カフェレーサー」という英国の風が、そして文化が注入されたとも考えて良いと思う。「カフェレーサー」という潮流は、今まで考えていた改造概念と言うことにとどまらず、人生の起点、再出発、冒険の始まり、自己実現、人生出発の場所、そして人生そのものを意味合いとして持っていると解釈できるのである[168]。その考えがこの「カフェレーサー」というワードに内在しているとすれば、そのインパクトは想像以上に大きなものである。

　「カフェレーサー」というコンセプトが、結果としてCB400Fに齎されたとするならば、大袈裟に言えば一つの文化を纏った製品として生み出されたとも言える。人と場所、人と時間、人の想い入れといったものから紡ぎ出される文化。拘りを生むとしたらこれほど求心力の働くものはない。そのイデオロギーを吹き込まれたCB400Fの魅力は、造形の素晴らしさに加え、人々の嗜好や想いを纏い、変化するという期待感をも手中にしていたのかもしれない。CB400Fはカスタムという「自分らしさという表現」の素材であると同時に、ユーザーの嗜好の多様性を誘導する力を持っているのである。

第3節　　日本のカフェレーサーの始まり

　戦後の日本にあって、車両は運搬の道具でありそれ以上ではなかった。しかし、日本人の持つ勤勉さや研究熱心さ、そして追いつけ追い越せの精神は大きく生活や文化を変えていく。自動車や二輪車は産業の要であり最も国民性が現れる対象と考えて良いだろう。

　1945年、昭和20年8月15日日本全土焼け野原の状況から10年も経ない1954年、本田宗一郎は世界最高峰のバイクレース開催の地、マン島にその姿があった。

　昭和30年には日本二輪史上初となる「日本オートバイ耐久ロードレース」[169]が開催され、1959年、昭和34年ホンダは、マン島レースに初出場し4台が完走。同年8月の浅間レースは125・200・250すべてのクラスで優勝し、そして1961年、

168　前頁「地理的意味と解釈の構造図」ご参照。

169　1955.11.5-6　日本小型自動車工業会主催　通称「第一回浅間高原(火山)レース」と言われ、レースクラスを4つのクラスに分け、125cc、250cc、350cc、500ccとして競われた。

昭和36年マン島。125cc、250ccの1位から5位までを独占しレジェンドになるわけである。[170]こうした快挙を日本国民はもとより、二輪車乗りたちが黙ってみているわけがない。

　折しも1960年代に入ると、一端閉じていた英国エースカフェが再開されるに至る。当時のロッカーズたちによるカフェレーサー機運はヨーロッパでも高まり、日本でも呼応するかの様にカフェレーサーのショーモデルが出始めたとされる。この頃になるとバイク雑誌では鉄板製のフルカウル車が登場し、1970年代に入ると単座シート、セパハン、バックステップ、キャストホイールなど、輸入品も相俟って単独メーカーのものも含め賑わいを見せた。その中で1974年、メーカーカフェレーサーたる我らのCB400Fが登場することとなる。

　歴史を追うと改造思想は、愛好家たちの憧れの実現であり自分なりの自己表現でもあるわけで、言うなればファッションということかもしれない。ましてや日本では最高のオートクチュールたる素材たちがあるわけで、この機運はその時期が来れば間違いなく高まるであろうことは誰しもが想像できたはずである。
　ある意味、日本におけるカフェレーサーという改造思想は、メーカーカフェレーサーであるCB400Fの登場によって始まったとみてよいだろう。

　カフェレーサーという概念そのものについて、開発時点においては造り手の側(設計者)の考えとしてそう意識されたものではなかったとされる。しかし、社会環境やそうした価値観をいち早く読みとり、今までの歴史に裏打ちされたバイクのあり方を追求してきた人たちにとって、当然の結論としてこのスタイルが自然発生的に花開いたものと考えても良いかもしれない。
　そういう意味で言うと「カフェレーサー」という改造思想は造り手の側の一つのゴールなのかもしれない。つまり、CB400Fの完成度はその証として捉えると納得がいく。
　CB400Fの凄いところは、素材の持つオリジナル純度の極めて高い結晶でありながら、カフェレーサーとしての素質もポテンシャルも持ち合わせていることにある。メーカーが市場に提供できる素材は、個性がありすぎても無さ過ぎても商品たり得

---

[170] HONDA 正式HP 「世界を夢見て―マン島TTレースへの挑戦―　大海に泳ぎ出たカエル　世界を制する」を参考 https://www.honda.co.jp/Racing/race2002/manx/　2020-12

ない。広く多くの人に対する最大公約数を求められるからである。更に工業製品として大量生産に耐えられる標準化という宿命を負っている。

その性格上シンプルさを備えながらも、カフェレーサーという改造思想を取り込み、改造という個性化の可能性を潜在能力として秘めたマシンが求められる時代に入ったところでCB400Fは登場したということかもしれない。

第4節　　CB400Fへの投影

突然ではあるが、消費者にとって憧れへの芽生えと言えば、劇場の人物として登場するヒーロー、ヒロインへの想い入れである。

幼少期に体験した漫画の主人公や、映画の主役、劇場でのアクターたちの活躍に、自分の人生を投影しファンとなった経験は誰しもあるだろう。この疑似体験のインパクトは、その後の人生にも大きく影響を及ぼし、そのイメージは理想とする像と切っても切れないものとなる。特に特撮ヒーローやスポーツにおけるチャンピオンたちへの憧れは、その人の人生を決定づけることもある。

昭和世代にとってサッカーを始めた人で高橋陽一の「キャプテン翼」を知らない人はいないと思う。また、野球漫画と言えば梶原一騎・川崎のぼるの「巨人の星」、次の世代になるだろうが水島新司の「ドカベン」、そしてその後にあだち充の「タッチ」、渋いところでは、ちばあきおの名作「キャプテン」が出てくる。また、「空手バカ一代」を読んで空手を始めた人たちは、今やその世界の重鎮として活躍されている。

ことほど左様に誰しもが自分に置き換え人生の指針とし、何らかの影響を受けながら自らの人生を生きていこうと考えたはずである。

ひるがえって同様に**バイクに関する事象としても心当たりを思い浮かべてほしい。特に「CB400F」というものと我々の関係にもそういったものがないかという点がポイントである。**

CB400Fが生を受けて約半世紀ともなるが、前例のようには簡単に答えは出てこない。まずはユーザー層の年代が幅広い。また、その社会的背景は単純な相関ではなく、生活観やひいては価値観といったものと絡み合い、そしてCB400Fのインパクトから与えられた個人々々の心理的影響の度合いといったものも観ていくことが

必要である。さらに、注目すべきは CB400F が登場するもので、CB400F そのものが主役乃至はそれに準ずる素材として位置付けられていることが条件である。そうなるとかなり限られてくる。

　視点として CB400F が発売になった 1974 年以降で、消費者が購買できる成人に至った 1990 年代から 2000 年代で主なエンターテイメントを探してみた。筆者の思い当たる CB400F 関連作品を一覧にしてみたのが、次頁の**「CB400F と関りのある作品群」**一覧である。バイクに関するものとして知名度の高いバイク漫画は比較的多くある。
　代表格として、1960 年代のバイク漫画と言えば望月三起也「ワイルド 7」、1970 年代石井いさみ「750 ライダー」、1980 年代は最もバイク漫画がリリースされた時代となり、身近なものとしては東本昌平「キリン」がある。

　ただ、その中には CB400F も登場するシーンもあるものの主役という形ではない。**注目すべきは CB400F がメインかどうかである**。結果として私が該当すると考えた主なエンターテイメントは、**漫画で 2 本、映画で 3 本、代表的なものを選ぶことができる**。厳格に主役乃至はメインとして取り上げられているものには、短編とは言いながら「RIDE シリーズ」の中に特集的取り上げられ方をしているものも含まれる。それでは上表「CB400F と関りのある作品群」表の順に従って観ていこう。

　まず第 1 番目に挙げられるのが、50 代以降の人たちにインパクトを与えたのは、片岡義男原作、大林宜彦監督の映画、「彼のオートバイ彼女の島」ではなかっただろか。青春時代にこの映画によって、一人旅をしたくなりバイク一台で日本全国ツーリングに出かけた人も多々あったと思う。映画では温泉地で出会った男女二人が仲良くなり、それをきっかけに付き合うようになった。再び彼女の故郷の島で邂逅するというもので、ストーリー自体は至ってシンプルなものである。

　キーとなるのは CB400F をシチュエーションとして使いつつ、二人の関係と成長を表現している点である。CB400F の役割が変化していくところが興味深いところである。この時の CB400F の役割は，「旅への誘い」、「彼女との思い出、そして出会い」、「彼女の乗る車」、「彼女自身」という具合に変わっていく。CB400F の意味するものが変化することで、このバイクの印象をより鮮明にし、いろいろ

「CB400F と関りのある作品群」

	タイトル	種別	原作・監督・画	出版・製作	年代	CB400F との関り
1	彼のオートバイ 彼女の島	映画	片岡義男原作 大林宣彦監督	角川映画	1986 上映	ヒロイン「ミーヨ」こと白石美代子が主人公の橋本巧とタンデムで乗り、最後には「ミーヨ」自身が単独で走るのが CB400F である。
2	疾風伝説 「特攻の拓」	漫画	佐々木朗斗作 所 十三 画	講談社 「週刊少年マガジン」 連載	1991- 1997	鮎川真里 通称マー坊は「「爆音小僧」という暴走族集団の頭で真紅の CB400F に乗る。劇中では主人公の拓の後ろ盾として物語を引っ張る。
3	RIDE7 ほか (CB400F/RIDE7)	漫画	東本 昌平 原作・画	モーターマガジン社	2007- 2015	CB400F とともに過ごした父親の回想と息子の思いをオーバーラップさせて、バイク乗り(CB400F 乗り)の心意気・人生観を語る
4	ホットロード	映画	紡木たく原作 三木孝浩監督	集英社 「別冊マーガレット」 連載 松竹映画 VAP	1986- 1987 2014 上映	主人公で暴走族「ナイツ」のリーダー「春山洋志」の乗るバイクがブラックの CB400F である。
5	苺の破片 (イチゴのかけら)	映画	宮澤美保 梶原阿貴 共同主演 中原俊 高橋ツトム 共同監督	アミューズソフト エンタテインメント	2005 上映	CB400F という先輩の思い出。それが呪縛となって新しい自分を解放できない少女。CB400F が心に化体し、物語は大きく展開される

な出会い」、「彼女の乗る車」、「彼女自身」という具合に変わっていく。CB400Fの意味するものが変化することで、このバイクの印象をより鮮明にし、いろいろなバイクの一人とでもいうべき役割を担っている。

　CB400Fに乗車した女性ライダーは、スタントだとは思うが乗りこなしの巧さと同時に、バイクの良さが引き出されていることが特筆される。最初は俺のバイクというものが「バイクと恋人の同一化」という珍しいパターンで描かれ、CB400Fに対する憧れが大きくなっていく。

　第2番目が、1991年から1997年、週刊少年マガジンに連載された、左木飛朗斗原作、所十三作画による漫画「疾風伝説　特攻の拓)」である。「かぜでんせつ、ぶっこみのたく」とフリガナがふってある。

　実は筆者の世代(昭和30年代生まれ)には余りなじみのない漫画であるが、今の30代後半から40代の方たちが中学、高校の時代に流行った漫画で、この影響が侮れないという実感を持っている。というのもCB400Fの中年オーナー及びそれよりも若い層は、必ずこの漫画の名前が出てくることを、取材をしていて実感したのである。

　主人公「浅川　拓」を助け、物語自体をリードしていく暴走族の頭「マー坊」の愛車がCB400Fである。主人公の不器用さゆえにそれをサポートとするマー坊の存在感の大きさや強さ、優しさといったものの象徴的でありそれがCB400Fそのものに吹き込まれているような気がした。

　CB400F自体が、ヒーローそのものの扱いとなっている。この漫画では明らかにCB400Fを強さの象徴として人格が吹き込まれ、まさに「人車一体」化に成功している例と言える。

　乗り手の人格を投影することで擬人化が進み、生きた伝説として創り出されている。ご存知のように三国志に出てくる稀代の名馬「赤兎馬(せきとば)」、董卓から呂布へそして曹操から関羽へと受け継がれる名馬は、もうただの馬ではないことがお分かりになると思う。

　強さの象徴としても伝説となった「赤兎馬」、それと同じような立ち位置を持って物語の中で扱われたCB400Fは、走り屋の人たちや、やんちゃをやっていた人たちにとってみれば、一度は乗ってみたい車両であったに違いない。そのことが比較的若い世代にも根強いファン層を創り出すことになった要因と考えられる。

第3番目は東本昌平氏の手によるバイク雑誌「東本昌平RIDE」である。

2007年にモーターマガジン社より刊行された。あくまでもバイク雑誌であるが、特徴は一台のバイクにスポットをあてて特集される特別読み切りの一冊ものという点である。特に東本氏による漫画が必ず掲載されており、読み切り短編としてシリーズ化されていく。その「RIDE」の「RIDE7」においてCB400Fをテーマとして取り上げている。

このRIDEシリーズは、一台の車両に主題をしぼり描かれたものであり、正直この車両を好きでなければ、購入しない代物と言って良いかもしれない。特にCB400Fが年代ものであるだけに、若いユーザー層においては無視されかねない。しかし、この章で分析してきているように新しいユーザーは、こうした冊子を通じて根を張っていく。つまり、現在のユーザーばかりでなく、新しいユーザーそのものを生み出していくことにもなると考えると、リリースされる意味は大きい。

CB400Fに乗り続ける「父さんライダー」の物語が描かれている。父親となったライダーの若かりし頃の思い出や、その子供とCB400Fを通じての交流が描かれ、短編であるがバイク乗りの拘りとその中に人生哲学をさり気なく語り、味わい深いものに仕上げられている。

印象的なのが大事に乗っているバイクを息子の友達が立ちこけさせ、傷ついた車両について、息子曰く「父さんはCB400Fの傷、一つ一つを覚えている」というシーンがある。CB400Fが「父さんライダー」の人生そのものであるような表現がなされており、言わば「CB400Fと歩んだ人生を振り返り、その人生の折々にどう乗って来たか、そしてこれからどう乗っていくのか」を語りかけるようで、ともに歩んできたという雰囲気を創りだしている。そして「傷そのものは問題ではなく、一緒に過ごしてきた相棒としてのバイクそのものに歩んだ人生がある。」と言わんばかりの心理描写が見事に表現されている。

最後のシーンで「バイク乗りとは」という問いがある。「父さんライダー(父)」応えて曰く、「バイク乗りはレールに乗るような約束された未来など欲しがってはいけない。そしておまえはおまえのバイクを捜すのだ」という語りで終わる。

バイク漫画というよりバイク劇画である。人生論であり、その運命の一台がCB400Fであり、人生そのものであるようだ。短編乍らこんな表現でCB400F(バイク)を表現したものは他に無い。

CB400Fオーナーである人たちもそうでない人たちにとっても、これを読むこと

で「そんなバイクってあるのか」という羨望に似た気持ちが湧いたのではないだろうか。また、このような人生論の素材としても CB400F が、いわば主人公を演じているのである。ここからもバイクというより、その象徴として CB400F に対してファンが生まれることになるのだと感じた次第である。

　4番目にピックアップしたのは、少女漫画という異色のもので「別冊マーガレット(集英社)」に 1986-1987 まで連載された「ホットロード」である。全4冊の単行本で 700 万部が売れたという作品で、原作の紡木たくは、数多くの映画化の誘いに対して、主人公ヒロインのイメージに合う女優がいないとのことで数年が経過し断っていたという。
　しかし、能年玲奈[171]という女優を知るところとなり、作者の意思として作品のイメージにピッタリだとのことから映画化[172]された。映画は大ヒットし公開6週間で 180 万人を導入、興行収入は 25 億円を上げた。物語は恋愛映画であるが、この中で総メンバー2,000 人を誇る暴走族の総頭が乗るバイクが、ブラックに塗られた CB400F であり、総頭には代々この CB400F が受け継がれるというものである。やはりここでも CB400F はトップの証となり、強さの象徴として位置付けられており、代々受継がれしものとして伝説化されているのである。

　映画では取り分け CB400F のシーンは少ないが、総頭を引き継いだ春山洋志(春山役は三代目 J Soul Brothers の登坂広臣が演じた)が、先代から CB400F を受け継ぐシーンは印象的である。2014 年公開で、まだ比較的新しい作品であることも影響してか、若い人たちに CB400F というバイクを印象付け、人気を呼ぶこととなったのは間違いなく、市場の相場観が上がったのではないかとも考えられる。

　5番目にピックアップしたのは、ある方からご指摘を頂き加えたものである。
　映画の内容としては、『チェリーロード』という作品を世に出して、若くして絶大な人気を博した売れっ子作家〝イチゴ(人の名前)〟が、それを超える作品を生みだすことのできないジレンマからスランプに陥ってしまう。それは『チェリーロード』のモデルでもあり、憧れの先輩であった死を受け入れることのできない自分がそうさせていたのである。そんなある日に〝イチゴ〟は交通事故にあっ

---

171 能年玲奈　1993 年生、兵庫県出身　「のん」の芸名で活動中　2014 年 NHK 連続テレビ小説「あまちゃん」でヒロインを演じる
172 紡木たく原作　三木孝浩監督　「ホットロード」松竹　2014.8

てしまう。そこから物語は展開していくのである。

　映画自体の主題としては、「少女から大人へ」、「過去の呪縛から解放」というシンプルではあるが、必ず通るであろう人生の成長の過程が描かれている。

　誰しもが持つ過去への拘り、そしてその拘りは拭い去れない思い出となって、心に横たわり今を支配してしまう。それ故に、その束縛から離脱できず次のステージに行けないという関門に対して、もがき苦しむ主人公の姿がある。

　過去に大ヒットした作品「チェリーロード」。その続編を期待する読者と、その作品に込めた拘りの想いがさらに呪縛となって主人公(イチゴ)を苦しめる。

　愛する先輩の死というものを忘れることのできない自分。その自分こそ過去にこだわるあまり、新しい作品への創作意欲を喪失させる原因となっていたのである。いわば過去を引きずる今との戦いである。

　そのことに気付くのは、主人公(イチゴ)の不意の事故を通して、死線を彷徨(さまよ)うなかで死んだ先輩と過ごした時間だった。この事件が、超えることのできず封印していた先輩の死を改めて見つめさせ、自らの今を見つめ直す切掛けとなっていく。そして、そのことで少女から大人の女性へと生まれ変わっていくというストーリーである。

　この映画の重要シーンに出てくるのが赤い「CB400F」である。

　CB400F の存在が心を象徴的に表している。このタンクの赤は主人公の先輩と言う憧れそのものであり、心そのものなのかもしれない。その彷徨える心は交通事故を通して走馬灯のように甦るのであるが、退院後、どうしてもあることを思い出すことのできない自分に悩んでいた。

　そんな時一通の手紙によって七回忌の法事で先輩の家に行ったときに、納屋でみた事故車のCB400F。その赤いタンクの多くの傷、それを抱きしめて泣き崩れるシーンが印象的である。そこから思い出すことのできなかった過去が鮮明に甦ってくる。

　つまり、その赤いタンクは自らの傷ついた心であり、そのタンクを抱きしめることで自らの心への労りと同時に、廃車となった CB400F と自らの過去を重ね合わせることになるわけである。その刻まれた傷そのものを直視することで、過去への清算とでもいうべき心との対話がなされ、過去からの解放へと向かっていくという流れであった。

245

こうした作品においても CB400F は主人公の心の役割を果たす対象として選定されているのである。CB400F は象徴的扱われ方をしており、その存在は単なるバイクとしてのモノから、人へと昇華されイメージ化が成されていた。

　このように数多くの漫画や映画の主人公に纏わる存在として CB400F は選ばれているのである。

　この作品に限らず、あるときは強さの象徴であったり、またある時は幼気な少女の心であったり、そしてある時は走り屋たちの憧れであったりと、そこには理屈ではない存在感がのりうつるかのように CB400F は姿・形を心へと変えて、物語を形成していくのである。伝説や物語というのは、こうした社会現象を通じて日常の中で創りだされているのである。

　CB400F が特別なものとして存在する理由は、いわばバイクのスペックや機能そのものでは計り知れない魅力がそうした物語によって創りだされ付加された故であると考えて良さそうである。

　バイクと言う乗り物としては、その性能やデザインというモノにおいて、このバイクを頂点と表現すると異論を唱える人が多くおられることは理解している。しかし、野球の長嶋茂雄がそうであったように、心を語るうえでの物語を紡げるプレイヤーは、そうは居ないということではないだろうか。

　CB400F が単なるバイクから何らかの象徴として形作られていることを加味するとするならば、やはり特別な存在であることは間違いない。

　故に、通常の比較の対象から外れた価値観へと昇華された故に、唯一の存在として評価されているのではなかろうか。ここでも名車はユーザーが創り上げていくという名言を思い出すことになった。

　こうして見てくると、設定は遡るとしても現代に続く物語の疑似体験は、確実にファンを創りだしていくことが見て取れる。ましてアクターの演じる人物が、その中に出てくる車両をイメージさせ、その登場人物と自分が同化していくことで、一挙に投影が進んで行くことは実感として間違いないところである。

　こうした傾向は、他の多くのケースでも見られる現象である。もちろん、CB400F そのものの持つ魅力なるがゆえに、時を経ても変わることのない支持を得ていると

いうことはあると思う。ただ、**時代を描く際に、そこにあるべくしてあるもの、物語の登場人物として、外せないものとして存在しているということは、そのものの魅力と同期を一にしているからこそ登場してくるものと考えて良いだろう。**

　それは、実際このバイクに関わった人たちの思い入れや拘りが生んだ「CB400F像」というものが、確実にオーラを創り出しているということに他ならない。

　その物語に描かれている「CB400F像」に新たに接した人たちは、そのバイクの魅力と、バイクに込められたオーラに影響を受けることになる。そこに初めて新たなユーザー、ファンの誕生するのである。**こうして時代を経ても生み出されるCB400Fの物語は、ある時は象徴として、ある時は伝説として、再生や新生を繰り返しその上の高みへと昇華されていくことになる。こうしたマスメディアの力は、新たなユーザーを創出していく動力源であることは疑うべくもない。**

第5節　　CB400F 物語の投影循環構造

　間違いなく言えることは、CB400Fが伝説のマシンとして扱われ、或る意味、「神格化」されたところがある。特徴として共通しているのが、物語は違っていても一台の車種(CB400F)の存在自体が、時間の経過とともに「伝説」や「象徴」として扱われ、一つの「地位」を形成している点である。

　CB400Fは、特にそのマシンの性能という意味では、後継機以降のスペックに届かないにも関わらず、扱いは非常に高いものとして描かれている。過去に乗っていた人々の物語が付加され、意味付けや権威づけがなされ、伝説となって付加価値が加わっているということである。また、もう一つの特徴が人の存在とCB400Fとがリンクしその人自体の人生がCB400Fに憑依(ひょうい)している点である。

　言わば人格化がなされているものと考える。製造されてすでに約半世紀。にもかかわらず、未だに愛好家たちが求めてやまない存在であるCB400Fの魅力は、こうした表現下で捉えられ年月を重ねてきたというわけだ。未だに愛好家たちが求めてやまない存在であるCB400Fの魅力の背景には、時代の変遷とともに新たなイメージが創り出されるという再生のプロセスがあるようだ。

　つまり、生まれ変わりを繰り返し、新しい時代のユーザーからも支持される存在となって、受け継がれるというサイクルを持っているということである。

時の流れごとにその時代々のシンボルとして「再生化」(リマインド化)され、各世代に対して、「新生」として新たな顔を作り上げているのである。

「再生」の意味を含めた生まれ変わりの姿、物語を通して造りだされた新たな姿としての「新生」を繰り返すには、その主題に応えるだけの素材でなければならない。つまり、変わらぬ魅力を保持しつづる要因を持っているのがCB400Fであるということだ。

ここからは、これらの点を「見える化」してみようと思う。

以上の5作品の存在とその影響度をまとめてみたのが、以下の表「CB400F魅力の循環構造」である。

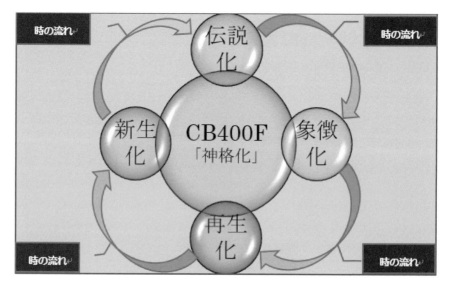

「CB400F 魅力の循環構造」

このように時代の流れに即応して、CB400Fの姿は変わらずともその意味や位置づけが変化することで、各世代の人たちに不動のイメージが作り上げられたように思う。あたかも名優が数多くのシナリオに基づいて、物語の主役を演じるがごとくCB400Fがキャスティングされたということである。その俳優(CB400F)は監督というオーナーの演出に基づき、時代背景や時間を超え、それぞれのテーマに沿って物語を語るかのように走り続けてきたということである。

さらに言えば、伝説が新たな伝説を生むように、物語が物語を創り上げてきたように「伝説化」、「象徴化」、「再生化」、「新生化」というサイクルを創り出し、

新しいファンを創造してきたと解釈することもできる。そして、これは大袈裟な表現ではあったが「神格化」されていくのではないかとさえ感じている。趣味の究極は一つの信仰に似てくると思うのである

　以上、エンターテイメントの内容を通じて CB400F の魅力の構造を観てきた。そこには創り出されたものとしての物語において、CB400F がその役を立派にこなせる素材であったということである。

　CB400F は、他のマスメディアでは主役級ではなくても、必ずと言って良いほど登場するバイクである。故にこのバイクほどメジャーなものは無いということかもしれない。それは持って生まれたタイミングや、生み出された時代背景がかかわっていることは間違いない。

　それに加えて前章で語った強運の影響も考えられる。だからこそここで謂う「CB400F 魅力の循環構造」が時間の経過とともに「神格化」する道へと進んでいるように感じている。このような構造を可能にする為には、バイクのそのものの魅力が高くなければならない。そればかりではなく人の生活や人生と緊密に結びついていなければ、意味も物語も生まれないということである。

　過去の人たちの人生が今の人たちの新たな人生を創りだすという循環に組み込まれる為には、いかにスタンダードであるかが問われるような気がする。CB400F が適格者であることは、今も新しいファンが生まれているという事実が何よりの証拠である。

第6節　　「4(ヨン)」の魅力

第1項　　「4(ヨン)」の構造

　本来バイクに対する考察は、バイクそのものに関する項目で埋め尽くされており、ここで語ることは別次元のものと捉える方もおられると思う。しかし、私にとっては CB400F を探求する上で「4」というものを切り離してその魅力を語ることは考えられないのである。

　バイクの話から離れてしまうように見えるかもしれないので、筆者にとっては CB400F の魅力を探るうえで避けては通れない命題なのである。

　どうしても「4(ヨン)」、「フォア」という数字そのものに潜む魅力を探りたく本節を起こすことをお許し頂きたいのである。

249

単に 4 気筒をいうものだけだとすれば、他のメーカーの車両にも数多く存在する。殊更に「4(フォア)」に拘る必要性は無い。しかし、ホンダだけが当時の 750、500 そして 400 とすべてに「FOUR」を明示し、今も「F」の文字は消えていない。

これは図らずもメーカーサイドの思惑や思考とは違うところに「4、フォア、FOUR」というモノの持つ、魅力があるのではないかという私独自の解釈がそこにある。

そもそも CB400F のデザイン性や機能、時代背景や各人の拘りという意味で様々な魅力が存在することは前節までかなり見てきたが物足りない。

ここで注目したいのは、**直感的に「4(ヨン)」、「フォア」というものに惹かれている自分がいるという事実に基づき**、「4(ヨン)」という数字そのものの魅力を仮説・検証したい。まずは、前提としては CB400F というものに関わる「4(ヨン)」という数字そのものが作り出す効用をイメージし、下図、「4(ヨン)」の魅力構造図を作成してみた。

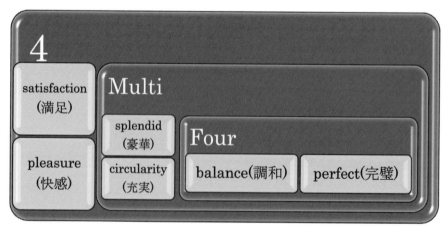

「4」の魅力構造図

この「4(ヨン)」の魅力構造図を簡単に説明しておきたい。あくまでも CB400F というバイクの持つ「4(ヨン)」というものに関わるイメージをベースとしつつ図示したものである。順を追って観ていくことにする。

第一に最も大きな概念「4(ヨン)」というものが存在する。ここにはもともと奇数と偶数というものに対して人の感覚という存在がある。

　奇数は英語の "odd number"という表記であり "odd"は「奇妙な、偏った」という意味がある。それに対して2で割り切れるもの偶数は、"even"と表現される通り「平な、均等な」という意味を持つ。このことからも偶数の安定的イメージは、割り切れる感覚から平等や整うという感覚が、「satisfaction (満足)」という感覚を生み、それが「pleasure (快感)」を想起するのではないかと考えたわけである。

　第二の概念として「4(ヨン)」というものの中に、マルチという概念が存在しているのではないかということを考えた。

　と言うのは、CB750FOUR によって創りだされた「4(ヨン)」というのが、マルチエンジンのデファクトであるという既成事実である。そのことからCB400F の持つ機能面にミドルクラスでありながら「splendid (豪華)」であり、「奢っている」という意味が想起され、そこに横溢した「circularity (充実感)」が造りだされる。それは「4(ヨン)」というものから醸し出されていることを指摘しておきたい。

　そして、第三は敢えてバイクの名称として冠した「FOUR」という固有名詞の持つイメージである。マルチということが「4(ヨン)」を強くイメージすると当時に、「FOUR」とつけることによって、偶数の持つバランスの良さを強調できる。そして、それらの行きつく概念として究極の姿が「FOUR」に込められているのではないかということである。

　となると「balance (調和)」した完成形、出来上がったという意味で「perfect (完璧)」という概念が生み出されていると考えたわけである。ここまでは仮説である。それでは各概念の根拠として考えられる事象を読み解いていきたい。

第2項　　奇数と偶数に対する感覚

　まずは、二人の専門家の方々の話を踏まえることにする。
建築デザイナーの内田宏樹氏[173]によれば、デザイン的に見ると、好感度の高い数字としては「偶数より奇数」という見方がある。何か同じ形のものを横に並べるときは、偶数より、奇数を置く方が、趣向があり整っても見えるということである。

---

[173] 内田宏樹　1997　Graduated from The School Of　The Art Institute Of Chicago -Interior Architecture ma jar.卒　Interior Architecture Design Firm オーナー

つまり、左右対称を強調しやすく、中心ができ、そこから左右に広がったように見えるというのが理由である。仮に4つ並んでいるときは右2つと左2つという構成によって目が分かれてしまい、そこまでになってしまうが奇数にはそれが無いとの見解である。中心という解釈を前提にすると奇数は最初から中心が定まる。前節でバランスの魅力を「4(ヨン)」が持っているという解釈をしたが、逆に偶数の方が、左右対称で中心を得られるという見方もできる。ただ、中心に備わったものは数ではないのかという疑問が起こる。例えば「3」や「5」をイメージしてもらうと、中心をおいて左右は同数である「1と1」と「2と2」が両翼になるわけである。つまり、「一対」という感覚自体が偶数であるということに繋がることになる。

　この考え方を解釈すると、偶数である「4」というものは最初から中心を据えるまでも無く、割り切れることでそこで完結してしまい、バランスして落ち着くと考えられる。つまり完結で収まりが良いという見方である。実は寧ろそのことに心地よさがあるのではないかと感じるのである。

　もう一人、大阪経済大学の西山豊氏[174]によれば、日本人は奇数を好むという。一方、西洋ではシンメトリーを好むとされる。[175]　われわれ日本人の数字としての感覚の中に偶数よりも奇数の方が好意をもって日常化しているとされる。
　これは専ら生活習慣における奇数の定着というものが考えられる。冠婚葬祭における中国の陰陽思想の影響や、割り切れない縁起の良さといった日常生活における奇数の浸透が文化として根付いているように観られる。一方、西洋で見られるように偶数の持つ完結さ、或いは完成度という感覚も間違いなく実感としては存在しているのである。「偶」には「並ぶ、つりあう」という意味があり、分けられることによる平等の感覚が生まれる。奇数を好感する日本人の生活習慣に、西洋の文化や価値観が大きく影響していることは間違いなく、日本人の持つライフスタイルの変化が偶数へのより強い好感を齎しているのかもしれない。

---

[174]　西山豊　1948 生　大阪経済大学　情報社会学部教授
[175]　西山豊　「奇数の文化と偶数の文化」2017.12.29　大阪経済大学　高等学校での模擬講義「数学を楽しむ」28　例えば「「七五三」や一月一日元旦、三月三日桃の節句、五月五日端午の節句、七月七日七夕、九月九日重陽節、俳句の五七五、短歌の五七五七七、漢詩の五言絶句、応援団も三三七拍子、結婚式のご祝儀の金額、葬儀の香典等々例は挙げれば切りがない。片や偶数は、二は分かれる、割れる、四は死、六は六でなし等あまり良い解釈のものはない。一方、西洋ではシンメトリーを好むとされる。二大政党制や虹の6色、2ドル紙幣や20ドル紙幣...」と、日常生活の中に溶け込んでおり、日本の2千円札をイメージするとわかりやすい。

奇数にしても偶数にしても、「バランス」や「調和」、「心地よさ」、「美しさ」といった感覚が、双方ともに存在していると考えて良いと思う。その違いということで言えば、奇数はバランスをとったときに真ん中に位置する数字が存在するということ、偶数はそれ自体割り切れるという性質から、自身がバランスすると言える。

　奇数は思想的に真中を司るものが左右を二つに分けて安定させる。つまり、中心という第三者的存在があってのバランスであり、片や偶数は当事者同士の意思で割り切れるという感覚が違いと考えても良さそうだ。偶数には自然に割り切れるという性質から、同じバランスという感覚であっても「割り切り」、「収まり」といった点で、奇数より安定感や安心感、心地良さをもたらすのだと考える。

第3項　　「4(ヨン)」そのものの魅力とは

　そこで、今度は「4(ヨン)」というものが持つプリミティブな魅力について考えてみたい。要は「4(ヨン)」という数字や配列「4(ヨン)」という佇まい自体がCB400Fの魅力の１つを成しているのではないかという魅力構造の検証である。

　CB400Fを語るうえでエキゾーストシステムとしての4into1や4気筒という意味合いだけで「4(ヨン)」という魅力の意味付けをすることもできるが、それだけでは「4(ヨン)」の魅力を語り切れていないように感じる。

　なぜならクルマの構造上の「4(ヨン)」ということであって「4(ヨン)」自体の魅力そのものを掴み切れていないのである。つまりこの解釈の先にあるものが知りたいのである。元来、「4(ヨン)」と言う数がどういう影響を人々にもたらしているのかを知ることでCB400Fに「FOUR」という文字を冠する理由が明確になると考える。

　そこでバイクそのものに対するアプローチから視点を変えて、ファッションの世界、デザインの世界における「4(ヨン)」という数字が持つ姿かたちに対して、人々の持つ感覚がどのように働いているのか、影響を及ぼしているのか、そして、いかに魅力の一部として構成されているかということをいくつかの例を通じて考察してみる。

　まず、唐突ではあるけれどもファッションという意味で身近なスーツを例にとり、特に袖釦の配置・個数・バランス等々を観ていくことで「4(ヨン)」そのものの持つ魅力を分析してみたい。デザイン性、ファッション性という意味では工業製品にみられる意匠にも多くの共通点がある。実際に以下の例で説明したい。

「4(ヨン)」そのものの魅力とは、何かを探るうえで「スーツの袖ボタンで感じるもの」を例として挙げた。袖のボタンのデザインとして、数が2つ、3つ、4つ等のものがある。実験的に下に示す6つの袖ボタン例を眺めて頂きたい。

① 袖釦1個　　　　②袖本開き2個釦　　　③袖本開き3個釦重

④ 袖本開き4個釦　　⑤袖キス釦2×2個　　⑥ 袖釦5個

スーツの仕立屋で「かっこいいボタンの数は」と聞いたことがある。
「「だいたい3つと4つ」が定番ですね。3つというのは腕が短い日本人向きとされ、かっこいいのは4つです。5つというのもありますが「うるさい」という感じになります。普通の方はあまりつけませんね」という答えであった。

以上の写真事例[176]　6枚(前頁)をまず再度一瞥して頂きたい。それぞれについて用途に合わせたものであるが、どれが「かっこ良い」のか直観で観て頂きたい。
　釦はスーツやジャケットの一部分にすぎないが、重要なデザインアイテムである。スーツに占める面積が小さいとは言いながら、アクセントとしては最も注意を要す

---

[176] オーダースーツ Pitty Savile RowHP より (2018.08.18)

るものであり、3つ釦か、4つ釦かでスーツそのものの選択肢が決まってしまうだけの効果を持っている。たかが、釦一個でこんなに違うわけで、「されど釦」というわけである。

　釦一個が、モノ全体に対する相性を持ち、価値を決定づける要因が包含されていると解釈できる。それほど重要なアクセントであることは間違いない。
ここに示した6つの釦バリエーションは、ほんの一部にしかすぎないが細かく言うと、釦の数、釦配置、釦重ね、釦素材、背広用途、釦穴の種類、穴篝糸及び色、生地素材、仕立屋の技術力、グレードそして着る人の体形によって釦は違ってくるというわけである。それほどファッションにおける数というものは大きな意味を持つ。

　以上を踏まえスーツの仕立てを永年仕事としてきた方や、この世界の専門の方の話をもとに、ユーザーである我々の直感を前提として意見を纏めてみると、やはり「4つが落ち着きかっこ良い」という感覚は否定できないということだ。理由としてはまずはおしゃれという感覚が4つボタンにはあると思われる。

　「3」では普通で無難、「2」や「1」や「5」は収まりが悪いという感覚である。それに対して「4(ヨン)」は、バランスの良さであり、収まりであり、落ち着きと言った調和を想起させる「4(ヨン)」という「佇まい」が纏っている感覚を生み出しているとの見方である。統計的裏付けのあるものではなく、ヒアリングと感覚によるものとは言え、直感的には否定できないところである。

　バイクや車のデザインにおいても、このボタンの例で捉えた共通する重要要素があるように思われる。外装・内装においてこの数に係る検討が間違いなく必要である。エンジンフィン一枚の数に拘った本田宗一郎氏の視点が少しは見えてくるようだ。一枚のフィンに科学的根拠を求めたわけではなく、全体的調和としての美的感覚がそうさせたと考えて良い。ここで読み解いたスーツでいう「4のカッコよさ」という感覚がバイクにもあるという考えも可笑しくない。更に考察を続ける。

第4項　　「4(ヨン)」と「ヨンフォア」の意味するところ

　4気筒というものに注目したい。まず4気筒は既成のものではなく選択肢の筈である。単気筒や2気筒、3気筒、6気筒といったものもある中で、CB400F は何故に4気筒だったのだろうか、この素朴な疑問から観ていく。

CB350F が4気筒で4本出しであったこととの因果関係はある。これは4気筒でなくてはならないという宿命を持っていたためである。CB750FOUR を頂点とするシリーズの末っ子としての性格を共有するが故に、当時最小の量産型4気筒エンジンが開発されたということである。4気筒というモノの持つブランド性、高級感、高性能性、豪華さといったものの継承であったと考えると、既にその「4」は意味を持っていたということである。

バイクは機構部品の組み合わせが大前提となる。限られた道具立ての中でデザイン性を最大限に引き出す上で、プロジェクトのメンバーの方々の創造と努力によって造形に新しい試みが付与された。

それが CB400F のデザインを特徴づけた「4into1 排気システム」である。このシステムは CB400F の代名詞とも謂えるシステムであり、その後の車両の開発にあたっても、CB750F-Ⅱ、CB550F-Ⅱといったシリーズを逆に遡るオリジナルデザインとして一世を風靡ことになった。いわば CB400F で創られた「4」というデザイン性のフィードバックということになると思う。

呼名にも注目したい。CB400F は通称「ヨンフォア」であったり、場所によっては「フォーワン」、「フォーインワン」、「フォーイン」或いは「CB400 フォア」と言ってみたりする。いずれにしても「フォア」、「ヨン」、「4」という文字は当然のごとく入っている。ここで謂う「フォア」というのは、エンジンの気筒数を呼ぶもので「ツイン」であれば二気筒、「フォア」であれば四気筒を指すわけであるが、その「フォア」という呼び名はいつの間にかブランド性を帯び、そして個性を持って使われるようになったと考えて良いだろう。それは単なる呼び名としての「フォア」ではなく、「フォア」それ自体が既に固有名詞へと進化したことに気づかされる。

実はそこに「4(ヨン)」というもの自体の魅力を掻き立てられる要素があると考えられる。その証左として「ヤマハ」、「カワサキ」、「スズキ」にも当然であるが4気筒車は存在する。しかし、4気筒を意味する「フォア」の呼び名はない。

「CB750FOUR」が1969年米国市場を席捲すべく、ホンダのフラッグシップとして世に送り出され大成功を治めるわけであるが、その名の示す通り4気筒「フォア」に込められたホンダのそのもののスピリットが化体していると考えられる。

「4(ヨン)」、「フォア」の示すものは、単なるエンジンの気筒数だけを意味するだけではなくなったのである。例えばホンダ自身が気筒数だけで「フォア」という名

をつけていたとしても、ユーザーへのメッセージである「4(ヨン)、フォア」は、魅力そのものの代名詞として昇華されたと考えて良いだろう。

　初代「フォア」であるCB750FOURの設計者/池田均氏は「世界の水準に達していなかったデザインの部分で、とにかく世界を乗り越えたい。仮に4気筒じゃなくても一番かっこいいバイクにしたい…」[177]と語っておられる。「仮に4気筒でなくても」という言葉は、池田氏の設計者としての誇りであり心意気であろう。

　しかし、4気筒であったことがホンダの持つブランド性を高めるものであったとしたら「ヨン」でなくてはならなかったのではなかろうか。

　4気筒はマルチエンジンと呼ばれる。4気筒というものが「高性能」の一つの証を意味する。クルマにしても、バイクにしても「気筒数の増加=高性能」という構図は間違いなく存在する。つまり「4気筒=高性能」との概念をCB750Fが作り上げたともいえる。

　結論として「4(ヨン)」、「フォア」というものそのものが、高性能を意味し影響力を持つワードになったと考えて良いと思う。つまり「4(ヨン)」は独立した固有名詞としての概念が創りだされたということである。「4(ヨン)」自体がブランド化されたと解釈しても可笑しくは無い。

第5項　「4(ヨン)」から生み出される連想

　これまでは生の「4(ヨン)」のイメージを捉えてきたが、さらにCB400Fというものを据えて具体的に考えてみたい。CB400Fに纏わる「4(ヨン)」から連想されるイメージは車体構成と一体化したものとなっている。エンジンが4気筒である以上当然と言えば当然のことである。それらの部品のすべてが「4(ヨン)」によって条件付けされ、いわば「4(ヨン)」の帰結がCB400Fそのものだと考えてもおかしくは無い。言い換えれば、各部材から創りだされる「4(ヨン)」というものの総合体が、バイクそのものの個体を形作ることとなる。「4(ヨン)」としての魅力は部分々が調和した総合的効果(Overall effect)としても生み出されると考えられる。

　バイクの車体構造自体が「4(ヨン)」によって既定され創りだされているということである。車両開発の存在意義であるコンセプトの実現は、排気量の大きさなのか、

---

[177]「Honda DESIGN Motorcycle Part1 1957〜1984」日本出版社　東京エディターズ　2009-10　P31　1-3行目

最高速度の優劣なのか、燃費の良さなのか、スタイルとしてのタイプなのか、或いはディテールでいえば車体の色、エンジンのフィンの数と造形、キャブレターの有無と形状、スポークホイール、シート、サイドカバー形状、ロゴ、ステップの位置やフレームの佇まい等々すべてが「4(ヨン)」というモノに収斂していくのである。

　機能にしても、意匠にしてもすべてのモノが「4(ヨン)」の支配下にあるということである。

　つまりCB400Fは、「4(ヨン)」に導かれ造り出されたと解釈できるのである。

　この項で述べてきたことをCB400Fの連想概念を一つの結論として図示すると、以下の『**CB400F「4(ヨン)」の構図**』のようになる。

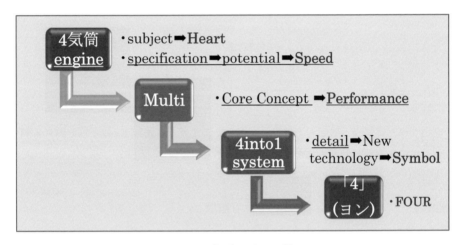

CB400F「4(ヨン)」の構図

　「4(ヨン)」という数字そのものについての魅力の根源を探るべく、検討してきたが、結論としてCB400Fについて解釈するならば『CB400F「4(ヨン)」の構図』で指示したものがあらゆる構造や意匠に反映しているものと考えられる。

　図を簡単に説明したい。最初の「4気筒」、その主題(subject)と言うのは、当時のマルチエンジンの代名詞であり、自ずと速さとその性能と結びつく。連動して「4気筒」を総称する「Multi」は、バイクのコンセプトの核であるトータルな演技力を表現し人々の期待を高める。そして、その細部において「「4into1」と言うシステムが、技術の新しい時代を表現するかのようにテクノロジーの象徴として示威され、新しい技術を予感させ、「4」FOUR(ヨン)という数字を固有名詞としてのブランドへと押し上げていくのである。この一連の心理的連想が、物理的「4(ヨン)」というものの集合体を意味付けして、魅力を創り出していると考えられる。

端的にいうと筆者自身 CB400F の一オーナーとして感じることは、もし 4 気筒で
なければ購入する際に選択肢から外していたはずである。また、あの流れるような
4into1 のエキゾーストパイプがなければ CB400F を 4 台も乗り継いではこなかった
と思う。これほどまでにこのバイクに惹きつけられ、掻き立てられた要因が「4(ヨ
ン)」というものにあったということである。「4(ヨン)」というマジックを帯びてい
るからこそ、所有し眺めるだけでも満足するものとなったと感じている。

　この「4(ヨン)」の示す一連のシナジーこそが CB400F のオーラの重要な核である
と結論付けたい。これから先の章ではこれらの実感を裏付ける意味でも、他のオー
ナーのアンケートを通じて再度検証を試み、その解釈を裏付けたいと考える。
　ここでは「4(ヨン)」そのものの概念的魅力を直感的に定義づけしつつ、その視点
を持って CB400F と「4(ヨン)」との関係を見てきたが、読者はどういう感想をお持
ちになったであろうか。

　そもそも筆者が「4(ヨン)」というもの、「四つ」というもの、その数自体の魅力や
「4 つの並び」や「四連」といったものを好感する実感を持っているだけに、主観
的な論理展開からは逃れられないが、そう説明するしかないと考える。
　逆に実感として「4(ヨン)」に対する魅力が根底にあったからこそ CB400F と「4(ヨ
ン)」との関係性に疑問を抱き、その魅力を分析するという発想が生まれたのだ。

　これまでの展開を整理してくると、CB400F は「4(ヨン)」との関連性が強いことに
ついてはそれなりの根拠を得たと思う。同時に「4(ヨン)」というものとの関わりの
中で造りだされた造形が、美しさを導き出し快感となることもご理解頂けたと思う。
　「CB400F「4(ヨン)」の構図　(前頁)」でお示ししたように、環境、技術、構造、
システムといったものが「4(ヨン)」と強い関係性があること、そして、その総合的
効果として「4(ヨン)」が魅力を構成していること、そして結果として「4(ヨン)」と
いうもの自体の性質が「かっこよさ」に繋がっていることもご理解いただけたので
はないかと思うのである。

　バイクというクルマが、バランスを軸とした理(ことわり)の宿命を負っていること
も、偶数である「4(ヨン)」の性質を必要としているとも無関係ではないと思う。
　少なくとも CB400F と「4(ヨン)」との関係性において「有意性がある」というこ
とは再度申し述べておきたい。

第6項　4本エキゾーストパイプの伝説

写　真 (A)

第 4 項の『CB400F「4(ヨン)」の構図』でもお示ししたが、特に CB400F の代名詞とも言える 4 本のエキパイについて分析しておかないと、「4(ヨン)」というものの魅力の肝を外すことになるので改めて観てみることとする。

CB400F の「4(ヨン)」の要であるエキゾーストパイプの形状を分析してみたい。　CB400F ファンであればご存じの 2 枚の写真を観てほしい。[178]

まずは上の写真(A)であるが、かつてここまでエキゾーストパイプにフォーカスしたプロモーションポスターがあっただろうか。少なからず二輪業界全般を見渡してきた筆者にとって、これほど強調した映像を打ち出したバイクは CB400F が初めてであると考えられる。少なくとも先駆であることには間違いない。1970 年代 CB750F を下から仰ぎ見るアングルで撮られたものもあるが、写真(A)で観られるようなここまでの煽り方ではない。

この構図のデザインについては、第八章でも述べたが被写体が三角形で構成されている中心にドライバーの顔がある。ドライバーは通常、進む方向を向いているものであるが、この絵では下に視線をおくり、その視線の垂直下にエキゾーストパイプがある。その存在感を強調するかのように平面で捉える最大の表現としてエキゾーストパイプの真下から撮影され、青い空は最もメッキ部分の光沢が映える表現で映し出されている。

---

[178] HONDA HP 「Motorcycle Graffiti 壁紙 100 選」

一方、右の写真(B)をご覧いただきたい。動態としての迫力を出すために、通常、背景を流しつつ車体に焦点をあわせ撮影するが、人物をぼかし、焦点は車体もぼかしているものの、エキゾーストパイプパイに焦点をあてているように見える。

写 真 (B)

　つまり、エキゾーストパイプ以外はすべてスピード感とともに表現してあるのである。この映像の素晴らしいところは、背景、人物、車体がスピード感としての流れ、ぼかし表現をとっているにも関わらず、フォーカスされているエキゾーストパイプパイの流れるようなラインが相乗効果によって躍動的に見えて、全体フォルムから齎される印象によって、全体的スピード感と調和して、見事にバイクの美しさを表現しているところにある。前段でも述べた通り、CB400Fの印象を決定づけるものである。

　実はこの映像からユーザーに訴えかけたい事項がもう一つある。それは「速い」ということ。「おお400　おまえは風だ」というキャッチフレーズが思わず想起されるということだ。これを見たユーザーの心に訴えかける価値観として、その「美しさ」という印象に加え「速い」という訴求効果に胸を打たれた人たちも数多いはずである。また、観る人たちにとってみれば、エキゾーストパイプは重要な要素であるばかりでなく、より速いものを希求する情動へと駆り立て、多くのカスタム部品やカスタム後の車両イメージが、いち早く現れるきっかけとなったともいえる。故にカスタムバイクの先駆けとなったとも考えられる。

　2024年の現代にあってもその「速さ」を印象付ける要因があるとすれば、このプロモーション用ポスターが表現するデザインが奏功した何よりの証拠である。

　ここでも表現のコアには「4(ヨン)」本のエキゾーストパイプの流麗なる姿に、「4(ヨン)」というものを際立たせていることに気づかされるのである。

第7項　　「4(ヨン)」と「人体」との関係

　この章がこの本の中で難解で最も読みづらい章であることは自覚している。

　しかし、筆者にとってみれば CB400F の魅力、つまりは、オーラの根源を見出したいというこの本の趣旨からすれば、極めて重要な部分であるのがこの章なのだ。読んで頂く方に難解とは感じつつも、一貫して「4(ヨン)」そのものについて解析を加えてきたのはその為である。

　筆者自身も魅力の解明において模索を続ける中で、この「4(ヨン)」の魅力を語っておかないと CB400F の魅力解明に心残りとなると感じている。繰り返すようではあるが、今解き明かすとすればこの表現でしか説明できないというところを語っておきたいのであり、その我儘をお許しいただきたい。再度冒頭の「4(ヨン)」の魅力についての説明を振返りつつ纏めに入る。「4(ヨン)」という概念が、我々にどういう印象を齎しているのかを再び観てみる為に、「4(ヨン)」というあらゆる形態について感じ取っている感覚を捉えてみたい。

　改めて CB400F に対する印象を読み取るとするならば、CB400F は、「排気量400cc(408cc ,398cc)」、「OHC4 気筒エンジン」、「日本初市販標準 4into1 排気システム」、で最も際立つデザイン的特徴「流麗な 4 本のエキゾーストパイプ」と、そのすべてが「4(ヨン)」並びである。他のメーカーの 4 気筒はあってもこれだけの要件を持つものは CB400F をおいて他にない。

　「4(ヨン)」並びの最大インパクトが「4into1 システム」であり、その象徴がエキゾーストパイプである。その曲線美は 4 本の規則正しい均一性の流れから生まれている。すべての姿が「4(ヨン)」という数の中に存在している。

　このことに加え、二輪車の宿命として、或いはバランスを取らなくてはならないものの宿命と捉えた場合、偶数「4(ヨン)」という数は人体の部分で言えば「手足」ではないかと考えた。人の発想の原点、或いはもの造りの原点として調和のとれた人体構造への希求というモノが存在するように考える。言い換えれば「4(ヨン)」の根本に人体の構造的バランスや、人体としてのイメージレベルの要件が、我々の美観に繋がっているのではないだろうか。人のデザイン表現として人体を想定したイメージに美学の原点の一つが存在しているのではないかと思えるのである。つまり、<u>美観に存在する人体との相関</u>である。

「4(ヨン)」は「人の手/2＋人の足/2」を表し、4輪車で言えば前輪2、後輪2ということであり、人は感性として二輪車にも、自然とそのバランスを求めていると考えることもできる。「4(ヨン)」以外の偶数ではダメなのは、他の偶数が左右上下にバランスとして二分することはできても、**人体のバランスを基本とした美観**の位置づけに至ったときに、左右の手足ということで「2」或いは「4(ヨン)」でなくてはならないのである。

　当然、奇数はあり得ない。造形物が擬人化によってその完成度や美しさを得ると考えるならば、「2」或いは「4(ヨン)」でなければならないという解釈になるのである。**言い換えれば二足歩行を当然とする人間にとって、そのバランスは左右対称の構造を基本とし美しさもその中に生れると解釈する**と、二輪が成立する為のセオリーと重なるのではないかと考えるのである。

　さらに進めると、人がデザインを考えるとき、自ずと人体をベースとして発想するのはある意味自然の発想かもしれない。何故ならクルマを考える時、人が操作するモノであるだけに、当然の帰結として人の構造に沿ってモノ造りが展開されることは至極当たり前のことである。つまり、ユニバーサルデザインやヒューマンフレンドリーと呼ばれる人間工学に基づくモノづくりの発想である。これは人とモノの関係の原点と言える因果関係が存在するからではないだろうか。人に関わるデザインはもとより、建築、景観、考え方に至るまで擬人化された価値観や物差しが、人間をベースとして創られ美の追求がなされていることに気づくからである。当然、芸術と言われるモノすべての表現においても人体、人心という人というもののすべてが結びついているとも言える。

　ここで再度注目したいのは人体全体のバランスは「2」の構成による「4(ヨン)」というものによって完成されているということである。

　特に全身のバランスは、レオナルド・ダ・ヴィンチが描いた「ウィトルウィウス的人体図」[179] (次頁図)でもわかる通り、前述した「人の手/2＋人の足/2」の構造で形作られた「4(ヨン)」というものの調和として描かれている。ご存知のようにこの人体画は「プロポーションの法則」或いは「人体の調和」と呼ばれる通り、人間の美を表すものである。こと人体全休に目をやると、美しさの基準は、左右調和のと

---

[179]　『ウィトルウィウス的人体図』アカデミア美術館　(ヴェネチア(伊)　レオナルド・ダ・ヴィンチ作　ドローイング) フリー百科事典『ウィキペディア（Wikipedia)』より

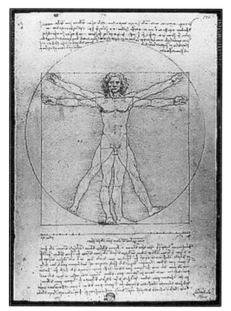

れた状態にあることは、この人体図からも推測できる。そこにも「4(ヨン)」でなくてはならないという数字の魅力を感じるのである。

改めてCB400Fと人体、CB400Fと「4」というモノの話に戻すとするならば、二足歩行というモノに存在する構造上の条件は、二輪車においても前述してきた通り、人体のバランスを意識した課題解決や美しさの追求といった点において、人体を基本とする「4」というもののイメージや発想が想起されることを禁じ得ないのである。

　本節の第5項でご説明させて頂いた「4」の連関・連想は、この項で述べさせていただいた人体の構造でも密接に関係しているように思うのである。その意味で行くとCB400Fに限った話ではないかもしれない。CB750Fも「4」なのだが、CB400Fは「4」の「4」であり、そのネーミングから受ける印象はより強いものになる。この点はメーカー側が意識していたかどうかは分からないが、結果として、「4」の魅力のロジックと結びついた効果を齎していることは間違いないと思う。

　今一度、人体に関わるプロポーションという外見的魅力と「4(ヨン)」の関係を見てみると、内臓器官としての中心を成す「心臓」にも、人間がその数字にこだわる仕組みが存在しているようにも感じる。
　その点にも触れておきたい。心臓に限らず、肺、腎臓、肝臓、膵臓、脳、消化器官等々、一見して2つに分かれているものもあれば、一つであっても2つに分かれているものもある。そもそも進化の過程で、体腔スペースに合わせ創り出されたとされている。肺や腎臓に例をとると平時は持てる力の20〜30%が使用されているにすぎず、病気や細胞交代時の予備力として残りは存在するものとされている。[180]

---

[180]　「なぜ肺や腎臓は2つあるの」防衛医科大学校教授　西田育弘　kokanet 子供の科学最新号　2020-10-27

典型的な例として人体を考えるとき、人間の臓器の中心をなすものはやはり心臓である。

　イメージして頂きやすいように「心臓の構造図(右図)」をご覧頂きたい。[181]この心臓の構造とエンジン構造との対比を意識しつつ「4(ヨン)」という数との関係を読み解いてみたい。

　CB400Fのエンジンを心臓だとすれば、4本のエキパイやマフラーは、動脈系、静脈系、肺動脈、肺静脈というイメージになるのではないだろうか。4サイクルエンジンは、吸気、圧縮、爆発、排気という4つの工程を繰り返し動力としている。まさに心臓の仕組みである右心房、右心室、左心房、左心室の動きに相似する点が多い。

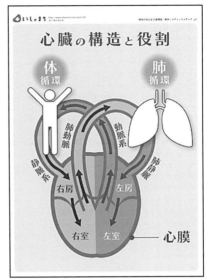

「心臓の構造図」

　こうした「4(ヨン)」というサイクルは起承転結ともつながり、心地よく、安定した、安全で、確実な生への営みとして印象付けられているとも考えられる。「4(ヨン)」というものの持つ構造上のプロセスが、人体の構造とも結びつき、遺伝子的にも「4(ヨン)」を好感するのかもしれない。

　そのことからCB400Fの構造と意匠は、人体的美観として親和性を生み、大きな魅力となって表れているのではないかとも考えるのである。やはり、4気筒マルチエンジンと「心臓」というイメージの相似性を感じずにはいられない。他の臓器との関係も同様である。数多いエンジンの構造においても「4(ヨン)」というイメージが心地良いのはその勢なのかもしれない。

　「4(ヨン)」の魅力は以上のように人体をイメージすると、理に沿ったものとして得心することができる。また、CB400Fが二輪車であるだけに機能美として、構造上も含め「4(ヨン)」というモノに対する希求は強く、人々の美意識として人体が想起され、その精度やバランス、安定性等を踏まえ美を追求していく際に、「4(ヨン)」が必ず組み込まれることになるのではないかと考えるのである。

181　病気が見える 2 循環器/解剖/メディックメディア　「いしゃまち」2017.09.05

いわば人の臓器の機能をベースに考えられたアイデアとして、四輪、二輪というクルマにとって用意すべき構造は、いざという時も含め偶数であることが配分理由として理に適っていると言える。これを機能美と称してもおかしくないと思う。

以上、読者に対して、「4(ヨン)」という数字に秘められた人体との関係性から生まれる美としての魅力を、直感的なものではあるとは言いながら根拠としてお示ししてきたわけであるが、少しでも得心部分があれば、この節の意味と目的は果たせたと思う。

第8項　4気筒という「バランス」

この章を終えるにあたり、以下のように纏めておきたい。

改めて「4(ヨン)」、「フォア」は、偶数であり、割り切れるものである。別の言い方をすると二輪車のバランスをとるには偶数の方が理に叶う。

ことエンジンのバランスを考えると設計上収まりが良いことも事実である。何より単気筒より二気筒、そして4気筒の方がその性能は向上し機能の幅は拡がる。
その理屈から言ってさらに4気筒を上回るものの偶数気筒の車両について、言及しておく必要性があると思う。

6気筒の HONDA CBX1000(1978)やカワサキ KZ1300(1978)、近年では 2005 年第 39 回東京モーターショーでコンセプトモデルとして出品されたスズキの「ストラトスフィア」が典型的例[182]として挙げられる。
最近では、HONDA Gold Wing GL1800 や、同 Gold Wing Tour GL1800 等 6 気筒でもさらに大型化している。数が多ければイコール高性能かということになると性能の一部を表わすものではあるが、すべてではないという答えに変わる。何故なら使用目的によって使い分けが存在するからである。気筒数だけで競うとすれば 8 気筒水冷 V 型 6156cc 455 馬力という「ボスホス」や「カノン」といったところが事実上の最大気筒数であり、「ダッジ・トマホーク」に至っては V 型 10 気筒 8300cc とオートバイとは言いにくいものまで存在する。

---

[182] 2018.4　カワサキが 6 気筒バイク Z1300 の復活モデル、2018.7　Honda　CBX 復活として 6 気筒 MEGA スポーツカフェの登場与件記事がネットに出る。2018.08.16 時点

これらのことでもわかるように、バイクにとって偶数はバランスをとるうえで好都合ではあるものの、しかし多ければよいというものでもない。

　というのは、クルマは４輪ということもあり、すでにバランスされた箱の中にエンジンを収めるということになるが、それに対してバイクは、二輪であるうえにすべてのパーツが原則剥き出しであり、その部品一点一点がバランスを考慮した造りで配置される必要性があるということである。当然重量の問題も出てくるのである。

　つまり、特に二輪である以上、偶数の気筒数はバランスそのものを齎し、対称性や安定性そして安心感を性質として具備していることが求められる。二輪であるからこそクルマには無い気筒数の制限が必要だということである。さらに二輪は人がバランスをとりながら走ることが宿命づけられている。となるとエンジンの質と量との相対的バランスを考慮しなければならない。ここに統計的数字は持ち合わせていないが、おのずと最大公約数的気筒数は絞り込まれてくるものと考えられる。

　HONDA の並列４気筒エンジンは、「欧州のクルマに負けない高性能車」をということで開発された。バイクの並列４気筒エンジンは日本発祥の世界的エンジンなのである。改めて CB400F に２気筒や３気筒はあり得ないし、想像したとしてそのような「4(ヨンフォア)」は有りえないのであり何と呼べばよいのか迷ってしまう。
　車体に取り付けてあるエキゾーストパイプはどうなるであろう。具体的イメージとしては２気筒だと後継となる CB400T　HAWK-Ⅱ となるであろうし、３気筒と言えば　カワサキ「マッハⅢ」[183]を思い浮かべることととなる。
　つまり、CB400F は４気筒でなければならないということである。

　以上、この章では「4(ヨン)」いうものの魅力が「調和」、「完璧」、「豪華」、「充足」という感覚を生み、結果として「満足」、「快感」と繋がっているということを検証してきた。うまく読者に届いたかどうかは分からないものの、少しは得心のいく疎明ができたのではないかと感じている。

　「4(ヨン)」の持つ「カッコよさ」という感覚の奥に、構造的に潜む魅力の根源を

---

[183]　カワサキ「マッハⅢ」は、２ストローク３気筒エンジン　1969 年米国で 500cc(H1)よりシリーズ開始

少しは引き出せたのではないだろうか。「4(ヨン)」の持つ魅力は、その姿や形、連続、均等、佇まいとそれぞれの状態によっても魅力を想起させてくれる。

　この章では「4(ヨン)」という魅力の快感を、苦しみながらも何とか導き出し結論付けられた。少なくとも CB400F の中に「4(ヨン)」の魅力が存在することは間違いない。

　二輪車にとってみれば、前提となるバランスこそ、最も必要とされる快適要件の核である。その核の部分を形作る象徴的構造として「4(ヨン)」を機能美とも認識した。そしてそれを実感することで、「4(ヨン)」の持つ魅力の存在を理解することができたと考えている。

第7章　　仲間たちの群像　Ⅰ「花添えし人々」

　前章までは CB400F の魅力の根源を探るべくその手掛かりに最も近いデザインの面に注目して、その魅力を客観的に分析してきたが、この章からは CB400F を世に送り出して頂いた作り手の皆さんのインタビューを中心にその魅力を探っていきたい。

　プロダクトデザインの重要性はチームワークにあると考える。CB400F は多くの人たちの手によって成された作品であるということである。ここで採り上げたいのはそのデザインを支え、調整し、企業の論理と人の理想に折り合いを付け乍ら、製品を創り上げようと努力されてこられた各セクションの方々にスポットを当ててみたいのである。企業と人の狭間にこそ秘められた想い入れや拘りがあるのではないか、つまりはそこにも CB400F の完成度を高めたものが間違いなくあることを、しっかりと見極めておきたいのである。

　それはプロジェクト全体のクオリティを意味するものであり、企業ポリシーをも貫くものであることを見落とさずに観ていきたい。このことが無ければものづくりは成就しないからである。そこで当時の代表的なセクションの方々にインタビューを実施し、今だから語れる CB400F のご苦労や秘話をお聞きし、CB400F の今までに見えてこなかった隠された魅力に更に一歩踏み込みたいと思う。

　CB400F が発売されて半世紀。残念ながら既に鬼籍に入られた方もおられるが、2024 年の 50 周年を迎えるにあたり、できるだけ多くの方にインタビューを実施し、今まで見えてこなかった魅力を説き明かしておきたいと思う。

第1節　　車体設計の匠

　2022 年 9 月 21 日　埼玉県にクルマを走らせた。CB400F 車体設計を受け持たれた先崎仙吉さんにお会いする為だ。予定通り午後 1:30 に先崎さんのご自宅に到着。先崎さんは家の前まで出ておられガレージへと誘導頂いた。

　　ご挨拶をさせて頂いた後、応接室に。そこには記念の品々が飾られており、それを観ているだけでも、お聞きしたい事項が増えていったが、予めお聞きしたいことについては、質問したい事項として郵送させて頂きご用意いただいていたようで、スムーズにお話をお聞きすることができた。

　当時のお話しは思い出深いものばかりであり、また、熱の入る話もあって、こ

ちらも時間もわきまえず、長時間となってしまったことは大変申し訳なく思った次第である。

先崎さん(左写真[184])は1958年(昭和33年)に入社以来、大型二輪を主戦場として設計一筋に歩んでこられた方である。C100 スーパーカブ、CB92、CR93、RC110、RC114、CD125、CB250/350、CB750F、SL350では車体設計の足回りを中心に担当。その後、完成車車体設計のPLを、そして1973年(昭和48年)から直4シリーズの開発担当となられ、その最初の時期にCB400Fの開発に従事されることとなる。特に4into1の排気システムについては三恵技研工業との綿密な打ち合わせを繰り返し、苦労の末に完成を観ることとなる。いわばホンダ側の立役者と言って良い。そこから約10年間、CB900C、CB650/550SC、CBX400C、CB1100FはLPLとしても活躍され、超大型二輪GL1500の立ち上げにも参画され、車体設計から品質管理、そして本社での品質保証の仕事に取り組まれることとなる。

第1項　　CB400F 開発部隊

　先崎さんが入社されて15年目、直4シリーズの開発担当として初期に手掛けられたのがCB400Fであったとのことである。

　開発メンバーは、LPL[185]寺田五郎・主任研究員(主研)、車体デザインは、CB350Fに続き佐藤允弥主任研究員。車体設計であった先崎さんは、特に軽量化・スリム化と排気システムに注力され、後に海外戦略や国内戦略等を検討していく段階でLPL代行という立場になられる。LPLが全体の方向性や方針を決める立場であり、先崎さんは企画書の作成や諸事書類作りをする立場として役目を担われたとのことであった。

　当時の開発部隊の組成は、各部署からPL[186]が決定され、それをLPLが統括していくという開発編成となっており、車体設計(先崎PL)、エンジン設計(下平PL[187])、

184　先崎仙吉氏　近影
185　開発責任者　(Large Project Leader)　PLの取り纏め全体的調整・進捗管理・会社側との交渉を行う立場
186　開発担当者　(Project Leader)　プロジェクトにおいて各セクションを代表する担当者
187　エンジン設計担当　PL　下平　淳　氏

エンジン研究(一研/千葉担当[188])、完成車研究(二研 [189])、その他にも材料研究(金属・非金属)、音・振動研究と各研究分野に応じて、マネジャーが選出したスタッフが、招集され陣容が決まっていくというものであったようだ。

お話によると開発の取り組みは、各セクションともに零からのスタートである。本田技術研究所というのは伊達ではなく、取り組もうとするプロジェクトはすべて一からとなる。CB400F については、三兄弟との位置づけから CB350F の手直しとの見方もあるけれども、いざ取り組みとなれば、新しいものを創ることと同じであったと言われた。

CB400F について言えば、三兄弟の位置づけを意識しつつ、個性を出していくという考え方は、全く新しいものを創るより難問ではあったのではないかと感じる。その証拠に三兄弟との性格付けは、750・500・350 と品ぞろえとしてラインナップしたメーカーの目論見とは裏腹に、それぞれの個性を損なう逆の効果を生んでしまったようである。特に CB350F についてバイクの好きなユーザーにとってみれば、単なるサイズダウンということだけに留まってしまい、「安いものに我慢して乗っているのではないか」、「ただ、スケールダウンしただけ」、「一番下のもの」との感覚が生まれていたようである。

自らの分身となる愛車が、周りからそういう見方をされているという感覚は、本人までそういう気持ちにさせるものである。

つまり、ユーザーの真に臨むものは何かと言えば、それは「相応しい個性」というものだったのではないだろうか。事実市場の不評を受けて、発売一年足らずで、リニューアルモデルの検討をすべく、手直しの為の「NewCB350F 開発プロジェクト」が立ち上がり、プロジェクトチームが編成されることになったわけである。

第2項　新コンセプト CB400F

開発部隊での活動は日々のコミュニケーションの中にある。

ここからが具体的な話であるが、重くて馬力のないエンジン、まずはこれをどうするかという議論からスタートしたらしい。このディスカッションの中ではデザインをどうするかまで話は進んだという。話が進むと、既にアイデアを持っておられた佐藤さんがいくつものスケッチを出してこられたという。

---

[188] エンジン研究担当 千葉　勇　氏

[189] 完成車研究　PL 麻生忠史　氏

ただ、当時、主戦場が海外であっただけに、最大のマーケットであるアメリカを視野に入れなくてはならないという市場戦略的にも、テーマがあるとの議論にも達したようである。

　アメリカの情勢はロス近郊のライダーたちの行動様式に着目。　早く走るということはもとよりだが、レーサーを思わせるようなカッコ良さがなくてはならない。また、走るだけではなく、途中のカフェで休憩するときに眺められるものとしての、デザインや造形美を有するモノとの考え方を、このディスカッションの中で共有されたようだ。となるとエンジン性能の向上も必要であり、軽量化も必要、ワインディングも踏破可能なスペックとしなくてはと言った方向性が、自然と纏まっていく。

　そうなると、そもそも CB750F のまねでは意味がないとのこととなり、まず取り掛かられたのは、750・500・400 の性格付けを明確化し、ラインナップとしての共通性を踏まえつつ、どのように個性化するかということになる。

　更には採算性の向上と性能のアップという二大命題を同時に解決するためにはということで、**車体設計の立場である先崎さんは「丸裸にすること」を提案。**余分なものをすべて削ぎ落とすことにチームが注力することになる。

　デザインは当時、ホンダがレースで席巻していた時の赤タンクが良い。ただ余分なものは極力削ぎ落すという考え方に基づき、タンクのエンブレムは「シール」でよいとなった。フロントブーツも含め装飾の類は取り除く中で、原則、お金がかかって重くてどうしようも無いモノを考えるとすれば、排気系が最も目に付く、これを何とかするということが大きな課題となったという。

　4 本マフラーを一本にするという考えはそこから生まれた。軽くて安い、その上性能を上げられればこれ以上のモノは無いのである。

第3項　　　「4into1 排気システム」開発苦労話

　4 気筒、4 本マフラーを、4 気筒、1 本マフラーにする軽量化は、発想は素晴らしいのだが難題であったことは間違いない。その設計にあたっては、当時電卓が高額とはいえやっと一般に普及し始めた頃[190]であり、当時はそろばんが重宝されていたと思う。ましてや三次元測定器や座標測定マシンは夢の又夢であり、徹夜でドラフターに向い、手を黒くしながら図面を製作していた時代であるだけに、車体全体の

190　1972 年世界初のパーソナル電卓「カシオミニ」普及版で当時の価格 4 万円

制約をクリアーしながらの設計は、想像以上に大変であったことは間違いない。先崎さんのお話だが、美しいエキゾーストパイプは初めからあの形があって造りだされたものではなく試行錯誤で作り上げたもの。あの形状はオイルフィルターケースを避ける方法を考える中で必要性に迫られたものであり、右にまとめるというデザインの中で、バンク角度の幅や、車体と接地面との間隔の問題など、いくつものテストが実施され形状変更が繰り返しなされたとされる。製作はホンダと長い付き合いのある三恵技研工業[191]と二人三脚で創り上げる形となった。当初は針金を曲げて模型を作り、形を決めていくプロセスを何度も繰り返されているのである。

エキゾーストパイプの独特の形状を取りまとめる集合チャンバー(第一膨張室)(「三恵技研工業=ジョイントマフラー」)[192]にも物語がある。エキゾーストパイプをまとめ上げる形状について、本来であればマフラーを束ねた形状が望まれていたが、バンクしたときに地面に摩らないようにするために横並びの配列となり極小化が行われた。

また、長さの違う形状のエキゾーストパイプを動力的にどう調和させるのか、そして馬力カーブを上げる為には、集合チャンバーのボリュームが欲しいとの要求もあったようだ。ただ、集合チャンバーの中の容積を考えると形状が大きくなってしまうという課題も出てきたという。そのため爆発順序に従って他の気筒の排気を促進する効果(排気脈動の効果)が繰り返しテストされ、排気システム自体全体の長さや大きさが調整されてあの形に収斂(しゅうれん)したとされる。

当然のことではあるが部品メーカーとホンダの立場は違っている。完成車両をイメージしトータルとして車両全体のバランスを考えながら、車両を作り上げるという立場であるホンダにとって、パートナーとなる部品メーカーは自在に動く手であり足であってほしいはずである。それぞれの専門分野における考えの基本は、課題

---

[191] 三恵技研工業株式会社　1948年(昭和23年)1月創立　売上高1,006億円(2020/1)、従業員2,720人(2020/1)　生産品目/四輪車部品　エキゾーストパイプ、サイレンサー、サッシュ、モール等、二輪車部品　エキゾーストパイプ、マフラー等

[192] 「集合チャンバー」：　エキゾーストパイプとマフラーをつなげるグローブ形状のジョイン部のこと。1974カタログ「4into1排気システム」の図示された詳細説明の部分名称として「集合チャンバー(一次膨張室)」と明記されている。パーツリストでは2番4番のエキゾーストパイプを留めるバンドを「プレチャンバーバンド」と呼ぶことから、通称「チャンバー」と称しても間違いではない。三恵技研工業では「ジョイントマフラー」というのが正式名称であるが、ただ、この本においては公式カタログに沿って「集合チャンバー」と呼称する。

に対して、いかなる分野であろうともホンダ自らが各研究セクションで得心が得られるまで追求が行われた。その上に立って各部材メーカーの技術が加味されることで製品が造りだされるのである。CB400F の代名詞と言って良い 4into1 の排気システムはその美しさもさることながら、その機能においても部品メーカーとの総合芸術の賜物と言って良いだろう。

　この他にも 1 番から 4 番までエキゾーストパイプを集合チャンバー、マフラーともに溶接してしまえという方針もあったようだ。実は暴走族の台頭で消音については、社の方針として排気システムをすべて一体化することで(エキゾーストパイプだけで消音機を繋げないという改造車があったという理由から)改造を防ぐというトップの考えがあったとようだ。実際の消音効果においては集合チャンバー内で排気流の干渉を生み消音効果を高め、かつ排気の流れを連続流にしてマフラーに送り出すという機能的形状も考慮されているのである。

　他にもエゾーストパイプと集合チャンバーとの接点を、2 番、4 番を溶接部分とし、1 番、3 番を加絞める部分として構造上分けることになったのは、改造をされないための一策でもあるのだが、すべてを溶接モノにすると製造上クロムメッキによる表面処理の品質が保持できないという事情も重なり、1 番、3 番をのちに装着するというスタイルになった経緯がある。排気システムのコンプリート形状に違和感があるのはそのためである。このお話を聞くことで初めて納得できた。社会的要請というものが製品の品質や形状を左右するモノであることは言うまでも無いことだが、このシステムもそうした制約の中で作り出されたことで美しさが生まれたとすると、それこそ機能美そのものではないかと思うのである。

　これらの難関をクリアする中で、特質すべきはマフラーのテーパーパイプ化である。当時世界初であったと言える。これも設計側の仕事で三恵技研工業といろいろと議論して創り上げられている。デザイン上では佐藤さんに入ってもらって調整したりしたものであるが、難的だったのが消音機のセパレーターの納まり、それまでのモノは最中合わせで納め、溶接して出来上がりだが、CB400F は精密板金加工のテーパー曲げでマフラー形状を形作り、その口から中にセパレーターを収めることになる。それだけに設計の精度が求められたわけだ。
　つまり、マフラーの後ろの口からセパレーターの構造物を挿入し、最後に蓋をする形になる。ただ、その蓋がテーパーの真円に沿って正確に溶接する精巧な技術が

求められた。その蓋の溶接について、溶接後に肉盛りの均一性や、美観を考える上で、グラインダーによるバフ掛けも検討されたが、佐藤さん曰くは「綺麗に溶接してあれば、少々凸凹はあっても、これもデザインのひとつ」として、使えるのではないかとの意見で現在の形に納まったとのことであった。(右写真[193])

「むしろこういうもの」との考え方が生まれた瞬間だったのかもしれない。「技術の味」を残すこともデザインと捉えた考え方は、作業効率と美観という両方を手に入れることになる。再度注目したいのが、真円のエンドを溶接する技術、このままで「良い味」だと言わしめる三恵技研工業の技術力があったことは特筆しておきたい。均一且つ美観を損なわない溶接技術、これには先崎さんも「三恵技研のお蔭」だと明言されていた。三恵技研さんとは、他の機種においても深く広く長い付き合いであったとのことである。ここにもチームワークがあることを教えられた。

第4項　CB400Fの命運

いつの世にも数奇な人生を運命づけられているものがある。CB400Fというバイクもそうだったのではないかと感じる。王道を走るサラブレッドCBシリーズの一角として生をうけるものの、その前身であるCB350Fは不調に終わり、生まれ変わった新生CB350Fこと「CB400F」は、真の

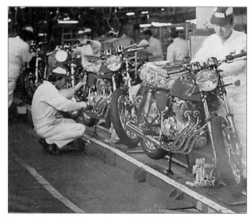

中型としての新たなマーケットのフロンティアとなった。(右上写真[194])

---
[193] 1975年1月「集合排気システムを生かしたCB400FOURの開発」に関する表彰状が授与される。
[194] CB400F 生産ラインの様子。海外向け車両の最終組み付け風景。

しかし、免許制度の改定という社会制度のうねりに翻弄され、その革新性と新規性から人気を博しつつも、新たな与件により2年余りで生産終了を余儀なくされてしまう。このことを追わずにはいられなかった。初代408ccCB400Fは、1974年(昭和49年)12月4日発売(発表は12.3)、その後1976年(昭和51年)3月6日、CB400FOUR-Ⅰ,-Ⅱを発売(発表は3.5)、1977年(昭和52年)5月生産終了。生産終了中止の嘆願書まで出たと言われるCB400Fの終焉に何があったのか先崎さんに聞いてみた。

　当時ホンダではバイク生産を400、250クラスは浜松が担当して、鈴鹿は小型を担当していた。こと浜松においては更なる飛躍を目指し、ラインの全面的改修の計画が進んでいたとのこと。浜松は大型二輪の未来を標榜するにあたり、ラインが旧式であったということで新しいホンダのあるべき姿を実現する為、工場の再構築が喫緊の経営課題であったのかもしれない。ホンダはその弛まぬ技術力で世界をリードし、世界のレースを勝ち抜いてきた。その自負は世界の二輪業界、或いは自動車業界をリードするにふさわしい企業になる為に、管理セクションでもその実現に向けた経営計画が進んでいたと考えてよいだろう。生産設備はメーカーにとってみれば肝中の肝、これもまた待ったなしであったのかもしれない。そこには「メーカーとしての大儀があった」のだと思う。

　CB400Fを生みだしてきた従来のラインは全面改修され新しい生産計画に基づく、近代的生産管理ラインとして生まれ変わることとなったのである。つまりCB400Fの生産ラインの終焉を迎え中型シリーズは次期主力となる「HAWK」シリーズへと転換されていくことになる。ここにCB400Fの真の生産中止理由があるようである。「HAWK」シリーズのHAWK-Ⅱ(左下写真[195])、を決して悪く言うつもりはない。

　ただ、あくまでも私見であるが、企業の思惑とユーザーの期待というものは、自らの側の論理に傾き始めると乖離が生じることを知っておきたいものである。ともにその乖離をユーザーの要望との間で

[195] CB400F1976年生産終了後、次世代主力モデルとして登場したHONDA HAWK-Ⅱ CB400T (1977)
　　　ホンダアーカイブスより

どう折り合いをつけるかが、大事な作業であり、当時より流行り始めた企業の論理に陥らない要点だったのかもしれない。HAWK-III CB400N(右写真[196])が何よりの証拠に、当時ユーザーが4気筒を欲していたことは事実である。

　CB400F亡きあと、のスペックは、同クラスで他メーカーのモノと比較した場合、遜色ないどころか凌駕するものではあったが苦戦を強いられ、4気筒を搭載したカワサキの400FX、ヤマハXJ400、スズキのGSX400によって中型市場は草刈り場となったことは旧車ファンであればご存じの筈である。

　中型市場における4気筒モデルはCB400Fの生産中止で廃止されるはずであったが、市場からの揺り戻しは企業の論理を覆すこととなったのである。1981年ホンダは起死回生を狙ったCBX400F(右下写真[197])を世に送り出すこととなるわけである。これが市場を席巻したことは言うまでも無い。

　CB400Fの前身がCB350Fのリベンジモデルであったとすれば、CBX400FはCB400Fの持っていた魂の継承を意味していたのかもしれない。何故なら、もともとホンダの造った中型4気筒というカテゴリーの復権を意味していたからである。そう考えるとCB400Fは「過去と未来をつなげるフェニックスのような存在」なのかもしれない。

　歴史的に「もし」はタブーかもしれないが、経営計画上のラインの全面改修が無かったとしたらCB400Fは生産され続けたのであろうか。そこも気になるところである。その後の売れ行き

---

[196] 1978年8月発売のHONDA　HAWK-III(CB400N)
[197] 1981年中型4気筒市場に再びホンダが覇権を取り戻したCBX400Fが発売される。

の状況、採算性、そして生産性といった企業の論理としては排除できないものが
CB400F にはあったことは間違いない。また、そのすべてが理に沿った存在だった
としても、より高い次元を目指す何ものかがあったからこそ、当時のホンダの首脳
陣は CB400F の生産中止を決断したのだと考えられる。ただ、くどい様であるが
CB400F の生産を終了したタイミングが早かったことだけは間違いないと考える。

第5項　CB400F 開発チームの輝き

　冒頭に記したように開発チームは、各研究セクションの PL によって構成され、
LPL が統括し取り纏めていく形式である。つまりプロジェクトの完成してしまえば
解散し、その次のプロジェクトに再配置されるという仕組みになっている。

　したがって、次から次へと変わっていく中でそれぞれのメンバーも、時間ととも
にかつてのメンバーも縁遠い形となってしまうのが通例である。しかし、先崎さん
によれば「CB400F 開発プロジェクト」は違っていたようだ。

　チーワークが肝である開発チームのコミュニケーションは、毎週一回開催される
合同定例会で議論することで形成されていく。ここでの「わいがや協議」が各チー
ムの士気や目標とすべき事項、価値観の土台を固めていくことになる。このミーティ
ングで、チームプレーの足腰の強さは決まると言っても過言ではない。

　先崎さんとしては、此処での経験が最も勉強になった部分であったと述懐されて
おられた。さらに技術者の拘りがある故に生じる軋轢は無かったのかという質問に
も、CB400F 開発においては、きっぱりと「どんな機種をやってもそれは起こる。
しかし CB400F についてはまったくなかった」との回答。さらにこのチームをリー
ドしていたのが寺田五郎さん[198]であったことを語りはじめられた。

　「プロジェクトはいくつも立ち上げられては、完成後、メンバーが疎遠になるチー
ムに対して、CB400F 開発チームは、全員がツーと言えばカーという仲になりま
した。それは寺田さんのお人柄からです。それぞれの立場でモノを考えがちな人た
ちの意見を、寺田さんは事前に聞いておいて調整され、全体会議に臨まれていた。
何よりも全員が集まってくるまでの寺田さんのお話が、セクションの壁に関係なく、
非常に興味のあるお話であり、それ故に集まりも良かった。自分も LPL をいくつも
やったが、CB400F 開発の時の寺田さんがお手本になりました」とのこと。

---

198 CB400FR 開発プロジェクト LPL

先崎さんご自身がLPLの立場になった時、このCB400F開発チームの寺田さんのリーダーシップを範として、チームワークを第一義とする運営をしてきたと笑顔で話されたことが印象深い。プロジェクトが立ち上がったら「困っている者を見つけて話をよく聞く」、そして「自らが調整にあたる」と言った寺田さんの取り組み方法が、すべて「私の財産となった」と明言されておられた。このお話から、組織的運営で当たり前のように起こる部門間の軋轢を、どう乗り越えていくのか、それをクリアできなければ総合芸術としての工業生産品の品質は向上しないということを教えて頂いた想いである。CB400Fの完成度の高さは、その部門間調整の勝利ではないかとさえ感じるのである。

第6項　　心に残るプロジェクト

　部門間の調整を旨としてきたといっても、技術への拘りを捨てたわけではない。コストがかかっても譲れないものもあった。リンク式のチェンジペダルは先崎さんの提案であり、「ピロボール」の採用は市販車としてはCB400Fが初めてなのである。これは車体設計をやられていた先崎さんだから断言できる話である。そのガタをどうしても取りたかったというのが拘りの理由である。

　これはコストアップになるのだが、例外なくコストダウンを徹底するために「裸にしたい」という提案を自らされていた先崎さんの拘りであっただけに、反対者も無く、寧ろ「それはやろう」ということになったらしい。これも目的を究極まで詰めたからこそ、チームワークとして生まれた阿吽の呼吸であったのではないかと感心させられた。

　このインタビューの最後に見せて頂いたのが、CB400Fの記念の盾(右写真[199])である。研究所から本社に移るとき、いよいよ定年だということで、浜松の皆さんが手造りで作られ、送別の品として先崎さんへ送られたものとのことで、世界に一つしかない研究所卒業記念は、世界に一つしか

---
[199] 2022-09-21　先崎さんご自宅応接室に飾られているものを撮影　（自身撮影）

ない CB400F のレリーフで造形された盾であった。その代わり、当時ホンダコレクションホールで販売されていた CB400F の T シャツ(右写真[200])の図案をもとに、お礼としてテレホンカードを 500 枚製作され、挨拶回りで用意され配られたとのことであった。

ホンダの数多くの製品を手掛けられた先崎さんも、やはり、その仕事の象徴となったのは CB400F であったわけであり、何よりも先崎さんのご自宅の応接に、CB400F の盾や T シャツが誇らしげに飾られていることから考えると、ご本人も認められるところかもしれない。何をかいわんや、先崎さんの口をついて出たのは「私

の人生の中で、総括すると楽しいホンダ生活だった」と締め括られたのである。「実際は嫌なこともご苦労されて徹夜で取り組んだことも多々あったと思うが、そんなことは忘れて、良いことしか思い出さない」

中でも CB400F の開発プロジェクトは「一番勉強になった」と言われた。私もとても嬉しい気持ちになった。(左上写真[201])

第2節　　エンジン設計一筋

第1項　　汎用性エンジンから二輪エンジンへ

ホンダの関係者の方々のご紹介を得る中で、先般、先崎仙吉さんにお会いすることができたことは前節で述べたところである。間違いなく言えることは皆さんがかなりご高齢であり、取材先に辿り付いたとしても十分なお話をお聞きできるか分からないのである。それほど CB400F は歴史を重ねてきているということである。デザイナーである佐藤允弥さん、寺田五郎さん、先崎仙吉さんと続けてきた取材もそ

---

[200] 2022-09-21　先崎さんご自宅応接室に飾られているものを撮影　(自身撮影)
[201] 2022-09-21　先崎さん(左)と記念撮影をさせて頂いた

の重要部分たるエンジン設計のところまでやってきた。CB400F のエンジン担当 PL であったのが、下平 淳(きよし)[202]さんである。やはり、御紹介者の手をおかりして、下平さんとお話ができることとなったのが 2022 年 10 月初旬。ご高齢でもありなかなかお会いして、お話をお聞きすることが難しいとのことであり、やはりお手紙とお電話でお話させて頂くことをご了解いただいた。まず、エンジン設計部署のお話からお聞きすることができた。当時エンジン設計のアドバイザーは、白倉 克[203]主任研究員で、かの CB750F のエンジン設計者として有名な方である。白倉氏が直 4 エンジンの設計全般を監督しておられたことから、CB400F についても例外ではなかったようだ。下平氏は農機や汎用性エンジンを主に設計されておられたということで、バイク用エンジンは CB90[204]がスタートであったとのことである。

小型のスポーツテイストを持ったバイク開発にも力を入れていた時代であり、同時期にホンダドリーム SL350、ホンダベンリイ CB90、ホンダベンリイ CD70 が同じタイミングでリリースされている。特に注目される点としては CB90(左写真[205])に対して「本格的スーパースポーツ」と称しているところである。

BENLY CB90　　　1970.01.14

この車両には OHC 機構の新開発エンジンが搭載されていた。そのエンジン特性は「アルミ合金製のシリンダーヘッド、特殊バルブシート、研究し尽した燃焼室形状、吸排気効率の高いポート形状などによって、どの回転域でも粘り強く、フラットなトルク」と明言されている。

つまりは、既に想定される中型車市場の創造にあたって、CB750FOUR の開発で培

---

[202] 1933 年(昭和 8 年)生　下平 淳(きよし)氏　CB400F エンジン担当 PL
[203] 白倉 克氏　CB750FOUR 直烈 4 気筒エンジンの設計者
[204] ホンダベンリィ CB90　1970.1 発売　ホンダ広報では「豪快なスタイルの本格的なスーパースポーツ車で、高度なメカニズムを誇る高回転高出力エンジンに 5 段ミッションを採用、新機構のカムチエンテンショナー、大容量クラッチなどの採用により高性能を発揮、剛性の高いコンバインドフレームは優れた操縦安定性と評していた」
[205] 「本格派のスーパースポーツ車」という謳い文句であった「ホンダベンリイ CB90」

った高度なエンジン特性と、レースで積み上げられた小型と言われるクラスのスポーツモデル製造のノウハウが融合しているということが確認できる。

　下平さんは、汎用性エンジンの技術を基礎とされ、小型自動二輪のエンジンを足掛かりとして修練を積まれて CB400F のエンジン設計にあたられたと考えられる。当然、大型二輪エンジンの生みの親である白倉氏の指導下の中で CB400F のエンジンは磨きがかけられることになったことは言うまでも無い。「バックに白倉主研がおられたので安心して設計できた」と述懐されておられた。

第2項　　CB400F エンジンの検討

　用意していた質問として OHC エンジンについて、そのパワーを検討する際に「DOHC」にする検討が成されたのかどうかを聞いてみた。それに対しては「確かあったと思う」との回答であった。「出力だけを考えるとそうなるが、他にも検討すべき点があって立ち消えになったと思う」とのお話であった。その後、中型4気筒 DOHC エンジンが実現させたのが CBX400F になるわけであるが CB400F の段階で具現化されていたとしたらどうなっていただろう。ましてや出力拡大容量に余裕の有る造りであるだけに、ファンとしてはいろいろと想像してしまう点

である。これはあくまでも私の想像にすぎないが、DOHC にできなかったというよりは、しなかったというのが正確なところかもしれない。技術的には何の問題も無かったはずである。何よりもコストではないかとも考えられる。ホンダとしては世界市場を睨みつつ高度化するユーザーのニーズに応え、業界を創造するリーディングカンパニーとしての大儀の中で、経営としての優先順位があったのではないだろうか。何よりも 1965年4月には市販車初となる空冷4ストローク2バルブ DOHC2気筒エンジン搭載のホンダドリーム CB450(左上写真)[206]がすでに発売されていたのである。

---

[206] 1965　ドリーム CB450　欧州の 650cc クラスを 450cc で凌駕できるとの信念から生まれたバイク。ホンダコレクションホールにて(筆者撮影)

そして CL450(右写真[207]) も発売され、当時ホンダはこの二つの車両を大型二輪のカテゴリーにしていたが、さらなる大型排気量車の模索がなされる中にあって、事実上は中型ではなかったのかという考えが浮か

んでくる。つまり中型という概念の変更である。それだけに CB400F の持つポテンシャルと実際 408cc であったことを考えれば、事実上中型エンジンのカテゴリーにおいて CB450 によって「DOHC」エンジンの市販化は成されていたわけであり、敢えて CB400F に搭載する理由はなかったのではないかと思うのである。換言すればエンジン開発の現場におけるすみわけにおいても、CB400F は中型というカテゴリーの壁に翻弄されていたということかもしれない。この質問に対しては下平氏さんの上司にあたる白倉主研から次節で直接回答を得ることとなった。

　ここでホンダ車に対するいつもの質問をぶつけてみた。というのはエンジンの冷却における空冷以外の検討である。下平さんから「それはありませんでした。それ自体は宗一郎さんの方から通っていたと思います」という明確な答えであった。本田宗一郎氏の並々ならぬ空冷エンジンへの拘りが一貫していたということだと思う。1967 年に技研の若手を集めて 4 輪車開発の際に与えられた本田宗一郎氏からの課題は「独創的空冷エンジンで、高出力、高級セダン、FF 車の開発」というものだったとされる。「水冷エンジンは最後には水を空気で冷やすのだから、初めから空気で冷やせばいい。そうすれば水漏れの心配もなくて、メンテナンスもしやすい。ただし、空冷エンジン特有の騒音は水冷並みにする」[208]というのが本田宗一郎氏の空冷エンジンに関する持論であったことからすれば当然ということか。ちなみに CB400F のエンジンも白倉主研の設計された CB750F 搭載エンジンが土台となっていたようである。排気システムとエンジンとの兼ね合いについて、出力調整も含めてエンジン自体についての独自の工夫が存在したかをお聞きしてみた。「エンジン自体については特には無かったと思うが、排気システム自体は苦労があったと思う。

---

[207] 1970-9　ドリーム CL450(スクランブラー)
[208] ホンダ「語り継ぎたいこと」Honda 初の本格的小型乗用車への挑戦より〝独創的空冷エンジンへのこだわり〟HP　2022-10-12

詳しいことは、車体設計の先崎さんがご担当であったので、そこで聞いて頂くと分かると思う」とのご返事であった。この点は、前節で述べさせていただいたので割愛するが、セクションごとに課題を抱える中で、課題が共通認識され、共有されていたことが分かる。もうすでに半世紀前の話であり、そのような細かい点、ましてや他部署の課題としていたところを、インタビュー当時(2022 年)89 歳になられる下平さんが認識されていることに、プロジェクトチームの結束を感じた。

第3項　エンジンサウンド

　引き続きバイクの魅力であるエンジン音についても、エンジン自体の工夫があったかどうかをお聞きしてみると、「エンジン音はバイクの大事な要素であり、好評であったということを記憶している。エンジン自体の改良を行ったわけではないが、チームとしてエンジン音にはかなり拘ったと思う」ということである。当たり前かもしれないがエンジンサウンドは結局、排気システムの仕組みに左右されるということになる。CB750FOUR のような直4エンジンの4本マフラーから奏でられるサウンドに対して、CB400F では1本マフラーになることによる影響は大きかったはずである。

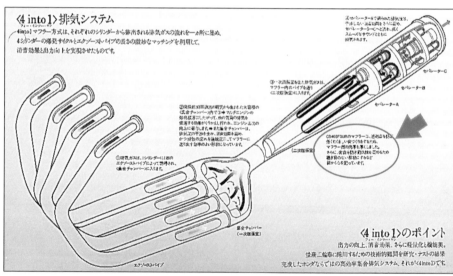

　音の成分の方程式が『「吐出音」+「放射音」=排出音サウンド』だとすれば、前者は燃焼・膨張で生じる脈動圧力波がもつ音エネルギー、後者はその脈動圧力波によって生じる放射振動や、外部に漏れだす透過音排気の組み合わせとなる。本来排気システムは消音を担っているとすれば、そもそも良い音を出すということは難し

い注文なのかもしれない。前頁カタログ[209]の説明にも「4シリンダーの爆発サイクルとエキゾーストパイプの長さの微妙なマッチングを利用して、消音効果と出力向上を実現させたものです」とされている。これは一つの発見であったが、下平さんの話を聞いて再度カタログを見直すと、良い音の秘密が書き記してある部分を発見したのである。それは、一次膨張室(集合チャンバー)から、二次膨張室に脈動排気波が排出されるときに、放射音とされる「透過音」を防ぐ、**「低くたくましい音作りをするため、マフラー筒の肉厚を厚くしました」**と明記してあるのである。(前頁○枠矢印部分)

　CB400Fの排気ユニットは、三恵技研工業が純正製品を供給していたことは知られていると思う。この排気システムは高度な板金整形技術、溶接技術、板鍍金技術に加えて、それを製作する設計技術無くしては作りえない代物である。

　この純正の排気システムが2022年復活し、2023年以降販売される予定の様である。この本が上梓される頃には既に発売されているかもしれないが、2024年のCB400F発売50周年に向けてこの上ない朗報である。近年はオーナーが市販されている社外マフラーを付けておられる可能性の高い車両なので、この際、純粋なサウンドを自らの車両に蘇らせることのできるまたとない機会かもしれない。先に示したマフラー内部の隔壁も金型から起こして製作される。「HONDA」の刻印が押される以上、全く妥協のないものであるだけに楽しみである。

第4項　　エンジンフィンの伝説

　エンジンフィンの造形については、雑誌等で採り上げられホンダ宗一郎氏の提案で枚数を増やし、機能美が向上したという話は、よく聞いた話ではあるが、本当はどうであったかを下平さんに聞いてみた。(右写真[210])

　「シリンダーフィンの間隔は、鋳物の関係で苦労した記憶がある。」とのことで、よく言われている宗一郎氏自らがフィンの数を増やすようにと指示したという話はでなかった。

---

[209] CB400Fカタログに示された「4into1」排気システムの説明部分。カタログとして一頁を割いたものは稀有と言って良い。
[210] CB400FOUR 右舷側からエンジンを観る　(自家用車撮影)

ただ、状況からすると、下平さんの発言の中の鋳物のご苦労については、そのことを指しているのかもしれない。ご存じのように鋳造する際の鋳型は、その材質によって砂型、金型、石膏型等々の種類があるが、精密度を考えると手間はかかるが砂型鋳造が一番と言える。つまりは大量生産には向いていないということである。そこで金型を使う高圧鋳造技術が確立されたわけだが、逆に精度を出すために金型の精度が求められことから可成りの苦労があると聞く。当時、金型を切削する工作機械の種類や汎用性、精度を考えれば砂型が良いと考える向きがあったのではないかと推測する。エンジンのフィンを一枚増やすことの重みを感じてしまう。下平さんの印象としては鋳物に対するご苦労として残っていたのかもしれない。

　改めて、ご苦労の末に創り上げられたエンジンと調和のとれたエキゾーストパイプの造形の一体感は観るものを魅了する。且つこのエンジンと排気システムの組み合わせは、軽量化を実現し、出力アップを果たし、類稀な造形を創りだし、且つ、素晴らしいサウンドを生みと同時にコストダウンまで実現したのであるから見事と言うしかない。(左写真[211])

第5項　　CB400F 開発チームについて

　名車と言われるモノが生みだされる条件があるとすれば、チームワークの結束力や所謂風通しの良さであり、各個性が遠慮なくぶつかり合って一つのモノを創り上げるという目標意識、そしてそれを纏めていこうとする求心力の働きの是非かもしれないと常々感じているところである。そこで、いつも通り開発プロジェクトの様子を下平さんにも聞くこととした。プロジェクトを支える定例会の様子をお話し頂いた。

　「寺田さんがああいう方だったので、非常にチームとしての雰囲気は良かったと思います。技術的にも言いたいことは、どんどん言えました。」、「また二研の方からLPLが出るというのは、あの当時は寺田さんが最初ではなかったかと思う」、「また、喧々諤々(けんけんがくがく)はやるけれども喧嘩になるという雰囲気ではなく、

---

[211] CB400FOUR 右舷下よりエキパイとエンジンの造形　(白家用車撮影)

意見が出されるにしても、穏当というか良く理解しようという姿勢で皆いたように思う。」、「　おやじさん(本田宗一郎氏)のように頭から向かって来るというそういう雰囲気じゃ無かった(笑)」、「チームワークは良かったと思う」、「これらは寺田さんの功績が非常に大きいと思う。」と淡々とお話されたことが印象深い。

　ここまでお話を頂くと寺田さんがどういう方であったのかを聞いてみた。「兎に角、人当たりがものすごくよい方で、技術的な内容でぶつけても、頭から説得するようなことは無く、まずは話を聞かれ、じっくりと納得できるように話される方だった」と当時を思い出すように話された。その上で「おやじさん(本田宗一郎氏)でさえもチームとしてCB400Fについては、雷が落ちたという話は無かった」とふり返られた。そしてそのようなケースはめずらしいのでしょうかという私の追加質問に対しては、「めずらしいというより、おやじさんの意に叶ったものができていたということだと思う」と述べられ、更に続けて「寺田さんのご苦労があったのではと思う」と付け加えられた。

　完成後のことであるが「雑誌の評判も良く、好評であったということもあり、雰囲気は更に良くなった。」、「おやじさんが研究所内(和光)のテストコースで、乗る(CB400F)のを観たこがありました。そんなところを見たのは、私は初めてだった」と下平さんは述懐された。これで思い出すのがCB750Fの完成時、「こんなばけものに誰が乗るのだ」と本田宗一郎氏が語ったお話は雑誌等で報道されたが、CB400Fは自らが乗ってその完成度合いを試されていたということに、チームの想いと同時に本田宗一郎氏の想いもそこにはあったのではないかと思わずにはいられない。

　テストコースで本田宗一郎氏が自ら乗ったというただそれだけのことかもしれないが、このエピソードをCB400Fファンとしては感動を憶えつつお聞きした。たぶん日本人の体形に合わせた市販スーパースポーツが生まれた瞬間だったのかもしれない。

第6項　　エンジンを担当して

　CB400Fのエンジンを担当されてどういう感想を持っておられたかを最後に聞いてみた。「丁度そのころは750Fのエンジンをやった後であったので、エンジンの排気量といった形式から観ると大人しいという印象であったが、乗りやすいオートバイであったと思う。エンジンの幅、チェンジペダルの位置、クラッチ系統のカバーの位置といった、乗車した時のポジションに対する調整要請に骨を折ったと思う

(笑)」、「エンジン設計において、空冷4気筒ということでシリンダー冷却が課題になる。気筒間に風穴が通るかどうかと言った点は設計力が問われ、苦労した部分であった。一旦設計してももっと詰めろと言ったミリ単位の要求が重ねて行われることとなった。プロトのエンジンは加工で穴をあけることのできない鋳物なので、限界もあり苦労した覚えがある。エンジン設計と鋳造部門との調整が大変であった」とのことで、いずれにしても「兎に角、無我夢中であった」とのことである。

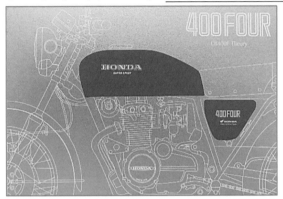

それだけに「テストにしろ、フレームの担当業者さんにしろ、細かいところでいろいろと面倒を見てもらったと思う。ミッションの変速比の採り方、音の関係と各関係者にはお世話になった。」ということであった。(左イラスト[212])

最後にということでCB400Fファンの方々に一言お願いすると、「CB400Fを持っておられる方々にエンジンを可愛がっていただき、また大切にして下さっていることは、われわれの救いです」そして、チームメンバーの方々に対しても「CB400Fのチームに入れて頂いたことは、エンジン性能テスト、エンジン走行テスト、車体設計、造形部門の方も含め、すべての方々にお世話になったという感謝の気持ちだけです。農機用エンジンから汎用性エンジン、そして二輪エンジンと進み、そして「CB400F」は、ホンダマンとして仕上げのような仕事になった。それだけに最も思い出深いものとなりました」と言われておられた。

第3節　CBエンジンの大いなる創造者

CB750Fのエンジンと言えば白倉 克さん[213]が設計された作品である。1970年日本で初の万博が開催される前年、世界にこれだけのインパクトのある日本製製品は無かったかもしれない。まさに世界初、世界一の市販バイクである。

---

212 イラスト作成は友人 山本直氏による。
213 白倉 克(しらくら まさる) 元本田技術研究所主任研究員 1969年7月世界の二輪車市場を席捲したホンダドリームCB750FOURのエンジンを設計した世界的なエンジン設計者であり、その後エンジン部門のLPLとしてCB車種のエンジンを主導してきた技術者。

当時のホンダのニュースリリースには、「長距離をより快適に、より安全に走るためには、すぐれた機動性と絶対の信頼性をもった車が必要です。世界最大のオートバイメーカー、ホンダの比類なき努力と技術の結晶としてここに誕生した〈CB750 FOUR〉は、長距離ツーリング時代の要求に完全に応えた世界のトップをゆく最高級オートバイです。」という謳(うた)い文句に、二輪で世界を獲ったというホンダの絶対的自信の程が伺える。(下写真[214])

DREAM CB750FOUR　　　　　　　　　　　　　　　1969.07.18

　CB750F はホンダの世界一の市販車という夢の実現であり、その夢の心臓部分であるエンジンは、白倉さんによって設計されたのである。

　前項で書かせて頂いた下平 PL が常に口に出されていたのが、エンジン部門の LPL であった白倉主任研究員の存在である。当然、CB400F にもエンジン部門の責任者として関わっておられた方である。下平さんの言で言えば「白倉さんの指導下で CB400F のエンジンを設計していた」ということである。そう考えると白倉さんに是非お会いして、何としてもお話をお聞きしたいと動き始めた。先崎さんのご支援を頂戴し、失礼を承知でアポイントのお電話をさせて頂いたのが 2022 年 10 月 20 日であった。

---

[214] 1969 年 7 月。「ホンダドリーム CB750FOUR」は「世界最高級のオートバイ」という宣伝文句で発売。

本来、白倉さんは CB750F のエンジン設計者として著名である方だけに CB400F のエンジンについてお尋ねするのは、少し気が引けるところはあったが、当時のエンジンは白倉さんの精査なしには世に出ることが無かったわけで、いわば「CB ナナハンエンジンの生みの親」(下写真[215])と考えれば、筋の違う話ではないと思い、

DREAM CB750FOUR　　　　　　　　　　　　　　　　　1970.09.19

お話をお伺いすることとしたのである。何度かお電話をさせて頂いた結果、白倉さんの方からお電話を頂くことになった。ご縁があったのか、早速取材に応じて頂くこととなる。まずもって白倉さんは昭和 7 年生まれでインタビュー当時(2022 年)、90 歳。コロナ禍でもあるということで、こう申し上げては失礼だが、白倉さんの方から「Skype(スカイプ)[216]」か「Zoom(ズーム)[217]」での面談形式はどうかという提案を頂いたことには正直驚いた。

面談は「ZOOM」という形ではあったがお目にかかることができたのである。とてもお歳とは思えない紳士然とされた方で本当に驚かされた。未だに図面をお描きでおられ、退職後、独学で 2 次元 CAD、3 次元 CAD を身につけられての図

---

[215] CB750F エンジンは当時白倉克主任研究員の基本設計によって創られ、発展していく。今でも色褪せない「ザ・エンジン」という名に相応しい機能美を見出すことができる。
[216] マイクロソフトが提供するクロスプラットフォーム対応のコミュニケーションツール
[217] Zoom ビデオコミュニケーションズの持つクラウドコンピューティングを使用した Web 会議サービス

面書きをされておられるということで二度驚かされた。面談の事前準備として
「ホンダ CB ストーリー」[218] に執筆されておられた〝ホンダ CB750F のエンジン設
計〟という記録を、読ませて頂き臨んだものの所詮こちらは素人。生半可な質問
ではかえって失礼にあたるのではと、むしろ素人らしい質問から始めた。

第1項　　CB400F 開発の経緯

　このインタビューに至る経緯をお話するやいなや「**CB400F は、五郎さん　（寺**
田五郎 [219]）が最終の仕上げをした人であって、かの人がいなければ CB400F は無
かった」と明言された。「CB400F はどうしてもデザイナーの佐藤さんに注目が行
くけれども、むしろ佐藤さんと私は CB400F の前身、所謂ベースになる CB350F
で取り組んだ仲だった」というお話をされた。

　「**当時、CB750F の大成功により、それをシリーズ化するために 750・500 と来**
て、350 と 250 の 4 気筒エンジン搭載車を開発することになった」とのことであっ
た。個人的に驚いたのは 250 の 4 気筒エンジン車が造られていたということであ
る。当時のホンダとしてはシリーズ化するということが命題としてあり、「そんな
一気筒当たりカブにすこし毛が生えた程度のパワーのものは、走らんよ」と言われ
ていたのだが、方針有きでまずは CB250FOUR(仮称)が造られたという。

　しかし、造ってはみたものの「形は 4 気筒だけれども案の定走らず、ギャンギャ
ン回して何とか走るものの、やはり成り立たない」ということで、350cc にしてみ
たが、結果はご存じの通り、ユーザーの期待に応えられるモノには成らなかった。
いわば、中型の生い立ちというモノの試練は、この段階から始まっていたと言って
良い。このエンジンの小型化には技術的な試練も重なる。後で述べるが CB400F エ
ンジンの苦労の部分は、そのベースとなる CB350F の開発の苦労に、すべて包含さ
れているといっても過言ではない。空冷に拘ることで生まれるシリンダー間の鋳物
の技術もさることながら、そもそも 250・350 という大きさの一体クランクという
のは初めての試みであったとのこと。

　750 を手掛けられていた白倉さんにとっては、「**その小さな容量で高速で高回転**
のメタル軸受けが存在しないということ自体が大ごとであった。つまり、750 の時
はゆったりのんびり走れば良いわということで、6,500〜7,000 ぐらいしか回さない

---

[218]　「ホンダ CB ストーリー　進化する 4 気筒の血統」三樹書房編集部編　小関和夫他共著 2019.10.26
　　　三訂版　初版 P141-154
[219]　CB400F 開発プロジェクト責任者 LPL　寺田五郎氏　2021.12 ご逝去

ということを想定して設計できたが、250・350 ということになるとそうはいかない。9,000〜10,000 を回すとなるとどうなるのか、世の中にそういうモノは無かっただけに、そこらへんが一番苦労した点だった。世界中探しても代替になるモノは無かった」と述懐されていた。また、「小さなボアに対するプラグ自体が存在せず、大きな奴ではバルブも通らないし設計上のレイアウトができなかったこと」をふり返られた。

　それではその課題をどうクリアしていったかと言うと、それはすべてが「トライ＆エラー」の繰り返しで行くしかなかったということである。ホンダはバイクを構成する各主要部品を自ら開発設計し、キャブレターメーカーや、チェーンメーカー、マフラーメーカー等々に図面を渡す形で部品を揃えた時代であった。(左下写真[220])そういう経緯を知ると、既に開発されていた CB350F の開発とその存在が大きく見えてくるのである。

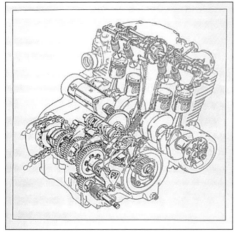

　ユーザー或いはセールスという点から観ると不評であったことは事実であるが、「技術的には CB350F が、CB400F のプロトタイプとしての存在」であることは間違いない。つまり「CB350F の技術的ベース無くして CB400F の誕生は無かった」ということになる。CB400F エンジンの開発には下平さんが参画されていたが、エンジンに関してはCB350F の基本設計を白倉さんがされたということを考えると CB400F の元の生みの親ということになる。

第2項　　CB400F のエンジンについて

　白倉さんに CB400F のエンジンのことを率直に聞いてみると「着実なエンジンである」という回答。そして更に「すごく着実なエンジンである」と繰り返し答えが返ってきた。「エンジン屋として開発時最も求められるのは、壊れないものを作るというのが一番大事である。その意味で各部分が一番堅実なエンジンになったと思う。非常に良いエンジンになった」ときっぱりと言われた。

---

[220] CB400F のベースとなった CB350F エンジン透視図

CB750Fのエンジン技術がCB400Fに直結していることを教えて頂いた。いわばナナハンの血統を受け継いでいるということになる。双方のエンジンの基本設計をされた白倉さんならではの貴重な話である。そして素人だからできるあの素朴な質問をしてみることとした。「CB400Fは何故408ccなのかということ」である。免許制度改正前であり、ホンダとしてはフリーの状態で中型を設定するわけで350ccが物足らないとすると、シリーズ化されリリースされている車種750と500との関係性から生まれる位置づけを考える必要性が出てくるのである。

　つまり、既にリリースされている中で750は別格としても、500との兼ね合いが発生したようだ。前述したように「**CB400Fのエンジンは、細かい問題点を徹底して追求し、綺麗に対策を施し見直された結果、非常に良いエンジンとして生まれ変わった。**」いわば新型エンジンである。そのポテンシャルは高く、白倉さん曰く「**排気量420cc〜430ccにすると、その上位機種である500を超えることとなる。ましてや500というのはちょっと弱かったこともある**」と、初めて聞く話であり408ccという何とも中途半端とも思える排気量に納まった経緯も、その状況からすると詳細は別として、さもありなんと納得した次第である。白倉さんからするとCB750Fエンジンと同様にCB400Fのエンジンも「**傑作と言える作品の一つだ**」とのお話をされた。(上写真[221])

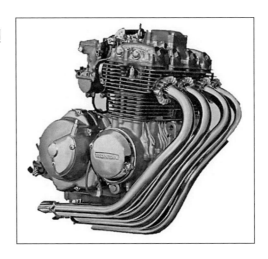

　誤解があってはならないので申し上げておきたいのは、此処ではあくまでもCB350Fをベースとする議論の中での話であり、実際にCB400Fのエンジンを担当され、その排気量の納まりや免許制度の変更による408ccから398ccへの水準調整を直接実施されたのは、エンジン方PLであった下平 淳氏である。
　ただ、下平さんからはCB400F開発におけるエンジン部門のバックアップであ

---

[221] CB400FOURエンジン部分イメージ　カタログより加工

った「白倉主研」とのやり取りのお話が多かった。エンジンの基本設計者でもあり、エンジン部門のすべてを看ておられた白倉さんがおられたことは、法律改正による 408 から 398 への変更も難しくはなかったらしい。

　そもそも CB350F の基本エンジンを 47×50mm、347cc が 51×50mm のボアの拡大で 408cc へ、FI、FII ではクランクシャフトを変更し、ストロークダウンの 51×48.8mm として 398cc へと対応。すべては CB350 エンジンのベースがしっかりしているという裏付けがあったからこそと理解できる。

　白倉さん曰く、「**CB400F のエンジンは CB350F の基本設計からは、何も変わっておらず、健全なエンジンである 350 から発展した 400 だからこそ、パワーウエイトレシオもとても良いところに納まったと言える。350 は今一足りなかったところを 400 にしてすごく良くなった**」と言われていた。

　穿った見方をすれば、中型として創造された 350 のエンジンは、良いエンジンだっただけに、その最適な姿を発揮するために 400 になるのを待っていたのかもしれない。そう思うと 350 は自らが売れないことで「パフォーマンス UP を主張していた」のかもしれない。

　読者もご存知のように車両の乗り味は、同じ排気量であったとしても違ってくる。それはエンジンの調律、つまりはチューニングが大きく影響する。てっきり CB400F の味付けについては白倉さん率いるチームで行われたとばかり思っていたのだが、聞いてみると「**それはね。寺さん(寺田五郎 LPL)のおかげですよ**」という答えが返ってきた。

　「**寺さんが、形といい、乗り味といい、スロットルをあけてのピックアップの感触だとか、そういうフィーリングの世界というのは、独特の感性を持っていた。と言うのも彼の生まれがレーサーの設計をやっていたということが関係していると思う。ことフィーリングの世界は非常に優秀な人でしたね**」と語られた。

　このことも初めて知ることであった。一般論として「レーサー」の領域というのは、起動の感触にしても、スピード感覚にしても、クラッチの入り切りにしても、そして耐久性にしても、求められるものは、勝てるかどうかというこの一点である。その世界で磨かれた感性こそ、プロとして求められる素養ではないだろうか。

したがってCB400Fに「SUPER SPORT」の名を冠する為には、その味付けは不可欠だったのかもしれない。限られた排気量で最大のパフォーマンスを発揮させる最適な調律は、寺田さんなくしては成立しなかったというわけである。その味付けやフィーリングをさらに向上する手段であるエンジンの機能について更に聞きたいことがあった。

それはCB400Fに何故「DOHC」エンジンが採用されなかったのかという素朴な疑問である。既にレーサーとしてRCシリーズに「DOHC」(右上写真 [222])エンジンが搭載されていたという事実がある。

そして、前述したように1965年にCB450には市販車初のDOHC搭載車がリリースされ、その実績からも、技術的に他のメーカーに伍してDOHCエンジンが完成していたことは誰もが知るところである。それだけに前節の第二項で下平さんに問うた疑問がわいてくるのである。

なぜDOHCのCB400Fは実現できなかったかを私なりにいろいろと考えてみた。コストの問題は当然だとしても、気になるのはCB400Fの商品ラインナップからくる立ち位置である。欧州の大型車がライバルであり、それを狙い撃つとの考えから開発されたCB450であったが、その後のことから推測すると大型というより、ホンダの技術進化の早さゆえかもしれないが、中型車としての範疇(はんちゅう)に入り、大型・中型の区分が曖昧となりつつあったのでないかと思うのである。また、CB400FにDOHCエンジンを搭載すれば、CBシリーズにおけるCB500との性能の近接が発生し、商品の特徴を損なうことにもなりかねないと考えたのではないだろうか。つまり、そうした要因ゆえにシリーズやラインナップの関係上、DOHC化をすることを技術的にはできても、マーケディングやカテゴリーわけの関係上できなかったということではないかと考えたのである。

---

[222] ホンダRC142エンジン　空冷4ストローク2気筒　DOHC4バルブベベギヤ駆動124cc （ホンダコレクションホール筆者撮影）

事実、1969年に東京モーターショーで鮮烈なデビューを飾ることとなったCB750Fの登場は、カテゴリーの大きなパラダイムシフトであり、それ以降大型車のクラス概念が形作られることになっていったことは誰もが知るところであろう。

従来、大型車との概念でとらえられていたCB450は、その流れの中でおのずと海外戦略の中から姿を消していくこととなったと思われる。(左上写真[223])

ただ、それでもCB400FにDOHCエンジンを搭載してほしかったと思うのはファンの心理である。それに対する白倉さんの回答は明確であった。

一言で言えば「そこまでの要求が無かった」との回答であった。「DOHCは見慣れてもいるし、技術的にも持っていたので、究極はそうであろうという考え方はあったが、やっぱり量産車ということからすれば、所謂ガンガン走るということは、大声では謂えない社会情勢があった」ということであり、また「OHCでも充分応えられる」ということを明確に述べられた。納得である。このように選択肢を数多く持つに至ったことを念頭において、企業というものを考えると、当然出てくるのが企業収益という価値観である。CB400Fもコストの話は大きな課題として出てくるわけだが、当時の様子を再び白倉さんにお聞きしてみた。「当時そういうモノは二の次で、収益は結果として後からついてくるもの」との考え方であったとのこと。現にCB750Fを製作した時は、「こんなバカでかいバイク、月に100台も売れれば良い方だ。というのが本音としてはあったと思う」、「当時は儲けようと思っているのではない。結果的には儲かって4輪を立ち上げるほどの資金源になったけれども、大本は走る楽しみをどう作り上げるか、それがベースだった」と言いきられた。「むしろ欧米の技術を研究し吸収しつつ、いかに凌駕できるかを考えていたと思う。CB750Fが完成して一歩抜けたという感じであっ

---

[223] 2024-06-02 ホンダコレクションホールに展示されていたCB750FOUR (筆者撮影)

た」とのこと総じて「**自由にやらせてもらえた**」というのが白倉さんの偽らざる感想であった。これと思うモノは作るというイデオロギーに満ちていたようであり、技術開発部隊に本田宗一郎氏が陣頭指揮を執る様子が見えてくるようである。

　ただ、この組織形態も 1970 年代初頭から大きく変わり始めていくようである。と言うのもホンダは 1973 年 3 月社長の本田宗一郎氏と副社長の藤澤武夫氏両名が同時に辞任[224]を決断するという歴史上の大転換点を迎えることになるからである。

　次項で白倉さんが今も心にわだかまりとして残る思い出を語って頂いた。そこには、ホンダが大きく変わっていくうねりのようなものを感じたのである。

第3項　　CB350F 直立エンジンの角度に想う[225]

DREAM CB350FOUR　　　　　　　　　　1972.05.16

「なぜあのエンジンを直立にしたのだ」とよく言われたという。設計者の白倉さんによれば、CB350F のオリジナルは、CB750F と同じく前傾であったらしい。ただある上の方か直立の方が売れるから直立に設計をし直してくれとの要請があり今の形になったらしい。白倉さんとしては想い入れのある中で変更を余儀なくされ、本意でないにもかかわらず従う形となったようだ。逆にその指示をした上司の方は、白倉さんが素直に従ったことが、気に食わないとお怒りであったとのことであるが、時代環境によってなかなかに難しい選択に迫られることがあるのは事実である。このエピソードは想像以上に深い意味があるように私は思うのである。ここがモノ作りの難しい所であり、こうした多くの反目や議論そして協調の末にたどり着くのが工業生産品であり、企業文化の創り出す総合芸術と言われる由縁だと思うのである。

224　正式な退任は 1973 年 10 月の株主総会となる。本田宗一郎 65 歳、藤澤武夫 61 歳の時。

225　CB350FE 型 347 cc 空冷 4 ストローク 2 バルブ SOHC 直列 4 気筒　1972 年(昭和 47 年)6 月 1 日発売、'
　　ホンダドリーム CB350F 搭載エンジン

こうした戦いで象徴的なのは、本田宗一郎氏が一貫して主張していた空冷エンジン搭載の4輪車の開発ではなかったかと思う。

空冷の主張は四輪車の世界にまで持ち込まれ、それが形になったのが「HONDA1300」(左写真[226])である。空冷なるが故に技術者たちが多くの課題に直面していくこととなる。

ただ、逆に空冷なるが故に多くの実験が繰り返され、一つ一つ乗り越えていくことで多くのノウハウが蓄積されたとも考えられるので、一概に何が良くて悪いというものでもないような気もする。ただ、俯瞰してみると時代が変わろうとしていた事実である。

技術的には既に水冷に対する研究も実績も積まれていたはずである。当然、その見極めの中で新しい体制の準備も進められていたと考えて良いと思う。社の更なる飛躍を目指すべく昭和30年代半ば頃(1960年頃)より、藤澤武夫氏による管理研究というのが企画され、後に技研の会長になられた杉浦英男氏[227]の記録を読む限り、ホンダの企業としての新しい価値観の変化が見て取れる。

杉浦氏の記録[228]によれば「昭和35年5月、2日にわたる課長会を仕掛けられたのが、おじ上(藤澤氏のこと)だったようです。初日の方の課長会は『つくって売る』のではなく、『売れるものをつくる』のだという結論にリードされた覚えがあります。研究所独立の布石でした。『メーカーが育ってゆくためには何が1番大事か、それが根にあって、すべてがある』と別けられたのです(後略)」

---

[226] 1969.04.15 ニュースリリース HONDA1300 特殊空冷方式エンジン、ドライサンプ式潤滑方式、車室導入空気の清浄化対策、クロスビーム型後輪懸架装置等の新技術を備えていた。

[227] 杉浦英男(1927-2007) 昭和23年、京都大学物理学科卒。28年本田技研入社。39年本田技術研究所取締役、44年本社取締役、49年常務、52年専務、54年副社長、57年同社初の会長就任。

[228] ホンダHP/語り継ぎたいこと＞Hondaのチャレンジスピリット＞技術研究所の分離独立/1960/「仕掛けられた管理研究会」より(大磯で行われた研修会)

この頃からホンダは体制的に更に大きく変わろうとしていたようである。この件については、後に藤澤氏が副社長を退く時に語ったと言われる言葉が印象的である。「私はこの提案が通らない限り、大企業への足掛かりはないと確信していたので、（技術研究所独立が）受け入れられなければ辞任する決意であった。この企業の分岐点がこの時にあったと、今でも思っている」[229]と残している。

　白倉さんの日常であったCB350Fのエンジンにおける議論の底には、ホンダを技術のホンダ、世界のホンダにまで押し上げた天才技術者・本田宗一郎氏の想いと、世界に冠たる大企業にする為にと苦心した天才経営者・藤澤武夫氏の新しい時代への想いが知らず知らずのうちに滲んでいたのではないかと考えてしまう(下写真[230])

　その狭間の中で、エンジンの据え付け確度とは言え次世代の価値観と今までの価値観のぶつかり合いがあって、社の未来へ向けての胎動が始まっていた気がするのである。それは新しい組織体制の中で生まれた葛藤のようなものであり、何かが生まれよ

うとする揺籃期のようなものかもしれない。このエピソードにその後のホンダの姿が良くも悪くも垣間見えてくるようであった。

第4項　挑戦が生む自由なる空間

　1970年当時、ホンダは四輪へ経営資源を一挙に投入しようとしていた。白倉さんたちがCB750Fに取り組まれていたころの話である。
　出来上がったCB750Fを観て本田宗一郎氏が「こんな化け物に誰が乗るのだ」と言って賞賛とも言えない感想を漏らした話は有名である。白倉さんに言わせれば、それほど二輪から四輪に目が行っていたということだとお聞きした。そこに

---

[229] ホンダHP/語り継ぎたいこと＞Hondaのチャレンジスピリット＞技術研究所の分離独立/1960/「1人の天才に代わる集団能力の形成」より
[230] ホンダコレクションホール特別展示「Honda夢と挑戦の奇跡」1948年パネルの一部　（自身撮影）

は二輪の世界を極めたという自信と同時に、新たなモノに挑戦しようとするパワーシフトから「自由な時間」が創りだされたのかもしれない。

　白倉さんによれば、当時の通産省からはトヨタ、日産、いすゞに次ぐ 4 番目のメーカーはいらないと言われており、ホンダとしては一歩も引けない状況があったとのこと。[231]　かといってそれはパワーシフトによって、二輪に目が疎かになったということではなく、任せられる自信というモノがあったからこそだということは間違いないと思う。白倉さん曰く「おやじ(宗一郎)がこちらを見に来なくなった(四輪に注力するあまり)ことで、やりたいようにやれた」ということは事実の様であるが、そこにあったのは、「世界一のクルマを造ろう。ハーレーダビッドソンに負けないものを」という信念に全員が燃えていたという。

　「誰もが、俺が造ったものが世界一になるのだ」と。まさに本田宗一郎が目指したイデオロギーそのものを全員が共有されていたということだ。当時、和光の短いテストコースで、完成したプロトタイプのクルマには、宗一郎氏自ら試乗していたという。そのことを白倉さんにも再確認してみたところ「そうです」との明確な答えが返ってきた。技術者として、競技者(レーサー)としても一流であった宗一郎氏が何も言わないということは、思い通りのクルマに仕上がったという証拠であるいうのは本当の様である。下平さんが研究所で CB400F に乗る宗一郎氏を観たということは、なにか勲章のようにも感じておられたのではないだろうか。

　白倉さんにとっても忘れることのできないこのエピソードがあったという。

　それは CB750F 製作が完成して、ある程度の軌道にのったとき、あの鋭い観察眼とセンスで、厳しい目を向け叱咤しておられたおやじさんから「作ってくれてありがとう」と言われたことだと話された。ホンダに当時おられた方すべてが、おやじさんとの思い出を語られるとき、晴れやかで、嬉しそうな笑顔になられるのは共通しているようだ。

第5項　二輪車のイメージを変えたもの

　白倉さんとのお話も終盤となり CB のイメージの話に及んだ。CB のまさに代表格と言って良い CB750F のエンジン設計者にとって、それはどういうものだったのかをお聞きしてみた。そこには「ゆったりと、乗っていて楽しい」というコンセプトがあった。「当時はブラックジャケットと言って不良の乗り物で、それらが乗り

---

231 昭和 37 年(1962 年)外国車輸入自由化の流れの中で通産省(現在の国土交通省)が打ち出した方針として、国内自動車メーカーを 3 社に絞るという特振法が検討されていた。

まわすイメージがあって、オートバイというのはヤクザなものだ」という風潮があった。しかし、「アメリカ市場を開拓する際に、バイクは粗暴なもので一般市民とは縁遠いものとされていたイメージを〝YOU MEET THE NICEST PEOPLE ON A HONDA〟（素晴らしき人々ホンダに乗る）[232]というキャッチコピーで、二輪のイメージを変え成功をおさめた」ことが、CB もそのもとにあったとされた。つまり二輪車の概念をジェントルなものに変えたいという取り組みが、長年にわたって行われてきたということだ。

それは「カブ」に限ったことではなく、そもそも CB においても同じようなキャンペーンや広告が徹底され、今で言う好感度向上策の為のイメージ作りが成されたことは言うまでも無い。特に 1970〜1980 年代に共同危険型暴走族が社会問題化した時代であり、1975 年 6 月発売になったホンダドリーム CB550F-Ⅱの広報におけるトップには、「本田技研工業（株）では、このたび市街地走行から、ロングツーリングにいたるまで、静かで マイルドな走行フィーリングを持つ、4 気筒車《ホンダ・ドリーム CB550 FOUR－Ⅱ》を新発売いたします。」と敢えて表現し、パンフレットには「静かなる男のための、より静かなモーターサイクル」（下写真[233]）と表現されていたことが思い出される。

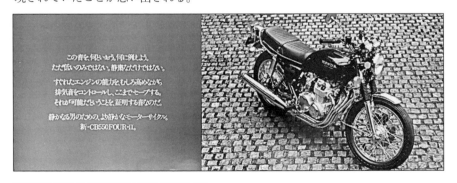

---

[232] ホンダ HP　Honda Design　より当時のポスター https://www.honda.co.jp/design/SuperCub60/nicest_people/
[233] CB550FOUR-Ⅱ　当時カタログ

第6項　情熱と顧客志向

　白倉さんは民生デイゼル工業[234]から東京発動機(トーハツ)[235]を経てホンダに入社された経緯がある。民生ではエンジンを手掛けたかった白倉さんの要望も空しく生産技術畑を歩むこととなり1年で退社、その後トーハツの募集で即入社。5年に亘りエンジンを手掛けられたものの、トーハツの会社経営が傾きかけた時点で、ホンダ第二代社長の河島さんのご親戚の縁もありホンダに入社されている。入社面接で

「どうしてもエンジンがやりたい」との申出をして、最初に手掛けたのがスーパーカブの担当となり、また水平対向エンジンの「ジュノオ」(左写真[236])スクーターの手伝いがスタートだったとのこと。その後CS90、直立エンジンへ入っていったとのこと。

そして、<u>**量産している二輪のエンジンは50cc〜750ccまですべて担当することになった**</u>とのことである。

　当時キャブレターの造作ではご苦労があったようだ。実はスロットルが重くて問題になったことがある。なんせ世界初の大型バイクに対応する部品自体が世界中探しても無いのであるからこれ以上困ることは無い。空気の吸引力が強く、急にスロットルを戻しても負圧(ブースト)が発生してしまい、ピストンバルブのキャブが吸い付き、回転が落ちない状況(業界ではコケコッコー状態と言っていた)に陥ることがあったとのこと。危険なことから強制開閉キャブにしたが、今度は操作が重く長距離を走る為にスロットルを開けていると、手首が疲れてしまうと言った問

---

[234] 1935年民生産業はディーゼルエンジン製造を目的として日本デイゼル工業として発足。1940年鐘紡紡績の傘下に入るも離脱、1950年大型商用自動車製造会社を分社。それが民生デイゼル工業であり、後の日産系列のUDトラックスである。

[235] トーハツと言われオートバイメーカーとして名を馳せる。1955年オートバイ販売実績日本一も達成している。1964年倒産後、会社更生法適用。更生後、トーハツ株式会社として再起、現在に至っている。

[236] 「ジュノオM85」空冷水平対向2気筒エンジン。ホンダ初の無段変速オートマチックトランスミッションを採用。(ホンダコレクションホール筆者撮影)

302

題が発生したりした。実は当時のご苦労はもっと深い部分にあったようだ。例えば強制開閉キャブも、キャブを作っているメーカーの開発力が弱く、実際はホンダで設計して開発したのちに、図面を渡して作ってもらうということになっていたようである。したがってキャブレターのメーカーでもないホンダが設計することになるのであるから、スロットル開閉時の手頸への負担までは計算されていなかったということのようだ。今では考えられないご苦労である。そのことはタイヤやブレーキ、ドライブチェーン等々にも同じことが言える。

　CB750Fの試験走行を荒川のテストコース(下写真 237)で行った時、コースを二往復でもしようものなら、既存のチェーンはその馬力に耐えかねて使い物にならなくなったということである。

　となるとまたチェーンの開発が始まるのだが、協力してくれていた大同工業[238]も初めての取り組みなわけで、共同研究を積み上げつつ開発をしていくというの

237　かつて和光市の河川敷に存在したホンダのテストコース。1958年アスファルト舗装が成された日本初の高速テストコース。当初は幅3m、全長1450mの直線コース。1959年改修、幅5m、全長2200mとなる。**CB400F開発責任者寺田五郎氏と竹馬の友であったホンダスピードクラブに所属する鈴木義一氏の発案**で、八重洲出版社長酒井文人氏の協力を得て、全日本モーターサイクルクラブ連盟の主催によって開催された第1回全日本ドラッグレースの東日本地区予選が1958年10月12日に行なわれたとされる。

238　大同工業株式会社(DID)　1933年設立　東証一部　石川県加賀市本社、オートバイ、自動車、産業機械用ローラーチェーン等製造

が通常であったようだ。その様にして、双方が技術練度を高めていったとのことであった。

　このことについては、ホンダも協力会社も冒険であったことは間違いない。メーカーにとって、安定的かつ大量に受注し製造してこそ事業として成り立つわけで、どれだけの量が売れるかわからないモノ、ましてや多くの研究開発費が必要になるモノをとり組むとなれば、相応のリスクを覚悟しなくてはならないわけで、ともに成長するという経営課題を乗り越えてきた会社だけが、今、ホンダとともにあると言うことである。

　こうした試行錯誤の中で生み出されたエンジン技術として「航空機エンジン」の技術があるのではないかと、そしてかなり参考とされたのではないかとお尋ねしてみた。その答えは「参考にはなっても実際は使えない」という回答であった。
　というのはバイクと飛行機はそもそもライダー、パイロットと名称も違うように扱う代物(乗り物)が大きく違うということである。

　分かりやすく言えば、飛行機はプロの乗り物であるのに対して、「バイクは素人が乗る乗り物」であり、仮に同じ機械であったとしても扱い方が全く違う。前者は整備を前提として、それぞれの部品がどれくらい持つかということも、扱いの強弱についても熟知しているものが乗るものだが、後者は整備もソコソコに、いわば荒い使い方で長時間にわたって乗ったとしても壊れないことが要求されるのである。

　第2項でCB400Fのエンジンについて白倉さんにお聞きしたとき「エンジン屋として開発時最も求められるのは、壊れないものを作るというのが一番大事である。」と言われた。そのことが改めて実感できた回答であった。
　そこにホンダのカスタマーファースト(顧客志向)の考え方、ユーザーフレンドリーという考え方が垣間見えるようだ。白倉さんたちエンジン屋の人たちに「おやじさんからは、この部品をユーザーはどう思うか、これをユーザーが修理するとしたらどう扱うか、これを作るときにどうするか、そういうことを考えながら図面を描け」と常に言われていて、更には「こんなことをやって使う人が喜ぶのか、使い方を強制してはいかん」とも言われておられたとのことであった。
　工場から世に送り出される製品の品格がそこにあるのかもしれないとつくづく感じ入った次第である。

304

時に家電製品や機械関係の製品を見るたびに、その使い勝手を無視して、使い方やメンテナンス方法を強要するようなものをみると「何を考えて図面を引いたのだろう」と思ってしまうことが多々あるとのお答えが、すべてを現している気がした。だからこそ「ものづくりは面白い」とのことであった。(右上写真[239])

第7項　意気に感じてこそ

　お話は白倉さんが設計された CB350F のエンジンの話に戻る。直立になったエンジンの経緯については前述の通りだが、その価値観は 4 気筒であれば 4 本マフラーは当然付いていないと売れないものとの価値判断があったようだ。

　しかし、それが車両を重くすることになり、コストもかかり、その上結果としても上手くいかなかった。つまりは既定路線の中で示唆されたモノ造りというのは、作り手にとって士気を損ない意欲を削がれるモノ造りになってしまうのではないかということである。CB350F のデザインを担当された佐藤允弥さんも、言葉は柔らかい言い方であったが、750、500 でシリーズ化された関係で路線が定型化されており、十分な議論もしないまま走ってしまったのが失敗の原因であったのではないかと書かれていた言を思い出す。

　その販売不振のリベンジを果たすべく新 CB350F 計画(CB400F)がスタートするわけであるが、新たに指名された寺田 LPL の元で、リニューアルではなく、事実上の新開発としての手順を踏みながらプロジェクトがスタートしたことは言うまでも無い。チームは求心力を得、各セクションメンバーの気概とダイナミズムが現れることになるが、そのスタートを切る最初の試みが CB350F を徹底的に丸裸にして、一から積み上げるという取り組みである。

239　ホンダコレクションホール　製品への誠実な想いが伝わる展示パネルより　(筆者撮影)

だからこそあの特徴的な排気システムの 4into1 という姿が生まれることとなる。既に白倉氏は別のプロジェクトに入られており、下平さんからの要請にもとづいて示唆されていたとのことであったが、改めて白倉さんに CB400F 開発の状況をどう感じられていたか聞くと、「敢えて言うと 4into1 というのが流行って、違うクラスでも採用されるが、あまりすっきりしたデザインでは無かったようで、やはり 4into1 は、CB400F が一番似合う形であった」と述べられている。ものづくりは造り手が意気に感じてこそ良いものができるということだと理解した。

第8項　寺田五郎さんのこと

白倉さんとエンジンの話について何日かに分けてお話をさせて頂いたが、何度か CB400FOUR 開発責任者の寺田さんが話題になった時、貴重なお話をお聞かせいただいた。と言うのはエンジンと言えば性能ということになるわけだが、与えられた道具から最大限のパフォーマンスを発揮させるためには、別の技術がいるということを教えて頂いた。それも職人の技術である。

「寺田五郎さんがナナハンではないけれども、ホンダのちっぽけなバイクのエンジンについて手を入れられたことがある。[240]あの人が『カムシャフト』[241]を自分で切削し、こうやれば性能が良くなるということを示されたことがあった」、「それはレースエンジンをチューニングしていたその技術の一つだと思うが、**彼が造ったカムシャフトは計算式に載らないものだった。**だけどエンジンを回し出力テストをすると、良い数字をたたき出すのですよ。かのヨシムラさんもそうだったように」との話に、大袈裟に言えば神の手の存在を思い起こされワクワクしてきたのを覚えている。

エンジン設計者である白倉さんもプロ中のプロ。計算式に則って『カムシャフト』を設計し造られるのであるから、その通りのモノができ、思った通りの性能を引き出すことができる。しかし、それ以上でもそれ以下でもないのである。いわば機械は正直だということだ。実はそのことを言われたのは寺田さんご本人でもある。ただ何事も奥が存在するわけで、機械の心までは設計できないというのが白倉さんの言われたいところではないかと思ったのである。

---

240 実はその対象のバイクと言うのは、スーパーカブらしい。それを当時手掛けておいでになった造形室関係者からの情報で符合した。

241 内燃機関の構成部品としては、給排気と圧縮を司るポペットバルブを開閉する各気筒のカムをまとめて 1 本に備えているシャフト（軸）である。出典: フリー百科事典『ウィキペディア（Wikipedia）』

事実、それ以上に優れた技術が存在することを実際で示されると、白倉さんも驚くしかなかったとのことであった。

つまり、**計算にない世界がカムシャフトにはあるということだと言われていた。感性力とでも言うしかないと。**(右写真[242])

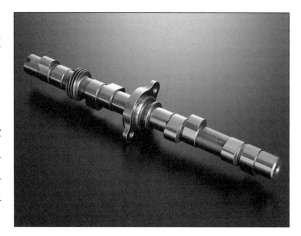

合理的に考えると「バルブの着座の時の加重だとか、排気の量を増やすための工夫だとか、所謂、残りガスを滞りなく綺麗に排出することがエンジン性能でいう出力向上の方法、逆に充填効率向上と同義、これは排気工程を長くすることで創りだされる加減というのが求められる。それは取りも直さず膨張工程を長くするということが出力性能に影響するということになる。そこらへんがカムシャフトとマフラーとの組み合わせになる。」と白倉さん自ら分析し説明を加えて頂いた。

そこは自分の分野ではなく「寺さんにお願いして、ちょっとこれ頼むわと言うと、一生懸命、一晩懸けて作ってもらうとフィーリングが実に良くなる」。ということであった。ここまで話をして頂いたこともありCB750F、CB400Fにも寺田さんの手が入ったと考えていいでしょうかと確認すると、「入っているかもしれない」と言われて、これもまた驚きであった。

人間の感性でしか捉えることのできない領域と言えるのでしょうかと確認してみた。答えははっきりしていた**「計算式の中ではない世界です」**ときっぱりと言われた。**「フィーリングの世界に入るのだと思う」**。再度確認の意味で数量化はできないのでしょうかとお聞きしてみた。**「理論的に考えればできないわけではないかも**

---

[242] ヨシムラ製CB400F (408cc: 74-77 /398cc: 76-77)ST-1M カムシャフト。「ヨシムラの歴史。それはカムシャフトから始まった」とまでホームページには記されており、そこには故吉村秀雄氏の神が宿る部分があるということかもしれない。1970年代のCB400FOUR現役当時、ヨシムラはロードスペシャルカムシャフトとして発売していた。2017年に従来のST-1カムをクロモリ材からNC総削り出しで復活させた。(ヨシムラホームページ参考)

しれないが…できないですね。**少なくとも当時はできなかった**」と、あの CB750F のエンジン設計者の回答であるだけにこれ以上の説得力はない。それと同時に別の思いがこみ上げてくる。CB400F に寺田五郎という LPL が指名されたことに心から感謝したい気持ちになっていた。

　そしてここも聴きたかったこととしてエンジン部門から下平さんや周辺から聞こえてくる CB400F 開発プロジェクトのことをどう観ておられたかをお聞きしてみた。白倉さんも思い通りにできなかった CB350F のプロジェクトの後継であり、その再開発案件であっただけに「嬉しかった」という感想を持たれていた。「自分ができなかったことを切り開いてくれた」とも。下平さんに任せておられたプロジェクトであったが、そうした経緯からその後、巷で有名なエピソードをこちらからお話してみた。

　エピソードと言うのは、完成車の最終評価が行われる役員による評価会のことである。佐藤允弥さんの書き物の中に CB400F の評価の席上、役員からの御下問に対して、通常であれば殆どの案件でそれに従うことになるところを、**寺田さんが「現場に任せて下さい」と一喝してその評価会をクリアした**というものである。

　白倉さん曰く「知っています」とのご返事。「立ち会ってはいなかったけど、その話を聞いたときは嬉しかった、そういう風に言ってくれる寺さんの力量、上に物怖じせずに言えるということに嬉しく思った」と言われ、このことは有名な話だったらしい。

　ホンダが変わろうとしていた時代かもしれないと思った。本田宗一郎と藤澤武夫の時代から、両氏が一線を退きカリスマのいなくなった大企業になった時、背負わなければならない命題が生まれていたようである。ただ、どの時代になっても企業にとって必要なものの一番は人材であり、その意味では欠かすことのできない人材がいたということかもしれない。

　ものづくりも新しい時代に応じて形式を変え、フォーメーションやパターンも変わっていく中で、体制は人間模様の縮図となる。CB400F 開発もその中にあって、各セクションから必要な人員がアサインされプロジェクトが遂行されることになるが、それぞれのセクションにはそれぞれの事情や要請事項がある。

　それだけにいかにチームが同じベクトルで動いていけるかによって、完成品の品質は大きく違って来るわけで LPL の存在は想像以上に大きなものである。

こと、CB400F の開発における LPL 寺田さんについて悪いお話は一つも無く、良いお話しか出てこない。プロジェクトの直接的メンバーではないとは言え、外からご覧になっていた白倉さんも寺田さんのことを**「本当に良い男だったし、人気があった」**と懐かしむように言われたのが印象に残る。寺田さんはいろいろな意味で異端の人であったのかもしれない。詳しくはまた別の章でも述べたいと思う。

第9項　エンジン屋として

白倉さんにはエンジンに対して心残りなものがあるという。それは何かと言うと「新型 2 気筒エンジンのバイクの構想」である。
前述して 1965 年 4 月に発売されたホンダドリーム CB450cc は、二輪車初の DOHC2 気筒エンジンを搭載したもので、いわばホンダが大排気量車市場に乗り出した本格的バイク(下写真[243])である。そのモデルチェンジを担当されたのが白倉さんであった。後にこれが CB750F に繋がっていくこととなるのだが、そこに至るまでの間に、「4 気筒と言うよりは 2 気筒の方に思い残しがある」と言われたのだ。

それは何かと聞くと、当時欧州への出張をされ、ヨーロッパとの国々

の大型バイク市場を調査に行かれた際に、どうしても作ってみたいバイクの構想が浮かんだとのことであった。それが 2 気筒バイクのエンジンである。帰国されてすぐにそのアイデアを基に提案されたところ、すっぱりと断られ憤慨したことが思い起こされると笑いながらお話をして頂いた。未だに帰国の途上、飛行機の中で構想を練った 2 気筒 500cc のエンジンのことを思い出されるとのことで、こうありたいという理想のものであったようだ。それは未だに燃え続けて夢に見るとのこと。やはり、造り手が情熱を傾けてこそ良いものができるのであって、多くの制約によっ

---

[243] 大型フラッグシップ製造計画はコンドル計画と呼ばれた。写真は 1968 年発売から 3 年が経過し、好調の内にモデルチェンジしたもの。「豪華なオートバイの王様」とのキャッチコピーが付けられていた時代のホンダドリーム CB450 のポスター(ホンダコレクションホール自身撮影)

て気持ちそのものが削がれてしまうと自らが喜べないものになってしまい、ひいてはお客様の喜ぶものには成らないということを再び実感させて頂いた。

そこには本田宗一郎氏が目指した顧客志向や顧客本位というイデオロギーが、当時の方々の心魂に注ぎこまれているのだと思った。

そのイデオロギーに基づいて作りだされた製品は、それに関われた方々の厳しい練磨、研鑽、精進、継続という名の苦労の研究の成果として生まれたものである。

それが証拠に白倉さんの設計された CB750F のエンジンも、CB350F をベースとされる CB400F のエンジンも、半世紀たった今も動き続けているのである。

このインタビューを終えるにあたり、自ら世に送り出したものが、今も愛用されているという事実に対して感想をお聞きしてみた。

「自ら作ったものが、長い年月を経てもこのように皆さんに愛され、楽しんで頂いていることに携らせて頂いた私は、技術屋冥利に尽きます」、「そしてお礼を申し上げたい。ありがとうございます」と締めのお言葉を頂戴してお話を終えた。

ここにも CB400F が生みだされた素地があったことを確認できたことは極めて大きな収穫だった。

第4節　新人、歴史的バイクに挑む

CB400F のデザインと言うと佐藤允弥さんだが、残念ながら既に鬼籍に入られておられ、そのデザインについて直接お聞きすることはかなわない。私としてはどんな形であっても当時の造形室で、このプロジェクトに関われた方のお話を直接お聞きしたいという願望が強く、探していたところであった。

当時、造形室のプロジェクトフォーメーションとしては、PL の他にそれぞれをサポートするサブデザイナー、デザインを形にするモデラー、そしてアシスタントと大まかには三分割の体制であったようだ。そこで造形室を長く見てこられた OB の方にお願いし、心当たりをあたって頂いた結果、当時、最若手でいらした中野宏司[244]さんが、CB400F 開発のアシスタントとして参画しておられていたことが分かり、お引き合わせを頂くことができたのである。

---

[244] 中野宏司（なかの　ひろし）　1971 年定期採用にて本田技術研究所入社。エンジン、塗装等の研修を経て造形室に配属。当時の CB350F、CB400F のアシスタント的立場ではあったものの、佐藤允弥 PL の下で直接開発段階に関与される。その後海外向け大型二輪等の PL も経験。後年はレース車両のデザイナーとしてカラーリングを数多く手がけられている。

中野さんはお若かったとは言え、数少ない CB400F 開発の生き証人のお一人。むしろ若くていらしたが故に、現場の状況がリアルに伝わってきて非常に興味深いお話をお伺いすることができた。

第1項　CB400F というテーマ

　中野さんは 1971 年 4 月の定期採用の入社であり、当初は浜松製作所での実習ののち化成課に所属される。化成というと車体のカラーを決める塗装関係の部署であり、バイクにおいては極めて重要なデザイン要素である鍍金の電着技術やストライプ等の展開技術を学ばれている。当時は手作業で行われたとのことで、実際 CB350F の塗装にも関わられているのである。その後、造形室に配属され先行課程の汎用エンジンのテーマから入られ、モデラーの仕事も合わせて学ばれている。

　入社から約一年後の 1972 年に造形室に配属。当時 CB350F のフレームをベースとした骨組みだけが置いてあり、指示に従って土台であるアルミ製の定盤の水平出しを行い、四隅をエポキシ樹脂で固めて固定セットを行っていたのが、後にそれが CB400F の開発に関わる仕事であったとされる。中野さんのお話から定盤にのせられた CB350F からエンジン・外装等すべて外し、フレームにタイヤがついた状態のベースを座標調整して固定の上、セットされる様子を想像してしまう。CB400F がこれからデザインされていこうとする現場の臨場感が伝わってくるようだ。

　まだ、この段階では中野さんにメンバーの正式な要請は行われていなかったものの確信したという。

　モデルの背景にあるパネルには「A001(エーゼロゼロワン)」というデザインコンセプト、車両の性格、スペックが明記され、その

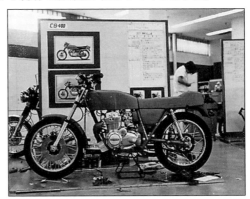

下には本決まりではないものの販売台数や価格と言ったアウトラインが書き出されたものがボードとして示されるわけである。そこにタイトルとして「CB400F」という文字が掲げられていたという。(上写真[245])

---

[245] 1973.5 月。車両を前にタンク、サイドカバー等にクレイ粘土が造形され、背後のボードに主要スケッチ、スペック、戦略目標といったものが明示されている。これは既にモックアップに近いものである。初めはフレームとタイヤ、ハンドルが付いている程度のモノからスタートする。

それは LPL の寺田さんをはじめとして、佐藤、先崎、麻生さんたち開発チームの各 PL が既に議論された結果として用意されたものであったとのことである。

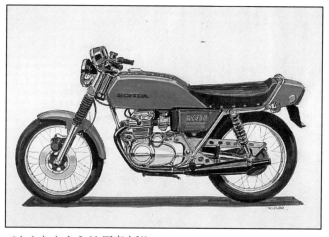

そこでスケッチの話に入るのだが、この CB400F については、佐藤さんがチーフデザイナーであり、その立場的なモノばかりではなく、取り組まれる意志としても強いものを感じておられたようだ(写真上[246])

中野さんによると佐藤さんがすでに頭の中にあるものを何枚か描かれ、造形室の中堅どころのアシスタントデザイナーの方がお二人ほどラフスケッチを書かれたとのことであるが、結果としては佐藤さんのデザインされたものに収斂されたとのこと。その時、中野さんは画を描くという立場ではなく、スタッフの一員として参加するという立場であったという。だからこそ、周りの様子をよく観察されておられたのではないかと感じた。例えばCB350F をプラットホームとして新たな性格付けをする開発であること、逆にシリーズと言いながらも従来とは性質を異にした本格的なスポーツバイクであること、デザイナー自体の想い入れやデザインの方向性といった内面と、企業理念をどう落とし込むのかと言ったプロセスをこのプロジェクトを通じて理解される好機とされた様である。

第2項　　CB400FOUR のデザインに見たもの

中野さんの見立てでは、佐藤さんのデザインには特徴があるという。それは基本「六角形　(ヘキサゴン)」というものをベースとされていたというもので、貴重な証言と受け取った。六角形と言うのは、幾何学形の中でもデザイン性が高いものと言われている。一般的には調和や安定を現すと言って良い。

---

[246] 佐藤さんによるイメージスケッチ。右下に佐藤さんのサインが見て取れる。(口絵 P7 にカラー掲載)

また、ご存知のようにこれらが複数で精緻に並ぶと「ハニカム」という蜂の巣に似た形を創りだし、構造的にも強固なものになる。

　一般的に構造物と言われる建築やクルマ、そしてバイクにも適用できる形だと理解できる。言われて初めてわかるわけだが、佐藤さんがデザインをするうえで「六角形」を好まれたというのは、デザイン的にもバランスが良く機能的にも合理性が高いものと感じた次第である。そこにCB400Fの美しさや安定感、そして剛性という安心感といったものが生みだされているのかもしれない。筆者が試みに六角形とCB400FOURのフォルムを合わせてみたのが以下の図である。まず下が「全体的ハニカム構造図」である。

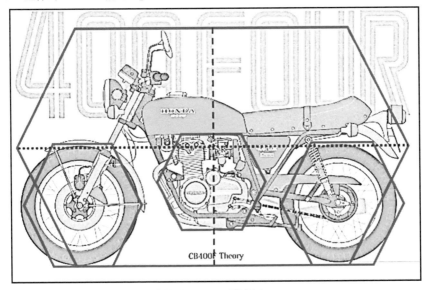

全体的ハニカム構造図

　CB400Fの特徴的デザインにおいて、その全体のフォルムを六角形で囲んでみると見事にはまる。ユニット別に六角形を描いてみた。エンジン部分を中心として前後のタイヤは等間隔で配置されているのが分かる。

　全体から見て頂くと六角形の対角線が、エンジン部分キャブレターのあたりで交差し見事に全体の中心を指している。その寸法の納まり、バランスの良さは一目瞭然である。後に述べる黄金比と言うところでも述べるが計算されているようである。見て楽しむバイクとしての魅力の根幹がここでも見て取ることができる。

もう一つの図が以下の「部分的ハニカム構造図」である。

部分的ハニカム構造図

ユニットごとに六角形で囲んでみると、これもその形状の中にある。バイクのデザインにおいて、二輪車ということで文字通りバランスが最も重要視する要素と考えると、この六角形を一つのユニットとする組み合わせは、理にかなったものと考えられる。佐藤さんがデザイナーとして、美しさを基準の根本に据えていたとしても、この形状を好まれたというのも得心が行く。この中野さんの発言で得られた、デザインのヒントは想像以上に貴重なものだと感じた。

第3項　デザイン領域の拡大　その1

ラフスケッチが数枚描きあがり、絞り込まれると、立ち上がったフレームに「クレイベース」を組む行程に入る。鉄板を折り曲げて、フレームに装着、タンクもベースとなる梁型を作成、サイドカバーも鉄板を切り、各リブを設えて粘土が落ちないようにする作業が続く。その土台が出来上がって初めて、クレイ粘土による粘土付けが行われる。

クレイベースに装着されるフェンダーやライト類は、既成のモノを利用してスケッチ全体のイメージを形にしていくのである。特にCB400Fの場合は、CB350Fのモノをエンジンも含め電装品等そのまま装着された。

その際、粘土で形状を作成するのはもっぱら「タンク、サイドカバー、シート」の三点であったということである。CB400F に限ったことかどうかは分からないが、クルマのように外装を持たないバイクの場合、デザイナーが関われる部位の最たるものが「タンク、サイドカバー、シート」であるということを佐藤さんも言われていたことを思いだす。(写真下[247])

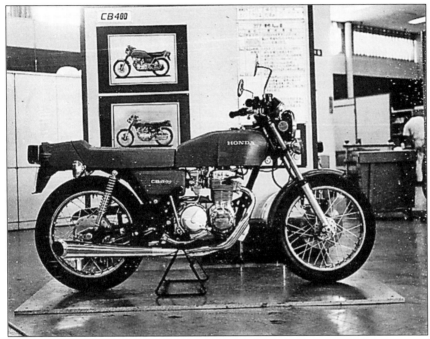

　バイクの場合、フェアリングなどの装着物が無ければ、基本は機械の塊であり、デザイナーの腕を揮う部分にはおのずと限界があるということになる。また保安部品と言うのは法制下の中で規制や認定等に関わるものであり、そこに手を入れてデザインを変えるというのはかなり手間のかかることになる。

　したがって、それ以外で個性をいかに表現するかということになると、この三点の形状美と色彩美、そしてメカそのものの機能美に大半は絞られるということになる。とは言えバイクの全体が各ユニットと調和したデザインでなければ、いくら3点を変えてみたところでそれこそ限界がある。

---

[247] 1973年6月　CB350F をベースとしつつ組み上げられたクレイモデル。まさにロングタンク、ロングシート、テイルカウルのスタイル。よく見るとマフラーも一本出しの様だ。背景のボードには「CB400」の文字と、見覚えのある佐藤さんのスケッチがはりだされている。この時、中野さんはこのクレイモデルの粘土を付けられた。(背景のボード右には製品の生産目標等が掲示してあるようだ)

そこで、当然の帰結であるがバイクのデザインの自由度をいかに広げるかという点が重要になってくる。そこでクローズアップされるのがエンジンの存在である。

　このデザインに機能美という視点が移っていくし、自ずと排気系の形状にもこだわりが生まれることになるのではないだろうか。単なる動力としての扱いであれば、同じ形状のモノを多用すれば、生産効率は上がるし採算性も向上する。

　経緯として CB350F のエンジンをベースとすることは決まっていたようであるが、その形状は、より力強いモノにするということがデザイン上指示されたとされる。現に中野さんは CB400F の個別ユニットとしてのエンジンデザインと、排気系のデザインのミーティングに造形室担当として参加され、クレイモデル製作にも関わられることになる。

　「力強くカッコいいモノ」にしようとすれば、重要とされるのが「エンジンのフィン」の形状である。当時は CB350F のエンジンの先端に樹脂を盛ってその形状を決めていく作業が行われたという。「空冷はフィンが命」とのことで「いかに細く見える形状にするか」ということを実践されている。

　特に注意しなくてはならないことは、シャープにしすぎたり寸法を長くするとフィンの共鳴が起こることである。したがってフィンの数を増やすこと自体そのリスクが増大する為、加工は緻密な計算と熟練の技が必要となる。

　また、フィンの造形が高まれば高まるほど量産性を阻害し、更には鋳物としての成型の難易度も格段に上がるのである。フィンの造形というものがバイクと言う工業生産品にとって、いかに究極の機能美が求められるかが分かってくる。

　むき出しのエンジンが美しさとしての造形の対象となるという意味では、そのすべてがむき出しになっているネイキッドバイクの芸術性の高さは、他のバイクと比較して格段に違ってくるようである。その上、あくまでも量産を前提に安定した品質保持を旨とすれば想像以上に制約のある加工となる。

　そこが一番重要で難易度の高い点であったと中野さんは語られた。この作業の調整はエンジンの周辺機器との調和を求められることも忘れてはならない。

　エンジンフィンと合わせシリンダーヘッドについても、中野さんの手によるデザインで造形が成されたとされる。

当然シリンダーそのものは変えられないものの、「何とかカッコ良くしたい」ということで細部に対する作り込みが成されている。(右写真)

　こうして中野さんはCB400F開発時、佐藤允弥さんの直下のアシスタントとして配属されたことで、入社3年目にしてプロジェクトに事実上参加。指示に従いつつも、その造形に自らの手を刻まれたことになる。そこで学んだことはとても大きかったと聞いた。

第4項　　排気系クレイベースの製作

　中野さんはエンジンの造形と合わせ、排気系にも対応されている。曰く「一番難しかったのが排気系だった」とのことで、このユニットにおいてはデザインの一担当としてメンバーの一人としてブリーフィングには参加されている。

　チーフデザイナーの佐藤さんが拘ったのもこの排気系のデザインであった。その美的視点は「サイドスタンドを立てた時にカッコよく見える」という方向性であった。

　完成したものには評論家を含め多くの意見が交わされる。しかし、デザイナーが走っている姿だけではなく、停止しているときにもいかに美しいものとするかと言う拘りにどれだけの人が気付くだろう。そこにはやはりアーティストとしての矜持が見えてくる。中野さんは、佐藤さんからその指示が出た時のことを、今でも憶えておいでになった。

　あのエキゾーストパイプが横一線に束ねられた意味もそこにあるのだ。そして、エンジンから出たエキゾーストパイプが、オイルフィルターケースを避けて曲線を描く姿そのままに、集合チャンバーに並んでまとめられる姿は、サイドスタンドを立てた時に最も輝くのである。　中野さんにとって、それをいかに実物にするかというのがこのユニットのテーマとなった。「乗って楽しく、磨いて楽しく、見て楽しい」の精神がここに宿っているということなのだ。

ただ、装着すれば良いという考え方は微塵も無い。いかに美しく、カッコよく装着するかということは観るものの主観であったとしても、「最適解」を求める作業は客観的で地道な作業となる。スタンドの傾斜角度を所与とすると、排気ユニット全体の角度は、機能性を損なうことなく、車体全体のバンク角という制約を踏まえつつ、最も美しい角度を求めて微妙な調整が繰り返された。そうして生まれたのがあのエキゾーストパイプなのである。

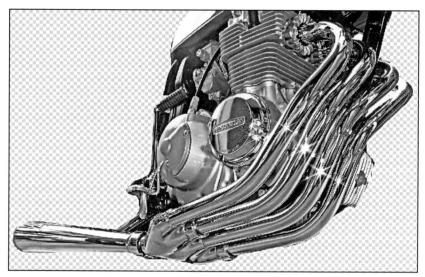

実物にするとなると「スケッチはあまり意味を成さない」という。本田宗一郎氏が「絵は見ない」と言われていたことが思いだされる。実際のエキゾーストパイプの造形にあたられた中野さんは、その実物モデルとして水道で使われていたジャバラをパイプに見立てて、クレイモデルに組み付けつつ、その角度や曲がり具合を調整しされたという。その上で大よそのスタイルが決まると、ジャバラに樹脂を塗り、形状を整え成型し凝固したところで、一本一本板金に持って行き金属成形が成されている。

中野さんがものを持って行かれた時、板金部門の方からは「量産でこんなものできるわけがないだろう」と一喝され、何度も何度も調整が成された。私はこの時点では大量生産を意識せずに、どうしたら作れるかをまっすぐに取り組まれたからこそ良いものができたのではないかと感じた。

つまり、あの流麗なエキゾーストパイプの原型は、実物合わせで行われているのである。

佐藤さんのデザインによるスケッチは当然あるのだが、佐藤さんからは中野さんには「このスケッチのこういう感じで具現化してくれ」との指示に基づいて取り組まれたわけである。あの芸術的なエキゾーストパイプが生みだされたのも、中野さんの取り組まれた実物合わせによる原型製作があればこそとも言える。そう捉えると想像以上の大役を担われたということである。

　ただ、エキゾーストパイプの原型製作はそう簡単には行かない。エキゾーストパイプ4本が試行錯誤のうえ出来上がったのは良いのだが、4into1システムは4本を1本に集合させることになる。つまりまとめる部分にあたる「集合チャンバー」をどうするかと言う課題にぶつかることとなる。

　ここにも拘りが生まれる。束ね方である。4本をサイコロの4の目のように束ねるという考え方もあったが、綺麗に見えないという点で却下し、4本を横一線に並べ、それを束ねる集合チャンバーにするということになり、あのグローブ形状のモノが生まれることとなる。(詳細 P272　第7章第1節第3項「4into1 排気システム」開発苦労話および P273 脚注を再参照願いたい)

　また、スタンドを立てた状態でカッコ良くするために、その流麗さを見せる為にやや斜めに装着することにするなど、多くの調整が加えられている。

　エキゾーストパイプ、集合チャンバーの形状が定まったところで、マフラーの製作にかかるが、なんとボール紙を丸めてこんな感じではないかと設計と打ち合わせをし、形状化したと言う。それで出来上がったものを佐藤さんに見せると「そんな感じかな」ということで OK が出て木型製作になった。その他に多くのプロジェクトが並行して走っている中で、中野さんは CB400F 一本で製作に取り組まれたとのことであった。その代わりと言うと何であるが、佐藤さんの指示、指導に従って忠実な対応を迫られたとにこやかにお話されたのが印象深かった。

　こうして作られた原型に基づいて、車体設計の方で図面を引くことになるのであるが、先崎さんの所で述べた様にそこでもマフラー製作メーカーである三恵技研との間で「現合(げんごう)」、所謂、現物合わせでの製作が行われることになるのである。これが大変な作業であったことは前節で述べた通りである。

　いずれにしても CB400F の最も特徴的な造形物がいかにして作られたかということを、実際に作業にあたられたご本人からお聞きできたことは、これ以上ない貴重なお話であった。佐藤さんを初め、そのクレイベースに取り組まれた中野さん、そして車体設計の先崎さん達のご努力に感謝したい。

第5項　CB400F　試作車完成

　中野さんのお話から、重要なキーワードを発見した。それは、佐藤さんが「モダン」ということをよく口にされていたということである。話の中や方向性を議論するときに「モダン」という言葉がその方向性を指していたのだと思う。

　それは世の中の価値観に対して近未来を表現したものであり、あまり新しすぎると行き過ぎとなることをホンダは許さなかったのかもしれない。逆に言えば実用的で堅実ということを旨にしていたと考えられる。だからこそ世の中が受け入れられるような新しさを志向していたとすると、CB400F の登場は時宜を得たというべきものかもしれない。

　CB400F の試作車が完成し、和光にあったテストコースに初お目見えした時に、造形室の各氏が関心を示したのがその排気音であったという。
4into1 というシステムが市販車初であり、それまで4気筒マルチエンジンの定番とされた4本マフラーの音に対して、一本マフラーと言うのがどういう排気音がするのか関心が高かったようである。

　テストドライブ当日、和光の研究所のあった造形室からは、デザイナーの方々を含め多くの人たちが窓を開けて排気音を聞いておられたそうです。

　エンジンが始動し、走りだした後、回転数が上昇するにつれて鳴り響く「クウォーン」という排気音は、レーサーを思わせるものであったようだ。「良い音だね」と誰もが口をついて出たという。

　それは、レース以外では聞くことのなかった音だったのだ。中野さんによればその排気音は試作車のものであり、完成し市販化されたときは、社会情勢にも配慮し大分絞り込まれたというから驚かされる。ノーマルの完成車の排気音が良い音だからである。これはそれまでホンダの市販車には無かったものであり、これが未来を予感する「モダン」と名のつくものだったのかもしれない。

　発売後、そのサウンドを求めて「ダンストール[248]」製のマフラーに交換するモノが増えたと聞く。

---

[248]　「ダンストール/Dunstall 」：英国の高品質なカスタムパーツ。とくにマフラーのエンドに装着されたレッドキャップサイレンサーは有名。

つまり、CB400F はスペックにしろ、そのスタイルにしろ、そしてそのサウンドにしろ、個性を際立たせるための魅力を更に引き出す要素が備わっていたと言える。結果的にカフェレーサーを意識して造ったのではなく、カフェレーサーとしての資質を生まれながらにして持って生まれたと解釈するのが正解だということだ。佐藤さんがカフェレーサーというものを意識してデザインしていたわけではないということと整合性がとれるのである。

　佐藤さんの言っておられた「モダン」の意味と言うのは、そのバイクのフォルムやサウンドばかりを指すのではなく、ライダーの嗜好が今後どのように展開されていくかというスタイルの未来形も指していたのかしれない。

　そもそも、そうした人々の嗜好の風を、いかに捉えるかという感性もデザイナーに求められるものかもしれない。

　たまたま英国のカフェレーサーという風が吹いてきたというだけであって、それを意識してのものであったとしたら、オリジナル性の低い、物まねまがいになっていたかもしれない。

第6項　CB400F の人気のわけ

　中野さんに対する長いインタビューを終えるにあたり、最後の質問を用意していた。それは CB400F プロジェクトに造形室の一員として参加した立場から、改めて車両に対してどのような感想を持たれているかを聞くことにした。

　未だに人気があるということについてどう思われるかという質問してみた。

率直に言って<u>「なぜ、こんなに人気があるのか分からない」</u>というものであった。

「間違いなくベースの CB350F と比べるとスペックはもとより、スタイルの斬新さ、フォルムのシャープさ、洗練されたスポーティな造り、軽快さ等々佐藤さんの言う

モダンというものが表現され、前車を遥かに凌駕した良いバイクであると思う。更にエポックメイキングなのはあの排気系であり、マーク 1 つとってもステッカー形式というモノは無かった」とは言え、それが未だに人気であることの理由かと言われれば、それだけでは理解できないということである。

　例えば CB750F を比較検討の対象にしてみると、世界最大排気量 750cc、世界最高速 200km、世界初量産 4 気筒マルチエンジンにより世界的大ヒットとなり、ホンダが世界 GP だけではなく、市販車としても世界一を示した記念すべきモデルである。その上、砂型のエンジンの希少価値は間違いなく高いと言える。

　それに引き替え残念ながら CB400F は CB350F のリメイク版という見方もできる。真に零から創り上げ世界を獲った CB750F と比較すると、ナナハンに軍配が上がるのではないかとの意見に異論はない。ただその視点以外の見方が別にあるのではないかと言う疑問がわいてくる。(左上写真[249])

　実は中野さんの話の中にそのヒントを得た。「原点回帰という見方はあると思う。さらにはコンパクトさと日本人に合ったサイズ感、乗り味の良さ、取り回しの良さ、そして足つき感がCB400F にはある。(CB750F のサイズは、当時の日本人向けでは無かった)　つまりは、日本人に向けたものと言う点が大きい」という指摘である。このお話の底には名車になる為のエッセンスが含まれている様に感じたのである。
　有態に言えば日本の気候風土や、日本の文化嗜好にいかに根付いたものになるかどうかという点である。　中野さんが入社を決められた理由をお聞かせ頂いたことがこのことと絡んでいるように思えてならない。

---

[249] インタビューに応えて頂いたときの中野宏司さん　2022-11-28

中野さんは勤めるなら「ホンダ」しかないと多くの就職先を蹴って求人を待たれたという。その理由というのが1970年当時「陸(二輪、四輪)、農地(汎用エンジン、農機具)、海(船外機)、(そして空(航空機))」と広い分野に事業展開しているところが最大の魅力であった」とのことであった。

　実はここで気付くのは、いかに日本という国土の成り立ちに根を張って、ユーザーの目線でモノづくりを行ってきたというホンダのスタンスである。本田宗一郎の創り上げた企業文化そのものに中野さん自身も惹かれ入社された様である。根底に流れるホンダイズムそのものが実は人気の理由なのではないかと感じた次第である。

　それらを議論とした後に、中野さんの結論としては、「**ミドルサイズというモノそのものが日本人に向けたもので、ベストマッチするスポーツバイクがCB400Fであった**」のではないかとの答えを頂くことができた。
　そのタイトルコールめいた総評が今までの話を踏まえると、人気の理由として当を得ていると思った。

　オイルの匂い、ガソリンの香り、甲高い排気音、クランクの回転に応じてピストンの上下する鼓動感、躍動感漲るフォルムと鮮やかな色合い。当時のすべての要素を知り尽くした中野さんのCB400F物語は、新人として入社されたばかりで関わられたプロジェクトだっただけに、新鮮でより鮮明にその時の状況が理解された。

　何よりもCB400Fをカッコ良くしたいという純粋な思いの中で、製作にあたられた喜びが伝わってきた。造形室の一員として、プロジェクトメンバーの一員として、デザイナーと同様に注がれた情熱があったことを知ることができて本当に良かったと思う。仕事をする上でめぐり合わせというものがあるが、中野さんにとっても素晴らしい経験であったということであろう。私としてはCB400Fを支えて頂いた方が此処にもおられことに感謝したいと思う。

　この項には後日談がある。インタビュー後に、佐藤さんの奥様の万里子さんから「こんなのが見つかりました」とご提供いただきましたのが、允弥さんがホンダを退職される際に、関係者の方々から送られた寄せ書きの色紙である。何気なく拝見していたら、中野さんの寄せ書きの文字を見つけた。

佐藤允弥さんが退職されるときに、ホンダ関係者の方々から送られた寄せ書き

　中野さんは「新入社員で入ってきて **CB400** を少しやらせてもらってうれしかったです。あれはカッコ良かった(原文のまま)」と、一番目立つところに大きく書かれておられた(矢印の部分)。このタイミングでこの色紙、そしてその中に書かれた中野さんの文字。これも御縁と言うほかはない。それにしてもこれだけ多くの方々が佐藤さんのもとに集われたということがとても印象的である。また、中野さんの若かりしときの気持ちが伝わってきてこの章を終えるうえでも記念となった。
　「中野さんご協力ありがとうございました。」(上写真[250])

---

[250] 佐藤允弥さんの退職時の「寄せ書き」。允弥さんの写真の右横にひときわ大きく中野さんのメッセージ(丸印で囲んでいる部分)が書き込まれていて、とても印象的である。(提供: 佐藤万里子さん 2023-01)

第8章　　　仲間たちの群像　Ⅱ　「見守りし人々」

　CB400F が多くの方々の力によって生み出されたのは言うまでも無い。特に第 7 章では、当時のホンダにあって直接 CB400F の製作にあたられた方々に直接インタビューを実施し貴重なお話を聞かせて頂いた。これまでの雑誌やインタビューでは、開発プロジェクトの代表的存在であった寺田五郎さんや佐藤允弥さんがクローズアップされてきたことは当然であったとしても、それ以外の方々のお話を聞く機会が無かっただけに、新たな発見があったことは言うまでも無い。

　逆に「チーム CB400F」の方々のお話によって、寺田さんや佐藤さんが更に浮き彫りなったことは確かである。

　そのことに倣いこの章では更に幅を広げ、開発チームの外から CB400F 開発をご覧になっていたホンダマンの方や、ホンダとは切っても切れない関係の部品製作会社に籍を置かれ、実際の CB400F の純正排気系システム復刻に尽力された方、発売当時から CB400F のカスタムパーツを手掛けられてこられたメーカーさんにも取材を実施して、直接間接に CB400F に関わってこられた方々にインタビューを実施した。

　開発周辺という新たな視点で CB400F を深堀することとした。やはり昔を良く知る方々ばかりであり、もう再び聞くことのできない話ではないかと感じた。

　お聞きした方々の経歴や実際に取り組まれたプロジェクトも合わせてご紹介させて頂くことで、そのひととなりから、どういった立ち位置で CB400F をご覧になっていたかが分かると、見方が違ってきて新たな発見があると思った。

　今回の取材では偶然ではあったが CB400F に関係するプロジェクトが、現代にあっても実際に動いていることに遭遇した。ここではその経緯やそのプロジェクトへの拘りを知ることで、結果として当時の CB400F がいかに開発されていたかの証左にもなるものと感じた。

　お蔭様で「チーム CB400F」としての見方で多くの方々に取材させて頂いたことで得た事実は、CB400F を愛する者にとっては、今までに無かった興味深いものと言えるのではないかと自負している。

第1節　造形室の異才

宮智英之助さんは 1936 年(昭和 11 年)生まれの 88 歳。現在はパトスデザイン研究所の所長として、デザイナーとしての仕事を続けながら、絵画を趣味とされ多くの展示会にも出品しつつ審査員としても活躍されている。

そのことからも分かるように、この節のタイトルで失礼を承知で銘打った通り「異才、異端」の人だ。

1960 年(昭和 35 年)ホンダ入社以来 36 年間、二輪、四輪双方をデザインされ、且つ国内外を問わず活躍されたことでもそのことが言えると思う。

CB400F に関わられた方を探すために、御縁を頂いた方にお願いしていたところ、古い時代の造形室のことは、宮智さんであればとご紹介を頂き直接お会いすることができたわけである。

2022 年 11 月初旬、ご自宅にお邪魔させて頂きお話をお聞きすると、当時のホンダ造形室の様子や、本格的に 4 輪に進出しようとしていたホンダ社内の状況等を詳しくお話頂き、あっという間にその日が過ぎてしまった。そこでこちらの勝手な申出ではあったが、翌日もお時間を頂戴したいと申出し、それを快く引き受けて頂き、まる 2 日間に亘ってお話をお聞きすることができた。

宮智さんの在職時は本田宗一郎氏が現役の時代であり、二輪、四輪の開発がそれぞれの歴史を刻む中にあって、CB400F も同様の環境の中で、開発が進んで行ったことを確認することができた。

第1項　造形室五番目の男

宮智さんは 1960 年(昭和 35 年)に造形室では 5 人目のデザイナーとして入社され、最初に手掛けられたのが CB72 のスピードメーターのデザインであったとのこと[251]。実は改めてそのメーターのデザインを拝見させて頂くと、まさに業界では初であろう回転計タコメーターとスピードメーターが逆回りになるというもの。その発想がユニークなのに驚かされる。

針の動きが左の回転計は、右回りに下から上へ、右のスピードメーターは、左回りに下から上へと回転。つけられた愛称が「ばいざいメーター」。

---

[251] 当時の造形室 CB72 デザイン PL 河村雅夫氏指導のもと担当されたとのこと。(宮智談)

エンジンを懸けスピードを上げていくと、両針が両手を上げて万歳したかのように動くことからつけられたものである。(右写真[252])

ここで気付くのが昭和35年に自動車ショーで発表されたCB72は「SUPER SPORT」の名を冠したフラッグシップモデルであり、その後の名車と言われるバイクを造りだされる方々が、若かりし頃に情熱をもって取り組まれたバイクなのだ。

それは世の中になかったモノを創ろうとするホンダのポリシーだったのかもしれない。この前の「ドリームC70」OHCの神社仏閣式スタイルから考えると、独自性は維持しつつ、その性能は格段に向上し、さらに洗練され使い勝手の良さも含めた、顧客本位の考え方が息づいているようである。

宮智さんは千葉大学工学部在学当時からホンダという会社に興味があり、また、ホンダが4輪を始めるらしいという噂からも就職活動の対象先として考えていた。そんな折、三年先輩の木村さん(次頁脚注)から和光市(旧大和町)見学のお誘いがありクラスメイト数名と参加した。

まず印象に残ったのがホンダの制服(つなぎ)だったという。緑色の線にHONDAと書かれた服と帽子は颯爽としてカッコ良く、それで工場に行くと綺麗で、全員が若く、それまで観た大工場と言われるものは薄暗く汚いイメージがあっただけに再び心動かされることになる。そして、ホンダらしさを垣間見る特徴として、工場の真中にトイレがあって、これは創業者である本田宗一郎氏の発案で、工場

---

[252] CB72 スピードメーター 左にタコメーターの針、右にスピードメーターの針。そして、縦ならびのオドメーターとそのデザインはユニークそのものである。本田コレクションホールCB72 より(筆者撮影)

の全部署、全従業員が等距離で用を足せるようになっている。

　これがホンダという会社のビヘイビアであると説明を受けたことで、入社したいという気持ちの高まりを憶えられたそうだ。

　ただ、大学4年時にホンダから年初には求人は無く、トヨタへの進路を決めていたところに11月になってホンダに居られる先輩からのお誘いがあり、入社試験を受験し合格。翌年1960(昭和35年)の3月から晴れてホンダマンとなられる。

　ホンダでのエピソードは入社の時からスタートしたようである。

　出勤初日、木村譲三郎さん[253]に連れていかれた場所は、試作中のトラックの前。そこで待っていたのがそのトラックのボディー塗装であった。指導の方と一緒に油落しから始まりプライマー塗り、地塗りを実施し、全体のペインティングまでの工程を終えるころには夜の10時になっていて、これが初の仕事だった。その時の仕事の達成感は今も忘れられないと言う。父親の心配をよそに初日からこうした仕事ができることを嬉しく思われたようだ。

　一週間を経て初めてやっと造形室に入った。その時、おやじさん(本田宗一郎氏)と初対面。交わされた言葉は、「デザインのことは当面俺のいうことを聞いてくれや」と言われたそうである。そして、「どうして俺がこういう風に言うかわかるか、おまえはオードバイを売っている人たちに会ったことは無いだろうし、いくら車が好きだと言っても雑誌で見たり、せいぜい親に乗せてもらうくらいだろう。

　わが社には全国ホンダ会と言うのがあって一年に何回も開催される。俺はバイクを売っている商売人と会って、商品のことをいろいろ聞いて、お客さんがどういうクルマを造って欲しいとか、こんなクルマに乗りたいとかいうことを、そういう商人たちから聞いて、君たちにあーだ、こーだと言っているのだ」と言われていたそうである。さすがに入社したての新入社員には強烈な一発である。その上で「頼んだよ」といって出ていかれたそうである。

　これが事実上の社長面談であり、ホンダ社員としての洗礼であったと嬉しそうに振り返られた。こうして造形室5番目のデザイナーとして第一歩をスタートとされたのである。

---

[253] 木村譲三郎 (1930-2014) スーパーカブ(C100)のデザイナー 千葉大工学部卒 (宮智さんの3年先輩)

第2項　造形室とおやじさん　「　本田宗一郎　」

　造形室は、おやじさん(本田宗一郎氏)にとって、新しく生み出すクルマをイメージしてから、具体的な形にする現場であっただけに頻繁に出入りがあったらしい。したがって、働くものにとってはそこで行われる仕事のすべてが、いわば社長の直接監視の下での仕事であり、おやじさんとの戦いが常に繰り広げられる戦場ともなる。

　ただ、おやじさんの求めるモノを理解しつつも、自らの意見も主張するところにモノ造りの伸びしろがあるわけで、そこには上司と部下の関係は歴然と存在するものの、良いものを作りたいとする造り手同士として、同じ目線、同じベクトル上で分かりあえるという意識があったのではないかと感じるのである。(下写真[254])

　とは言え、相手は泣く子も黙るおやじさん。真剣勝負成るが故に、時に手が飛ぶ、足が飛ぶといったように生半可なものでなかったようだ。その緊張感たるや半端ではなく、とても怖い存在だったと繰り返し言われていた。あくまでも今振り返ると、とても印象深く思い出深い日々であったとしみじみ語られた。未だに怒っているおやじさんが夢に出てくるとも言われていた。

　今にして思えばそのエピソードを嬉しそうに話される宮智さんからは、おやじさ

---

[254] 1960年8月　造形室メンバーと撮られた写真。中央が本田宗一郎社長。前列左端が木村譲三郎氏、その後列　左から2番目が入社間もない宮智英之助さんである。

んに対する尊敬の念が溢れ、その想いがひしひしと伝わってきた。

　おやじさんは、当時の造形室の一員と言っても良かった存在。造形室のメンバーにとっては是非もない存在であったということであろう。それが証拠に、おやじさんのことを「造形係長」と尊敬を込めて愛称されていたとのことである。

　おやじさんが出勤してくると工場の守衛さんが「おやじさん来たよ」という連絡が造形室に入るようになっていたということで、一度に緊張が走る。周辺を整理整頓しておかないと 職場が整理整頓できていない状況で、良いデザインができるか と言われてしまう。

　そして、実物としての体感を持つためであろうか、常に立体にすることを要求されたらしい。デザインはあくまでも絵であって、特にサイドビューで描かれたバイクの場合は拘られたようだ。全体を立体として捉えることができるクレイで形を作りはじめるといろいろと注文が飛んでくる。そこには実物主義的発想[255]があったのではないだろうか。「直観」を大事にする点は、デザインという観念的なものを具体的なモノにすることで、実際に見て触って感じ取るという点では、極めて理に叶ったやり方である。おやじさんは形にするということが肝だと、自然に身についた所作であったのかもしれない。うがった見方をすれば、実際にモノづくりにあたる場合、そのアイデアが立体になって初めて生まれる感性を重視することの大切さを指導されておられたのかもしれない。

　造形室においでになったそれぞれの方々が、知らず知らずのうちにその大事さを学ばれ、製品の完成度が上がっていったと考えると、おやじさんは大変な教育者でもあったのではないかと感じた。どうしても「怒る」、「怖い」というキーワードが付きまとうのだが、それは人間の感性を第三者の目で評価しつつ、極めて客観的にモノを捉える為の指導であったとも考えられる。

　その様な感想を述べてしまうと、当時、現場に居られた方々に怒られるかもしれないが、何かそこにホンダデザインの根本があるように観えてならない。

　そうした薫陶を得た造形室の皆さんが、その後のホンダデザインの盤石な基礎

255　実物主義　直接ものを観たものから得られる「直観」を重視する考え方が実物主義である。スイスの教育者 ヨハン・ハインリヒ・ペスタロッチが提唱した教育法に実物教授と言うのがあるか、具体的な実物やものごとの現象に対して触れることによって理解を深める指導方法である。
　　ホンダでは「1/1 現物主義」と呼ばれていたようである。

330

を築かれたことが何よりの証拠であると思った。ましてやそれがあったからこそCB400Fが世に出たことは間違いない。

第3項　四輪開発の途上に生れたもの

　宮智さんと言えば、あの「N360」のデザイナーとして勇名を馳せた方である。第1項で記述したようにCB72のスピードメーター、タコメーターのデザインを初仕事に、汎用エンジンG20/30や、発電機G10のデザインを担当後、四輪の分野に入られる。L700やS800などのデザインを経て、1966年にN360の開発に参加され、エクステリアを中心としたデザインを手掛けられている。

　当時、本格的な四輪が高額で庶民にとってなかなか手に入れることができなかった時代、ホンダ二輪はその役目を果たすかのように順調に売上げを伸ばしていた。しかし、安価な軽三輪車の台頭が見え始め、その役割を奪い取られるかのように売上げが落ち始めたのである。その時期、本格的四輪メーカーとして足場を築くことが、ホンダの次なる経営課題であったと考えて良いだろう。

　造形室は、最前線の秘密基地と言えるが、その造形室の中に更にベニアで間仕切りを造り、極秘扱いとして12m×6m程度のN専用スペースが作られた。(下図[256])

　それは社運を賭けた本格的な軽自動車の開発であり、そのことを他メーカーに気付かれないために社内でも極秘扱いとして進められたのである。本格的四輪メーカーとしてホンダがスタートできるかどうか、その象徴がN360開発プロジェクトであったことは間違いない。

---

[256] 宮智英之助氏による当時の造形室の見取り図

何よりの証拠が全体を統括するのも、チーフデザイナーも本田宗一郎社長自身であったということである。そして主たるエンジン設計は後に社長になられた久米是志氏、造形室マネージャーとしてスーパーカブの木村譲三郎氏。宮智さんはまさに負けられない戦いの当事者として参加されたわけだ。いわば精鋭を結集した総力戦とも言える開発だったと考えてよいと思う。既にN360開発のスタディーは進んでおり、いよいよ本格的な開発に入る段階であったとのことである。

　このN360のエクステリア形成におけるおやじさんと宮智さんのやり取りは多くの車雑誌にも取り上げられ、ミリ単位での修正は宮智さんの美意識と矜持をかけた戦いであり、それは取りも直さずおやじさんとの戦いでもあったということだ。その結果、生み出されたホンダN360は1967年3月に発売とともに大ヒットとなり、発売3か月後には軽自動車のトップセラーとなったばかりでなく、それ以降4年にわたりその座を明け渡すことは無かった。(下写真[257])

　このことからも分かるように、いかに本田宗一郎氏の存在と、そのホンダの権化たるおやじさんとの戦いが、ホンダイズムを社員に吹き込むことになったという事実である。

---

[257] ホンダN360　ホンダコレクションホール (筆者撮影)　1967年に発売され軽自動車業界を席巻する

332

ここから見えてくるのは、この時点でホンダが大きく4輪にシフトし始めているという流れである。このN360の成功は盤石な経営基盤をつくり上げた二輪の分野にどういう影響を与えたかが気になってくる。と言うのは社運を賭けたということでいくと、人、モノ、カネの経営資源の集中が起こるのである。その際にそれまでの部門別配置に偏りが生じる場合もある。ただ、四輪に集中するだけの二輪部門の経営基盤がしっかりしていたことは間違いない。また、それは二輪部門におけるおやじさんの関与が薄れることを意味しており、前述したとおりそこには信頼から生まれる自由な空気が醸し出されたのではないだろうか。1969年CB750Fが誕生し、その後1974年にはCB400Fが生まれるわけであるが、ひょっとしたらこれらの車種は、その自由さが生みだした申子かもしれないと思った。

　それを裏付ける証言とも取れるものが3点ある。第一点目は本田宗一郎氏自らがCB750Fに投げかけた言葉である。曰く「こんなばけものに誰が乗るのだ」という発言である。技術分野はデザインも含めておやじさんの手の内である。うがった見方をすれば、その開発が世界一のモノを作れとの命題を示唆しつつも、そのプロセスには関与せず、任せていたことの証左ではないかという点である。

　そして第二点目は、そのCB750Fのエンジンの設計者であった白倉さんからは、「世界一のバイクを目指して、自由にやれた」とのお話である。そのお話の裏には、おやじさんが四輪の開発に没頭していたことがうかがい知れるのである。

　更に第三点目として、宮智さんにCB400Fについての感想をお伺いした時に、今までのホンダでは無かったデザインだったと話されたことである。

　この点は後で詳しく述べたいと思うが、それまで実用車として二輪が位置付けられていた時代から、趣味趣向、娯楽レジャーの時代へのシフトチェンジを、ホンダという企業自身が見抜いていたのかもしれないという点である。その新しい時代にあたるには、自由な発想こそが大切だと考えたのではないかと推測するのである。また、これとは逆にこれからの国民生活の主たる存在となるクルマと言うものを見据えたうえでの軸足転換と言えなくもないだろう。言うなれば新しい時代の申子として、ファミリーカーというカテゴリーの創造と、庶民の嗜好としてのバイクライフの提案としてCB400Fは生まれたのかもしれない。

第4項　「RAGGED」と「ホンダディズニーランド構想」

Honda Mini Trail 50 (Z-50 K1)

Honda Mini Trail 70 (CT-70)

人生は山あれば谷ありと言うが、宮智さんも同じくしてN360の後、仕事熱心さが祟って四輪から二輪部門へ配置転換になられる。四輪に対する想いはあるものの社命とあらばということで再び二輪の方に戻られ、手掛けられたのが「DAX」であり、「MONKEY」である。遊び心をまとったバイクへの渇望は、言うなれば日本社会の環境変化が生んだ、嗜好のなせる業であろう。

時代はそれまでバイクは男の乗り物とされてきたが、女性でも場合によっては子供でも気軽に乗れて、愉しく、その上、経済的で操作性も簡単だという新しい価値観が米国を中心に蔓延していったという。日本でも同様な嗜好のモーターサイクルが産み落とされることになる。それが「DAX」である。

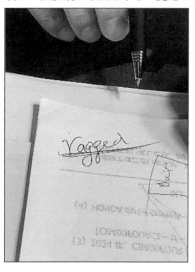

同じような流れとして、「多摩テック[258]」の遊具として製造されたミニバイクが、ヨーロッパで展示されると大評判になり、米国ホンダでも見せてほしいという流れの中で、この分野の車両市場がさらに広がっていくことになる。

米国では「RAGGED」[259]と呼ばれ、直訳すると「ざらざらする」という意味らしいが、所謂、オフロードで気ままに遊べるミニバイクの概念がそれである。

---

[258] 多摩テック　日野市にあったモータースポーツをテーマとした遊園地。本田技研工業子会社の株式会社モビリティランドが経営。2009.9.30 閉鎖される。

[259] 2022-11　インタビューで書かれた宮智さんの文字「Ragged」

多摩テックで遊具として開発されたミニオートバイ Z100 が、「MONKEY」のベースとなったことはあまり知られていない様である。

　これがきっかけとなってコミューターと言われるスクーターの時代になっていくわけであるが、DAX の持つ「遊び心」という価値観は、今も変わることなくしっかりと存在している。この本の他の章でも言及しているが、ここでも分かるようにモビリティーというものと、人間の生活環境の変化とは切っても切れない関係にある。本田宗一郎氏のお客様を観る慧眼の凄さというのは、その時代の有り様ばかりでなく、将来、人の嗜好がどのように変わっていくか、その価値観がどう変化していくかを見抜いていたところだと感心させられる。(右写真[260])

　藤澤武夫氏もその辺は共通の視点とビジョンを持っていたようで、藤澤氏を団長とする遊園地の実態調査のための米国出張に宮智さんは参加されている。藤澤氏は本気で検討していたようで、社員はこのスタディーを「ホンダディズニーランド」構想[261]と呼んでいたらしい。

　その後こうした「RAGGED」バイクや、CB400F 車体設計の先崎さんたちが取り組まれた「三輪レジャーバギー」と言うのは、欧米で可成りのセールスを記録したことは間違いない。生活を楽しむ道具として「遊び心」と言うのがいかに重要になってきたかが分かるエピソードである。つまり、人々の時代の嗜好の流れがどのように進むかが分かっていなければ、ヒット商品は生まれないということも事実である。その意味ではやはり二人の大経営者の発想は間違っていなかったと言える。

260　2022-11　宮智さん宅の居間にてインタビュー風景。お話の際、丁寧に図示をして頂いた。
261　多摩テックに代表されるモビリティーリゾート施設構想の検討が本田宗一郎から指示されていた。

実は DAX 命名にまつわる逸話がある。DAX の特徴はあの胴長のフレームにタンクが内蔵されていることである。これを観たおやじさんが「俺んちのダキシー(ダックスフント/愛犬)みたいだな」と言われたらしい。その時は名前をつけられていない中で「ダキシー」と言うようになり「いやダックスの方が、パンチが効いていいぞ」となって、「DAX(ダックス) 左上写真[262]」という名前が生まれ、宮智さんが営業担当の協力[263] も得て最終的にこの名前に決定したらしい。

プロジェクトメンバーを拝命して、製品化されたものに命名できるところまでかかわることのできるケースばかりではなかったという。ホンダでは新製品のデザイナーとして、造形室でスケッチを書き始めた担当者が、最後まで見届けることができず担当替えになるケースもあったらしい。デザイナーにとってもモチベーションに影響を及ぼすとも考えられるが、実はこの DAX はそのケースであったと率直にお話をして頂いた。

つまり、宮智さんが担当になる前に、スケッチをお描きになっておられた方[264]がおいでになり、それを引き継ぐ形で、宮智さんが担当されたようである。そこでは軋轢が生じることもあったという。敢えてそうしたフォーメーションを取った背景には何があるのだろう。(左上写真[265])

---

[262] ダックスホンダ ST50 エクスポート　ホンダコレクションホール　(筆者撮影)

[263] 車輛の命名については営業を統括するのは本社。藤澤武夫氏(副社長)の決裁権限であったらしい。そこで造形室出入りの営業担当の協力を得て「DAX」という名前が決定したという経緯がある。

[264] 森岡　實(もりおか　みのる) 氏 1961 年入社。DAX、CB900F/750F、CB1100R、CBX1000 など数多くのヒット作品をデザインされた名デザイナー。

[265] 「ホンダモンキーZ50M 」2022-11　ホンダコレクションホール　(自身撮影)

佐藤允弥さんの章で詳しく述べることではあるが、デザイナーにはどうしても自らの主張に「匠気（しょうき）」というモノが生まれてしまうと語られていた。決してこのケースがそうであったということではない。モノづくりを行うものにとって陥りがちなものであり、好評を意識してしまい殊更に豪華になったり、表面の技巧に走ったりしがちであり、そこを戒める為に、ホンダがその辺のマネジメントに長けていたかということを裏付けるような話であると思った。

　逆にその反動から生み出されるエネルギーを期待してのマネジメントであったとも感じられてならない。そういう意味では人を競わせるという手法にも通じていたのではないだろうか。むしろホンダの経営の凄さが見えてくるようである。

　新しい時代に向けたホンダの造形室の有り様が大きく変化していく中で、CB400F が生みだされたと思うと、新しい時代を予感するモノであり新しい価値観に対応する流れでもあったということだと思う。

第5項　　周りから観た CB400F

　造形室の主要メンバーであった宮智さんを通じて、当時の様子をお聞きしてきたわけであるが、ここで改めて CB400F 開発プロジェクトやそのデザインについて、周りから観た視点で語ってもらうこととした。

　当時の CB400F には、既成の考え方として CB750F を頂点とするシリーズの一角として位置付けられ開発されたことはご存じのとおりである。それ自体には違和感はないのだが、ただ、従来のホンダの考え方に無かった見方や解釈が加わっていたのではないかとの意見を頂いた。

　それは**このバイクの意外性であり、極端な言い方をすれば異端者としての存在であったとの見方**である。当時のホンダの思想とすれば、いかに安全性が高いかと言った思想を頂点として、実用的で、外連味のない、真面目で、しっかりとした、社会的存在としてのモビリティーという考え方が社是として浸透していたと思われる。特に第一の安全性という意味で、その時代の世相も反映して、量産車に対するレーシーなモノの作り方には、ある意味タブーが存在していたのではないだろうか。

　レーシーだからと言って決して安全性をおろそかにしたものではないものの、量産車としての宿命としてメーカーが堅持しておかなくてはならない自主規制的戒めとでも言うべきものの考え方ではないかと思うのである。

言い換えるとCB400Fの持つカフェレーサー的な雰囲気は、社会的背景もあり、社内では従来の考え方からすると違和感を持って捉えられていたのかもしれない。ただ、ここで足元を見てみる必要性がある。それは時代の背景によって顧客の考え方や嗜好の変化は想像以上に早く、そして大胆に変わっていくということである。今まで苦さを何かに包んで表現したり、王道と言われていたものを愚直に進めていくことで高められた成功体験が、一挙に失われることが起こりはじめるのが時代の流れというものである。その流れを誰よりも感じ取り、形にしてきたのがホンダという会社であったと思う。

そうした顧客の感性の変化に対して、<u>本田宗一郎氏が常に「お客様を良く観ろ、お客様がどうしたいのか良く考えろ」</u>と、口癖のように言っていたことが耳に響いてくるようだ。

つまり、「自分が乗りたいものを創る」という開発への情念のような考え方に、<u>新しい人たちの感性が必要になる時がある</u>はずである。

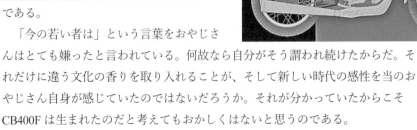

「今の若い者は」という言葉をおやじさんはとても嫌ったと言われている。何故なら自分がそう謂われ続けたからだ。それだけに違う文化の香りを取り入れることが、そして新しい時代の感性を当のおやじさん自身が感じていたのではないだろうか。それが分かっていたからこそCB400Fは生まれたのだと考えてもおかしくはないと思うのである。

誤解を恐れずに言えばCB400Fの持つテイストは、従来のホンダには無かった異端性にあるものだったのかもしれない。造形室の古参でいらした宮智さんは、おやじさんとともに仕事をしてこられた方だけに、従来のホンダの見方や考え方という視点からお話をお聞きできたことで、逆にCB400Fの歴史的意義というものを発見できたような気がするのである。また、おやじさんにとってCB350Fの敗因に対する対処として、今のホンダに革新として必要な要素は何かという自問自答の中で結論付けたものがあったとしたら、LPLがヤマハ出身の寺田五郎さんであったということにも一つの答えが出てくるような気がしてならない。

CB400F はホンダの成長過程において、人のつながり、時代背景と企業の歴史、社会変化と新しい文化の高まりの中で、その価値観の微妙な出会いが生みだした申子ではないかと前述したが、ここにも一つの理由があるような気がする。

　ちなみに宮智さんがお好きだったバイクは、木村譲三郎さんと同時期に入社された森氏[266]のデザインによるベンリイ CB92 スーパースポーツ(通称ベンスパ)とのことである。この時代のバイクにはバイク自身に物語が存在する。1959 年に実施された「全日本クラブマンレース」125cc クラスで優勝すると同時に、同年の「浅間火山レース」にも参加し、その結果、ホンダのワークスマシンを押さえて優勝する。そのことで爆発的人気を博すことになったのである。歴史に残るクルマには必ずこうした来歴や歴史が存在すると言って良いだろう。姿や形、スペック以外に必要なものがあるとしたらそれは「物語」であると思うのである。

(下写真[267])

　翻って CB400F に目を移してみると、CB350F の不振からのリベンジというミッションを背負い、さらには免許の改定にも翻弄されつつ、惜しまれながら早期の生産中止となった経緯そのものに、物語が形成されていたことは間違いでは無かろう。

第6項　二つの研究所

　あくまでも一般論であるが、どの企業も成長の過程において、なかだるみや停滞が起こる。何故なら過去の成功体験が、奢りを生じさせ、安住を求め、新しいものを排除しようとするからだ。経営者としてはこの時が要注意である。
　ホンダは本田宗一郎氏と藤澤武夫氏の引退が意識された頃から、一人の天才に

---

[266] 森　泰助(もり たいすけ)氏。東京芸大卒、昭和 32 年入社、造形室二輪デザイナー
[267] 1959 年発売。ホンダで初めて「CB」の名を冠したバイクがこの「ベンリイ CB92 スーパースポーツ」。空冷 4 ストローク OHC2 気筒、125cc/15PS。まさに Original　CB である　(ホンダコレクションホール　自身撮影)

よる能力から集団能力への移行を目指し、徐々に新しい組織体制を模索、人材の育成や事業活性化の為に具体的に動き始めていたようにお見受けする。

　特に注目すべきはその業績で、1961年から本田、藤澤両氏の引退の年である1973年までの12年間の売上は順調ではあるがなだらかな上昇であった。それが1974年以降12年間で、1986年には売上高は5.6倍、純利益は6倍、従業員は2.7倍となっている。1999年度には売上は12倍となり6兆円を超えている。[268]こうした実績の背景には何があったのだろう。そこは推測するしかないのだが藤澤氏の新しい組織づくりはどうも1960年の初頭から始まっていたのではないかと考えられる。その象徴が本田技術研究所の独立である。第7章、第3節の第3項で述べた1960年の大磯の研修会で行われた課長会が思いだされる。

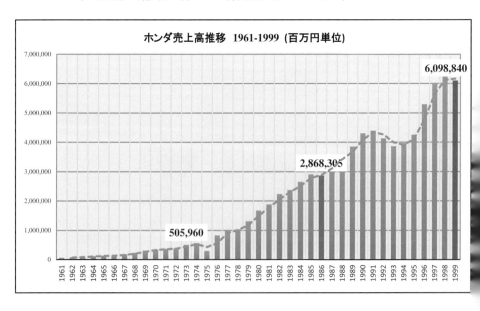

　1960年代初頭は市販車としての4輪を全く作っていなかったホンダは、1967年のN360の発売によって4輪の市場で華々しい成功を収め、その10年後のCIVICの大ヒットに繋がっていくのだが、片や二輪においてはある意味安定的営業基盤と成功体験によって、伸び悩みの時期にさしかかっていたのかもしれない。

　1969年にCB750Fが発売されるのだが、おやじさんが4輪に軸足を移していたことには違いない。この自由な開発の背景にもポスト宗一郎の時代を予感させる

268　出典　本田技研工業HP IRデータ「営業実績推移」　https://www.honda.co.jp/timeline/renketu/　2022.12.02

ものがあったのではないだろうか。

　さらには一時期、浜松にも研究開発部隊の主力と言われる方々が転勤となり、いわば本社と浜松に研究開発拠点が2つになったということも、ポスト宗一郎を睨んでのことであったのではないかと感じている。内部にも新しい競争関係を生みだすことで、古参の人々の気概を更に高め、そして、モノ作りの原点に立ち返らせることで、その中だるみを払拭しようとしていたのではないかとも考える。

　モータリゼーションの行末に、将来の社運が二輪から四輪にあることを悟っておられたおやじさんは、四輪に全力投球しつつも二輪を支えた人々への想いも、組織運営という形で見守っておられたと感じてならない。

　時代時代の二輪の頂点を極めた方々であるスーパーカブの木村譲三郎さん、CB750Fの原田義郎さん、そして宮智さんも浜松の研究所に配属されたと聞く。ご本人たちにとっては複雑な思いをされたのではないだろうか。

　だが、ホンダの遠い将来を見据えていたおやじさんだからこそ、再びその底力を得んと再配置されたように思えてならない。偉大なる先輩方に負けまいとする若手の本社開発部と、黄金時代を築いたのは俺たちだと自負するベテランとの「大いなる化学反応」は、新しいホンダにとって、そして、ポスト本田宗一郎にとっても必要不可欠なことだったと考えるのである。事実、その後、本社と浜松は統合される。

第7項　　おやじさんの二つの顔

　戦後から約10年、GHQ支配下から独立しようとしつつある日本で、大きく変わろうとしていた自動車産業は、1955年の国民車構想によって、事業拡大の最大のチャンスを迎えていたと言って良い。1958年(昭和33年)には富士重工業が「スバル360」を発売している。今までホンダの二輪「ドリーム」は、運搬手段の最たるものとしてその大きな役割を担ってきたが、この軽自動車開発競争の中でその地盤が脅かされるかもしれないという危機感があったと思われる。

　日本能率協会調査によると、1950年代中期は従業員10人以上の事業所では小型オート三輪トラックがかなり普及していたが、全事業所の93%もの比率を占めた従業員9人以下の小規模零細事業所ではオート三輪は使われておらず、もっぱらバイクがその役割を担っていたものと推測される。つまりは未開拓マーケットであり、事実、ダイハツ工業が大量生産による低価格帯を実現した初代オート三輪

「ミゼット(左写真 DSA)」を1957年に発売するやいなや大ヒットとなる。そのあたりになるとそれまで運搬手段の最たる機動力であったバイクが売り上げを落とすことになったのは自明と言える。ここが宗一郎氏の考えてきた二輪世界の一つの区切り目ではなかったかと思う。

　おやじさんが社の将来の姿を考え4輪に全面的に軸足を移したのは、当然であったということである。国民車構想と言う追い風にいかに乗るか、それに乗り切れなければ、社の明日は無いと考えてもおかしくなかったと言える。その魁(さきがけ)として「N360」の開発があったということであり、その初回の企画会議では社運をかけた戦いがこの開発にあるとの認識で全員が合意、会議終結時には集まったメンバー全員から、「社の興廃はこの一戦(開発)にあり、いざ行かん[269]」という意志が生まれたのだと思う。(左写真[270])

　当時の方々はそういう時代を生き抜いてこられたということである。おかれている立場や役割は違えども、自らの仕事如何では社の命運にかかわるという心意気であったことは間違いないと思う。それではそれはどこから来ているかと考えてみると、本田宗一郎氏の経営者としての哲学にあるような気がする。

---

[269] 日本海海戦で、秋山真之のはなった名言「皇国の興廃この一戦にあり、各員一層奮励努力せよ」から、筆者が想像して表現したもの

[270] ホンダコレクションホール　N360実車展示用パネルより「当時のカタログの一部」(筆者撮影)

信じた道をとことん突き詰めれば、かなわぬものは無いという信念と、最後まで やり遂げるという執念である。そこには常に社運をかけた戦いが常にあったの かもしれない。開発したものを「世に問う」というのは、会社が社会的責任を果 たすということを旗印としていただけに、並大抵の覚悟では済まされなかったこ とを物語っている。

　本田宗一郎氏のいう「99％は失敗である」、「失敗は一つの教訓である」、「成功 というものは、失敗に支えられるところのものだ」と鼓舞していたのが印象深 い。そこには妥協を許さない技術者としての顔を垣間見ることもできる。だから こそ、激しくも厳しくもなるというもの。二輪も、四輪もその後のホンダの礎と なる車両が次々と生み出された根本がそこにあると思った。

第8項　人を生かす経営

　本田宗一郎と言う人を核として作られた組織は、良くも悪くもホンダイズムに 染まっていく。つまり、その路線を外れることはご法度になるのである。そこに どうしても組織が膠着してしまう原因が発生してくる。敢えて良くも悪くもと書 いたのはそういう点である。

　ここでCB400F開発を例に気付いたことがある。それは本田宗一郎氏の経営者 としての顔である。一見、ワンマンで頑固おやじのイメージを持ってしまうのが 決してそうではなく、バランス感覚の持ち主だったのではないかという確信であ る。

　CB400FプロジェクトのLPL寺田五郎さんは途中入社でありヤマハから来られ た方である。レーサーのメカニックとしてもライダーとしても実績をお持ちの方 であっただけに独自の考えを持っておられた。

　当時カブをOHV→ OHCに変更したのは本田宗一郎氏であり、ホンダの中では 不文律と言える決定事項であった。それは本田宗一郎氏が決めたことであり、 OHCに疑問を抱くことはご法度と言ってもいいものであったが、**カブのトルク不 足がクレームとして挙がってきた時に、OHVの良さを今一度見直すべきではない ということを寺田さんが発言されておられた**ようだ。

　会議の席上ではなかったものの、開発のチームの中では明確に聞いたことがあ り驚いたというのが宮智さんのお話である。また、新興国向けCG125の開発では 「ホンダもやっと分かったか」との発言が寺田さんから発言であったという。

343

つまり、そこにはホンダイズムの生え抜きの方と途中入社の人たちに、文化や価値観の違いから生じる解釈の葛藤があったと感がられる。

　CB400Fが「カフェレーサー」という衣をまとえたのも、外から来た人たちだからできたという認識があったのかもしれない。ただ、別の見方をすればホンダの生え抜きばかりであれば、あるいはCB400Fは生まれなかったかもしれないと思った。誤解が無いように申し上げたいが、それは技術や経験としてのモノでは無く、あくまでも文化や価値観の違いとしてである。

　当時、富士重工や日本内燃機、トーハツ、民生デイゼル工業と企業の第一線で活躍されておられた方々がありとあらゆる分野から、その道のエキスパートとして中途採用やヘッドハンティングという形で入社されホンダマンとなられた。そこには、おやじさんが言っていることとは違う視点から、敬意を払いつつも意見を異にする点を発言される方がおられたのも事実だったようだ。
　違いなるが故におやじさんとぶつかる回数も多かったようで、現におやじさんが、他社から来られた方々の考えに対して「ここはホンダなのだから」と怒りをあらわにされ、そうした場面にしばしば出くわしたことがあると宮智さんも言われていた。

　宮智さんは、そうした中であっても寺田さんがCB400Fを創ることは、新しい道を進むことになるかも知れないという信念を持っておられたのではないかと語られた。もともとホンダの文化のもとでは「カフェレーサースタイルを採用することはビビる話である」とのことであり、何よりも本田宗一郎氏はマニアではないということであり、通常であれば否決された可能性すら否定できないことだったようである。

　後の章の中で詳しく述べるつもりだが、寺田さんから頂いた手紙の中でCB400Fについて、「佐藤さんが命がけでデザインしたもの」というくだりが呑み込めなかった。だが、宮智さんのお話を聞いて、生え抜きの人たちにとって本田宗一郎氏が嫌うことがいかにご法度であり、例え提案といえ、はばかられることであるという考えは定着していたとも考えられる。
　その意見をいうことで、ややもすると自らの立場を危うくしかねないのであって、それを敢えて行うということは「命がけ」ということになるわけであり、そ

こでやっとうなづけたのである。

　これまでの経緯で私が認識したのは、他の企業で多くのことを経験し、その違った文化に馴染んだ人たちが、新しいスタイルのホンダを表現し、事業の裾野を広げたのではないかということである。
　それは本田宗一郎氏も次の時代のホンダを考えた時、必要だと思うからこそ、表面では跳ねのける形を採りながらも、その異文化や新たな価値観を理解しておられたのではないかと思えてならないのである。

　そのことを率直に宮智さんに申し上げたら「おやじさんも家に帰ると、そうしたことも良きことかな」と思っていたのではないかというお話であった。
　そこに横たわるものを静かに見つめるとすれば、本田宗一郎氏の技術者としての顔ではなく、経営者としての顔がしっかり見えてくるのである。

　おやじさんは、自らの存在が生え抜きの人たちにとってどんな存在かを知っていたとしたらどうであろう。自分になかなか意見するモノはいないのではないか、裸の王様になってはいないかと言うバランス感覚の意識である。
　違った意見を言えるものの存在は、正直、煩わしく嫌悪しがちである。ただ、新しい考え方を根拠立てて言える存在は結果として、進むべき選択肢を見出す上で重要なものとなる。真に怖いのは過去の成功体験から来る固定観念であり、環境の変化に対する柔軟性の欠如である。

　それは決して生え抜きの人たちを云々するモノでは無く、むしろ尊重しつつも、自らの考えに無いものを補い、そして自らを振返り、自らが独善にならない為にも、それぞれに意見を主張する人たちの存在を必要とする考え方があったからこそ、その後のホンダも創業当初から続く、いわばホンダイズムの活力が失われることが無かったと思うのである。

　そうした数多くの葛藤の中で、新しい分野の最先端の技術が生まれ、多くの関係会社が作られて本体を底上げし支えるという構造が生まれていたものと考えられる。ホンダが広い分野に飛躍する姿を観るにつけて、本田宗一郎氏の優れたバランス感覚と、鋭い経営者としての顔が見えてくるようである。

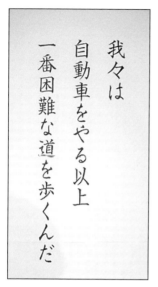

宮智さんとの面談は、本田宗一郎と言う日本の誇る偉大な経営者、技術者に直接関わられた方のお話であっただけにとても貴重であった。ホンダと言う会社自体の大転換点である四輪市場への進出、創業者である本田、藤澤両氏の引退、そして第二の創業と言ってもよい集団体制へのシフトと、そのすべての変化の中でモノ作りにおいて変わっていくものと、しっかりと残すべきものを見せて頂いたような気がした。(左写真[271])

その渦中にあってCB400Fがいかに企画され、変化の波の中をどのようにして乗り越え、そしてそれを支えた人たちの体を張った取り組みというものが、今まで以上にはっきりと見えてきたような気がした。貴重なお話を頂いた「宮智さんありがとうございました。」

第2節　部品という作品

50年前となるとホンダとはいえ発展途上であった。世に問うべき製品は多くの協力者によって成されたと言っていいだろう。工業生産品という点ではCB400Fが製品として成立する為の裾野は思ったより広い。

特に当時のホンダとともに歩んできた協力会社の存在は想像以上に大きく、製品完成においては共に力を結集してきたと言って過言ではない。その中でも古くからホンダ製品の部品製造会社として歴史を刻んできた三恵技研工業株式会社[272](以下、三恵技研工業)は代表格の協力会社である。ホンダの二輪車を所有している方であれば「SANKEI」の刻印の入ったマフラーを観たことのある方は多いと思う。

当時から三恵技研工業はホンダ二輪の主要車種の排気システムを製作していた。

---

[271] 2015.5 ホンダコレクションホールパネルより「後発メーカーとして四輪市場に進出したときに世界のF1に参戦することを表明した」(筆者撮影)
[272] 三恵技研工業(株) 1948年創立　資本金5億円、売上(連結)1,006億円(2020/3現在)、従業員2,720人(2020/3現在)、主要取引先ホンダ、スズキ、ダイハツほか、生産品　二輪・四輪車部品各エキゾーストパイプ、サイレンサー等(HPより)

CB400F も例外ではなく、造形上の特徴と言える流麗なエキゾーストパイプを持つ排気ユニットは三恵技研工業の生産品である。(写真下[273])

ホンダの排気系純正部品を作り続けている三恵技研工業で、永年、製作に携わってこられ、取材当時(2022年)生産の責任者をされておられる関口好文さん[274]に CB400F に関わるお話を聞くことができた。

CB400F 開発に関わられた方は既に全員が退職されておられるようであるが、関口さんは直接その方々の指導を受けられ、CB400F のエキパイ製作においても、現役として最も詳しく、貴重なお話を間違いなくお聞きできると確信できた。ある方からの情報によれば関口さん自身が CB400F のオーナーであり、業務のうえでも並々ならぬ思いがお有りになるということもお聞きしていた。

第1項　純正エキゾーストパイプ復刻

2022 年 2 月。確かな情報筋から CB400F の排気システム一式が、純正で復刻されるという話が届いた。CB400F オーナーとして、ファンとして、これは特大の朗報だ。排気システムはマフラーにも刻印されているように「SANKEI」で製作された純正部品。

純正で造るとなると三恵技研工業で復刻が成されるということであり、早速、ご紹介を得て関口さんとお会いすることとした。忘れもしない 2022 年 2 月 19 日、関口さんのご自宅に押し掛けお話をお伺いすることにした。ご自宅には自慢の CB400F 二台が車庫に格納してあり、その車両を拝見しながら早速本題に入った。

復刻についてお聞きすると「間違いない」とのことである。まずは三恵内部での復刻プロジェクト企画承認の為の手続きとして、そのマーケット性、採算性を

273　三恵技研工業　本社兼赤羽工場　(本社) HP より
274　関口好文　三恵技研工業　1982 年入社。取材当時(2022)　常務執行役員　生産本部長

踏まえた事業規模の推定が成されて社内了承されることが先決とのことであった。(左写真[275])

社内承認後、手続きとしては製品がホンダ純正の為、ホンダ本社の手続き了解が必要となる。部品とは言え HONDA のマークが刻印されることとなると時間を要する。企画から通しで推定すると都合半年程度は時間が必要となる。その上で本格的な生産ということになるのだが、古い製品である為に外装、内装ともに金型を一から製作していくこととなる。

そのためには正確な設計が必要なのだが、従来の図面はあるものの、ことはそう簡単ではない。

現物を三次元で測定し直し、測定結果を図面と照合・精査するという過程を得ることとなる。そして、実際の製造過程に入るのだが、従来の図面に記してある寸法は、人の手によって微妙な調整が成されたものであり、実際にモックを造って実車に装着してみて微調整をするという手続きは不可欠とされる。

まさに純正のクオリティーというものは、そこまで求められるということである。案外、復刻の方が難しいのかもしれないと感じた。当時と違い想定されるロットも少なく、小売価格を推定すれば高額なものとなることから、ユーザーが納得するモノでなければ売れないということにもなる。当然、造る側の拘りもプレッシャーも可成りのものである。

関口さん自身が CB400F のオーナーであり、技術者としてもユーザーとしても完成度についての要求水準はより厳しいものになることは間違いない。私たちとしては有り難いことであるが、メーカーサイドで直接製造にあたられる方々は大変なことになったと感じられているのではないかと思う。

---

[275] 関口好文氏　ご自宅中庭にて　関口氏所有の CB400F とともに　(2022-02　筆者撮影)

当時のホンダの要求水準の高さと、部品メーカーとしての三恵技研工業の技術への拘りが無ければ、あのエキパイは日の目を観ることは無かっただろう思った。

さらに俯瞰してみるとグループ力といったものがいかに大事かということも改めて認識させられる。(右上写真[276])

第2項　エキゾーストパイプのルーツ

取材開始である。三恵技研工業は2023年で創立75周年。当時CB400Fのエキゾーストパイプに携られた方は居られないものと考えていたが、実は昨年2021年までその開発の責任者を務めた方が85歳まで在籍されておられたとのこと。

設計者であるその方が、業界の発展と自社の将来性を考えマフラーの試験システムを、初めて三恵技研工業に導入されたと聞いた。

その頃はホンダにもそのシステムは無かった時代である。いかに

ホンダの発展に合わせて技術力の向上に取り組まれていたかが分かる。と言うのも当時のホンダは常に世界が目標であったわけで、その要求水準に応えられなければ今の発展も無かったわけであり、最も典型的な事例と言えるのがホンダのF1挑戦である。実はホンダがF1に参戦した第一期(1964年〜1968年)から、その**ホンダF1にマニホールド並びにマフラーを供給したのが、三恵技研工業だとされる**。

---

[276] HONDA　CB400FOUR　マフラー打刻名称「HMCB400F HM377」今回の試作物 (関口氏撮影)

ホンダは1965年、「RA272」(右下写真[277])を駆ってF1参戦2年目にして初優勝し、4輪の世界においてもその技術力を示すこととなった。

ホンダの解説によれば前年の RA271 をベースに新設計し 30 kgの軽量化を果たし、低重心化、操縦安定性の向上が成され、車体ともに純粋なホンダ製マシンで勝

ったと記されている。

ただ、世界に示されたホンダの技術力というものは、見方を変えればグループの技術力であったのかもしれない。

コレクションホールで実際のマシンを見てみると、その後方(左写真[278])に鎮座するマフラーが誇らしげである。改めてF1のマシンに装着してあるマニホールドとマフラーを観ると驚くのはその形状である。

そして、形状形成の複雑さは元よりであるが、マシンの性能を最大限発揮するための排気システム機能や、エンジンの出力を受けとめ排気し続ける耐久性、そして軽量化と、当時の技術の結晶が此処にあることが見て取れる。

何よりもオールバックで髪の毛を束ねる様な形状はとても美しい。

(左下写真、次頁右上 [279])

そして、写真から連想されるのが、CB400Fのエキゾーストパイプではなかろうか。うがった見方をすると、三恵技研工業にこのF1のマフラーを供給でき

---

[277] ホンダRA272 前方 1965 ツインリンクもてぎ コレクションホール(筆者撮影)

[278] ホンダRA272 後方 1965 ツインリンクもてぎ コレクションホール(筆者撮影)

[279] 1967年ホンダRA273に変わり登場し、奇跡の第一期2勝目と言われたマシン。ホンダ「RA300」である。そのマフラー部分のクローズアップ。マシンの性能を最大限引き出すために、これだけの複雑な形状を当時、誰が加工できただろう。ツインリンクもてぎコレクションホール (筆者撮影)

る技術力があったからこそ、CB400F のマフラーは生まれたといっても過言ではないと感じた。

つまり、「**CB400F のエキゾーストパイプは F1 の技術が生かされており、F1 がルーツである**」というのは言いすぎであろうか。

F1 で世界を獲るということは、間違いなく世界一のクルマであることを証明したようなものであり、その世界一を支えた部品やユニットは、エンジンであれ、タイヤであれ、マフラーであれ世界レベル水準の車に適合するものという言い方は許されると思うのである。言い換えれば CB400F の排気システムには、世界一の車両に適合した技術を持つ企業がその技術を生かして創り出したものであり、そこにホンダが信頼する部品製作技術が根付いているということである。

第3項　復刻という試練

改めて CB400F の排気システム全体を観る上で、最も古いと考えられる「パーツリスト[280]」を再確認してみると、以下(下表・図)の9点から構成されている。

見出番号	部品番号	部品名	個数
44	18300-377-305	エキゾーストマフラーコンプリート	1
45	18320-377-000	エキゾーストパイプ1	1
47	18391-375-000	マフラーパッキン	2
48	18420-377-000	エキゾーストパイプ3	1
49	18431-375-000	R.プレチャンバーバンド	1
50	18434-375-000	L.プレチャンバーバンド	1
423	92000-08025-0A	6カクボルト　8×25	2
489	95011-61000	スタンドストッパーラバーA	1
506	95700-08016	フランジボルト　8×16	2

[280] 昭和49年(1974年)11月25日発行「HONDA ドリーム CB400F パーツリスト1」SK/B10007502
　— 2137701　P27 より

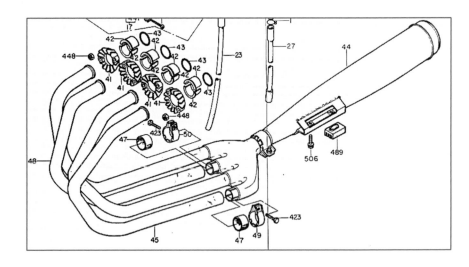

　ご存知のように排気システムは、エンジンを支えるパワーユニットとして消音効果と同時に、排気の調整をすることによって、エンジンのスムーズな出力を実現する装置でもあり、そしてバイク全体のデザインを決める造形物でもある。その機能を実現するための装置には内部構造が存在し、美観を造りだす外部構造も持ち合わせている。

　つまり、これを復刻するとなると当然ではあるが機能・構造面ともにすべてを再現できなければ真の復刻とは言えないのである。特に前頁パーツリストでいう「44〜506」をワンセットと考えるが、「47・49・50を除く44〜56」が、三恵技研工業が受けもつコアエリアである。このコアエリアの成型技術及び構造技術には純正メーカーでなくては造りだせないものがある。

　例えば内外部構造として最も特徴的なものが、第一に非中空の二重管構造であり、第二にマフラー内の消音隔壁の再現、第三に外部構造上ではエキゾーストパイプの造形とマフラーに接続する手形上の集合チャンバーの造形、第四にテーパーパイプ化による溶接レスのマフラー、第五にマフラーエンドの極細の円周溶接、そして第六に近接したエキゾーストパイプのメッキの蒸着技術である。当然、それぞれが耐久・耐熱テストにクリアしなくてはならないことになる。また、量産品としての金型の製作は、曲線だらけの形状なだけに繊細さを要することは間違いない。

　これだけの課題が復刻する場合には必要だということであり、それこそ新しい何かを作るよりも難しいことのようにも感じるのである。それだけにファンである私たちが待ち望んでいることであり、逆に製作側としては気の抜けないプレッシャー

の懸る仕事になると思う。その製作過程を当事者である三恵技研工業の責任者にお聞きしつつ、それぞれのパーツ製作上のプロセスや苦労話を更に取材していく。

第4項　第1工程　忠実なる再現

　今回の復刻プロジェクトの事実上の責任者である関口さん[281]のご自宅を訪問させて頂いたのが2022年2月。それから考えると長期の取材となる。

　前にも述べたように驚かされたのがCB400Fのエキパイの当時の開発責任者の方が2021年12月までお勤めでいらしたとのこと。85歳まで勤務されており、かつては米国法人の立ち上げ、当時ホンダにも設備としてなかったマフラーの試験機を、三恵技研工業に初めて導入された方である。それがあったからこそホンダのF1参戦時、マニホールドも手掛けることができたとのことである。いわば三恵技研工業の創業者とともに歩んでこられた方であり、その方が設計されたものを現実のものとして復刻するのが、今回の関口さんのミッションである。

　具体的に言うと例えばCB400Fのマフラーについて、エンドの円周溶接の肉の幅を極めて細くという要請に対して、量産品として幅3mmにまで極小化された溶接を可能にした溶接機械を作るのが関口さんの役割であったらしい。

　あくまでも工業生産品としての質と量の体制を整える為には生産技術と生産管理技術が不可欠である。今回の最大テーマであるCB400Fのあの排気システム一式の復刻もその経験無くしては、不可能と言って良かろう。

　さて、ここからが復刻の為の話である。象徴的な、CB400Fのあの複雑で整ったエキパイを例にとって話を進めることとする。(右写真[282]) 復刻と言っても図面があれば良いのではないかとの考えは、すぐに浮かぶわけであるが、当時の図面と言うのはあてになるようで、あてにならないというのが正直なところのようだ。

281　P346、脚注271　ご参照
282　復刻版エキゾーストパイプの第1号プロト。鍍金なし。無垢の状態である。(関口氏撮影)

なぜなら、実際の製造工程に入った時には、その現場の職人たちが微妙に調整していくからこそ、その当時の機械で量産できるわけであり、何よりも当時の図面の精度の検証が必要になる。ポイントになるのは、当時、現代のように3Dスキャンによって現物測定からフィードバックして、図面に落とすというデジタライズされたデータ作業ができなかったことである。すべてがアナログである。

そもそも1970年代は図面を作成し現物を作っては装着してみて、齟齬（そご）があるようであれば手描きの図面を画き直し、そして試作品を作り装着しては修正して、また、手書きの図面を画き直すという繰り返しである。つまり、何度も何度もそれを繰り返しつつ、モノと図面を合わせていくという手法で製作されていた時代である。また、あの複雑なパイプラインを後から測ったとして当時の測定技術で、正確に図面を起こす事はマフラーを作るより困難だったはずである。究極、出来上がったモノと図面とは違ったものができている可能性があるということである。

今回の復刻プロジェクトの難しさはそこにあるのである。（下写真[283]）

当時の現物を3Dスキャンしてモノとしての図面に起こし直さなければ、従来の図面だけでは実際に装着するとなった時に、齟齬が生じる可能性は高い。それが当たり前に起こりうる事だと関口さんは読んで再測定を実施されたのだ。

[283] 復刻版排気システムのコンプリート第一号プロト。仮装着した姿。関口氏所有車両に装着(関口氏撮影)

ただ、この件に関しての結果だが昔の図面と 3D スキャンによる再測定の数値とが、何とぴったりと合っていたということである。先人たちがいかに素晴らしい仕事をされておられたかと言う証左となった。後日談ではあるがこの CB400F マフラーの図面は、当時はホンダから手渡されたものを忠実に製作してきた三恵技研工業が、自ら製品図面を製作し、ホンダに提出された初めてのケースであったとのことである。

　三恵技研工業が排気系メーカーとして「承認図」と言われるモノを世に出した第一号であり、指示された図面をもらい製作するという下請工場から「三恵製」というメーカーとしての独り立ちを果たした記念すべき製品が CB400F の排気システムであったと思われる。そう考えると 1974 年から数えて 50 年目にあたる 2024 年というのは、三恵技研工業にとっても記念すべき周年の年ということが言え、再び復刻版を出せるというのも縁の深いことだと感じた。

　こうした因縁めいたことはほかにもある。マフラーには「HONDA」の刻印と同時に「SANKEI」の刻印も打刻してある。(右上下写真[284])

　なんと、「SANKEI」という社名の意匠をデザインされたのが、佐藤允弥さんであったということも、加えて記念すべき点かもしれない。このロゴは随所で使われることとなるのである。

第5項　偶然を必然に変えた奇跡の造形

　エキゾーストパイプについては、本書においても関係する章で述べてきたが、当事者というべき三恵技研工業にも経緯があることは言うまでもない。

---

[284] 「HMCB400F HM377 HONDA」はマフラーの上部刻印、「SANKEI 2002」はマフラー下部に刻印が成されている。(自身撮影　筆者所有車両)

前述したが CB350F のリメイクとして CB400F 開発はスタートしたということは、フレーム、エンジンと言った主要ユニットはもとより基本的スケールや製造ラインに至るまで前車を踏襲することが経済的には求められることになる。

ここで第一に注目したいのは、車体を形作るフレームは CB350F ベースの四本出しマフラーの寸法であり、そのためにヘッドが立っているという事実である。そのことによってオイルパンが可成り出ていて、いわば「下が無い」状態であり、オイルパンも如実に出ていることが分かる。その上オイルパンの脇にもスペースがあまり無い。最低地上高を考えると、エキゾーストパイプは横に流す形状が当然の帰結として求められたと言ってよいだろう。

その既存要件があるが故に、本当はクランクの下あたりで束ね CB550F-Ⅱ や CB750F-Ⅱ の様にしたかったと、当時の関係者は吐露されていたとの話である。(関口談)

つまり、CB400F の奇跡のエキゾーストパイプ形状は、已むに已まれぬ所与の条件をクリアする為の熟慮のうえでの形状であり、「集合チャンバー(三恵技研工業内正式名称＝ジョイントマフラー) 左写真[285]」というものも、地上高との関係で排気管を横に並べる形状が必要であったからこそ生まれたものである。

人の造りだすフォルムとして、例えばバレリーナの姿勢や新体操の演技、或いは跳躍の瞬間や技が閃く時、その姿は最も美しい姿を現す。その意味で第一に注目すべきは、同じように 4into1 でも 4 本を正方形に束ねたものより、集合チャンバーを介して長方形に束ね横一線に並べるというある意味本意ではない姿が、結果として「無理をした姿勢が最も美しい」と言われる造形を作ったと考えてもおかしくはない。CB400F の流れるようなエキパイの形状も、それを見事に束ねた集合チャンバ

---

[285] 試作・素材から金型成型された CB400F 集合チャンバー (プレス直後・関口氏撮影)

ーの形状も、強制要件をクリアする為という見方と、最も美しいデザインを追求した結果とが一致したということだと考えてよいと思う。

強いて言えば無理をしたからこそ、美しさという見返りが宿ったのかもしれない。

誤解があってはいけないのであえて述べておくが、決して佐藤さんの優れたデザイン、それを実現する為に奔走された中野さん、車体設計上の納まりを考慮しつつ排気システム全体の設計をされた先崎さんのご努力を揶揄するモノでは無い。むしろ、そうしたご努力があったからこそ、あの芸術的排気システムが生み出されたことは疑う余地も無い。この場合は逆境がかえって創造の扉を開けた好例と考えて良いだろう。障害という偶然が、こうあらねば成らないという創造を生み出し、あの造形が創りだされたもの言ってよい。(右上下写真[286])

第二の注目点としては「排気干渉」である。ご存知のように排気バルブが開いて排気ガスを吐き出しているとき、排気管内の圧力は正圧になる。そのタイミングで排気管内を負圧にしてやればスムーズな出力アップを実現できる。

その当時の4気筒マルチエンジンは、CB750Fの成功もありデザインは4本出しマフラーが定番。CB350Fのフレーム構造のまま4into1排気システムを可能とする為には集合チャンバーは不可欠であったと言える。

そのお陰で排気脈動と言う出力効果とあのサウンドが出来上がったとも言える。当初からそれが想定されていたかどうかは確かではないが、此処にも偶然を必然に変えた奇跡があるように感じた。

286　試作・CB400F集合チャンバー（成形段階）　チャンバーも密着二重構造である。(関口氏撮影)

第三の注目点としては「鍍金(メッキ)塗装」についてである。メッキの種類はいろいろあるがこの場合は電気(解)メッキで、水槽内に電気を流し金属イオンの移動でメッキ処理を施すもののこと。このメッキは経済性が高くあらゆるものに対して短時間で処理できるという反面、複雑な形状のモノには均一なメッキ処理ができにくい場合がある。ここで気付かれる方もおられるかもしれないが 4into1 のユニットである「エキゾーストマフラーコンプリート」のメッキ塗装である。

　このコンプリート化の真相についても偶然の一致があることに気付くのである。と言うのも、当時社会問題化していた暴走族の騒音問題に対して、マフラー改造を避ける為にエキゾーストパイプと集合チャンバーを一体化したとされる。その為、2 番、4 番はチャンバーに溶接しマフラーとのコンプリートユニットとしてパーツリスト化されている。結果として 1 番、3 番のエキゾーストパイプは個別パーツ化して独立させたとされる。

　それは取りも直さずメッキ処理の均一性、定着性を良くする上でも、とても重要なことであった。と言うのは電気メッキ処理の弱点として、近接したもの同士の処理が大変難しく、一定の間隔が無ければメッキが定着しにくいのである。
　つまり、1 番、3 番のエキパイが個別にユニットから外れることによって、電気鍍金による処理の安定が得られることになったというわけである。

第6項　　プロダクトデザインの匠

　ホンダの成長とともに周辺企業の成長も促される。ホンダが F1 に挑んだ時も排気設計としての立場からマニホールドを担当した三恵技研工業は、自らも動く実験室で修練され技術を磨いていった。それは取りも直さず CB400F の 4 本を 1 本に束ねた排気システムの製造技術として反映していることは間違いない。

　そこにはホンダがそうであったように技術者という人間の感性が加わっているからこそ生み出されたものであることを忘れてはならない。今回の復刻においてもその様子をうかがい知る話をお聞きすることができた。
　今回の復刻プロジェクトに関する技術面について、関口さん曰く「あの有機的な曲面を復刻するのは、今のデジタル化されたプロセスだけでは不可能でした。板に残る残留応力で曲面が変化するから、デジタルデータだけでは再現出来ない領域あるのです」という話である。

測定されてそのままでは収まらない世界が厳然と存在し、そうした紙一重を表現する世界には人の手が介在せざるを得ないということである。成型する為の金型はデジタル化された機械で切削されるのであるが、その要求されるレベルというのは、最後は<u>金型彫刻</u>[287]<u>の域</u>に入るのである。いわば、職人の手作業の領域を指す。

　「今の部品メーカーが、こんな非合理的な品質を求めるなんて、もう最後かも知れませんね。」という言葉も追加された。逆に言えば今回の復刻にはその技術が注ぎ込まれるということである。この再現では当然のことながら「密着二重管」での製作となる。
　(右写真[288])

　当時はホンダのデザイナーと PJ メンバーが、部品メーカーと頻繁に協議しつつモノが出来上がっていたことから一体感は想像以上に緊密であった。PJ のメンバーからも三恵技研工業に何度も足を運んでという話は頻繁に出てきた。CB400F の排気システムは、当時の環境を考えると言わばバイクメーカーと部品メーカー双方が一緒になって創り上げたといってよいのかもしれない。

　そこには特殊な集合チャンバーの開発や、モナカ形式から脱却したロール巻成形によるマフラーの加工、マフラーテイルの円周溶接も新しい溶接機械の考案が成されたからこそ量産が可能になったとされる。この円周溶接について言えば、溶接の跡もデザインの一つとして取り込むと言ったデザイナー佐藤さんとの直接のコミュニケーションができていたからこそ、この排気システム全体が作品と言えるまでの域に到達できたのだと考えられる。

　関口さんのお話によれば、当時の図面にはデザイナーの要望として「<u>溶接しっぱなし</u>」という文言が明確に記入されているということである。通常、バフ掛けをし

---

[287] 金型彫刻とは、プラスチック金型・プレス金型・ダイキャスト金型などに、文字等を彫金する技術。熟練の技術で彫刻加工をすることをいう。
[288] CB400FOUR 集合チャンバー試作完成品 2 (マフラージョイント部分 関口氏撮影)

て綺麗にすることを専らとされるが、溶接一つとってもデザイナーの意見が反映されていることが分かる事例の一つである。

マフラーとテイルエンドカップは裏あて(リング)なし、芯ぶれを起こさずに 3 mm の肉幅で円周溶接が成される技術があってこそ、初めてデザイナーの納得するものとなるということである。この工作方法は現在の常識からすると遥かに超えた話である。その熔接を実現した三恵技研工業も素晴らしいが、その技術から生み出された熔接跡をデザインとして位置付けたデザイナーもたいしたものであり、双方ともにモノ造りの匠だと感じた次第である。

その結果 90%の段階まで仕上がったマフラーが以下の写真[289]である。

左/上部より溶接跡を観ると極細にしあげられてある。右/マフラーのテイルエンドカップも見事な溶接によってオリジナルの姿を再現。この溶接部分においてもデザイナーの拘りと、それを現実のものにしようという排気システム製造技術陣の矜持というものが見られる。流れるようなエキパイの先にあるマフラーにも匠の美が存在していることを改めて知った。

---

[289] 左/上部より熔接跡を観る、極細にしあげられている。右/マフラーのテイルエンドカップもオリジナルの姿。双方ともにメッキ前のものである。(関口氏撮影)

これと同様にマフラーに直付けされるステー[290]も以下のように完成を見ており、マフラーに溶接され、95%まで完成したものを装着したものが、以下の「エキゾーストマフラーコンプリート」の写真である。

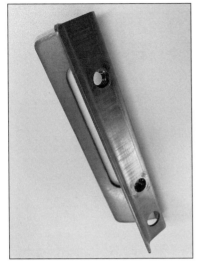

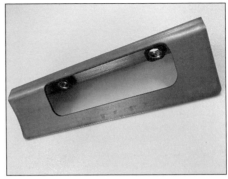

残すは実際に走り耐久、耐熱テストをクリアしたうえで鍍金仕上げである。
この時、関口さんから画像とともに送られてきたコメントには、「復刻度の目標は95%、残り5%はプライド」と書いてあった。

技術と言うのは、造り手の矜持もその要素であり、それが加味されてこそ完成することを知った。やはり、歴史に残る部品というモノは、作品と言うべきかもしれない。

---

[290] マフラーは一体成型として躯体に組みつけるステーも装着してある。これはマフラーに装着される前の部材としての段階のものである。

第7項　　純正排気システム復刻なる

　2023年3月24日、三恵技研工業の関口さんから連絡があり、第一号復刻品を関東の販売代理店であるシオハウスさんに納品したとのことであった。早速、出来栄えを見たいと思い週末にモノを観に行ってきた。(下写真)

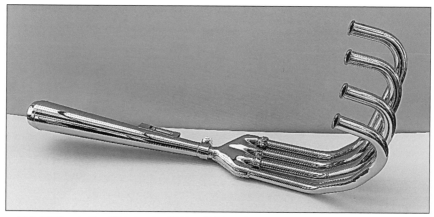

　見た瞬間に文章に例えれば、推敲に推敲を重ねた結果であることが見て取れた。無垢の状態から何度も試作を繰り返し、溶接の後もなまなましい姿を見てきただけに、見事にメッキの施された美しさと同時に、組みあがった姿を目の当たりにするとホンダ純正というモノの矜持を貫いた出来栄えであると感じた。

　最初に市販される東西二つチャネルのうちの関東の窓口になった「シオハウス」[291]オーナーの塩畑さんに早速お聞きしたのは取り付け感とでもいうべき、装着のピッタリ感と造形の納まり具合はどうかということであった。
　398・408のタイプ分けや、50年を経過した車体の歪みやズレといったものが想定されることは言うまでも無いが、まずは408装着時の納まり具合は悪くないとの評価であった。「悪くない」という評価は、実装された時のフィッティング感も加味されて製造されたことへの証である。

---

[291]　「シオハウス」　CB400F専門メンテナンスファクトリー。　前出

純正部品というものが最初に車体に装着されるときは工場のライン上である。フィット感のすべては、装着するモノと、装着されるモノが設計と言う指図書に基づいてライン上で生まれる決めの良さである。

　つまり、双方ともに瑕疵の無い状態が前提である。排気システムが新品ということは、本来、車体側も同様の環境でなければならない。そこに復刻の真の難しさがあり、ホンダ製品が従来から持っていた見た目には無いクウォリティなのではないかと考えた。

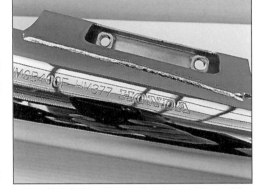

　時代を超えてもジャストミートするという品質、そこに純正部品としてのHONDAの刻印（右写真）の価値があると思うのである。

　企画段階にあった二年前から、お話を追ってきたが、そこには技術者としての並々ならぬ情熱と言うべき、職人気質の拘りを幾度となく見せて頂いていた。その経緯については前項に書かせて頂いたとおりであるが、最後、完成段階に入ったところでのダメ出しが何度行われていたことを思い出す。当初からそうであった。図面が存在するにも関わらず丁寧に行われた現物の三次元測定や、現物の精度を極める為に彫刻金型の域にまで及んだエピソードは枚挙にいとまがない。

　いわば部品としての製品ではなく、完成品としての部品であってHONDAの刻印と同様に「SANKEI」（右写真）という刻印にも恥じないものを創ることが求められるプロジェクトであったということである。

　したがって、図面を頂きサプライヤーとしての一部の役割を担うというより、自らが完成品を世に問うという形であり、企画・設計・製造・販売まで一貫したプロセスが求められ、また、すべての製造工程を自社の責任下として

完結させるという使命があっただけに、古い図面を引っぱり出してそれを再生産すれば済むというモノでは無かったわけである。

お聞きするところ、約五十年前の三恵技研工業にとって、初めて自ら図面を画き製造したのが CB400F とのことで、そういう意味でも想い入れのある作品だということである。

その完成度は企画、計画、実測、図面照合から、金型起しも含めた造形、整形、溶接、刻印、鍍金そして試験と、今だからできる企業力の力が改めて試されたものと思う。

例えば左上の写真に観られるマフラーのエンド部分であるが、当時モナカ形状で作られることが多かったマフラー成形をローリング成形して、更にマフラーとエンドキャップの合わせ部分が一ミリでも合わないと歪む恐れのあるものを、寸分たがわずぴったりと合わせた上で、最小幅で均一な溶接痕(肉盛)に留めるという精緻な技術が再現されている。通常であればどちらかに溶接の糊代を用意するところだ。

また、通称グローブと呼ばれる排気を束ねる為の集合チャンバー(左写真)の造形美は、彫刻を成したかのような手造りの形状をしており、当時の風合いと機能をそのままに再現したものと言える。
当時のラインでこれが装着されていたのだと思うと、自らが作ったわけでもないのに感慨深い気持ちになった。

むしろ部品と言うよりは「作品」という出来であり、台座を作って置物にしたいとさえ感じた。

第3節　カスタムパーツのマエストロ

第1項　バイクオプションメーカーとして

　CB400Fの楽しみとして、誰もが必ずと言って良いほど取り組むのがカスタムである。特にバイクのカスタムパーツによる個性化は、元祖カフェレーサーと言って良いCB400Fに対しては多くのカスタムメーカーが商品を供給してきた。カスタムと言っても性能をアップしスペックそのものに切り込んでいくカスタムもあれば、ドレスアップすることで個性を際立たせるものもある。

　特に後者のメーカーとして老舗と言っても良いメーカーが「キジマ」である。

　キジマの創業が1958年であることから、CB400Fが発売になった1974年当時からカスタムパーツの供給が成されていたことは、ユーザーならだれもが知るところである。長い年月この業界の雄として存在してきたメーカーだけに、その立場から観たCB400Fのお話を聞きたくなりお邪魔することにしたのである。

　バイクのオプションパーツメーカーとして65年の歴史を刻む、株式会社キジマ(以下、キジマ)の木嶋孝行会長と木嶋孝一社長にお会いすることができたのが2022年年末であった。(右写真[292])

　会長はその時すでに87歳になられていたのだが、未だパーツのアイデアを日々生み出されているという現役のデザイナーである。

　会社の経営は2007年、15年前に現社長の孝一氏に引き継がれておられ、キジマの独創性を維持しつつ手堅い経営をされており、時代の変化にも即応できる体制とネットワークが構築され、国内4大メーカーはもとより海外メーカーの車種も含

---

[292] 株式会社キジマ　営業技術センター新社屋　2022-12時点筆者撮影　工場はその周辺に集中している。

め、あらゆるカスタムパーツ・アクセサリーを開発・企画・卸売りされている。その分野は、電装品を初め、外装品、ハンドル廻り、吸気系、メンテナンス用品、足廻り、マフラー関連、工具類、アクセサリー、社外品の取り扱いとその商品点数は膨大な数である。特にハーレーダビッドソンについては、1981年から40年以上の実績を持っておられ、正規品があまりなかった時代から専用オリジナルパーツを企画制作されており、特設サイトも設置されている。訪問時、開発現場も含め全メーカーの商品開発にあたられている実態を拝見させて頂いた。

　創業者である会長の孝行氏は1970年代初頭、海外視察時にモトクロスバイクのオプションパーツが専門で売られていることに気づき、日本でもオプションパーツの時代が来ることを予感され、従来の業務から転換することを決意。帰国後モトクロスチームを訪ねて、作るべき商材の研究に取り組まれたことが今日に至るきっかけとなっている。それは日本におけるバイク文化の潮流がどう動くかを見極めることであり、流行を創りだすことを意味した。
　製造環境として足立区にはプレス屋が多かったこと、葛飾区にはゴム屋が多く、そして川口には鋳物屋とバイク用品を考える上で一次加工や二次加工に関わる業者さんが多かったことが幸いしていたという。孝行氏は商品開発を主として企画・提案・デザインに関わるところに特化し、自ら図面を起こしてそこで生まれたものを各業者の方々に製作してもらうという現在の形を確立されたのである。

　会長のアイデアはすべて現場に行って閃いたモノばかりであったと聞く。当時、桶川にあったモトクロス場に行っては、例えば軽量化の為に改造がどのように行われているか、モトクロス選手たちが思い通りの操作をするために必要としているものは何かをヒアリングしたり、実際に自分が競技を見ながら必要なものを一緒に考えたりするうちに商品のアイデアが生まれ、それが初期の頃の商品ラインナップになっていったということである。

　いわばバイクが運搬手段から趣味嗜好のモノとして日本の若者やユーザーに浸透していく時代の流れにあって、それを追う形でキジマの事業展開と成長が進んで行ったということであり、誰よりも会長であった孝行氏が身を持って経験されてきたということである。それだけにCB400Fのオプションパーツをどのような目線で製作されたのかお聞きすることとした。

第2項　CB400F オプションパーツ

　まず何よりも会長のアイデアがデザインの基盤であることが分かった。今から 40 年前、1982 年のキジマの商品カタログを見せて頂いたが、図面は会長の手書きで納められていた。(写真下[293])

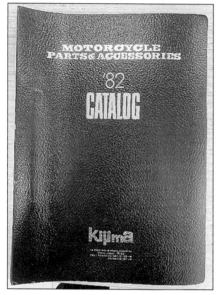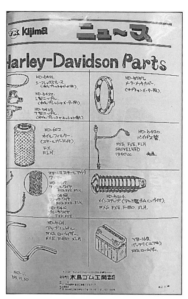

　一部このカタログでも分かるように、当時からハーレーの部材が売られていたようである。まだ、今日ほど外車が日本に浸透していない時代であったはずであり、それでも供給元としてカタログ化されていたことを考えると、海外の嗜好品の流れはいずれ日本の製品にも訪れることを予言していたのかもしれない。

　改めて CB400F に関するパーツ商品及び開発の経緯、そのコンセプト、そして車両の印象等をお聞きすることとした。当然その商品について直接関わられたのは会長の孝行氏である。
　CB400F が発売されたのが 1974 年、1976 年まで販売されていたことを会長は覚えておられ、その当時を思い出しつつ、自らの手で CB400F のパーツデザインを描き始められたのである。

---

[293] 1982 年　キジマの製品カタログ　当時はまだ木島ゴム工業という社名であった。左が表紙、右が内容の一部である。すべて手書きであり版を起こしたものである　(自身撮影)

いとも簡単にすらすらと当時デザインされた部材の姿形を再現して頂いた。(写真左[294])

CB400Fをはじめとする当時のバイクは空冷であったということもあり、冷却面積を増やすことによる冷却効率向上、そしてアルミ素材の仕様による軽量化と合わせ、ストライプのフィンを統一的にアレンジして、クロムメッキないしはバフがけによる高級感を出して、エンジン周りのドレスアップと機能アップの双方を兼ね備えたデザインであった。実はカフェレーサーの本場である英国製品も参考にしたと言うことである。

キジマのCB400Fドレスアップ部品は、タペットアジャスティングキャップ、クラッチアジャストカバー、ダイナモカバー、ポイントカバーと製作されている。

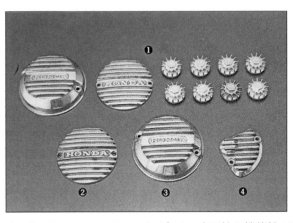

一式としてセットでも販売されていた。

また、ポイント、ダイナモのそれぞれカバーについては「HONDA」マークの入ったもの[295]と、フィンのエッジの立ったマークの入っていない2種類が用意されていた。

あくまでも嗜好品とは言いながら、そこにギミックは無く、実用性と機能性が明確に示され、見せかけではない本物志向、プロ志向というものが垣間見えてくる。こうした傾向は日本のバ

---

[294] CB400Fのドレスアップパーツの一部を、その場で手描きされる木嶋孝行会長（筆者撮影）
[295] 本頁　左下は「HONDA」の文字が入った種類のパーツ。次頁左上写真はフィンオンリーのもの。いずれも当時のキジマのカタログから転載　（自身撮影）

イクメーカーが創り
だしてきた製品とい
うものが世界を席巻
し、日本の冠たる産
業になるにつれて、
周辺機器メーカーの
志向や考え方も、そ
の流れに沿って向上
していったのではな
いかと思うのである。

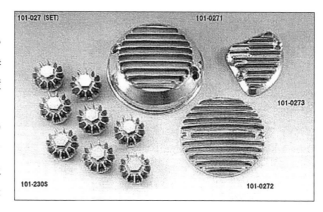

　消費者も本物を手にしたいという方向に向かい始めた頃であり、そのことを推し量るかのように登場したCB400Fにとって、キジマのドレスアップパーツはベストマッチングしたものと思われる。さらに言えばカフェレーサーの本場英国の風をまとわせることで、更にユーザーの心を捉えたのかもしれない。
　そこで生み出されたデザインは形を変えて、その他のメーカーの部材としても応用され多くのユーザーを満足させたことは間違いないと思う。

　いわばCB400Fがカフェレーサーとしての色合いを濃く持って生まれたものとすれば、こうしたカスタムパーツを受け入れるべくして受け入れ、本質は変わらないものの、姿形を変えながら愛好されてきたこと自体、魅力の長寿命化を果たす大きな要因になっているように感じた。

　このように革新を促すパーツのお陰によって、本来の姿に対して衣を変えていくことのように、変化し続けるファッション性を身につけることの真の重要性がそこにあるのかもしれないと思った。大袈裟に言えば日本の自動車産業がそうであるように、初代からマイナーチェンジを繰り返しつつ製品寿命を延ばし、そして完全な新生としての、フルモデルチェンジによって生まれ変わることの核心がここに有るように思うのである。

第3項　　オプションパーツの波及

　CB400Fのフィン付きエンジンパーツの売れ行きに応じて、他のメーカーの車種に対しても、キジマブランドのモノが製作され普及していく。言うなればファッ

ションとして流行が起こるわけである。ただ、商品の発想は極めて実用的なモノの中にあるニーズが元となっている。つまり前述した通り機能部品でもあるわけであるが、こうした開発企画のコンセプトとそのアイデアの内容について現在の社長である孝一氏に聞いてみた。

現代の製品は品質という面からオリジナルに対してより精度高く寸法を出し、仕上げや構造面でもブラッシュアップすることが欠かせないと言う。やはり昔と違って、ユーザーの要望や要求水準が厳しくなったということが根本にあるようである。当然、またオリジナルのままを製作していても意味がないことから、アイデアを考える場合、基本はユーザーの要望として多様化にいかに応えるかという点で改良ポイントが明確になるというのである。あるパーツの当初の役割以外に新たに機能を付加できないかと言ったことであったり、そのパーツの汎用性を高める為に共有化できないかと言った要望であったり、要素の複合性が問われてきているということであった。具体的には一緒に装着できないか、もう少しカッコよく仕上げることができないか等、オリジナル製品の改良版と言った要望が多くあるようだ。

これらは取りも直さず、現代の二輪の世界に渦巻く趨勢にいかに呼応するかと言うことが極めて重要な要素であることが分かる。今までは造り手の側の発想や提案が市場を動かしてきたものの、時代が進展して、ユーザーや市場が成熟してくるといかに使い手の側のニーズをサポートしアシストする中で、機能的なモノ、ファッショナブルなものを提案できるかが問われてくるということであろう。

最も大きく変わった点という意味では、運搬の道具から嗜好の道具に、男性の乗り物から女性の乗り物へ、バイクと言うよりコミューターとして役割といった具合にユーザーが創りだす文化をいかに商品化するかが命題であるという点が根本的に変わった点であると言える。これに加えて本当に売れるものを探すという点がパーツメーカーとしては重要な点であることを社長は良く認識をされており、この目利きのいかが生命線である旨をお聞かせ頂いた。

社長からは「大ホームランは無い時代です」との発言を頂いた。そのための出塁率が3割どころか6割台でないと、会社としては難しいと言われていたのが印象に残る。ただ、業界では65年の歴史を誇る会社としての基盤は手堅く、定番と

言われるグリップやステップ、ブーツを初めとしたゴム製品やランプ、電装品と言った基本的部材、キャリアといった外装品やメンテナンス部品に及ぶ幅広い分野に商品ラインナップがあるという多品種性が、商品ポートフォリオの安定したバランスを生み出しているようである。

その中の一つとしてCB400Fがあったということかもしれない。ただ未だにタペットアジャスティングキャップ、クラッチアジャストカバー、ダイナモカバー、ポイントカバーは出ると言われていた。

此処まで歴史を刻んでくるとカスタムパーツもCB400Fを語るうえでの意匠として、形作られているということになると思う。ヨシムラやモリワキの集合管、ハヤシキャストホイール、キジマのエンジンドレスアップパーツと多くのオプションパーツが新しいCB400F像を生み出し、そして、なくてはならない存在へと進化してきたのかもしれない。会長が言われておられたことで印象深かったのが「このバイクにとって何が必要かを実現してきた」ということに尽きるとのお話であった。

数十年を経てもリクエストのある定番カスタムパーツと言うのはCB400Fにとっては、ともに歩むパートナーとしての「作品」として、肩を並べるところまできたということを証明しているのかもしれないと思った。

ご多忙の中、キジマの会長、社長には貴重なお時間を割いて頂き、丁寧にお答えいただいたことに改めて感謝したい。(上写真[296])

---

[296] 2022-12　キジマ本社にて　向って左/木嶋孝行会長、右/木嶋孝一社長　(自身撮影)

第9章　CB400F 開発プロジェクト「その意味」

第1節　CB400F を育んだもの

　ご存知のように CB400F のプロジェクトは、CB350F の販売不振を受けて、リベンジの為の再開発案件であった。いわば今で言う「プロジェクト X」[297] と言っても良いかもしれない。背水の陣で臨まなくては成らない案件であり、一般論ではあるが新規開発案件より難しいとされる仕事である。当然、各部署から名代の強者が招集されプロジェクトチームが編成された。LPL は国際レースのメカニックとして経験を積み、自らも会社を経営して、製造から販売までを熟知するオールラウンダーの寺田五郎。デザイナーは CB350F をデザインし、自ら失策であったと真摯に振り返り再び得られたチャンスに、乾坤一擲を誓う佐藤允弥。エンジン設計は名車 CB750F を設計した部門の匠、白倉　克。車体設計は多くの大型バイクを手掛けてきた先崎仙吉。車両の実走を自ら務め検査を担当する麻生忠史。そして各 PL を支える形で各部門から若手の方たちがそれに続く総勢 20 名前後の布陣であったと聴く。

　時代背景を押さえておきたい。1972 年 6 月に CB350F はリリースされたが、その販売状況から、1973 年 6 月に発売一年にして CB350F 改造プロジェクト、後に CB400F 開発プロジェクトはスタートしている。実はホンダ自身が体制を大きく変更しようとしていた時期とも重なる。1973 年 10 月に創業経営者、本田宗一郎、藤澤武夫両氏が揃って退任し、第二代社長に河島喜好が就任。ホンダのかじ取りは大きく変わる時を迎えていたのである。また、事業分野でも 1972 年世界を驚かせたホンダ CVCC エンジンが米国マスキー法 75 年規制に適合し、翌年 1973 年にはシビック CVCC が発売され、四輪事業へ軸足が移っていくタイミングでもあったことを意識する必要があると思う。つまり、ホンダの経営課題としては、経営者の変更という大転換点を迎えると同時に、四輪事業の本格的シフトが起こり、事業の優先すべき事項や価値観が大きく変化する時期に、CB400F の開発プロジェクトは進んで行くことになったというわけである。さらに、単に二度の失敗が許されないというばかりではなく、その採算性が問われたことは言うまでも無い。ある意味カリスマ経営者の引いた直後の作品であるだけに、新しい経営者の路線に翻弄されるこ

---

[297] NHK で 2000 年から放映されたドキュメンタリー番組。開始時のキャッチコピーが「思いはかなう」というものであり、多くの課題に取り組む人々の表と裏を描くことで人気のあった番組。2024 年 4 月から「新プロジェクト X〜挑戦者たち〜」が再スタートしている。

とは間違いない状況であったものと推測される。

　それだけに寺田 LPL の旗の下、プロジェクトメンバーの意思や結束力、チームワークは素晴らしかった。負けられない戦いであり、「おやじさんから請け負った最後の仕事」であったということも、作品である CB400F に情熱として注ぎ込まれたのではないかと思うのである。その情熱はそれまで育んできたホンダスピリットの実現を意味し、これからのホンダの未来を標榜するモノでなくてはならないという課題もあったのではないかと思うのである。

　CB400F と言えば408cc、398cc という 2 車種を製作しなければいけなかったということで、社会的な環境変化にも対応しなくてはならなかった不運な点ばかりが採り上げられてきたが、私にしてみれば「否」である。つまり、新しい時代の要請を受けて日本のユーザーの将来を見据えた造りであることが、要求されていたお蔭で、販売開始して 50 年、愛され続ける魅力をまとい根強いファンを創り出して、今にその名が残ることになったのではないかと前向きに捉えることができると考える。

　CB400F 開発プロジェクトを追うことは、ホンダの歴史を追うことを意味し、ユーザーの二輪に対する価値観の変化を観ていくことにも繋がると思うのである。何より CB400F の魅力の源泉を探る上でも、極めて重要な部分である。

　どうしてもバイク関連の記事や情報となると、完成され市場にリリースされた製品に対するインプレッションであったり講評であったりすることが多いが、それは一旦市場に出てしまうと、その製品はユーザーのモノになるからである。それに対して開発時のプリミティブな姿は、メーカーのモノであり、開発者の想いがそのまま形になったものとみなすことができる。CB400F ファンである私にとってその開発者の想いを知ることは、最大の関心事の一つであるが、今まで詳しく報道されてこなかった部分でもある。

　それだけに、この章を起こす上において、貴重なる開発時の映像なくして語れないことを正直に申し上げておきたい。関係者の寺田、佐藤の両氏が他界された今となっては、実証としてその資料が入手できたからこそ、ここに語ることができるわけである。この貴重な資料を CB400F ファンと共有することを喜びとするものであり、誕生の道程を追うことで、作り手の人たちによって作品に込められた情熱を感じ取りたいと思う。それでは開発ストーリーを追って行くことにする。

373

第2節　初期レンダリングスケッチの示すもの

第1項　スケッチに思う

　1973年6月、CB350Fの改造プロジェクトが立ち上がった。LPLの寺田さんによれば、既にイメージスケッチは佐藤さんの所で出来上がっていたとのことであった。それが、巻頭の口絵でも紹介した下の絵である。右下に明確に佐藤さんのサインが見て取れる。このスケッチから感じられるのはCB350Fの面影すらも無いGPレーサーのイメージある。この時点でこのプロジェクトの方向性が示されたと言っても過言ではない。つまり、全く新しいコンセプトに基づく改良ではない新規開発案件としての意味付けである。

　寺田LPLによって見直された開発コンセプトは「動の400」。それに相応しいこのスケッチは最後までデザインのベースとして残るものとなる。よく見ていくとレーサーそのモノの形状である。まず目につくのはロングタンク、タンクの中心の画き込みから推測するとラバーベルトによって固定される仕組み。シートはカウル部分を考えると単座にリベット止め、ハンドルはフラットであり、フロントフェンダーはステイの無いもので、画の質感からすると軽いプラスチック製を想像できる。チェンジペダルに繋がる長いタイロッドボルトはバックステップの証である。肉抜

きされたドライブチェーンケース、マフラーはブラック仕上げの二本出し、2スト が全盛であった時代背景も感じられる。フレームボディは、フロントエンジンハン ガープレートの画から見て取れるようにセミダブルクレードルフレーム、軽量で剛 性に富むものが意識されていたと考えられる。そしてボディーカラーは「赤」、サ イドカバーの「BX400」は、実は「CBX400」と書かれていたのではないかと想像す

る。佐藤さんのレンダリン グでは消されているよう に見えるが、原画を拡大 し、解像度を変えてみると 薄っすらと「C」の字が見え てくる。「次なるCB400」と いう意味であり、それは単 なるCB350Fのリメイクでないことが明確に示されている。

　ここには多くの意味があると考えられる。勝手な解釈を一つ挟むとすれば、ホン ダの二輪におけるモータースポーツWGP活動の変遷の中で、1967年から1977年 までの10年間、一時撤退していたという事実である。1978年朝霞研究所にNR(New Racing)ブロックが設置されて以降、1979年にNRでWGPにイギリスから復帰する ことになるが、それまで約10年を超えるブランクがあったのである。

　最初のバイクのデザインに込められたモノの一つにその想いがあったのではな いかと想像するのである。あたかも1970年代初頭からホンダは四輪へ本格的に力 を入れることとなる。それだけに二輪に関係する部門の人たちの想いは想像以上に 大きなものであったように感じるのである。CB350Fの改造をテーマとしていたプ ロジェクトにしては、このスケッチは飛躍したものだったのかもしれない。

第2項　　スケッチの変遷

　その後も比較的多くのレンダリング画が残されている。このそれぞれからも当初 のスケッチに沿いつつ多くの画が描かれていることが分かる。車体設計であった先 崎さん曰く「まずは丸裸にすることから始めた」という証言は、コストの削減に関 する考えをデザインに反映する為のモノになる。幸いなことにレーサーの最大の課 題は「より速く」という走ることにあるわけだが、その為には動力アップと軽量化 ということであり、当初のスケッチにもチェーンケースの肉抜きにもその考えがに じむ。その中で何より注目すべきはマフラーの集合化である。次の画を観てほしい。

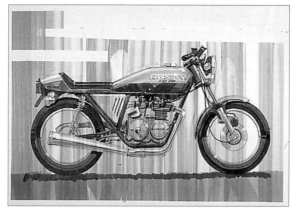

この画の特徴として見えてくるものは、レーシーな雰囲気はそのままに、排気管が集合化され一本出しとなっている点である。よく考えてみると、左舷から描かれたスケッチは最初のものだけであり、以降は右舷からのスケッチばかりなのである。いかにこの集合管をデザインの基本に据えているかを感じ取ることができる。

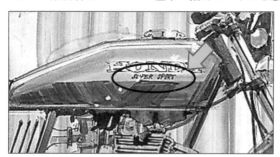

そして、タンクには何と「SUPER SPORT」の文字が画き込まれている。既にここで銘が刻まれたわけであり、デザインの文字は単なる表示ではなく、全体を示すテーマそのものであるということである。そして、もう一枚が下の画である。よりピーキーなデザインとなっていることが分かると思う。まさにロードレース車そのもののデザインで

あるが、やはりこれもよく見ると、シートカウルに「400FOUR」の文字(画①)、タンクの「SUPER　SPORT」(画②)の文字はそのままにサイドカバーにはウイングマークが描かれている。

　このウイングマークこそ、本田宗一郎氏が「ホンダは日本一ではなく、世界一を目指すんだ。世界にはばたいて飛んでゆくイメージをうんと強調してくれ」と願いの込められたものであり、ウイングマークの変遷を見てみると、1955年に最初のウイングマークが登場して以来、4回の改定を経て現在のウイングマークとなっている。ここに描かれているのは1968年のウングマーク(画③)であること、そして車体のスケッチの外側にはゼッケン1番を付けたフルカウルの車体とライダーのスケッチが画き込まれているのである。落書きにしては精緻に描かれており私は一つの意思の表れと見たのである。これらは前節で述べた様にWGPへの栄光と拘り、そして、1972年にウイングマークは変更されているが、1973年以降に始まった本開発であるにも関わらず、1968年のウイングマークが描かれていることを考えると、創業経営者からの意思に沿う姿勢というものをこのプロジェクトに感じてしまうのである。読み過ぎとみる向きもあるかもしれないが、デザインはその国の文化を反映するということを考えると、社に従事する社員の意思が企業文化に沿わぬはずはないと考えるのである。

第3項　　開発コンセプトの一貫性

CB400Fの開発については多くの時間はいらなかったようだ。何故なら「動の400」という明確なコンセプトが、開発チーム全体に徹底され、お蔭で各部門はその中で伸び伸びと力を振るうことができた

と聞く。上のレンダリング画に見られるように当時では斬新なテールカウルやフェアリングのイメージは最後まで追求されることとなる。絵がそのまま現実になるのはデザイン段階では珍しいことではないだろうか。次に画かれた下の画もそうである。ロングタンク、テールカウル、フェアリング、フラットハンドル

にボディと同色のフロントフェンダー、集合管はエキパイとマフラーのつなぎであるチャンバーの形状もフィックスされ、よく見るとタンデムステップも画き込まれている。そしてウイングマークが消えている。いわば従来の製作概念から大

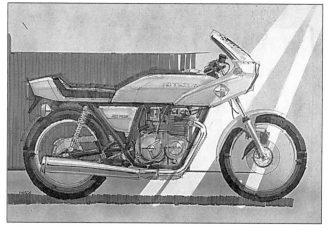

きく変わったことを示すものであり、今までないものを創るというホンダのスピリットが凝縮しているものと解することができる。開発が始まって僅か開発開始後2か月で基本仕様が決定され、クレイモデルの製作、モックアップへと急ピッチに仕上がっていく行く。

第3節　クレイモデルから見える魂

第1項　こだわりと革新

1973年夏、プロジェクトが正式にスタートして2か月で基本仕様が決まるとそれに基づきクレイモデルが製作された。驚くのはそのモデルの収斂された姿である。これはもうほとんど市販車の姿をしている。しかし、スケッチで革新とされたテールカウルや、フェンダー、4into1マフラー、そしてフェアリングは最後までイメージされていることが見て取れる。(上写真[298])

---

298 クレイモデル製作は下に鉄板(定盤)が敷かれ、今のように良い粘土でなかったために製作前にしっかり温める工程があった。また、今ではクレイモデラーという専門のスタッフが担当するが、当時は造形室の誰もがやる仕事の一つであったと聞く。

右の3枚の写真は着手間もないクレイモデルの様子である。上の写真からは、タンク、シート共にクレイ粘土が大よその形で装着され、注目すべきはエキゾーストパイプも何かに粘土を装着し、スケールを無視した状態で形状を保つ造りになっているのが分かる。マフラーも存在していない。

それが真中の写真になるとタンクの成型を進めつつ、エキゾーストパイプも何らかの金属製のモノが装着されている。ただ、マフラーは粘土であることが分かる。クレイ製作にあたられた中野宏司さん[299]によれば、そもそもCB350Fがベースであることからフレームボディとタイヤ、ハンドルの状態から座標設定が行われた後は、既成のモノを代用として装着しながら全体が形成されていったという。

写真の三枚目ではシートカウルの存在する状態で、タンクの形状もおおよそが決まり、エキゾーストパイプも装着され、マフラーも代替とは言え全体形状が整えられている。

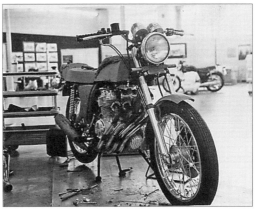

---

299 第7章　第4節　新人　歴史的バイクに挑む　「中野　宏司」をご参照。中野さんは入社2年目造形室配属で、いきなりCB400Fの開発に関わることになる。

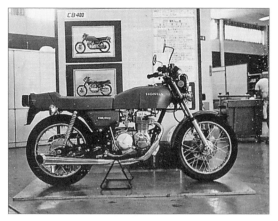

左の２枚に写真 (1973-06-19 撮影)をご覧頂きたい。クレイの仕上げとして、タンクサイドカバーにマークが装飾されて、これからがスタートというわけだ。本田宗一郎氏が「絵では分からない」として**"1分の1モデル"** を作ることから始めるというのは、クレイモデル製作の一丁目一番地であり、物造りの基本と考えられてきた出発点である。

サイドカバーの形状であったり、マフラーエンドのカットであったり、部分部分の違いはあるものの、ほぼ市販車の態を成していると言って良いだろう。開発開始から２か月、正式チーム発足間もない段階でこのクレイモデルであるから驚いたとしか言いようがない。ここまでのスピード感を生んだのは、CB350F で取り組んだ中型市場の創造という野心とその実現に向けた「動の400」という明確なコンセプトの意志統一が

成されていたからではないだろうか。そのことは後で述べるフェアリング付のクレイモデル、実車製作まで及んだことでも分かるところである。

　左の写真(1973-07-02 撮影)は更にブラッシュアップされたクレイモデルである。テールカウルがとられ、シート形状も定ま

り、リアフェンダーとともにナンバープレートブラケット、テールライト共にCB350Fで使用されていたものに落ち着いている。マフラーのエンド部分の仕上げも大砲型であったのが絞り込まれ、締まった形になっている。サイドカバーだけが現行と違い、パンチング処理が施されているようだ。(右写真)

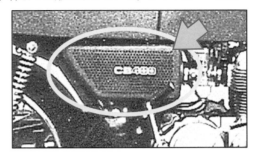

これはエアークリーナー内部にサイドカバーから空気を送り込むことを想定してのモノでは無いかと推測される。実際、現行のエアークリーナーチャンバーまで覆う形のサイドカバー形状である。このことを除けばフォルムは完成の域である。下にCB350Fと並べて比較した写真があるが、元が何であったか全く分からない程

別物であり、その革新性、軽快でスリムなスタイル、精悍さは新規開発車そのものである。ただ、本開発はこれからである。

第2項　フェアリングの実装

「動の400」のコンセプトは、創り上げられた1分の1モデルに、風を切る鎧をまとわせることまで想定していたのである。そのことを証明するかのように、

最初のスケッチで一般的にはショーモデルとさえ見られがちであったフェアリングを実装したクレイモデルが製作されている。また、テールカウルやテールフェンダー、ボディフレームへの拘りも絵で終わらなかったのである。

　左2枚の写真は粘土付けされたばかりで荒削りのままのフェアリングである。これが世に出ていたとすれば、これも史上初と言えるものであったはずであり、これがCB400Fの純正のものだとすれば、ワクワクしてくるものがある。後に佐藤さんが手掛けられて大ヒットとなるCBX400F、その派生形として発売されたインテグラの基になったモノではないかとさえ思うのである。

　これがモックアップに留まらず実走実験の段階まで進んでいたという事実である。つまりCB400Fが革新的だったのは、見た目から捉えられる排気システムやカフェレーサースタイルといったものもさることながら、開発段階で展開されていた本物のGPレーサーをいかに市場に出すかという真摯な取り組みが続けられていたことにあるように思うのである。

「市販車業界初のフェアリング実走モデ

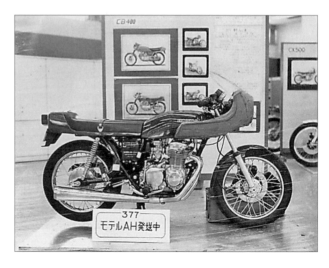

ル」、このこともCB400Fの開発において、歴史に残る大きな功績かもしれない。先のクレイモデルが1973年の8月には形を成しており、これをベースとしたフェアリング付のクレイモデルの製作が秋口には取りかかられ、10月には出来上がっていたようである。(前頁下写真)これらのことから分かるようにいかにクレイモデルに魂が込められていたかが感じ取れる。

第4節 モックアップモデルの息遣い

第1項　　モックアップという夢の華

　モックアップにおいては内部構造物を実装しなくとも外見的には完成品のサンプルであり、いわば仕上げの印象をすべて決定づけることになる大事な作業である。
　ユーザーにとって第一印象を決定づけるものだけに売上にも大きな影響を及ぼすこととなる。それだけに私から捉えたモックアップモデルの意味は、「作り手の期待とユーザーの期待とがどこまで共鳴できるかという心をつなげ合う貴重な作業」と考えている。作り手だけの独りよがりでも駄目だし、かと言って大衆迎合のモノであってもユーザーを満足させることはできない。いわば未来に期待すべき共通事項である「夢」を共有できるものであってこそ、初めて確信が持てるのではないだろうか。それだけにCB400Fのモックアップモデルには、「夢」が詰まっていたようにも感じるのである。1973年8月23日と28日に撮影されたモックアップモデルを見てみよう。(右写真)

フレームがブラックかシルバーかによって二種類が存在した。この「CXZ-400」と名付けられた車両を完成車と比べると、シートカウルとブラックに塗装された排気システムとフレーム、赤のフロントフェンダーが目に留まる。そしてこの写真からは分かり辛いかもしれないが、タンクに表示されたHONDAマークの下には「CB400 FOUR」(完成車は「SUPER　SPORT」となっている)と表示してある。此処までCB350Fが変化すると、この機が後継機であ

り、当初からの目論見であるCB750Fを頂点とするラインナップであることをユーザーに明示する為のモノであったのではないかと筆者は推測している。

この機を更によく見るとクラッチアジャストカバーの位置が違っていたり、ブレーキペダルの寸法や角度、ブレーキガード等が未装着であることが分かる。考えようによってはデザイン優先の考え方が、此処に現れているのではないかとも推測される。ただ、ホンダがデザインに対していかなる形状にも機構を合わせられるという自信であったとも読み取れる。

そして、同日に撮られたもう一つが左のパターンである。(写真左真中・左下各1枚)フレームボディがシルバー、そして排気システムがメッキ仕上げとなっている。これだけでも印象はがらりと変わる。

ブラック仕上げは力強さを感じさせ、シルバー仕上げはジェントルな感じを演出する。好みは分かれるところであるが、この辺がマーケットと社会情勢、ユーザーの嗜好の流れ、そしてお国柄や文化の違いを見極める必要性のある部分だと考えられる。

「たかが○○、されど○○」ということで観るべき重要な要点である。

第2項　トラディショナルモックアップモデル

　トラディショナルなモックアップモデルが 1973 年 8 月 23 日付で撮影されたものが以下の 11 枚の写真である。特徴的なのはシートカウル無しのベーシックなパターンで、フレームの色分けを前提にすると「ブラックモデル A・B」と「シルバーモデル」の三種類に区分できる。まずは典型的な「ブラクモデル A」と「シルバーモデル」を比較してみる。左右を対比的に見てもらいたい。

　　　　「ブラックモデル A」　　　　　　　　　「シルバーモデル」

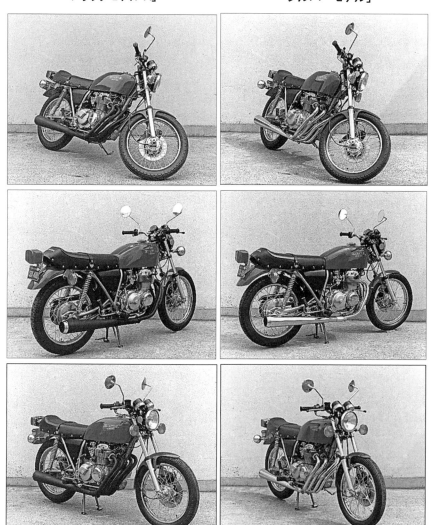

　非常に興味深い 4 視点による左側縦 4 枚のブラックモデルと右側縦 4 枚のシルバーモデルの比較である。機構部分はそのままに、フレームボディの色合いは左右双方ともにシルバーで共通しているものの、左側の「ブラックモデル A」はエキゾーストパイプ、マフラーのラインがブラック仕上げ、右側の「シルバーモデル」はツヤのあるメッキ仕上げとなっている。いかにシルバーフレームに拘ったかが分かると思う。また、ブラック仕上げのモノはこのシルバーフレームの他に、以下のブラックフレームの**「ブラックモデル B」**が存在する。（以下 3 点の写真）

　この**「ブラックモデル B」**では左の写真が唯一左舷側から撮影されており、タンクに銘打たれている文字も右舷の「CB400FOUR」ではなく、「HAWK 400」となっている。（次頁右上写真）これはまさに最大のマーケットである米国を意識したものであろう。CB400F のラインナップにおける位置付けの明確化と同時にブランド化に対する姿勢をも窺い知ることのできる表記であると感じる。このステッカー 1 枚に込められていた

386

意義を考えると、文字一つといえども疎かにはできない社の方針が存在することを明確に示していると思う。

　CB400F の後継機が、何ゆえに「HAWK」であったのかの謎が分かった気がする。既に CB400F が「「HAWK」であったということである（右写真：前頁一番下左写真の拡

大）。ところで読者なら「ブラックモデル」と「シルバーモデル」どちらを希望されるであろうか。私見ではあるがエキゾーストパイプ・マフラーは後からでも比較的脱着交換がし易いが、フレームボディだけはそう簡単に交換や色分けというわけにはいかない。それだけに２種類のシルバーパターンを製作したのにはわけがありそうである。今でこそチューブフレームや、モノコックフレームに見られるように軽量にして強靱、そしてフォルムの美しさをきめる上で素材の色も生かせるシルバーフレームは、精悍でマッスルなイメージを生み出すことは既成の事実である。それだけに当時シルバーフレームが機能的にどこまで創り上げられていたものかは分からないが、新たな素材を期待するモノとして意識されていたとしたら、それこそ先進的デザインであったと言える。その他にもシルバーフレームはそのままに、以下の写真で見られるようにタンクの色は濃紺、乃至は黒、シートに赤いパイピングの入った上品でジェントルな雰囲気のものがモックアップモデルとして製作されている。

　そして、これらが現実に採用されていたら間違いなくセンセーショナルを巻き起こしていたもの思われる。また、逆にブラックフレームにブラックマフラーというスタイルも同様にエキサイティングな印象を創り出している。何れにして

もシルバーフレーム、ブラックマフラーといった組み合わせは、今までに無かったものであり、その意味で、後世に示すべき革新的モックアップであったことは間違いない。それらはすべてバイクとしての未来、つまりは「夢」を示すものででではなかったかと思うのである。

第5節　フェアリングの実装

第1項　「夢のつづき」

　ある本によればCB400F開発は6か月で完了したとされている。1973年6月がスタートだとすれば、1973年12月には出来上がっていたということになる。ただ、当初のスケッチにあったフェアリングモデルを思い出してほしい、既にクレイモデルまで存在していたわけである。写真(下)は1974年1月17日年明け早々に和光研究所で撮られた写真である。確かに写真欄外に「M/u[300]は'73　12月完了」とされているので、開発段階は完了していたと考えて良いと思う。それは紛れもないCB400Fのフェアリングモデルである。そこにあるのはエンジン構成も現行そのままにシートカウルとシルバーのフェアリングを付けたCB400Fの勇姿である。

　このモデルを観る限り、塗装色は市販化されたバーニッシュブルー、フラットハンドルに、メッキ仕上げのフロントフェンダー、クラッチアジャストカバーの位置も修正され、三恵技研工業製の排気システムも量産化されたものが装着され、メッキで仕上げされている。まさにである。ただ違うのはテールカウルとテールフェンダー、そしてフェアリングである。開発は完了しているということからすれば

---

[300] M/uとはモックアップのこと。開発は1973-12に完了していることを記してある。「佐藤允弥氏直筆」

388

この取り組みは何を意味しているのだろうか。右3枚の写真からもその完成度の高さがご理解頂けると思う。

後に総称してカフェスタイルと括られることになるが、そもそもカフェレーサースタイルの原点を掘り起こすとわかる通り、セパレートハンドルかバーハンドル、バックステップに、シングルシート乃至はセミロングシート、そしてロケットカウルが定番であるのだ。

その定義通りにイメージすると、CB400Fがカフェスタイルと言われる為には、このロケットカウルも含め開発されてこそ、その面目が保たれるものであったと考えてもおかしくないと思うのである。

間違いなく開発の仕上げとして想定されていた

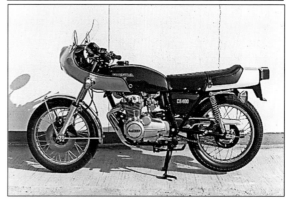

のは、オプションパーツ或いはマイナーチェンジ装具として検討・用意する為であったと筆者は確信した。もし、CB400Fがロケットカウルを実装した市販車となっていたとしたらこれも業界初となっていた。つまり、その点でもこの短期間にいかに先進的協議・研究・試作が実施されていたかが分かる。CB400Fの先進性は4into1システムに加えフレ

ームボディデザインや、当時のレーサーレプリカをイメージするフェアリングの装着と、後の世に夢をつなぐプレゼンテーションをしてくれていたのかもしれない。

この写真が撮られてから8年後の1982年にはVT250F、VF400F、VF750F、そして、CBX400Fインテグラ、CB750Fインテグラと、いわゆるフェアリング標準装備の時代を迎えるのである。直近2022年にご存知の通り「HAWK11」(左写真)が発売されているが、和光研究所の写真(前頁最初の写真)を改めて見て頂くと、スタイル、カラーリングともによく似ており、この車両名が「CB」と言わずに、いきなり「HAWK」と銘打たれたのには、歴史的因果関係すら感じられるのである。

第2項　谷田部テストコース実走

　日本の二輪、四輪を育ててきた場所の一つが茨城県つくば市、旧谷田部町にあった。それが「谷田部テストコース」である。高速時代を見据え1961年(昭和36年)、財団法人　自動車高速試験場が設立され、3年後1964年に高速周回路が完成している。1周5.5km、許容最高速度190km/hという世界水準のテストコースであった。

　1974年1月17日に和光研究所で撮影されたCB400Fフェアリングモデルは、

1月20日にはその谷田部にあった。明日を担う二輪、四輪の多くが此処でテストに臨んだわけだが、その日はCB400Fの番であった。実走に臨んだテスト担当は二研の麻生忠史さん。(左写真)

　この谷田部での走行試験においては、高速時における安全性・耐久性がテスト項目の最重要課題でありそれだけに谷田部での実走実験は、マストなものであったに違いない。荒川のテストコースや鈴鹿サーキットでも高速耐久テストが行われていたとされるが、谷田部は1周5.5kmのオーバルコースで、高速周回専用ということで観測がし易かったようだ。車両やライダーの様子が望遠で良く捉えられている。

フェアリングを装着しての走行実験は市販車としても初めてのことではなかったかと思われる。当時は何よりも車両全体についての安全性が問われている。それも主要マーケットであった米国における安全性強化の機運は高く、エンジンをはじめ機構部分やその取り付け状況に至るまで、徹底して瑕疵となる畏れのあるモノを排除することが求められた。

　それは車両の運用面における管理機能にまで言及されたという。例えば、いわゆるガス欠時、リザーバーによってどれくらいの走行可能性が確保できるのか、転倒してもどれくらいの耐久性を保持できるかといった運用面における問題にまで安全性の追求が成されていた。また、エンドレスチェーンであっても切れた場合や、ブレーキペダルを踏み外した時にマフラーで火傷をしないか等のネガティブチェックも行われていたようである。本田宗一郎氏が物作りで目指した基本に「どんな乗り方をしても、けっして壊れない」という方針が据えられていたことを思い出す。

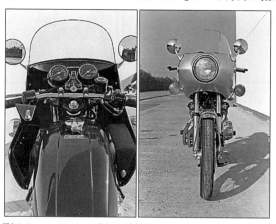

　当然、顧客ファーストということと、何よりも安全性を重視していたことが分かる。業界初のフェアリング装着車であり数多くの試験項目や検査項目としてピックアップされ試験が行われたものと考えられる。

　下の写真をご覧頂きたい。走行試験では和光研究所で撮影されていたもの（上写真）からサイドミラーが外され谷田部に持ち込まれている。左が和光研究所で診られたフェアリングであり、右が谷田部での写真である。ただ、

実際に走行している写真から見て取れるのは、サイドミラーは装着されているものの、シールド部分の形状・高さが違っているものが使用されているようだ(下写真比較)。明らかに和光にあったモノとは違う別のフェアリングの走行実験が行われていたようである。フェアリングには吹き流しの様なテープが装着され空気の流れが観測されている。

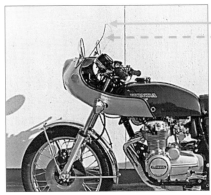

フェアリングの装着は速く走る装備という視点もあるが、ロングツーリング時にいかにライダーを風から守り、消耗を防ぐかにも要点があるはずである。ここでは短いシールドでどこまで風の抵抗を防ぎ、耐久性能や動力性能を引き出せるかが問われていたのかもしれない。

ショートシールドであったことが、谷田部名物のバンクで軽快に走る姿からも見て取れる。当然、トップスピードの見極めも成されたはずである。

望遠で撮られたと考えられるこの写真(右)、実験用フェアリングにできるだけ身体を隠しハンドルの根元をホールドする姿からもそのことが見て取れる。

日本の道路事情が改善していく中で、フェアリングというものが二輪のライフスタイルに新しい生活提案をし、高速化対応やロングツーリングといった長距離走行にとっても欠かせないものとなることを想定していたようである。
CB400Fの基本開発終了後もこうしたフェアリングのテストを実施していた事実を鑑みると、やはり、二輪愛好家たちの未来を見つめ、それに備える準備がなされていたことは間違いないと思うのである。その為に、マイナーチェンジや枝分かれ機種の構想もあったことはが容易に想像できる。

第6節　最終形態「SPRINT　FOUR(スプリント・フォア)」

　アイデアが収斂して終盤になってくるにつれ、モデルもこなれ基本形に戻るかのようである。それは決して進化の否定ではない。むしろ文化の継承であり、文明への閃きだと思う。試行錯誤の中で生まれ出た結晶は、伝統を引き継ぐ新しい文化の様なものでは無いだろうか。デザインについて佐藤さんが言われていた「古典」というキーワードが示すものがそれにあたるものだと考えている。

　少し時間は戻るが1973年暮れ、最終モックアップが完成した。CB350Fは完全に丸裸からスタートして、採算性の向上、コストダウンといった大きな命題を踏まえつつ、エンジンは元より、すべての部品、ユニットの改善見直しが実施されて最終形態にたどりついた。それも正式開発開始から6カ月という短期間での完成である。いかに作り手の人たちの士気が高くチームワークがすばらしかったか改めて敬意を表したいと思う。下の貴重な写真が最終モックアップである。(口絵ご参照)

一見すると、現行車そのものの姿である。細かい点に言及する前に、ロングタンクに刻まれた「HONDA」の文字の下に刻まれるべき文言は現行車であれば「SUPER SPORT」であることはご存知の通りであるが、**この最終形態に刻まれた文字は「SPRINT FOUR」と刻まれて**いるのである。(右)

　この縦9mm×横80mmの部分に表示される文字の示す意味は非常に大きい。何故なら作り手の言葉がダイレクトにユーザーへ示される部分であるからである。本章の第4節第1項第2項でも語らせて頂いたが「CB 400FOUR」や「HAWK 400」という車種を示す表示とは全く違った意味を持つものである。

　「SPRINT　FOUR」とはどういう想いでつけられたものなのだろうか。そもそも「SPRINT」とは、良くロードバイクレースで使われる言葉だが、「レース中に全速力で加速する」ことを意味し、主にゴール前で行われるスプリント勝負はレースの華であると言われる。そのことをイメージしつつ「SPRINT　FOUR」というキーワードを解釈すると「**4気筒の短距離走者**」という異名が浮かんでくる。

　私見ではあるが当初のコンセプトとして一貫してきた「**動の400**」という意味を込めた意訳だったのではないかと思うのである。つまり、このワードはCB400F開発プロジェクトを象徴するものであり、開発メンバーの人たちが共通して持っていた想いであっただけに「SPRINT　FOUR」は、大きな発見であったと思う。

395

最終モックアップとは言え、エンジン、マフラー・エキゾーストパイプ、フェンダー等仕様も確定され、翌月には谷田部でフェアリング走行テストを実施していたことを考えると、すべてが完成域にあったと考えてもおかしくない。

そしてもう一つの発見は海外を主戦場とする当時の状況において海外輸出用として考えられていた別色が存在していた。「メタリック・ブルー」の車両である(下写真)。私の記憶違いでなければ、この後に出るCB550F-Ⅱの海外バージョンの中にその「メタリック・ブルー色」が存在していた。結果としてCB400Fには採用さ

れなかったものの、その配色は生かされることとなったようだ。

かくして、CB400Fは1974年に入ると、先に述べたフェアリングテストを実施すると同時に、次なる作戦が練られていた。ロングセラーになるものとの考えがあったかど

うかは定かではないものの、ヒットを確信したメンバーはフェアリングと同様にモデルチェンジに向けたデザインにも着手していたことが分かった。

第7節　モデルチェンジの構想

第1項　モデルチェンジ4案

　CB400F、1974年12月4日市販開始。市場の反応は良く、販売部門もさることながらプロジェクトメンバーでも喜びの声が上がったと聞く。作り手にとってユーザーの評価が一番気になるものであり、評価こそそれまでの苦労と努力が報われる

ことであり何よりのご褒美ということになる。その声は社においても重要なことであり、当然その声こそが再び次の製品開発に繋がっていくバトンなのである。単純明快に言えば、評価と売上こそが製品が存続する上での原動力なのだ。CB400Fが好調であったことを裏付けるかのように1975年11月11日に撮影された新モデルがある。幾つかのチームに分かれて主要4つの提案が成され協議されている。

第1案として右(写真)のモデルは米国向けのモデルとして提案されたものである。サイドカバーに表示してある名称は「CB400FOUR-G」である。その特徴としてボティカラーはディープブルー、タンクにはオレンジをベースとする二本のストライプ、シート形状のフラット化、タンク給油口のカバー新設、そしてアップハンドルに前輪のドラムブレーキである。筆者として違和感があるのは、折角タンクの燃料カバーを付けてアップハンドルとして安全面を強化しておき

ながら、前後のウィンカーが小さくなっていること、そしてフロントのドラムブレーキ化というのは問題無しとはしない点である。安全性をより強化しようという米国の環境には沿っていない。シートの質感も下がったようであり、たぶん、採算向上の為の策が練られての結果だったのかもしれない。第2案が上のモデルである。1案と同じく名称は「CB400FOUR-G」である。特徴として第1案のバージョン2というべきものであり、決定的に違う点は

フロントディスクブレーキと 4 本出しマフラーである。特に 4 気筒 4 本マフラーという押しの強さは魅力的ではある。とは言え「動の 400」というコンセプトのもと、再生された CB400F にとって真にユーザーが求めるモノは何かと考えた時、従来 CB400F に課せられた大きなテーマである採算性の向上、コスト削減からすれば逆行し、何より軽量化した軽快な姿とは違ってくるようだ。ただ、こうした案が検討できることは幸せである。

それだけに以下 (6 枚の写真) に示すようにタンクのデザインが数多く製作されていた事実は伝えておきたい。佐藤さんの記録の中で、バイクをデザインする際に自ずと制約があるのだと言われておられたことを思い出す。

機能・機構の塊であるバイクのデザインにおいては制約が多く、デザイナーの表現の自由度を活かせる場として、タンクの存在は想像以上に大きかったようである。ここに示された 6 つのカラーリング及びデザインも、CB400F がマイナーチェンジされていれば観られたかもしれない。残念ながらその機会を得ることは無かったが

盛んに検討されていたことは事実であり、それだけに生産中止に至ったことはとても残念である。第3案はHRC[301]が「77年モデル」として提案したものである。
（右の写真）

　この形状を見て思い出すのが、モックアップ時点で残されていた**シートカウル案「CXZ-400」**である。この提案の特徴はフロントフェンダーの形状変更、サイドカバーの形状及び文字の変更、タンクにおけるストライプラインとサイドカバーマークのエンブレム化、そしてヘッドライト上に設けたフロントウインドシールドである。フロント・リア共に大きなウィンカーはそのままに、ブレーキペダルに安全対策としての金属ガードが装着されている。米国では明らかに次なるモデルを自らの提案としてリクエストしていたと見て良いだろう。

　そして、1975年11月17日提示されたのが、第4案(下写真)であり、極めてオーソドックスなマイナーチェンジ案である。前後のフェンダーとタンクキャップ以外は、新色になった程度であり、フラットハンドルやタンク、シート形状共に変更なく、まさにマイナーチェンジ提案のオーソドックスなものと言える。ただ、サイドカバーがブラックに変わっていることに気づかれたと思う。1975年10月に中型免許制度が施行されていることを考える

---

[301] 本資料写真1975.11.17には77モデルと明記してあり「HRC提案」と記載されているが、1975年米国カリフォルニアに現地法人として設立されたHonda R&D Americas(社内略称はHRA)を、朝霞研究所ではHRC(Cはカリフォルニア)と呼称していたと考えられる。

と、この案が提示されたのが1975年11月であることから1976年3月6日に発売になったCB400F-Ⅰ、-Ⅱで企画されたサイドカバーが装着されていると考えてもおかしくは無い。

第2項　1977年モデル

1977年5月25日、CB400Fの後継機となるHAWK-Ⅱ(CB400T・左写真)が発

売となる。それと同時にCB400Fは生産を終了し、発売から2年半という短い期間で、役目を終えることとなる。

このように発売以降の変遷を見てくるといかに多くのアイデアが出され、デザインされて現実のものとなってき

たかが良く分かると思う。ましてやCB350Fのリベンジを果たすというミッションも、新機種としてのCB400Fをいかに育てていくかという方向に昇華されてきたことに熱いものを感じてしまう。

ここまで資料を追ってくるとCB400Fの魅力の根源は何か、という本書のテーマに通じるものがある。このプロジェクトに関わった人々のCB400Fへの愛情や想いの深さが、その魅力を常に高めてきた歴史的事実を理解することができる。

最終の痕跡として1976年1月17日撮影された米国向け77年型モデルとして形作られたものが以下の二種類である。

左の提案車両は車体の色、タンクのストライプ、サイドカバーのロゴ等当時の輸出

車形態そのものに近いものと言って良いデザインである。

そして、もう一種が右に示す写真でパラキートイエローをベースにストライプが入りカラーリングされたもので、まだ、ここではフロント・リア、両フェ

ンダー共に樹脂製と思われる軽快な出立になっており、従来からのよりスポーティーな主張が見られるものとなっている。

ただ、カラーリングは別として、このモデルは残念ながら発売されず事実上は前頁の示した臙脂色(えんじいろ)の海外向け 1977 年モデルを持って、CB400F はその歴史にピリオドを打つこととなった。そういう意味ではその 77 年モデルが最終形態ということになる。

ちなみに今まで採り上げてきたこれら貴重な写真資料の枠外に、キャプションが書かれているのだが、佐藤允弥さんが自ら書かれたものであることが分かっている。当時、日本のホンダ本社にデザインの決裁権限が集中していたことを考えれば、佐藤さん自身の拘りがすべてのモデルチェンジ案に反映していることは間違いないと考えられる。当初のデザイン画に想いを馳せると納得である。僅か 2 年半という生産期間ではあったが 10 万台以上を世に送り出した事実は素晴らしいものである。

第8節　CB400F 開発プロジェクト「X」

この開発プロジェクトが残したものは何であったのであろう。振り返るとリカバリープロジェクトがいつの間にか、時代の最先端を具現化する為のプロジェクトに変わり、将来を見据えるかのような開発に昇華された様に感じる。2024 年 4 月から NHK で再び始まった「新プロジェクト X」。作品としての云々は別として、そこに流れる一貫したテーマは、人の生きざまであり、逆境からの挑戦と克服の人間ドラマである。そこに生み出されるものは、成功というものの成果物のすばらしさはもとより、何よりも成功に至るまでの過程と、未来へ伝えた影響の大きさではないかと思うのである。その意味でこの CB400F の開発があったからこそ、真の中型市場は造りだされ、いわば免許制度の改定に翻弄されたのではなく、一見マイナスと見

えた法律の改定をむしろ追い風にして、その後の中型市場の開拓者となり得たようにも感じるのである。

　日本人の体格にあったスケールと4気筒4ストロークエンジンという高性能エンジンを装備し、カフェスタイルという欧米の風をまとって、次の時代のあるべき姿を演じて見せた影響は計り知れないくらい大きかったのでは無いだろうか。例えば本格的フェアリング時代の到来を予感される域まで研究が進んでいたことは、まぎれもない証拠の一つと言える。歴史に「もし」は許されないが、もう一つのテーマであった業界初のフェアリング標準装備モデルも、4into1という市販車初の集合管標準装備という革新と同様にCB400Fの開発で確立されていたのかもしれない。

　開発の実態は前節、前項でも見てきたように具体的で実践的なものであった。デザイン画のコンセプトが最後まで生かされ、クレイモデルからモックアップの段階まで、数多くの課題に取り組み、実装、実験を重ね、そして、生まれ変わる為のデザイン案や、マイナーチェンジ案も用意されていたことは、後世の機種に対して、たくさんの知見を残したことは間違いない。意匠といい、彩色といい、技術といい、チームワークといい、そして作り手の拘りといい、そのすべてが後進に残された財産となったのではないかと強く感じる次第である。

　この開発から学んだことが、とても多かったと開発主要メンバーから異口同音に声が聞こえてきたことがいまだに印象深い。

　スケッチという二次元の創造物は、製品という三次元の創造物へと生まれ変わり、そして、ユーザーの未来の生活を提案するという、時間を超えた四次元の創造物へと昇華されていく。作りだされたものはユーザーのモノになって初めて製品という名に相応しいものになるのであるが、将来に何かをもたらすという意味では、ユーザーばかりではなく、作り手の世界にも大きな未来を示唆するモノになるのではないだろうか。作り手とユーザーが同じ未来を共有することの意義こそ「プロジェクトX」の真のテーマであるのかもしれない。

　この本のテーマとして一貫して追求してきたCB400Fの魅力というモノの源泉が、ここにもあることを探し当てたような気持である。モノの魅力は見える魅力ばかりではない、見えない魅力もあるということであり、さらに言えば、作り手とユーザーが、それぞれの未来を共有しつつ「夢」を現実化していくということに他ならないと思うのである。

ホンダコレクションホールの入口に掲げてある本田宗一郎氏の「夢」という文字は、作り手側の「夢」の実現とユーザーである私たちの「夢」、その双方を意味しているのではないかと思う。

　この章を終えるにあたり開発完了時、佐藤さんが実際のカタログの下絵とされた貴重なスケッチが資料として残っているので載せておきたい。(下写真)

　とても特徴的なのは、やはり、タンクのホンダマークの下にある「SPRINT　FOUR」と記載してあるところである。私は「動の400」を意味するのではないかと解釈している。このプロジェクトのコンセプトが最後まで貫かれていたことをひしひしと感じるからである。それにしても素晴らしいスケッチである。

第10章 「佐藤イズム研究」"駄馬にも意匠"

「自動車望見」というのは、1962年二玄社が創刊した『CAR GRAPHIC (以下CG)』に連載されていた名物コラムである。[302]

佐藤允弥氏は、2003年1月号から2004年12月までこの「自動車望見」において、「駄馬にも意匠」というタイトルで通算二年間に亘って連載執筆をされておられた。これだけの文章の量で綴られている佐藤さんの著作は他に無い。ましてや毎回素晴らしい自作の挿絵付きである。佐藤さんのクルマに対する考えを知るうえで貴重な資料と言える。(上写真[303])

この「駄馬にも意匠」では、いわば、"佐藤イズム"というものが至る所にちりばめられており、この著作を通じて佐藤さんのデザイナーとしての考え方を垣間見ることができるのではないかと考えた。

特にCGにおけるこのコラムのテーマがクルマやバイクに関するものであるだけに、CB400Fを含む多くの作品を理解するうえでも参考になるものと考える。(上写真[304])

---

[302] 1962年二玄社が創刊した「CARグラフィック」は、2010年7月から別資本である会社「株式会社カーグラフィック」が引き継ぎ現在に至っている。

[303] CG 2004-DECEMBER No,24 P218

[304] CG 2003/1-2004/12 24冊

404

各月のテーマに対する佐藤流の見方や考え方を通じて、デザインで重要と考えられる視点や原点を分析しCB400Fが生み出された思想的背景を含め読み解いていきたい。プロダクトデザインが、多くの関係者によって成されることを決して疎かにしているわけではない。ただ、そのグランドデザインを創造する人間の思想信条というモノがプロダクトの根幹を成していくことは間違いない。CB400Fの魅力の根源を探って行く為に、その部分を掘り下げたい。

第1節　　プロダクトデザインへの一考察

　CG掲載の記念すべき第1回では、東京モーターショーの開催時、日本のバイクメーカーのデザイナーさんたちが集まる「モーターサイクル・デザイナーズ・ミーティング・ナイト」の経緯について語られている。

　佐藤さんが1990年代、デザイナーとして現役でおられたころ、ヤマハのデザイナー会社、GKダイナミックスの元社長石山氏[305]との何気ない話の中で、カーデザイナーの集まりがあるのであれば、モーターサイクルのデザイナーも集まってみようかと始められたもののようである。それからは、毎年テーマを決めて各メーカーが研究発表するようになったとのこと。

　注目したいのはデザインについて佐藤流の大きな考え方を三点ほど述べられていることである。第一点目は本業の車両デザインの評価についてである。「デザインというものは、ユーザー(年齢層によって違いはある)と歴史が良いか悪いかを決める」との考え方である。ベストセラーが必ずしも良いデザインとは言えないところが、この仕事のおもしろさだとも語っておられる。つまり、ユーザーあってのデザインであり、真の良し悪しはデザイナーの価値観に寄らないという点である。

　第二点目が「機能の良いものは美しいか」ということである。黄金比や機能美は、単純な機能商品には当てはまっても、バイクや車のようにメカニズムと機能が複雑なものは、必ずしもその限りではないと明言されている。それは否定ではなく、工業デザインの難しさがあることをしみじみと語っておられるのである。

　そして、三点目がデザイナーに任せっぱなしにすると良いものは絶対できないと断言されておられるところである。唯我独尊、自分のデザインこそ最高だと思って仕事をすることの功罪があることが示されている。

---

[305] 石山篤　GKダイナミックス元社長。1938年生まれ。　1961年、東京藝術大学工芸科金工卒。ヤマハの
　　　代表的名機　XS1,XT500,SR400をデザイン。2018.11逝去

プロダクト全体に関わる各部門との調整の中から生まれる価値観とその多様性に、いかに治まりをつけるかということの大切さを示唆されているようである。

第一点目から読み取れるのは徹底したユーザー志向の存在である。企業人としての心得の第一と考えられていることが分かる。第二は美しさと機能というものの折り合いの付け方である。デザイナーにとって永遠の課題なのかもしれない。機能美という言葉があるが、そこまでいかに収斂しきれるかどうかがプロフェッショナルとしての仕事であるとの見方なのかもしれない。第三としてデザイナーは個性のものであり、そのオリジナリティは重要である。しかし、企業人としてのチームワークやプロダクトデザインにおける価値の調和に、不断の努力が必要であることの大切さが読み取れる。

そのことは2003年2月「駄馬にも意匠」第2回[306]に繋がっているようだ。
「クルマだってファッションだ」という項では、当時のニューモデルについてのデザインのあり方に言及され、市場経済の世界では純粋なデザインは成立しがたく、クルマやバイクのデザインもファッションと同じではないかと指摘されている。
となるとデザインとは何かと自問自答され、日常生活におけるデザインの役割から、シンプルで機能的でピュアなデザインを提供すべきであって、機能を無視したデザインはデザインではないと述べられているのである。また、ロングライフモデルをデザインとして目指すべき方向性の一つとして示唆されている。そこに明確に純粋なアートとは違った価値を求める姿が垣間見える。機能と美しさ、個性と多様性といったものに対する一つの答が見えてくるようである。

加えて「パッケージデザイン」の項で印象的なのは、曰く、メカニズムがパッケージ化されていなかった時代は、誰がデザインしたかわからない製品でも魅力を持っていたとの意見である。そこには職人の技が当たり前のように組み込まれているという見立てなのかもしれない。さらにデザインにおいて司馬遼太郎が使っていた作家の意図としての「匠気」[307]というものが、あからさまに表現されていないところが良いのだとする考えを示されている。というのもデザイナーという独立した職業が無い時代は、職人のセンスと技術で最終的にデザインが完成したと考えられ、

---

306 CG 2003.02 P218-220
307 意識して好評を得ようとする気持。芸術家などが技巧をひけらかそうとする気持

事実、クラシックなクルマやバイクは、美しく造形された部品を巧みに組み合わせることによって、個性あるデザインが創り出され、部品自体の商品価値や芸術性が評価されている。

　したがって、パッケージ化の進展は、部品のアート性を損なうことになり残念だとの指摘である。部品の共有化、標準化といった工業生産品としての宿命はあるとしても、デザインにおける一つの警鐘とも捉えることができる意見である。「建築とデザイン」の項では、機械とデザインは切っても切れないものとして述べられている。つまり、工業デザインの世界においても、建築のようにデザインのできる技術者または設計のできるデザイナーが現れても良いのではないかと考えられていたようだ。世界的にデザインに造形の深かった設計者を例にしながら、技術者がもっとデザインに関して主張を持つべきと言われており、佐藤さんのデザイナーとしてのビヘイビアが見て取れる。

パッケージ化に対するデザイナーの自由度が損なわれてしまっては何にもならない。とは言え、デザイナーの匠気が勝ちすぎても良いデザインとは言えない。という調和やバランスといったものがいかに大事であるかが見えてくる。

　余談ではあるが、これらのことは聞けるようでなかなか聞けるものではなく、こうして文章として残されているからこそ分かることかもしれない。そうしたことは若いデザイナーの方々にはお話しされていたようだ。極めて示唆に富み直接教授された方々は羨ましい限りである。

第1項　　ベスパが教えてくれたもの

　佐藤さんのデザインの一時代を築いたのがスクーターのデザインである。

　新しい時代のスクーターの原型を造ったと考えられるのが「タクト」(右写真/筆者撮影コレクションホール)でありここから派生的に多くのスタンダードが生み出

407

されるわけである。

　三輪のユニークな姿をした「ストリーム」(左上写真/自身撮影コレクションホール)、「ジャイロX」や、「ジャイロup」、屋根付きの「ジャイロキャノピー」も斬新なものであった。

　「シャリー」の次に出た「フリーウェイ」は、ビッグスクーターの元祖と言っても良いものである。

　その他にも「フュージョン」や「スペイシー」、「DJ・1R」(左下写真/筆者撮影コレクションホール)、「リード」など枚挙に暇はないのである。これらの作品をまとめる形で、2003年3月号CG「駄馬にも意匠」第3回[308]でスクーターデザインの考えを明らかにされている。

　数多くのスクーターのデザインを手掛けられた佐藤さんの話だけに「奇妙な乗り物スクーター」[309]というサブタイトルには注目した。

　スクーターは、二輪という概念からすればバイクの一種だが、女性がスカートで乗れてメカっぽさがないという点ではクルマ的である。しかし、競技専用車が存在しないという意味ではクルマやバイクと異なることから変な乗り物とされた。たぶん開発にあたって、デザインのコンセプトを見出す上で、新しい概念構成が必要であったのだと感じた。そもそも「スクーター」とは何かという定義があってこそ、人とクルマとの新しい世界を描くということができるということだ。

　その概念形成を行う上で、そもそもその原点にあたることが行われている。

308 　CG 2003-03 P194-196
309 　同上

特に「スクーターの元祖」という項目では、スクーターの歴史に触れ、1910年、米国エバーレディ電気会社製の「オートペッド」がスクーターの起源として紹介されている。やはり、自らがホンダコレクションホールの創

設を手掛けられ、キュレーターとしても所蔵コレクションの為に苦労して購入されたところを見ると、スクーターの原点にあたり、その美しさを見極められようとされたのではないだろうか。

　その証左として次の項目「ベスパの出現」でスクーターのあるべき姿を捉えられている。佐藤さんのベスパに対する評価は高い。イタリア・ベスパ社での開発秘話を取り上げ、ステップスルーのモノコックボディ、動力源の配置のためのエンジンと変速機の小型化、ロータリーバルブやヘッドガスケットレス等非の打ちどころのないものとして、開発技術を称賛されているのだ。

　それは、佐藤さんの過去の体験からくるものもあったと思われる。というのは「ベスパ乗りの神父」という項目で、佐藤さんが学生時代、上野公園で見かけた外国人と10数年後再開されたご縁から、1955年製「ベスパ150」[310](上写真)を手に入れることとなり、ベスパフリークとなったことをカミングアウトされているのである。
　佐藤さんが名車といわれるスクーターの開発を運命づけられた瞬間だったのかもしれないと感じた。それこそスクーターの神様の引き合わせだったのかもしれない。「ベスパ礼讃」では、ベスパの独特の癖について指摘しつつも、開発において何事も妥協することなく、将来を見据えて挑戦し続けたベスパ開発スタッフの取り組み姿勢を見極めようとされている。
　ベスパの完成度の高さはデザイナーであったトップの「エンリコ・ビアジオ」の

---

[310] 佐藤さんの所有されておられたのは1955年製とのことなので、「VESPA 150 GS」だと推測される。
　　通称「キング・オブ・ベスパ」とよばれる機種である。

イマジネーションの強さではないかとされている。つまり、コンセプト・イメージがしっかりとしていれば素晴らしい商品が生まれることを明言されているのである。前段と相通じる考え方である。推測ではあるが、本田宗一郎氏のクルマやバイク造りに観られる理念や信念をオーバーラップさせておられたのかもしれない。実は CB400F 開発における寺田五郎氏とのチームワークの中にも同じ記述を観ることがあった。その意味でベスパ(1976 年モデルまでに限る[311])を、究極のデザインと称賛されていたのかもしれない。チーム開発という、統一された個性を成すデザインの在り方に、工業デザインの肝のようなものが語られた部分である。

　ベスパについては 2003 年 4 月「駄馬にも意匠」第 4 回 [312]においても語られている。「不便は楽しい」という項目では、実際に佐藤さんが所有しておられたベスパの始動というのが儀式の様で面白い。エンジンの始動、始動後の所作、走り方、エンジンの切り方、スタンドの立て方まで丁寧に記載されており、正直、面倒なバイクだなという感想を持っておられた様だが、佐藤さんにしてみれば、その身構えがないと乗れないからこそ楽しいとされているのだ。

　モノに対する愛情というか、オーナーとしての心構えと言おうか、今 CB400F を持つものとして心得ておきたい価値観である。ちなみに拘りからだろうか、2003.02 の前々回の挿絵からベスパが描かれている。さらにベスパの楽しみ方として、手元で眺めても癒されるしライディングポジションによっては一般のバイクのような乗り味が楽しめるらしい。こうした実感なるが故かもしれないが、日本のスクーターの設計が市場調査偏重であることを指摘されており、まさに佐藤流のデザインの姿を思想的にも表しているものと解釈できる。この点が佐藤さんの創られたスクーターの妙味であろう。

　「ベスパ解剖」：では、自ら技術屋ではないとしながらもその好奇心は旺盛で、構造はもとよりスポット溶接技術やプレス技術に関する点まで把握しておられるのだ。特にフレーム設計においては、現代のクルマのモノコックと変わらないベスパの構造に感心されトータルで欧州の技術力を評価されていた。そして、ベスパのサイドエンジンの左右アンバランス性を、世界初のトランクを設けることでデメリッ

---

[311] VESPA98 (1946)〜 VESPA125 PRIMAVRA ET3 (1976)まで。

[312] CG 2003-04 P214-216

トをメリットに変える発想を称賛されている。

　言うに及ばずCB400Fの4into1システムは右に排気システムのすべてを束ねている。CB400F意匠自体の持つ左右アンバランス性こそデメリットをメリットに変えた証左と言えるのではないだろうか。別の観点に立つと開発における問題点の解決のあるべき姿を明示されているのではないかとも理解できる。

　そして「クルマのいる情景」：では、その国の何気ない日常に溶け込み、一枚の絵になるバイクの有る景色としてベスパは捉えられている。そんなバイクこそあるべき理想の姿であるとされているのである。

第2項　　世界の名車から「スポーツ＆シンプル」

　世界の名車を通じて佐藤さんの審美性を読み解いていくことができる。
「世界車窓から」という番組があるが、列車の旅を通じて、世界の名所・旧跡に触れつつ、その国の文化や慣習、生活スタイルや国民性を知る旅でもある。このことと同様に世界の名車と言えるものとの出会いが、その人の美しさに対する概念を創りだし、そこで生まれた価値観こそ、自らの美的センスとなってアウトプットされると言って良いだろう。

　佐藤さんの世界の名車との出会いこそ、ホンダにおけるデザインに大いに生かされたことは間違いないと思われる。当然、CB400Fのデザインも例外ではない。

　CGの2003年05月「駄馬にも意匠」[313]では、佐藤さんが所有されていたMGが取り上げられている。佐藤さんのMG好きは中学時代からのようである。

　佐藤さんの記述によれば、当時MGといえばスポーツカーの代表であったことは万国共通であったようだが、注目点は、イギリスでベントレーやジャガーのように、MGよりもパワフルで優れたスポーツカーが存在していたにも関わらず、MGが大衆に受けたという点であったという。その理由を**価格と魅力的なスタイルとしつつも、逆に高性能でなかったからこそ、老若男女、誰でも安心して手軽に扱えるものであったことを最大の長所**とされている。そのどこにも片ひじを張らず、気軽に出かけられるというトータルバランスという点で「駄馬にも意匠」を地で行くクルマとされているのである。

　佐藤さんのスポーツカーに対する基本理念はこうして形作られ、「小さくて非力で粗末に見えても、エクゾーストノートを響かせて走るクルマは、愉しいものに違

---

[313] CG 2003-05 P214-216

いない」と結んでおられた。まさにユーザー志向というものと「かっこよさ」というものの折り合いの採り方が見えてくる場面である。

そして、車におけるスポーツというものの明確な定義が成されている。「オープンエアーこそスポーツなのだ」という項目は、佐藤流のスポーツカーの何たるかを語られていると言って良いだろう。ポルシェの出現によってスポーツカーの常識は変わるが、ポルシェ博士がVWのエンジンをベースにスポーツカー化を図ったのは、やはり**若者が手軽に乗れる安価なスポーツカーを作りたかった**のではないかとされている。これも佐藤さんの開発思想の一部を成しているように思うのである。

そのスポーツというもの自体を手に入れられたのが MG TC[314]の存在である。

「TCに想いを馳せて」では、佐藤さんは、高校時代にMG TCに初対面し憧れとなったとのことである。当時、GHQの外車を写真におさめる為に東京駅の丸の内側に出かけられたとのことで、その時、洋書を見に丸善のある八重洲側に回ったときMG TCに出会ったとされている。

佐藤さんが所有されていた MG TC

それ以来、いつかMG TCを手に入れようと決意され、その想いは40年後現実のものとなる。ただどうも、これからがこのTCとの悪戦苦闘が始まったようである。その苦労談も当時を思い出しつつ懐かしそうに語られていることが寧ろ印象的であった。これらの経緯からその影

---

[314] イギリスのスポーツカーのブランドで、MGは元々、「モーリス・ガレージ」(Morris Garages) を略したもの。MG T-Typeは、1936年から1955年にかけてMGが生産したボディオンフレームオープン2シータースポーツカーシリーズ。MG TA〜MG TFまでが存在する。MG TEは無い。

響の度合いを推測すると、ここに述べられているすべてが自らの作品作りのコンセプトモチーフになっていたのではないかと推測する。

MG TC を手に入れた佐藤さんの歓喜の声が聞こえてきそうだ。仕事に身が入らなかったと述懐されている。手のかかる車両であるがそれを自らが未経験の中で、資料や本、過去の数少ない他の機種の改造技術を駆使して手を入れていくことの楽しみを語っておられた。まさに手のかかる車両こそ、手を入れる楽しみレストアという修繕・改造への楽しみをもたらしてくれるものと感じる。その感覚が CB400F のカフェレーサー志向というものの根底に流れているのだとも感じられてならない。

　「レストアの雑学的楽しみ」315では、引き続き TC の話となるがここではイギリスという国のクルマやバイクに対する価値観や考え方が語られている。**古いものこそ大事にし、時間を惜しまず、寧ろ時間をかけてその過程を楽しむといった生活感や文化を紹介されている**のである。これも前段に通じる思想である。現実に自前の MG TC について、2 年半を費やしレストア作業が完成したことを克明に記録してある。実はそこがポイントではなく、その間のプロセスが至福の時であったと述べられているのである。やはり、MG TC のもたらしたものは、完成車を走らせる楽しみというよりは、作り上げる楽しみ、改善、改良していく楽しみということが基本にあるようだ。まさに CB400F が国産初の「カフェレーサー」として誕生した一つの所以はここにあるのではないだろうか。佐藤さんが意識されておられたかどうかは別として、この MG TC に関する一連のエピソードを考えると CB400F のユーザーに、変える楽しみ、改善する楽しみ、造り上げる楽しみも含めデザイン提案されておられたのではないかということが確信へと変わっていく。ご存知のように「カフェレーサー」そのものが改造思想を日本に吹き込んだ英国の風と考えると、CB400F がスタイルだけではなく、その思想に秘められた楽しみをも、もたらしてくれたことは確かである。

　MG TC のスタイリングから、そのデザイン性のあるべき姿として、オーバーな表現の「匠気」がないこと、そして、自然にまとまった造形、控えめで端正なデザインの重要性を上げられている。これも佐藤さんが目指されていた製作デザインの理念として考えられてきた**「プリミティブな魅力」**というものである。ここで語られたことはクルマの楽しさだけでなく、魅力の要点を明確にされていたと感じた。間違いなく CB400F 以外の作品にもその考え方は通底している。

---

315 CG 2003-06　　「駄馬にも意匠」第 6 回　P202-204

第2節　　佐藤さんの審美性とは

第1項　　「8 AUTOMOBILES」を通じて

　人の嗜好というものほど、人格や価値観を顕わにするものはないと思う。

　ニューヨーク近代美術館[316]は、1951 年 8 月 29 日から 11 月 11 日まで、「自動車の美学展」を開催し、まさに「好きなクルマランキング」を決めたのである。そのことを通じて今までにない細部に亘る佐藤さんの審美性を読み解くことができる。

　下の一覧表が「8 AUTOMOBILES」[317]と言われる選ばれしクルマである。

1951 MOMA　「8 AUTOMOBILES」			
No,	社　名	年代	国　籍
1	メルセデス・ベンツ SS	1929	ドイツ
2	チシタリア 202 クーペ	1946	イタリア
3	Bentley　4 1/4	1939	イギリス
4	タルボ・ラーゴ T150-C-SS	1939	フランス
5	ジープ	1941	アメリカ
6	コード 810/812	1937	アメリカ
7	MG TC	1948	イギリス
8	リンカーン・コンティネンタル	1941	アメリカ

　佐藤さんが述べられていたのは、美術館がクルマを美術品、芸術品として取り扱った世界初の企画展であったという事実である。

　また、クルマや航空機、客船といった「動くものの芸術的価値が低い」との見方がされていた。機械物は一輪のひまわりよりも価値が低いとも表現されていることから推測すると、この企画展に対する畏敬の念はかなりのものであったと思う。そのことは、クルマというものの芸術性が初めて認められた大きな分岐点になったとの解釈であった。

　筆者はクルマの歴史ばかりでなく、愛するバイクのことについてもその歴史となると、本で読んだ程度のことしか知らない。前述のような記述に接すると当然であるが、プロとしてのモノの尊厳に対する愛情の深さが根本的に違うことを痛感する。

---

[316]　ニューヨーク近代美術館　The Museum of Modern Art, New York=MOMA　建築や前衛美術についての意欲的な企画展を連発しながらいちはやく優品の収蔵を進めていった。また、建築、商品デザイン、ポスター、写真、映画など、美術館の収蔵芸術とはみなされていなかった新しい時代の表現までをも収蔵品に加え、常設・企画展示・上映などを行うことで、世界のグラフィックデザインの研究の中心としての地位をゆるぎないものにした。https://ja.wikipedia.org/wiki 2020.0501 より

[317]　2003 年 7 月「駄馬にも意匠」第 7 回 CG 2003-07　　P210-212

別の言い方をすれば、CB400F のようなバイクは、そうした人たちの弛まぬ滋養なくして生み出されるものではないということであり、誰よりもクルマ好きバイク好きでなければ生み出すのは無理であろう。

　話をもとに戻そう「この展示の 8 台に MG TC は選ばれている。それもスポーツカーしての功績である。ここでも佐藤さんのご意見としてはご不満の様で、TC よりも J2 を選んで欲しかったと述べられている。ここで重要なのは MG らしさとは何だろうということである。MG を語る佐藤さんの眼差しは、クルマの尊厳を意識した芸術性とは何かということに向けられていると感じたのである。
　MG やベスパを見る目線に共通している点は、その性能というより、造形の美しさと、それを創り出すディテールへの拘りといったものであり、匠気を抑え誰からも受け入れられる佇まいに重点がある。そして何よりも大衆のものであることの大事さを述べられているのである。それこそが、歴史に残るものとしてのデザインであり、佐藤さんが求めてきた車両デザインとしての究極の姿ではないのかということである。これも佐藤さんの設計思想としての核心部分を形成しているものと感じた点である。
選ばれたクルマについて、佐藤さんが論評される中で美点とされる視線が、更に明確になっていく。

　第一位を獲得したメルセデス・ベンツ SS に対する佐藤さんの評価は低い。[318]
　実はメルセデスでも SS ではないのではないかとの考えなのである。佐藤さん自身メルセデス・ベンツ博物館に 3 回行かれたようだ。佐藤イズムからすれば、対岸にある別カテゴリーのものと位置づけてよさそうである。軽々に反面教師としての存在とはできないものの、一方の極にあるものの存在と見て取れる。それが分かるのが「ピニンファリーナのチシタリア」[319](右上)との評価の対比である。
　このシチタリアに関しては、少しも古さを感じさせない時代を超えた美しいクルマとの評価である。

---

[318] 「駄馬にも意匠」第 8 回　CG 2003·08　　P218.220
[319] ニューヨーク近代美術館で唯一永久展示されている車であり、戦後の自動車デザインの流れを一気に変えた存在でもあるのがチシタリア 202SC。カーセンサー EDGE 2011 年 3 月号（2011 年 2 月 10 日発売）の記事より徳大寺有恒氏評

極めてオーソドックスでそれでいて品の有る造りであり、いかに自然の美しさを表現できるかが大事だと感じた点である。つづいて「ラテンの発想力」の項で何を称賛されていたかというと、このクルマが作られたのが、1946年、昭和21年であり、イタリアも大戦の戦禍にあったにも関わらず、このようなスポーツカーをすでに造っていたという事実である。そして技術力や芸術性の高さは、まさに、ダ・ヴィンチを生んだお国柄にあると指摘されている。そこで素朴な疑問は日本の国民性に向けられている。日本やいかにということである。

「クルマを造る、或いはバイクを造る。」というのは、いずれにしてもそのセンスは国民性の中に根付くとする考えであり、国の環境自体がモノを創るうえで重要であるとされている。**日本の国民性から生み出されるセンスとは何か、日本の文化や風土に根付いた謙譲や礼儀正しさから生まれる妥協なき価値観を基礎に見据えること。そして、その真面目さに培われた高度な技術力で、日本人の体形や気質にあったモノづくりへの拘りとでもいうべきものが思想として浮かんでくる。**翻ってCB400Fの開発においても日本の国民性を纏ったバイクにという想いがあったのかもしれない。

MOMAが3台目に選んだ1939年ベントレーについては、その美しさに称賛を送られている。[320]

威風堂々とした優雅さはベントレーならではのものである。ここで佐藤さんの視点はキュレーター[321]に注がれていた。その歴史的背景や人と技術との関係、開発者のレコードについても調査されて、英国といえばロールス・ロイスなのだが、ベントレーを選んだ美術館のキュレーターの審美性を評価されている。ベントレーという会社の歴史を見ると、1924年以降のル・マンでの連続優勝の栄冠を得て、スポーツカーメーカーとしての確固たる地位を築いている。佐藤さんによると、創業者であるウォルター・オーヘン・ベントレーの技術者としての確かさは航空機エンジンにも通じており、ベントレーが持つプリミティブなクルマとしての機能性を評価しておられた。

MOMA　4番目のクルマは1939年タルボ・ラーゴ T150-C-SS である。
実はこの回の佐藤さんの挿絵にオリジナル性が感じられる。挿絵はタルボであると

320　「駄馬にも意匠」第9回　CG 2003-09 P214-216
321　博物館、図書館等で施設に収集する資料に関する鑑定や研究を行う学術的専門知識を持った専門職。

思うのだが、ヘッドライトの部分だけ見ると 1938 Bentley 4 1/4 Van Voolen 2dr Saloon のものではないかとも思った。つまり、挿絵はタルボとベントレーの融合であり、佐藤さんの考えるクルマと位置付けると面白い。

　クルマのアールデコというべき作品に対して、こんなクルマが作れるのかということには驚く。ただ、どう見ても大衆車としての存在ではない。素晴らしいクルマだとしても、庶民のものであるかどうかという点で、佐藤さんの総合評価は下がっているように感じた。贅を尽くした金持ちの為のクルマもありかもしれないが、「大衆が使う良いものを残す」というご指摘からも、そのことが要点であることに間違いなさそうである。

　実は、佐藤さんのクルマ造りの原点がそこにあるのではないかと考えた。穿った見方かもしれないが企業人としての使命感からくる誇りかもしれない。さらに疑問を投げかけられている。それはやはりデザインについてである。ダルボの曲線に彩られた美しさを称賛しながらも、デザインというものが一人の個性の表現に他ならないとすれば、複数の人間で造った場合、ユニークなものはできないのではないかという疑問である。**デザインが個性の表現には他ならないとしても、皆で作り上げるものにユニークなものが創り出せないということではない、と言われているようである。なぜなら、工業製品たる個性あるクルマたちが、すべてチームワークの産物だからである。**

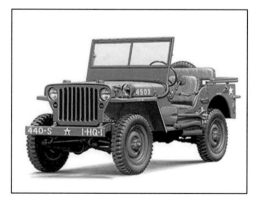

MOMA が選んだ 5 番目のクルマはジープ(右写真 [322])であり、まさに軍用車である。[323]
工業デザインの究極の製品として佐藤さんも評価されている。

　ジープに対する MOMA の評価として「そのデザインは経済性によって統一され、それによって各部分は、厳密にその目的に合致するように形成されている。」との評である。

---

[322] JEEP 公式 HP より 1941-1945 WILLYS MB 　「ニューヨーク近代美術館では、8 台の自動車展示に軍用 Jeep® 4×4 を 1 台含めており、「きわめて稀な機械芸術表現のひとつ」と記載されている。
[323] 「駄馬にも意匠」第 10 回　CG 2003-10 P218-220

417

つまり、何に芸術性があってMOMAはジープを選んだのかということである。やはり機能性というものが生み出す美しさを、芸術の域として捉えたということなのだろうか。さらに付け加えるとすれば、その「アノニマス性 324」が評価されたと佐藤さんは観ておられるようである。つまり、**みんなが作ったものの芸術性で総合芸術性とでも言うべきもの**かもしれない。前回のタルボ・ラーゴと比較すると両極にあるようなクルマである。デザインが個性の表現だとすれば、ジープは、各個性の集合体としてそのデザインを極めたものとして見て取ることができるのではないかと思う。その意味ではこの選定についての佐藤さんの解釈は実に明快である。

　曰く、ジープをアノニマス・デザイン325の傑作と評されている。特にその記述として注目したいのが、「ジープの開発はおそらく、天才的な開発責任者のもとに現代のようなデザイナーという立場ではなく、もの凄く優秀な造形職人がいたに違いない」という佐藤さんの指摘である。言い換えれば虚飾を廃し機能のみに特化して、目的のために最も効率的な美を追求したジープに対して、工業デザインのあるべき姿を感じられたのではないかと思った。また、自らの立場を振り返ることで求められるデザインのあり方を吸収しようとされたのではないかとも感じた次第である。

　それは「わが青春のジープ」でも、佐藤さんの終戦直後からのジープの思い出が語られている。ジープ自体がオープンエアーであり、スポーツカーでいえばコンバーチブルタイプのクルマだということを改めて理解したい。つまり、**クルマの概念の重要な要素して、「かっこいい」という美意識は外せないもの**だということを感じた。クルマの芸術性を追い求めることは、その意匠はもとよりだが機能や構造、経済性や合理性、生産性といった点にまで及ぶということは言うまでも無い。ただ、それだけではなく動くものとしてのカッコよさや美しさ、快適性というものが加わってこそ芸術性がと備わるということかもしれないと思った。

　特にジープについての記述では佐藤さんのクルマに対する指針のようなものがしっかりと見えたような気がするのである。軍用車でありながらオープンエアーで、アクティブ感があり、ワイルドでカッコいい。かといって贅を尽くしたものではな

324　アノニマス「名無し」を意味する。「匿名」、「共有人格性」、目的と同一性を持つ個性或はその集団と解釈できる。

325　「アノニマス・デザイン」。一般に日常の量産品における匿名性、作り人知らずという意味で使用される概念。日本では、1960年に開催された「世界デザイン会議」で、プロダクトデザイナー柳宗理さんが初めて発言し広く知られるようになる。

く、寧ろ必要最低限のものを残して機能重視で、それ以外は削ぎ落とした簡潔な造りである。現実に誰しもが一度は乗ってみたいと感じる車であることが名車の証明かもしれない。

　6番目の車両が1937年コード810/812である。[326]
　ご当地の評価として「棺桶グリル」と言うらしいが、決して褒め言葉でないことがわかる。佐藤さんも称賛はされてはいない。何故か大きすぎるということかもしれない。また、ここまでの造りとなると値段からして国民の誰もが乗れるという域からは確実に外れる。この辺も設計思想やデザインコンセプトという造形の前提となる段階で疑問が湧いてくる。しかし、キュレーターがこのクルマを選定したのは、アールデコ調の華麗なスタイル、世界初のリトラクタブルヘッドライト、可変速ワイパー、「棺桶の鼻」と呼ばれた特徴的フロント、何よりアメリカで設計された世界初のフロントホイールドライブ車であったことだけでも、挙げないわけにはいかなかったのかもしれない。改めてクルマの美しさの基準の難しさを知る思いである。

　MOMAが7番目に選んだのは、佐藤さんの愛車だったMGTCである。それについてはここでは語られてはいない。ただ、本章の第3節で佐藤さんのMGTCについての考えを読ませて頂いた。手間、暇を掛けることの愛着心のなかから、デザイナーとしての「匠気」についての言及はクルマのづくりへの心得を思わせるものがはっきりと読み取れた。次節を含めまとめのところで改めて観ることとしたい。

　MOMAの選んだ8番目のクルマは「エドセル・フォードコンチネンタル」ある。ヘンリーフォードの長男、エドセルにパーソナルカーとして作らせたものらしい。
　「コードに魅せられたエドセル」で佐藤さんが気付かれたのが、コード810/812とリンカーン・コンティネンタルが似ているということである。ここでの注目点は、誰がその思い入れを現実のものにしたのか、誰が造ったかということがクルマのデザインには大きく影響するということだ。

　当たり前とは言え設計者やデザイナーの存在意義を精神的支柱として語られていた。特にデザインというものを「意匠」という言葉に置き換えると、個性を際立たせる背景として一段と文化や国民性というものが影響することを再確認させら

---

[326] 「駄馬にも意匠」第11回　CG 2003-11　P218-220

れる。さらに面白いのは人種として何人が造ったかという点である。欧州人なのか、米国人なのか、独人なのか、それとも日本人なのか。それによってデザインが変わってくるのだという解釈だ。一貫して言われていることではあるが国土や風土、思想、価値観、国民性というものが反映するのだということである。MOMA の展示品についての選定は建築家のアーサードレクスラー[327]が当たったとされている。ここは私見ではあるがこのキュレーターの存在があったからこそ、これらのクルマが選ばれた意味があったのかもしれない。というのはクルマの製作過程と建築の製作過程が似ていること、姿形だけではなくその機能性や効率性が問われること。そして、何よりも人間が乗る、或いは人間が住むという、人とのかかわりの中で評価される対象物であると思うからである。

第2項　佐藤さんの選ぶ「10　AUTOMOBILES 」[328]

第 12 回では MOMA に対して、佐藤さんの選ぶ「10　AUTOMOBILES 」を追うこととする。まずはその 10 台を一覧表にしたのが以下の表である。

No,	車　名	年　代	国　籍
\multicolumn{4}{c}{佐藤允弥氏の「私の好きなクルマ　10　AUTOMOBILES 」}
1	クロスレーホットショット	1949-52	アメリカ
2	ポルシェ 356A クーペ	1956-59	ドイツ
3	BMW327 クーペ	1937	ドイツ
4	MG J2 ミジェット	1932	イギリス
5	オースティンミニ	1960-68	イギリス
6	アルヴィス FWD	1928-30	イギリス
7	フィアット・アバルト 750 クーペ・サガート	1957	イタリア
8	トヨタスポーツ 800	1965-69	日　本
9	シトロエン DS19/21	1955-75	フランス
10	トライアンフ TR-3	1955-57	イギリス

これが佐藤さんの選んだクルマ 10 台である。前回では MOMA による 8 台のク

---

[327] アーサー・ジャスティン・ドレクスラー(1925-1987)美術館の学芸員、建築に造形が深く、ニューヨーク近代美術館の学芸員及び館長を 35 年間務める

[328] 「駄馬にも意匠」第 12 回　CG 2003-12　P222-225

ルマに対する佐藤さんの論評や見方を読み解いてきたが、自らが選ばれた車両だけにその考え方もストレートでわかりやすいと思う。また、この回で連載されてちょうど一年であり、一つの締めとしての回なので、今までの総決算的意味合いもあるのではないかと考えられる。佐藤流の作品造りにおいても、明確に示唆されたものとして受け止められることから興味深く読ませて頂いた。

その視点こそが、佐藤さんご自身の作品により反映しているものと考えてもおかしくないのだ。つまり、CB400Fの魅力の要素と考えられるものが確信できると感じた。

そこで一つの分析手法として、佐藤さんの論評における判断のキーワードを収集することとした。繰り返し出てくるワードや、明確に意思表示をされているご意見を絞り込み分析したい。まずは選ばれた10台の国籍を見てみると、イギリス製が4台で圧倒的であるということである。また、日本車としてトヨタを選んでおられることに注目したい。さらにドイツ車が2台、イタリア、フランス、アメリカ各一台である。選定台数が違うので単純には比較できないものの、明らかにMOMAは米国車(3/8台=37.5%)、佐藤さんは英国車(4/10台=40%)に選定の傾向がみられる。これはその時代のクルマの勢力図や占有率といった経済的見方もあれば、美しさや造形といった芸術的視点に立った価値評価も加味されたものと考えて良いだろう。

それでは佐藤さんの選定した10台をざっと見てみたい。

1台目のクロスレーホットショットは、「軽のスポーツカー」、「シンプル」というのが特徴である。いわばオープンスポーツでありながら大衆性のある車である。

2台目はポルシェ356Aではこれも「造形的にシンプルな形態」、「イギリス的スポーツカーの古い概念を打ち破る」と言った趣である。やはり、丸みを帯びたシルエットが特徴的である。

3台目のBMW327クーペでは、「ツートンの塗り分けが完璧」。と言われるように色彩についての佐藤さんの見立てと見識を垣間見ることができる。

4台目のMG J2ミジェットでは、「イギリス車のコックピットは大男向けではない」、「OHCの凝った造り」、「価格は若者にも買える手ごろなもの」、「タイムスリップできるなら新車を買いに行きたい」という佐藤さんの嗜好と、個人的意思を反映した見立てで、かなり造り手としての考え方に影響を及ぼしているのではないかと考えられる。

5台目のオースティンミニでは、「無理のない自然なデザイン」、「アノニマス・デザイン」、「飽きが来ない」、「時間が経過するとさらに良くなる」、「エンジンの信頼性」、「OHV」。このキーワードにも佐藤さんのモノ造りに対するエッセンスがまさに感じられる。

　6台目は、アルヴィス FWD 1928 では、やはりイギリス初の「量産車でスポーツカー」、「現代版スポーツを造れ」という志や工業製品としてのスポーツカーというのがポイントかもしれない。

　7台目がフィアット・アバルト 750 クーペ・サガートで、「宝石のようなクルマ」、「サガートらしい最高傑作」。という表現からある意味クルマの美しさの象徴として捉えられているような気がする。形状への拘りもあるかもしれない。

　8台目がトヨタスポーツ 800（1965）であり、初めての日本車の選定となった。原形は 1962 日本自動車ショー（後の東京モーターショー）で発表された「パブリカ・スポーツ」だが、ホンダに入社されたばかりの佐藤さんにとっては国産スポーツカーに衝撃を受けられたのだと思う。「非力 2 気筒でありながら DOHC と堂々とバトルできた。」というとらえ方であり、その後の佐藤さんの作品を観ていくと、その技術者としての心意気というものをこのクルマから感じられたのではないかと思う。

　9 台目はシトロエン DS19/21/1955 である。「一度は所有してみたい」、「異次元的」、「未来から来た宇宙船」、「ロングツーリングに最高」、「世界中のどれにも似ていない独創的なクルマ」、「クロムを使わない彫刻的造形」、「彫刻的インパネ」、「家族旅行には迷わずシトロエン DS」という表現で綴られた評価のキーワードである。

　クルマというものの未来を展望するに、佐藤さんにとってはこのシトロエンから得られたインパクトは大変大きかったものと推測できる。それはデザイン思想のコンセプトの一角をなし、デザインの方向性というべきものとして印象付けられた数多くの感想を述べられている。構造技術の高さ、意匠の美しさ、機能性、そして、ユーザーに対する親しみやすさである親近性は、その後の作品づくりを理解するうえで重要なファクターとみることができる。

　そして最後の 10 台目がトライアンフ TR3 1955 である。「デザインが、押しつけがましくない」、「控えめ」、「ヨーロッパ車らしい」、「眺めているだけで心が癒され

る。」、「クラシックな雰囲気が良い」、「ボディサイズも大きからず小さからず」、「日本で乗るのはちょうどいい」ということで、最後の TR3 は佐藤さんの MGTC と並ぶ二台目として、ご自身の所有されていたものである。これらの評価に観られる価値観は佐藤さんの造り手としての考え方を具体的に形作ったものと考えられる。

　選定されたクルマを俯瞰するとトヨタスポーツをオープンエアーとの解釈をすれば、実に 10 台中 6 台がコンバーチブルである。これは重要な特徴である。

　これらの 10 台が持つ力に対して佐藤さんが吸収し自らの作品に表現したかったものは何だろう。いくつか極めて重要なキーワードが見えてくる。

第3項　　クルマに対する眼差しから学ぶ (審美性への確信)

　ここで第 1 回から第 12 回を通して見えてくる佐藤さんの審美性と思われるデザインのキーワードを整理することとした。

　それは取りも直さず CB400F の造形の根本に流れる佐藤イズムを理解することとなると思う。掲載された順を追って観ていくとすると、考え方の方向性として示されているのが**「スポーツ」というキーワード**である。

　次いで**「シンプル」、「アノニマス・デザイン」、「飽きがこない」、「世界中にない独創性」、「控えめ」、「ヨーロッパ車らしさ」、「眺めているだけで癒される」、「クラシックな雰囲気」、「日本での丁度良さ」そして「大衆性」、さらには言葉としては無いものの「オープンエアー」というものを入れると、12 の特徴が浮かびあがって来る**。これらのキーワードは時代の価値観とは一線を画し、モノ造りにおける一貫した姿勢に通じているものと考えられる。

　あくまでも審美性を追求しつつ、経済性や合理性とも折り合いをつけていくという「志」のようなものを形作ったのではないだろうか。それは時代に左右されるものでは無く、プロダクトデザインのあるべき姿を追求していく上で、普遍性を持つものとして位置付けられたのではないかと思うのである。

　これらのワードは、このシリーズ 12 回を通して常に出てきたものであり、その時代その環境下において得られた真理ではあるものの、モノ造りにおける変わらぬ価値観として佐藤さんの志向にしっかりとインプリンティングされたものと考えられる。以上のこと踏まえつつ CB400F のデザイン設計において、いかに反映したかを咀嚼(そしゃく)してまとめたものが次頁の 12 項目である。

1. スポーツ性においては、**RC** レーサーを目指した設計コンセプト、カフェレーサースタイル、「**Super　Sport**」という称号の表示。

2. 極力削ぎ落とされた装飾品とスタイル、ソリッドな車体色。

3. 部品の標準化や共通化の徹底、機能重視のローコスト設計、個人の匠気を越えて全社で造りだすという思想。

4. 「シンプル・イズ・ベスト」、デザインはオーソドックスであり、飽きの来ないたたずまい。

5. 独創性という意味での初の **4into1** システム、日本初の中型というカテゴライズ領域の確立、カスタムへの道を開く新しい生活提案。

6. 気をてらわないシンプルさの中に、ディテールにこだわった総合的造形美を持つ。

7. フォルムは正にヨーロピアンタイプである。

8. 機能美は愛でるに値する芸術性を生み出す。

9. バイクとしては、オーソドックスでトラディショナルな「古典への希求」。

10. サイズは日本人の過去の身体データに照らし合わせて丁度良い。

11. その大衆性。(当時、手の届く範囲の量産車で、**10** 万台以上が生産されたことからその大衆性を立証)

12. 典型的なネイキッドバイク。バイクと言う概念の中にオープンエアーというのはつきものである。「風と共にあるという遊び心」。

　まず気付くことは、その思想が CB400F のデザインにおいて違和感なくインプットされていることである。とりわけ、設計者の個性が前面に押し出され、贅(ぜい)を尽くした高級車とは一線を画す考え方である。

　シンプルな中にも味があり、飽きのこない造りでありながら、日常の中に「スポーツカーのカッコよさ」を持ち、非日常としてのカーライフをもたらすものとのイメージが湧きあがる。そして、誰にでも手に入れることができるものの、部分の質の高さや職人の技が全体として融合することで、機能美をたたえたクルマのイメージが導き出されてくる。

佐藤さんの設計やデザインにおける根本的思想として、これらのキーワードが審美性として存在していることは間違いない。この審美性こそ CB400F を生み出した元となっていると言って良いだろう。その視点の元、CB400F の造形を振り返り、この 12 のキーワードが意味するもの一つ一つを CB400F に当てはめてみて、そこに通底しているものは何かを観ていくと、その魅力がより鮮明に導き出されると考えられる。導き出されたキーワードで要点を根拠だてながら、具現化されたデザインを対比的にまとめてみた。

　12 項目を CB400F の具体的デザインとその要点を相関させものが以下の表である。CB400F にいかに活かされているかが見えてくる。

	佐藤允弥氏の「CGキーワード」から推測する審美眼 CG佐藤允弥氏の「私の好きなクルマ　10　AUTOMOBILES から読み取れる12の審美眼	CB400Fに通じるもの CB400Fに関わる審美眼の反映ポイントと考えられるもの
1	スポーツ性	スーパースポーツのロゴが示す通り、そのスポーツ性は言うまでも無い
2	シンプル	ソリッドな色、飾りを無くしたデザインと機能美
3	アノニマスデザイン	工業製品としての汎用性と総合芸術としての量産車というのが何よりアノニマス的デザインである
4	飽きが来ない	私も含め発売から半世紀を経ても飽きの来ない素材である
5	独創性	量産車で初めての集合管マフラーや、何よりも408ccという中型のカテゴリーを創造したバイク
6	控えめ	気を衒ったところのないシンプルさそのもの
7	ヨーロッパ車らしい	英国張りのフォルムとカフェレーサー
8	眺めているだけで癒される	機能美が秀逸であり、誰もが床の間に飾れるバイクとの見立て
9	クラシックな雰囲気	バイクとしてはオーソドックスなスタイル
10	日本での丁度良さ	日本人の体形を踏まえたジャストサイズである
11	大衆性	あくまでも量産車である
12	オープンエアー	ネイキッドバイク

以上のように、佐藤さんの「ものさし」は、当然、他の二輪車をデザイン・設計される際も同様の審美性が働いたことは間違いない。その審美性を CB400F に当て

はめてみたが、以上のようにすべてにおいて押さえられていると言って良いだろう。こうしてCGに著わされた「駄馬にも意匠」を通じて、佐藤流デザイン思想への理解は進んだと感じた。CGも13回以降はクルマという中でもモーターサイクルに直接言及することとなる。

ここではダイレクトにCB400Fの魅力について語られており、推測してきた審美性に対する答えとも考えて良いだろう。

第3節　佐藤流モーターサイクルの心得

第1項　モーターサイクルの芸術性について

「THE ART OF THE MOTORCYCLE」[329]:1998年ニューヨークのグッケンハイム美術館で開催された二輪車の為の美術展が開催されたことについて記述してある。モーターサイクルの歴史について簡潔に解説してあり一読いただければと思う。

この中で私もが心惹かれたのは、「THE ART OF THE MOTORCYCLE」のカタログである。重さ2.5 kg、厚さ5cm、430頁の大著であるとのことで、その内容を直接見ずしてなるものかと、私も米国の中古本屋に注文をかけた(上下写真)[330]。

　一か月ぐらいしたある日ズシリと重い小包を手にした。佐藤さんの解説通りの大物で改めてこの展示会のカタログというものは凄いと実感した。一般の美術展でも可成りのものが用意されているが、これは桁外れだった。

---

[329]　「駄馬にも意匠」第13回　CG 2004.01 P218-220
[330]　筆者が実際に米国から取り寄せた「THE ART OF THE MOTORCYCLE」。重さと良い大きさと良いそして中身と良い凄い。佐藤さんの謂われる通りカタログとは思えない代物である。

モーターサイクルというものが、美術品として展示されたこと自体、初なわけでどうやってキュレーターは編集を指示したのだろうか。そもそも美術品としての概念がなかったバイクというものに対して、どういった審美性を持ってリサーチを行い、選定を実施したのか改めて海外美術館の企画力には驚かされる。

　話が少しずれたかもしれないが、ここでのポイントはこの時少なくとも米国で「モーターサイクルもアートだ」という社会的認知がなされたということに集約されると思う。すなわち、佐藤さん曰く「オートモビルがアートであるなら、モーターサイクルには、それ以上の価値があるように思う」という言葉につきるのである。

　実はここにも佐藤流の審美性が見て取れる。パッケージ化された現代のバイクに対して、それ以前のモーターサイクルは「個々のパーツの美しさに負うところが大である。」と明言されている。その部品の絶妙な構成によってプロポーションはすべて決まってしまうとの見方である。この部品というものも、サスペンションや電装品類のデザインが、既製メーカーのものだとすると個性を主張できる個所は限られてくる。つまり、それは、「エンジン形式」で80%は決まってしまうとの指摘である。そして、極めて特徴的なのはモーターサイクルのエンジンが、クルマと違って剥き出しであるからこそ、丁寧に仕上げることが求められ手が抜けないということである。

　したがって、その芸術性においてモーターサイクルは空冷が良いのであって、水冷は似合わないとも言い切っておられるのである。

　最後に残されている個性表現の場所がフューエルタンクであるとされる。ただこれも条件付きなのである。自由度はありそうなのだが、全体に関わる様々な人たちとの要件を調整しきったところにデザイナーとしての腕が試されるという。まさに、工業デザインの真のあるべき姿がそこにあると読み取れるご意見である。

　モーターサイクル・デザインの最も優れているところとの書き出しで指摘しておられるのが、「機能を忠実に反映した純粋なデザイン」である。

　このことこそモーターサイクルならではの条件であり、クルマやその他の商品には見られない特徴であると指摘されている。パーツが丸見えで人体と常時接触するものであるだけに気が抜けないとも述べられており、いかにバイクが人間との一体感を求められるかが分かる。それだけに愛着はより大きなものとなることが容易に想像できる。

ここではモーターサイクルの本質的議論がなされていると思う。特にモーターサイクルが剥き出しの姿故に隅々まで気が抜けないという本質的構造を持っている。よって、パーツ造形のデザインにおける重要性は極めて高い。さらには部分、部分の機能的役割から、他力による造形と自力の造形の調和や調整が求められる。それだけにデザインの自由度が許される部分であっても、「調和」という諸条件をクリアしてのオリジナリティの表現が求められる。統合的デザインが要求されるのである。

そう解釈すると「オートモビルがアートであるなら、モーターサイクルには、それ以上の価値があるように思う」という佐藤さんの主張がスーッと理解できる。

いかに二輪車に調和的デザインが求められるかが分かる。こうした諸条件の中でCB400Fは生み出されたということであり、それだけで「芸術品」と表現しても全くおかしくはないということである。この考え方を理解するとモーターサイクルがより貴重で人間味溢れるものであるかが分かり、人車一体という親近感の根拠が垣間見えてくる。

第2項　モーターサイクルという記憶の刻印 [331]

佐藤さんの過去の体験を通した思い出の数々から、デザインについての事柄が語られており、その考えを生活実感として述べられている点が興味深い。

「駄馬にも意匠」第 14 回では「初めての免許証」という題名で、佐藤さんの子供の頃のお話と二輪免許を取りに行った時のお話が綴られている。佐藤さんがいかに幼いころから二輪に接しておられていたかがうかがい知れる貴重なお話が掲載されている。そして、就職のお話では「仕方なくホンダを受けることにした」、「いつの間にかホンダの人間になっていた」、ホンダに就職が決まったことをお父様に報告されたとき「苦労して大学を卒業したのに先の分からない中小企業で大丈夫か」といわれたというお話もされており思わず失笑しまう。当時のホンダがいかに生き残れるかという戦国時代にあったということが伝わってきた。

「普通じゃないデザイン」：では、佐藤さんは「ホンダのバイクは格好悪い」と思われていたらしい。「自分ならもっと格好の良いものができる」という自負があったとのこと。ただ、当然のように現れる本田宗一郎氏自体が普通の方ではなかったことからすれば、企業文化も世間でいう普通ではなくなるのは当然だと感じた。当

---

[331] 「駄馬にも意匠」第 14 回　CG 2004.02　P212-214

時のホンダは社員のホンダではなく宗一郎氏のホンダだったのだということだろう。それは良くも悪くも大きな起爆剤でありそれなくしては今のホンダがないことも間違いないところだ。

「バイクにおける日本的な個性」：では、各国の代表的バイクに象徴されるように国々によって、スタイルが存在しており、日本はどうであったかということである。ホンダの神社仏閣スタイルは、イタリアンでもブリティッシュでもなくジャパニーズスタイルで、CB92 は日本的デザインの最高傑作であると評されている。そしてスーパーカブの存在である。つまり、ここで佐藤さんのデザインのあるべき姿がより鮮明となって来る。

一言で言うと「誰にも愛されるモーターサイクルこそ真のデザイン」ということなのかもしれない。少なくともデザインの価値というものがそこに秘められていることは間違いない。「シルバーモーターサイクル」：では、こんな時代だからこそ、個性的差別化の創造が必要なのではないだろうかと佐藤さんが嘆かれていた。

マーケティングというものは企業の製品開発にとって不可欠である。しかし、そのことの弊害として起こりうるのが似たようなものの製品化である。つまりは個性の欠如ということが起こり魅力の薄いものになってしまうという箴言と受け取った。一見、誰にでも愛されるというキーワードと、立場を異にするもののように聞こえるが決してそうではない。真の個性を創造するという作業と、誰にでも愛されるということは両立するということである。むしろ個性あってこそ、誰にでも愛される魅力を持つということだと思うのである。

第4節　　本田技研工業発「CB400F への挑戦」　[332]

第1項　　フィメイルバイクと呼ばれて (CB350F の教訓)

佐藤さんは、市場調査は必ずしもユーザーのニーズを捉えきれていないとの意見である。市場における傾向は読み取ることはできるかもしれないが、それは、現在、巷に存在する既存商品や既存の嗜好を捉えているものだということを、わきまえて活用することが肝要だとするものである。

あくまでも未来を示唆するモノとは区別して捉えるべきとの考え方であったのかもしれない。

---

[332]　「駄馬にも意匠」第 15 回　CG 2004.03　P216-218

事実、佐藤さんデザインの「タクト」の販売の時にかなりの軋轢があったようだ。新しいものを生み出す際の市場調査は、新しいライフスタイルを調査し想像するものでないといけないということである。既成の概念から外れたところに新商品の持つ魅力が存在し、むしろニーズを引き出し、シーズを創造することになるからこそ新商品としての価値があるという考えだと理解した。

　その価値観が CB400F の開発においてどう影響しているかが興味深い。前身となった CB350F の経験は何を意味するのであろうか。実際「フィメイルバイク"CB350FOUR"」と揶揄されたことをここではっきりと語られている。その後多くの雑誌で披露されてきた内容もあるが、たぶんこの発言が初めてのことであったのではないかと推測される。CB350F は佐藤さんにとってビッグバイクへの初挑戦作品であったということである。

　成功を収めている CB750F、CB500F に続いてビッグフォアの完結版としての中型であったことが、デザインを創り出す上での邪魔になったようだ。成功体験としての既存シリーズの概念がデザインの創造を制限してしまう結果となったのだ。やはりシリーズ化の難しさは、先行車種の成功体験をいかに打ち破れるかということになる。さらにシリーズの相乗効果の醸成である。

　ここにシリーズ化の難さがあるように思う。デザインは当該部署での活動に限らず、各部品や機構の役割分担に関わる部署や、部品メーカーとの調整はもとより、営業といった外部業務活動を行う人たちとの連携も常に必要である。それだけでも大変だが、ことシリーズ化における規制の概念というものが立ちはだかると、過去の成功体験は寧ろマイナスに働きかねないのである。CB350F は国内初の小型四気筒であったにも関わらず結果は厳しかった。

　そして、つけられた侮称が「フィメイルバイク」である。ただ、この失敗があったからこそ CB400F は生み出された皮肉をどう考えたらよいであろう。まさに「失敗は成功のもと」という単純なモノでは無く、その後の開発に関わる企業文化、プロダクトデザインの方向性、そして人との出会いと多くの学びがあったことを語られていた。何よりもプロジェクトリーダーであった寺田五郎さんとの出会いが大きかったと述懐されている。佐藤さんにとって最高の出会いとなり、そして、CB400F は再生するのである。人生の大きな出会いがあってこそ、最高のパフォーマンスが生まれるように感じる。

工業生産品としての芸術性は、チームワークという人々の意識の結晶によって生み出されるものと考える。そのためにいかにそのリーダーの存在が大きいかを再認識するのである。プロダクトというものの

一定の枠組みというものを、むしろ梃として生み出されるフリーランスなグループダイナミズムが極まった時、奇跡は起こるのだと思う。(上写真[333])

　「CB400F の企画」：開発責任者の寺田さんが示されたものは、シリーズのCB750F と、CB500F の性格を明確化した上で、「NEW　CB350F(CB400F)」の個性のイメージをしっかりと創り出すということであった。それは、あたかも醗酵(はっこう)の現象にも似た化学反応と意思統一から実施された。

　何よりも難物であったシリーズとしての相乗効果という関連性を造り、独りよがりでない「CB350F→CB400F」の性格付けを明確化することで、関係者の意識にロジックをしっかりと植え付けることで、作品づくりの求心性を創り出されたものと推測する。その点を開発メンバー各位が口を揃えて称賛されている。

　記載の通りCB750F は「豪」、CB500F は「静」、「CB350F→CB400F」は「動」というイメージの明確化と、「牛若丸」というシンボリックで分かり易い表現が示されたことで、その考え方はチームに浸透していったという。そして、企画の３つの要件は①　動力性能を向上させる。②　４気筒シリーズの末っ子としての独自のスタイルを造る。③　重量軽減とコスト削減によって収益性を向上させるとの戦略であった。具体的な指示として、まずは本来スペックとしての動力性能アップか

---

[333] 東京エディターズ「Honda DESIGN　Motorcycle Part1 1957～1984」日本出版社 2009-09-10 付録 DVD より、CB400F の開発に関わる内容やデザインに関するインタビューに応えられる佐藤さん。
　日本における新しいスクーターと名のつくモビリティのプロトタイプを世に送り出されるのである。いわば日本のコミューターの最大の功績者といって過言ではない。デザイナーとして一番油の乗った時代であったのかもしれない。そこに CB400F 開発 LPL 寺田五郎さんとの出会いもあった。

ら取り掛かられた。後に寺田五郎さんご本人から直接確認のとれた事柄である。

　CB400F は排気量 422cc まで拡大可能であったが、量産性と耐久性を考慮して 408cc となったとのことである。エンジン担当の矢口氏[334]によれば「本当は 420cc くらいでいければ、ネーミングも CB450FOUR で行きたかった・・」とのことであった。[335]　前述の経緯を経て「NEW CB350F」の企画案は「CB400F 開発案」に正式認可となってスタートしたらしい。佐藤さんに対する雑誌のインタビュー[336]において、「再びデザインのチャンスをもらった社に感謝したい」と述べておられたことが思い出される。佐藤さんの想いはいかばかりであっただろう。

　寺田さんとの邂逅については別の章で詳しく観ていきたいと思うが、お二人の出会いこそが結果として CB400F 開発の成功をもたらしたのではないかということが、ここまでの記述を読む限りおいて素直に伝わってくる。繰り返すようであるがこうした作品の成功のカギは、人と人との出会いに尽きると言える。

　この CB400F の開発に関わられたメンバーである麻生忠史氏[337]が、プロジェクト全体の雰囲気について、ある雑誌で述べられているのが印象深いので紹介したい。「とにかく、CB400F の開発プロジェクトを通して、私自身も含めて、メンバー全員が大きく成長することができましたよ。クルマそのものもそうですが、プロジェクトメンバーひとりひとりも印象に残る人たちばかりでしたからね」[338]というもので、各メンバーの一言に、CB400F 開発という仕事に対する情熱と確信、エンジニアとして誇りと人生そのものが感じられるのである。

　「良い仕事されていますよね」と思わず口から出ると同時に、そのチームの集大成が CB400F であることを羨ましく思った。

第2項　　新生 CB400F の記憶 [339]

　第 16 回の「駄馬にも意匠」では CG に掲載されている最大の山場がやってきた。

---

[334] CB400F 開発 エンジン担当/矢口文祥氏

[335] 『ミスターバイク BG』CB400F 特集　「俺のヨンフォア」1988-02　P52　第一段落 5-12 行目

[336] Honda DESIGN Motorcycle Part1 1957-1984 日本出版社 2009-09-10 付録 DVD より、CB400F の開発に関わる内容や、デザインに関するインタビューに応えられる佐藤さん　（前掲）

[337] 前頁脚注 116　CB400F 開発 完成車テスト担当/麻生忠史氏

[338] タツミムック『CB400F 甦る 70 年代の伝説ヨンフォアのすべて』1995.1　P85　三段落目 13 行目から最後　辰巳出版

[339] 「駄馬にも意匠」第 16 回　CG 2004.04　P226-228

佐藤さんが直接 CB400F について言及されているのである。

　1973 年をふり返り「数ある担当したデザインの中でも、CB400F の開発はいつまでも鮮明に記憶に残っている忘れられない経験である」[340]とされている。
そして、CB350F の時には無かった企画案に「インスピレーション」を感じたとされている。

寺田氏のコンセプトの明確化は、佐藤さんにも大きな啓示を齎していたといって良いのかもしれない。そのインスピレーションの姿は、ズバリ「ホンダの GP レーサー」である。このことについては「これしかないと思った」とまで言い切っておられる。しかし、それに臨む姿勢は「自然体」であり、以前から佐藤さんの言われている「匠気」に囚われるのではなく、平常心で臨むことが大切であると語っておられた。(写真上[341])

　CB400F は開発チームが自ら掲げた三つの要件の中で、動力性能のアップが定まり、一番課題として考えられたのが重量軽減とコスト削減であったが、レーサーイ

---

[340] CG 2004.04　P226　4 行〜8 行
[341] 東京エディターズ「Honda DESIGN　Motorcycle Part1 1957〜1984」日本出版社 2009-09-10 付録 DVD より。軽井沢の自宅のデッキにて CB400F と共にインタビューに応えられる。

メージがその課題を解決へと導いてくれたと述べておられる。というのは、佐藤さんのデザインにおける逆転の発想で、この課題をデザインとして徹底的に利用されたのだ。ここでも名言を残されている。「デザイナーにとって何の条件もなしに好きなようにデザインして良いといわれるほど難しいことはない」[342]との考えである。

　一見、条件というものは、デザイナーの自由度を損なうのではないかと考えられ、創造活動にとって邪魔になるのではないかと思えてしまう。しかし、条件や制約、課題を寧ろ梃として創造活動を行うことが良い作品を造ることになるとの主張であった。その発想はどこから生まれるのだろう。それは、企業活動の中で開発のチームを重んじ、いかに創造性豊かな生産品を造るかという課題に取り組まれてきた経験なのではないかと感じる。つまり、アーティストでありながらも、企業人としての共感が生み出すデザインのすばらしさを知る佐藤さんならではの哲学がそこにはあるように思える。私の解釈となるが、佐藤さんが HONDA に勤務する企業人であり、プロジェクトを纏めていくリーダーでもあり、そしてデザイナーでもあるということだ。その根本には何よりクルマを愛するフィロソフィーがあるからこそ、調和の中に生れる総合芸術とでも呼ぶべき美学があるのかもしれない。

　この回では佐藤さんの示唆に富むエピソードが語られている。特に CB400F の開発コンセプトのように言われた「カフェレーサー」という概念については、どうもイギリスのそれを指すのではなく米国のロサンゼルスを指していたようだ。
　米国ロサンゼルスの西。地図で見るとサンタモニカから海岸沿いにマリブを目指して進み、ロッキーオークスパークを目印に、クロスする形で東西に走っているのがマルホランド・ハイウェイである。まさに日本でいう峠道である。イギリスのエースカフェと趣を異にして、地形的にカフェレーサーたちの好みの山道でカーブの多いロードであるようだ。カーブの多い峠道はライダーにとって恰好のバンクを形成しており、そのテクニックの披露の場ともなっている。

　走る為のバイクとロードというものが密接に関係しており、嗜好を創り出すシーンになることを再認識させてくれる。実は佐藤さん自身は個性あるカスタムバイクが造りだす風を、このマルホランドで得たということのようである。CB400F に与えた英国からの追い風はその後なのである。つまり、佐藤さんが CB400F をデザイ

---

[342] CG 2004.04　P226　2段 22-23 行

ンされた時は、結果としてカフェレーサーと語られることとなったがもともとは意識されてモノでは無かったということである。

そして、ここからが重要なのだが、CB400F開発当時の回想の中で語られたデザインモチーフとしてCB92(下写真)[343]を意識されておられたことを記されている。

実話であるからこそ見えてくる秘密としてCB400Fの開発がフルモデルチェンジに相当したものであったことの事実である。

経緯を考えれば、CB350Fのマイナーチェンジであって、通常、基本構成に手を入れることは難しく、せいぜいフューエルタンクとシートの形状変更程度であろう。

しかし、CB400Fは「モデルチェンジとは言え基本レイアウト以外はすべてのパーツを刷新した大掛かりでやり甲斐のある仕事であった」と語っておられるのである。

つまり、CB400Fは単なるマイナーチェンジなどではな

BENLY CB92 SUPER SPORT　　1959

く、フルモデルチェンジと言って良い開発であったということである。これは私にとっても目から鱗のお話であった。

それではどこをどのように変えていったかということに興味が移る。従来からGPレーサー＝フューエルタンクという構図はマストだと佐藤さんは言い切っておられる。通常の倍のタンク長、整形は初のツーピース仕上げ、スポーティーに見せるためのステッカー形式の採用、そしてソリッドな色で統一されたカラーリング。タンク一つでも多くの拘りが息づいているのである。タンク長の維持のためのボールジョイントのシフトリンクの採用、ヘッドパイプを挟み込むような形状の確保。市販車化していく上で、最初のコンセプトとしての魅力をいかに残すかがデザイナーの腕であり見せ所である。そうしたディテールへの研究の結果としてCB400Fは見事にその意志を具現化したものと言える。

---

[343] https://www.honda.co.jp/sou50/Hworld/Hall/2r/20.html　　ホンダHP

その象徴となるのがCB400F造形の最大の特徴である「4into1 マフラー」であることは間違いない。その美しさもさることながら、マフラーの集合化によって、排気脈動効果が生まれパワーがアップするということが確認された。それは予想されていなかった産物だったとすると、天も味方したのではないかと思う。ましてやそのことで主産物として10 kg以上の減量が齎されたのだから凄い。さらに、エキゾーストパイプの造形に至っては、巻加工を採用することでフランジレスを実現（コスト削減にも寄与）。美しいエキパイはフォルム全体を豪華に引き締め、CB400Fの決定的に印象付ける仕上げとなった。

これは偶然の様で、そうなるべくしてなった「天からの恵み」と言って良いほどの慶事なのではないだろうか。

そして心臓部であるエンジンの形状である。エンジンのフィンに対しても妥協は無い。それは本田宗一郎氏が凄いというべきか、CB350Fの時にエンジンのフィン・ピッチの粗さ故に精密感が損なわれているとのことで、ダメ出しがあったとされる。しかし、その時は修正をすることなく次回マイナーチェンジ時に変更するとの課題があったとのことであり、そのお蔭もありCB400Fのフィン・ピッチは枚数も形状も全面的に一新されたとされる。本田宗一郎氏もCB400Fの開発メンバーであったと言える何よりの逸話である。それでも佐藤さんご自身は、まだまだ改善すべき点、変更したい点等々が数多くあったと述べられているのはデザイナーとしての執念だったのでは無いかと思う。

曰く、プラスチックフェンダー、ヘッドライトの大型化、フレームをダークシルバーに変更、エキゾーストパイプとマフラーも半艶ブラッ

436

クといった考えが、直前のモックアップまで続いたという。その経緯を考えるとフルモデルチェンジ以上の新規開発であったと言っても言い過ぎではないようだ。

翻ればそれほどの心血が注がれた作品だということだ。まだまだやりたかったという想いは、この回に掲載されている佐藤さんのイラスト[344](前頁左下絵/CG に挿絵として提供されたモノ)に現れている。

この絵には、佐藤さんが CB400F 開発段階で拘られた追加すべき点が盛り込まれている。その意欲のほどが伝わってくる。

銀のフレーム、マットなエキゾーストパイプ、タンクと同色のフェンダーが見て取れる。この点についても別の章で角度を変えて論じることとする。

さて、企業人である以上、自分の作品である製品が売れるのかそうでないのかということは間違いなく評価につながるものであり、自信作であればあるほど、その評判に期待は膨らむものである。

1974 年 12 月、「HONDA　DREAM　CB400FOUR」は発売された。

その結果は、佐藤さんの表現で行けば「市場の反響は予想以上で、研究所も営業も大喜びであった」とのこと。私のような根っからの CB400F ファンにとってみれば、当然の結果ということになるのだが、発売時点に遡ると関係者の喜びはひとしおであったことと推測する。何故なら CB350 のリベンジが沿革としてあったからだ。

工業生産品としてのバイクやクルマは、規模の経済が働いてこそより利益が得られるものである。その理に沿わなければ、終わりである生産期限は到来するもので、CB400F は 1977 年 5 月に 2 年半という短い期間で生産中止となってしまう。

欧州のディーラーからは生産継続の署名運動まで起こったという。惜しまれながらの名誉の撤退であったと言って良いだろう。そこにはメーカー側の理屈があったものと推測するが、今となっては詮索しても意味のないことだと思う。

CB400F は嵐のように現れて嵐のように去っていったということである。

その嵐は、ファンの大きな喜びと同時に夢を齎した。特にその夢を将来現実のも

---

[344] CG 2004.04　　P227 に掲載

のにしようと固く誓ったファンを創り出していたことをメーカーは知る由もないのである。その夢への想いは、発売から半世紀を経た現代でも脈々と生き続けていることを事実として記しておきたい。

第5節　嗜好から生み出されしもの

第1項　嗜好から育っていく美観

　誰しもが好きなモノと嫌いなものがある。好きなモノは一生付き纏い、嫌いなものはいつの間にか排除される。その人の人生に降りかかる嗜好のメカニズムを説くことはできない。ただ、嗜好が人生観や美観にどのような影響を与えたかを検証することは、嗜好遍歴を辿ることによって理解することはできる様に思う。

　CB400Fを創りしデザイナーの嗜好を追ってみたいと思う。

　佐藤さんは「駄馬にも意匠」第17回[345] 自らの嗜好を通じたデザイン観を述べられている。この回ではいくつかの日本映画に出てくる車やバイク、小道具として使われるカメラ、俳優のカツラや出で立ち、そして風景描写として描かれている時代考証を通じた、エッセイのような内容になっていた。注目すべきは佐藤さんのディテールに踏み込む眼力である。いかに対象が自然に存在しているかということを見抜く慧眼をお持ちだということである。言い換えると辻褄(つじつま)に合わないものを正す姿勢であるとも取れる。

　映画を芸術だとすれば、その製作にあたっては時代考証や背景というものについて正確に描写することが疎かになると、芸術以前のものになってしまう。つまりは合理的根拠と背景が明確に存在してこそ芸術というモノが育まれるとの見解である。佐藤さんは自らが創り出してきたデザインについて、いかに科学的考証のうえに成り立っているかという考えを、しっかりと持っておられるのである。それがあって初めての生産品でありデザインであるとされているようである。

　その当たり前のことが当たり前のようになされて初めて「デザイン」は成立するということである。評論やエッセイとして読んでも面白いのだが、この「駄馬にも意匠」に書かれている内容こそ、佐藤さんのデザイナーとしての信条を構成するものと考える。モノ造りへの真摯な態度の根本には、日常の生活や風習、或いは風土

---

[345] CG 2004.05　P218-220

と言われるものに培われた環境という建付けが存在する。それに裏打ちされるかのように生活の糧となるモノ造りのロジックがしっかりと存在している。そのスタンスによってこそ、消費者に問うことができるモノ造りの資格を得るのだというプロフェッショナルとしての律義さが伝わってくるのである。

　そうした考えはどこから想起されたのかと考えた時、人の持つ嗜好というのが関わってくるようだ。参考となるのが「駄馬にも意匠」第18回について [346]「いつかはライカ」という項目で書かれている佐藤さんのカメラや、スポーツカー、バイクへの拘りである。佐藤さんの小さなころからの憧れ「MGTC」と「ベスパ」は、今までに出てきたが、後一つが「ライカ」である。佐藤さんはカメラ好きであったということもあり、アルバイトでもカメラのパーツを描きだすという仕事をされておられた様である。好きなものを分解しその部品一点一点を描きだすという作業は、佐藤さんに何を齎したのだろう。部品の機能を知ることと同時に、部品の持つ形状や姿から、その役割やそういう形状となるべき必然性、デザインの由縁を身につけられたのではないだろうか。

　カメラの構造はカバーという制約を宿命づけられている。
　部品は機能を果たす為に一定の領域にどう収めるのかということも考えられた上で、コンパクトに納められなくてはならない。それはバイクの置かれている所与の条件と一致している。ただ、バイクの場合、構造が剥き出しになっており、部品の機能や性質、造形も含め機能的に全体を調和するという点が求められることになる。ただその意味でライカの存在は大きかったのではないかと思う。

　最初にアルバイトをして買われたカメラが、ペンタックス S2(右上写真[347])だったらしいのだが、その選択理由を「作為的でない素直なデザインが却って機能的に見えた」[348]と記されている。

---

[346] CG 2004.06　P194-196
[347] 「PENTAX S2 1963」35㎜フォーカルプレーン一眼レフカメラ
[348] CG 2004.06　P194・第二段落　18行目

この考え方は、これまでのクルマやバイクに対する評価の中でも一貫して示されてきたものである。佐藤さんはひょっとしたらこのカメラを構成する基本的構造や、姿に対する見方、モノに対する価値判断をカメラに対する嗜好を通じて創りだされておられたのかもしれない。

　CB400F がバイクデザインの古典でもあり革新として存在すると感じるのも、このことが大きな要因となっているとも言えるのでないか。そもそもクルマに関する制約状況というのが、同じ工業生産品ということと、限られたスケールの中で最大の機能を詰め込むことが要求されるわけであるから、構造に対する納め方や機能、技術の迎えるべき方向は極めて似ていると考えて良いだろう。
　当然、その欲求は当時カメラの世界で次元の違いを見せていた「ライカ」に向ったのは当然の帰結だと思う。
　佐藤さんが最初に購入されたライカ(左下写真349)は、「IIIc」というものらしい。というのが、私はカメラについては完全に門外漢でその良さがわからないので予め断っておきたい。1980年代以降海外出張時にドイツで購入されたらしい。

　購入までのエピソードが記載してあるのだが、このカメラ購入の道中記とでもいう話が興味深かった。サンパウロで購入された「ライカIIIf」を日本でオーバーホールに出されたとき、日本の業者から「どこか暑いところで買われましたね」というくだりである。佐藤さん自身も驚いたとされていたが、機械ものが根本的に気候と不可分の関係にあるということをいまさらながら気づかされる。また、国々によって機械ものであってもその価値が変わることも気づかされる。このように趣味の分野で学ぶことは、嗜好品の場合どうデザインするかという点においてかなり重要になると感じた。佐藤さんの趣味の見識が、出張の合間を縫ってというものであったとしても、立派なマーケティング・リサーチだなと感じた次第である。機械ものはその国の気候や風土がいかに性能や機構、設計に影響を及ぼすかという好例である。これらのことも佐藤さんの創作活動に生きており、CB400F もその恩恵を頂いたものと感じた次第である。

349「1950年ライカIIIf」赤城耕一氏　CAMERA fan より　2014.02.27

第2項　モノの意味するもの

　モノと言うのは、物欲を満たすものとしての存在から、なくてはならないもの、或いは相棒としての存在にまで昇華される場合がある。例えば武士の魂とまで言われる武士の脇差、刀が自らの命にも匹敵するモノのとして扱われた歴史があることを考えるとその存在の事実に気付く。佐藤さんは「駄馬にも意匠」第 19 回 350 で「脇差」脇差としての「カメラ」を語っておられる。武士が出かけるときに太刀ではなく短刀を持ち歩く例にならって、自らが出かけるときにその短刀にあたるものとして「カメラ」を位置づけておられるのである。

　私は、このことを「嗜み(たしなみ)」と解釈した。生活をしていく上において、なくてはならないものの心得と解釈した。実はクルマやバイクというものは、今や運搬手段というより「嗜み」としての意味合いが極めて強いことに気づく。ここから読み取れるのは、ユーザーの嗜好が無くてはならないものになるモノをいかに探し当てるかという点である。

　デザイナーの本分の一つとして、人間の嗜好というものをどう捉えるかというセンスが問われることは事実である。アーティストといった自らの表現に特化してその表現に固執したものではなく、相手側が何を求め、何に共感するかという他者の感性や考えを主体として物事を考えていく思考が、自ずと求められているように感じるのである。

　つまり、佐藤さんが「自らが欲しいと思うものを造るということが、惹いてはユーザーが欲しているものを造るということと同じことだ」と述べられていることからも分かる。(インタビュー351)

　その言葉の真の意味するところは何であろう。ここで考えておかなくてはならないのは、思考の出発点として自らが造りたいものを造るのだというものと、ユーザーが欲しているものは何かということを念頭に、自らが欲しいものは何かということに置き換えていく思考方法を区別する必要性がということである。

　自らが欲しいものであることは同じであったとしても、生み出される結果は違ったものになる可能性があるからである。

350　CG 2004.07　P226-228

351　Honda DESIGN Motorcycle Part1 1957-1984 日本出版社 2009-09-10 付録 DVD インタヴュー

後者はユーザーの価値判断で、モノの創作の価値が決まる。一見自らが欲しいものを創っているように見えて、実は自分以外の人たちも欲しいというものを創り得たことで得られる満足感がそこにはあるのである。

そうした考えの前提にあるものとそうでないものでは、本人が生み出すアイデアやデザインに大きな違いが生まれるものと思う。

重要な点は相手の目線である。相手の立場である自らの趣味嗜好の中で培われたものが大きくものを言うのかもしれない。ユーザーの欲しているものは何かと考えるときに、自分の求めてやまない趣味の領域はいわばユーザー側に立った領域でもあり、デザインのセンスを磨くうえで重要な要素となるということであろう。

自分のものとして求める嗜好の延長線上に、相手の求める嗜好があるのだとすると、「自分の欲しいと思うものを造る」という発想の意味するものが一方的なものでなく、双方向なものとして腹に落ちてくるのである。

この回では佐藤さんのライカを中心とするカメラの世界を垣間見たわけだが、その豊富で深いカメラに関する知識には驚かされる。そのことは「デザイナーの嗜み」として、間違いなくユーザーの求める審美性ともなっていると確信した次第である。

第3項　嗜好はアイデアのストック

2004.08「駄馬にも意匠」第20回[352]において、「100ベストデザイン・プロダクツ」1959年にフォーチューン4月号にこの記事があり、佐藤さんはこれをガレージの資料棚からたまたま見つけられて記事にされたようである。私もかなりいろいろな雑誌や資料を集めているが整理しきれていない。やはり、趣味で集めたものは整理しておいた方がよさそうである。正直、本書を書くうえでも過去の記事を数多く遡る必要性があった。まさに過去に集めた一見、我楽多、紙くずだったものが宝になる瞬間があるものだ。

本題に戻る…今回の内容はこのベストデザインに記載してある世界的デザインの品々の話である。ただ、佐藤さんがお書きになっている内容は読んでいただくとして、佐藤さんの論評からデザインやモノづくりに関するヒントがどう読み取れるかである。それは、最終段落の「半世紀後のベストデザイン」にあるような気がする。

カメラ、クルマ、タイプライター、テレビ、ラジオ、家具、航空機等のベストデザ

---

[352] CG 2004.08　P230-232

インの数多くは、半世紀が経つと機能もデザインも一変してしまうことを感じたと述べておられる。さらに「50年経過しても健全な商品は、機能の単純なものだけである。」[353]とも語っておられる。翻ってCB400Fはどうであろうか。1974年発売から50年(現在2024年)、約半世紀を経た今そのデザインの魅力は損なわれることなく輝き、また、機能もカフェレーサーしての本領をはたしてしっかりと存在している。機械ものでありながら、機能も魅力も衰えない存在、デザインがCB400Fに備わっているのだということを再確認できるのだ。CB400Fは佐藤さんがこの稿で語られた世界でデザインされた品々と、立派に肩を並べているのではないかと思う次第である。

この稿の挿絵[354](右画)は、推測だが「MG TC」の助手席のうえに「ライカ」が描かれ、ドアポケットには「VESPA」のリーフレットが差し込んであるもので、佐藤さんのデザインプロダクトBEST3といったところであろうか。この3つの嗜みが佐藤さんのデザイナーとしての領域をクリエイトした三種の神器と言えるかもしれない。

2004.09「駄馬にも意匠」第21回[355]においては、「フォクトレンダーの三姉妹」と称して、強烈な個性を持ったドイツのカメラ「ペルケオ」、「ビルタス」、「プロミネント」と「ビテッサ」について記載してある。私はカメラのことについては素人でありその点は佐藤さんに解釈をお願いする。

この回の内容の中心部分であるが、フォクトレンダーはユニーク故に他社に吸収される。ユニークであり続けることへのあり方を問い質しているような内容である。

フォクトレンダーに対して、ライカは現存し、未だにそのステイタス性を保っている。佐藤さんは「高価なカメラであったこと」、「クルマやバイクと同様、安い大衆商品は大切にされないということ」、そして「ライカはユニークではなかったこと」[356]という見方をされている。注目点は「安い大衆商品」と「ユニークで無いが

---

[353] CG 2004.08　P232
[354] CG 2004.08　P231
[355] CG 2004.09　P214・P216
[356] CG 2004.09　P216　第二段落

443

故に生き残った」という解釈である。「安い大衆商品」と「大衆性」は根本的に違う。大衆性という捉え方は、万人に価値を認められたモノを指し、安いこと自体に対する価値ではないということだと思う。

　一方、ユニークではないという点であるが、「少しも奇をてらったところがない」、「デザインもメカニズムも原理原則に忠実で技術的に全く無理のない」ところだ。
　この点が極めて示唆的であり、佐藤さんのモノづくりの根本的思想を感じるところである。製品として長く愛される為には、奇を衒ったユニークさではなく、オーソドックスでシンプルであり機能的であること、そして日常的であるけれども、万人が認める付加価値をもった大衆性を備えることが重要であるとの示唆であると理解した。私自身には機械もののデザインセオリーはわからないが、佐藤さんの解釈を頂くとすれば、機械はまずは機械としての基本機能を徹底して磨くことが第一であると感じた。そのうえで機能という当たり前の目的が、間違いなく実行できるかということが徹底されていることが求められる、ということである。それは信頼や安心というものを創り出し、ユーザーの使用の目的というものに対して、コミットするということにつながるということであろう。
　当然、その機能を保証するためには、その機械の一つ一つの部品は、当たり前のように磨き込まれている必要性がある。ここが、当たり前のことが当たり前に実行できるかという基本中の基本ということであろうし、奇を衒う余地自体が無いのかもしれない。当たり前の機能を磨き込み究極の自然体が実現したとき、それが真の「ユニーク」と呼ぶのかもしれない。

　佐藤さんの言われる「古典」というのは、当たり前のものが磨き抜かれた結果として生み出されるユニークさを指しているのではないかと思う。CB400F が「古典」となればと謂われていたことが思い出される。

第6節　アイデアと風土

第1項　生活に根付く美観

　誰にも故郷の原風景、日本の原風景、守りたい里山の風景と環境に対する想いがあると思う。それは取りも直さず心地よさや美しさ或いはあるべき姿といった美観にも大きく影響を及ぼすようである。
　人間の持つ美観というのは、無くてはならないものを蔑ろにはできない。寧ろ、

いかに理想の姿に近づけるかを、描こうとするものなのかもしれない。

　人々の生活における美観がどこにあるかと考えることは、いわばモノ造りにおける原点を探ることになるとも思うのである。「駄馬にも意匠」第 22 回 [357]では、屋根の風景に対する佐藤さんの意見が可成りのウエイトで述べられている。つまり、「家」というものの存在に目を向けられている。

　生きる上でなくてはならない、そして家族という大切なものと共有する場所、空間である。大事にしようとする場所にある「ブルーシート」、「ブルーのトタン屋根」というものが創り出す、環境への違和感を指摘されているのである。

　私は、佐藤さんが記事として書かれていることは、屋根のあるべき姿というよりも、環境に対する調和というものの大事さを謂われているのではないかと感じた。世界各国を視察されたご経験から、その国の環境に対するスタンスや、街並みづくり、惹いては都市計画というものに対して、日本にもしっかりとしたビジョンが欲しいということだと思う。絵になる風景。佐藤さんの挿絵には、絵になる風景と、バイク或いはクルマが描き込まれている。デザイナーのイメージ作りの中に人々のライフスタイルや、人々を取り囲む環境というものもイメージとして持ち、それを前提としてデザインによる創造物が生み出されるということであろうか。

　デザインは生活の理想にマッチしたものとして描かれ、その中で生き続けることを現実化していくプロセスなのかもしれない。「生活と一体となったデザイン」こそ、以前から語られていた「奇をてらったものではない」というデザインを指すのかもしれない。デザイナーにとって、英国や、フランス、イタリアといった見事に保持された生活景観は羨望の対象であり、イマジネーションの源泉としての存在なのかもしれない。佐藤さんは現実の環境が損なわれることに対するおそれを感じておられ、日本の景観に対して憂えておられたのではないかと思う。

　改めて、その国々の環境が、アーティストたちの創造性に大きく影響を及ぼすということを感じたのである。

　日常の生活を振り返る形で言及されておられるのが「新聞のない生活」[358]という項目である。佐藤さんが軽井沢に来られてからの生活について語られている。前回

---

[357] CG 2004.10　P214·P216
[358] 2004.11「駄馬にも意匠」第 23 回　CG 2004.11　P222-P224

「青いトタン屋根」というのがあったが、この回では「電信柱と電線」で造られた町についてであった。町というのは生活の場である。日常における景観は、自然と人の美意識にも影響を及ぼす。そういう意味でいえば、電線のある町をどう思うかということにもなる。電線を見慣れている私のようなものにとっては、何気なく日常化しており気にかからないといえばそれまでである。ただ、景観における電線というものを改めて観てみると、少なくとも美しいというものではない。この問題を改めて考えてみると、美しさというものの価値をどう考えるかということに繋がる。

　例えば電線の地中化というものを考えたとき、通常の電線敷設に対して、電柱方式の20倍のコストがかかるといわれる。当然メンテナンス性の問題も発生する。

　しかし、1928年に兵庫県芦屋市で初めて電線の地中化が開始された。そして今では高級住宅街の持つインフラとして、そのブランド性を創り出した重要な要素となっている。身近な例でいえば埼玉県川越市の川越一番街では、電線地中化のおかげで、蔵造の街づくりが蘇り、その観光客は年間150万人からその3倍近くの400万人を超えたという。つまり経済性も高いということである。

　佐藤さんのお話に戻したい。佐藤さんのお話の本質部分は、日本人自体が目に見えないものの価値を、認める様になってきたということか。例えば景観の美しさ、心の癒しや心の豊かさにつながるものに、代償を支払う時代が来たのではないかということを謂われているように感じた。

　つまり、経済性一辺倒の在り方から、エモーショナルなものに対するあり方を優先するという価値観への生活宣言である。戦後の日本は追いつけ追い越せの精神で経済大国となった。しかし精神的にも大国といえる成長を遂げたのかというとそうではない。その一つの象徴が、今も張り巡らされている電線というものであり、佐藤さんは日本の精神性をそこに見ておられたのかもしれない。

　ロンドン、ベルリン、パリ、香港、シンガポールなどの都市の無電柱化は完了しているという事実を聞かされると、そろそろ日本もその本質的価値に目覚めてもおかしくないはずだ。デザインというものの本質的価値というものは、日常生活で見られるものに対する価値観の変化が起こってこそ、真の価値を知るということになるのかもしれない。佐藤さんのお話は単なる電線の話ではなかったということである。CB400Fのデザイン性を考えるうえでも重要な稿であった。

第2項　2004.12「駄馬にも意匠」第24回(最終回)について [359]

　この「駄馬にも意匠」の最終回のテーマは地図であった。
日本の国土地理院が出している地図の優秀性が語られると同時に、小学校の時の担任の先生がその魅力に気づかせてくれたことを回想されている。さらに地図の中でも、特にイギリスの地図は優れているということも強調されていた。便利になっていく世の中にあって、何時間も思いを馳せて愉しむことができる地図は、消滅することはないとの見解である。この話の根幹にあるものは何であろうか。

　世の嗜好や価値観というのは、効率性や合理性、そして経済性というものに目指すべき方向を見てきた。しかし、本来人の営みの中で進むべき道は、それとは対照的な方向に求めるべき価値観というものがあるのではないか。それが求められているということを考えさせられた。イギリスの伝統や文化は、景観を優先し都市を構成する。それは地図にも明確に表現されている。それも佐藤さんが感じられたことだと思う。古戦場や古城はもとより、蒸気機関車の通る鉄道を載せるイギリスの地図。いまそれが必要であるかどうかという価値観ではなく、そこにあった時間や物語を大事にするという文化感の重要性である。観るもののイメージを引き出す「心の地図」とでも言うべきものである。「伝統を重んじる」という言葉をよく使うが、決して古いものを大事にするということだけではない。効率や便利さを求めるあまり、人間性という本来の目を向けるべき価値観というものが疎かになっているのではないか。疎かというより、失われてしまったのではないかという点が、佐藤さんの話から見えてくるのである。

　キャピタライズされたものには明確に経済的価値としての魅力が表現される。しかし、伝統という価値は、人間性を見つめ、心を豊かにするという魅力を存している気がしてならないのである。人々は確かに移動手段としてのクルマやバイクに対して、伝統があろうが無かろうが、高品質で値段が安いということを求める。その価値観は昔も今も変わらない。その価値観が万国共通であるからこそ、日本は世界に伍した存在となり得たのは事実であろう。

　しかし、その反面、何かを忘れ、或いは何かを置き去りにしてきたのではないか

---

[359] CG 2004.12　P230-P232

という慚愧（ざんき）の念がある。デザイナーである佐藤さんの創作活動には、その置き忘れたものとの熾烈な戦いがあったのではないかと感じるのである。**主観的であって計れないものでありながら、感情を揺さぶられるもの。奇をてらったものではなく、飽きの来ないものであって、しかし、何よりも格好良いもの。言葉にすれば、佐藤さんがデザイナーとして求めてきたものの理想というものの姿がそこにあるのだと感じる。**そして、その理想の現実的環境や具現化された文化がイギリスにはあるのかもしれない。

　佐藤さんの言葉である。「一般論としてイギリスのデザインは、イタリアのように派手ではなく、フランスのように華美でないのがいい」、「いつまでも飽きのこないものでなければならない。これがイギリスデザインの本来の基本であり典型なのだろうと思う。」という言葉の中に、イギリスへの憧れは持ちつつも日本もそういう国になってほしいという佐藤さんの思いが聞こえるようである。

　最後の段落で、<u>佐藤さんは、「「駄馬にも意匠」この連載は、"デザインとは何なのか"、"デザイナーは本当に必要だったのか"ということを改めて考える良い機会になりました。」</u>と記されている。そして、<u>「格好良くなければデザインではないと私は考えます」</u>と締め括られている。この「駄馬にも意匠」を読んで良かったと思っている。CB400F に関するインタビュー記事や、ホンダに関する共著として CB400F に関する章を書かれたものはあったが、ここまで佐藤さんの考えを集約した著作は無い。

　ましてやクルマ、バイク、趣味に関するものを中心として、自らの過去の思い出や経験に基づいて書き記してあるものに「佐藤イズム」を垣間観ることができた。CG のトータル 72 頁を通して、佐藤さんと紙上で対話できたと思う。

　改めて CB400F が生み出された中で大きな存在であるのがデザイナー佐藤允弥さんであることは間違いない。CB400F の造形は、佐藤さんが CG で綴られた価値観の中にあるようだ。2004.03-2004.04 で直接 CB400F に言及されたことだけに留まらず、記されたお考えのすべてが結集して CB400F が生み出されたということであり、紛れもなく佐藤さんの最高傑作の一つであると思う。この章でも CB400F の魅力を追求するというテーマに、また一歩近づけたような気がしている。

第11章　　創り手の思想　佐藤允弥さんを語る

　CB400F の魅力を探るうえで、やはりデザイナーである佐藤允弥さんの人となり
を見ておくことは欠かせないと考えた。何よりどういう方であったか知りたいとい
う気持ちは高まるばかりであった。ただ、この本の執筆にあたり一番残念なのは、
佐藤允弥さんに逢えないことである。

2015 年 4 月 18 日に鬼籍に入られ、直接お話をお聞きしたくても今は叶わぬ夢で
ある。それでも CB400F をデザインされた方がどういう方だったかということを
知りたいという気持ちは抑えられなかった。そのことを知ることができなければ
CB400F の魅力の根幹に触れることができないのではないかと思ったからである。

　もちろん、プロダクトデザインというモノが、チームで行われ、そのプロジェク
トに関わった多くの人たちで構成されていることは承知している。

　しかし、それでも車両のデザインの何たるかがメインデザイナーに委ねられてい
ることには間違いはないのである。

　まずは佐藤さん引退後のライフワークや執筆活動、幅広い交友関係の中で醸成さ
れた趣味の領域などもその著述や作品、インタビュー記事等を拾い出す作業を愚直
に実施してきた。お会いできない今、その方法でしか佐藤さんには近づくことはで
きない。そうした取材・調査方法しか選択肢は無いとはいえ、少しでも CB400F の
魅力の理解につながるのではないかという確信あってのことであった。この章では
佐藤さんのデザイナーとして考えを追いつつ、CB400F がいかにして創り出された
かのバックグラウンドを読み解こうとするものである。

　ただ、それだけでは物足らない。改めて申し上げるとデザイナーの日常というも
のの中に、作品が生み出される背景が存在すると考えた。そこで、誰よりも佐藤允
弥氏のことをご存知である奥様の万里子さん[360]に取材させて頂くことを決意した。
その日常の生活を通じて創作に関わる情報を辿る形を採ったのである。さらには、
その周辺の活動や過去の記録に記された痕跡を丁寧に読み解きつつ、デザイナーで
ある佐藤さんの設計思想をより理解したいとも考えた。

---

[360]　佐藤允弥氏夫人。佐藤万里子氏ご経歴：日本ガラス工芸協会 HP より 1963　東京藝術大学美術学部工芸
　　　科卒業、1988　「世界現代ガラス展」北海道立近代美術館他巡回、1996　「'96 日本のガラス展」日本
　　　ガラス工芸協会賞、2003「日本の現代ガラスアート展」ガラスピラミットギャラリー／ハンガリー、
　　　2009　「ガラス・色・煌めき」4 人展　和光並木ホール／銀座

第1節　佐藤允弥さんの日常にふれる

2019年夏、軽井沢にある佐藤さんのご自宅を訪ね、奥様の万里子さんから多くのことをお聞きすると同時に資料をお預かりできた。[361]

佐藤さんにとってホンダ現役の時代も含め、万里子さんとの創作活動が仕事に大いに刺激になっていたのではないかと感じていた。事実、允弥氏はホンダ引退後、万里子さんとともに軽井沢に移られ、悠々自適の生活をされる中で数多くの絵を残しておられることもその一つの証左ではないかと思うのである。佐藤さんの作品は水彩画(左写真[362])であり、やはり車がモチーフの中心を成した作品が多いのは期待した通りであった。(下写真[363])

その後、再び軽井沢を訪れた時[364]には佐藤さんの作品やお部屋を見せて頂き、さらにいろいろなお話をお伺いすることができた。壁に掛かっていた允弥氏の絵を拝見させて頂いたとき、描かれていた水彩画の主題にやはりクルマとバイクがあることを確認した。CB400Fを創作された動

361　2019-8-10　軽井沢町追分「Gallery 青」「二人展」会場訪問。そこで万里子さんから初めてお話をお伺いした。
362　佐藤允弥氏が描かれた水彩画の一枚　絵ハガキとなっているもの
363　佐藤允弥作「馬籠宿」2011　水彩　(筆者所蔵)　左端に「カブ」の姿が描かれている。
364　2019-09-21　佐藤さんのご自宅を訪問。前回の資料をお返しに上がるのと同時に再び万里子さんからお話をお伺いすることができた。

機もその絵の中にあるような気がするのである。その画業は雑誌の表紙や絵葉書ともなって数多く残っており、ホンダのデザイナー時代とは違う別の一面を見ることができる。趣味人としての活動も広く、特にクラッシックカーを数台所有されておられた当時は手入れ等も自ら行っておられたとのことである。二度目の訪問でお話し頂いたことで

允弥氏のジャガーエンブレムのステッキ

あるが、ジャガーのボンネット先端についていた立体エンブレム[365]をステッキ(上写真)の柄に加工されたのは佐藤さん自身である。

MG のステッキもそうである(下写真)。その嗜好の領域は趣味の域を超えたものであり、拘りや探求心は非常に強いものをお持ちであったことは明らかである。

允弥氏手作りの MG のステッキ

デザイナーでありながらエンジニアというのは、本来両立するのかと思ったりもするのだが、そのデザインの求めるものを追求すると機能になるという思想が、ビヘイビアとしておありになったのではないかと感じた次第である。

佐藤さん自らが加工されたジャガーのエンブレムのついたステッキは、言うならば、「杖」として体を支えるものであるが、その造作の「御洒落」さと、センスの良さからも創造や工夫が感じられる。また、それが実用的であり、カッコよさと機能が一体になったところが、いかにも工業デザインの形を成していて感心させられた。まさに、ここにも CB400F が、そうした允弥氏の「御洒落」さと「センス」そして「機能」というものが融合した中で、生み出されたものだということを感じたのである。

---

[365] 現ジャガーは安全設計の為　ボンネット先端のジャガー立体エンブレムを廃止

第2節 「エンジニアリング・アーティスト」[366]

　佐藤さんの業歴については多くの方々が知るところと思うが、しかし、引退後の活動についてはあまり知られていないのではないだろうか。

　佐藤さんは1992年のホンダコレクションホールの立ち上げにプロジェクトリーダーとして尽力された後、ホール収蔵品充実のために初代館長に就任され、自らがキュレーターとなって収蔵品の向上に努められた。その後、1997年定年退職後、「長年憧れていたイギリスに移住しようかと思われていたようであるが、最終的には日本が良いということで別荘を探し始めた」[367]との記述が残されている。

　そして、1998年に允弥氏の条件に合った物件が、中軽井沢に見つかり何よりも奥様の万里子さんが気に入られたとのことで、別荘ではなく終の棲家として現在の場所に居を構えられたということである。

　軽井沢というと明治時代から宣教師が中心となって街づくりがなされ、気候の良さも手伝って文化的・進歩的生活スタイルがイメージされる場所である。別荘文化とでもいうべきコミュニティが創りだす雰囲気が佐藤さんのライフスタイルに合っておられたように感じる。

　その事実、軽井沢という場所が性に合っておられたのか、大変僭越ではあるが、SNSや雑誌で拝見する佐藤さんのお顔が、非常に柔和であられたことが何よりの証拠であり、その充実した生活ぶりが偲ばれるようである。

　2000年に埼玉県朝霞のご自宅から、現在の軽井沢へ引っ越されてからは、個人的にも親しくされておられた小林彰

---

[366] 私が作った造語。字のごとく「エンジニアリング」＝工学であって且「アーティスト」であるという意味。工学を踏まえて創作活動を行う芸術家であることを指し、その双方のスキル併せ持ち、工学と芸術を融合させることのできる人に対して、尊敬の念をもってそう呼称することとしている。

[367] 「SEVEN HILLS」2007.11号　P107 イーマーケティング より

太郎氏[368]のお誘いもあり「カーグラフィックス(CG)」[369]に、2003年1月〜2004年12月まで2年間にわたって名物コラムだった「自動車望見」に、"駄馬にも意匠"と銘打った連載物を寄稿しておられる。

　この内容については、佐藤さんのクルマに対する哲学を読み取ることができる極めて貴重な資料となるので後で改めて触れたいと思う。軽井沢での活動の一つとして毎年開催されている「ヒストリッカー・イベント・ジーロ・デ・軽井沢」の大会顧問を務められポスターの製作提供もしておられたようだ。[370]

　また、雑誌の取材には数多く応えられており、インタビュー記事や論評、さらには趣味や車に関する記事まで手掛けられている。これらの情報は、佐藤さんの当時の生活や考え方、人となりを知るうえで貴重な資料となった。ほんの一例ではあるが、私が感動したのはフリーペーパーである「ON THE ROAD」の2009.春号(右表紙)に掲載されている記事で、允弥氏の高い見識を伺い知ることができる貴重なインタビューがある。省略せずに抜粋し記載したい。

「ON THE ROAD」SPRING 2009 表紙

「メーカーも旧いものをもっと大事にしなくてはいけない。新しいものを追うだけの商業主義を考え直すべきだと思う。新しいエコカーの開発だけじゃなくて、既存の車の燃費を改善するシステムを作るとか、中古車に組み込めるエコなシステムを開発するとか、違うカタチでの社会貢献を考えてはどうだろう。メーカーができなくても、それをやる人や会社が出てきて欲しい。今のままじゃいけないね。」[371]

---

[368] 小林彰太郎　(1929-2013)自動車評論家。「カーグラフィック(CG)」(二玄社)の創設者。国内外のモータースポーツジャーナリストの先駆である。氏はライオン(株)の創業一族の出身。

[369] 1962年　二玄社より創刊された車の専門雑誌。小林彰太郎氏が初代編集長を務め、出版元は変わっていくが、現代の「CG CAR GRAPHIC」に受け継がれている。

[370] 「CG」カーグラフィック　2015.05　より

[371] 「ON THE ROAD」(FREE MAGAGIN) 2009 春 P9「デザイナー佐藤允彌　大いに語る」29行目から37行目抜粋　(資料・表紙:提供　ON　THE　ROAD)

この記事からうかがい知れることは、佐藤さんが、いかにクルマを愛されておられたかということと、過去に創り出された車両に対して、作品としての尊重の念や、手を入れれば蘇る永遠性を説いておられるということを感じたのである。そして、未来の車社会に対しどういった環境が望まれるかという明確なビジョンをお持ちであったということが理解できるのである。
　旧いものを大切にというのは、一般論として特別なものではないように思われる

が、佐藤さんは優秀な工業製品は、芸術作品と変わらないというお考えではなかったのかと思うのである。
　特に工業製品というのは、それそのものが機能して初めて生かされるものである。そこが純粋なる芸術作品と違う点であり、その機能を生かす為の環境づくりやその作品の良さを維持向上するうえで、後進のエンジニアに対してあるべき姿を示された箴言ではないのかと思うのである。(左上写真372)

　このお話を更に味わってみたい。製品は生み出された時点ではベストなものであったとしても、時代や環境の変化によって陳腐化していく。しかし、例えば車の世界でクラッシックカーといわれる域に入ったものに対して、愛着を持ち、工業製品としての機能が補完されれば、その永続性が保たれるとの教訓がそこにあるようでならない。また、工業製品であるからこそ、その理論に裏打ちされたメンテナンスや環境対応のためのフォローがなされれば、いつまでも動き続けるし蘇ることも可能であると言われているようにも感じる。そこに佐藤さんの工業デザイナーとしての矜持が感じられ、モノに対する愛情ではないのかと理解した次第である。
　その意味で解釈を拡大すれば、メンテナンスに関わられる方々がおられてこそ、CB400F は本来の姿として存在し続けることができる。図らずも佐藤さんの「旧いものを大事にしなくてはならない」という言葉の中に、メンテナンスの重要性と可

---

372 佐藤氏自宅ガレージに設えられた作業台と工具 (筆者撮影)

能性を説かれているようにも感じるのである。

　工業製品の芸術性の上に成り立ったロジックによって、しっかりメンテナンス・補修を行えば機能は復活するという事実、そして、その基盤の上に新しい技術を付加していくことの有用性は、事業活動の本来のあるべき姿を示唆するものである。允弥氏の考え方はまさに経営全体の視点であり、また、日本の自動車産業やモノづくりの今後について語られたものとして捉えるべきであろう。佐藤さんはものづくりが何であるかについて、高い目線を持っておられただけに現役の人たちが触発されることも多々あったのではないかと痛切に感じる。それだけに、早逝されたことがいかにも悔やまれる。

第3節　佐藤流名車の条件

　CB400F は、誰が何と言おうとバイク史に残る名車中の名車である。その所以を解き明かしたいというのが、この本のコンセプトの一つであるが生み出したのは佐藤さんとホンダのプロジェクトチームの皆さんである。

　名車はどのように生み出されたかということを知るためには、佐藤さんが在籍されていたホンダという会社の考えや、その環境、そしてプロジェクトチームのメンバーの方々との関係を観ていく必要性があると思われる。

（右写真[373]）

佐藤さんのガレージ内部の佇まい　(2019 年／筆者撮影)

　その中にあって工業デザイナーとしての佐藤さんの発言や行動の中に、チームとしての考えも反映されているとすれば、佐藤流の考えを追うことが名車の条件を理解する早道ではないかと考える。昭和 37 年、1962 年にホンダに入社された佐藤さ

---

[373]　佐藤氏自宅ガレージ正面の壁には CB400F のタンクや、デザインを手掛けられた発電機等が飾られていた。(筆者撮影)

んは、入社一年後に和光研究所　第四設計(造形室と当時呼称されていた)に配属され、二輪ばかりではなく、四輪、汎用製品を手掛けられることとなる。

　ここから本格的な車両デザインに入られ、数多くの製品を世に送り出されることとなるわけだがそのすべてに共通している佐藤流のモノづくりの心得がある。それは、「自分が乗りたいと思うモノを創る」こと、「世の中に無く、一番と思えるものを創る」という考え方である。

　ユーザーの視点で言い換えるとするならば「持っていて、乗っていて、楽しく、そして自慢できるモノ」ということではないかと思う。生み出された各製品にその考え方を垣間見ることができる。手掛けられたものは、どれもホンダの代表作と言えるものばかりである。佐藤さんが入社して初めてデザインされたのがポータブル発電機で、使用用途や目的の多様性を考えると現代に通じるものであり、そのデザイン性から新しいライフスタイルを想像できる。訪問した際にガレージの棚にちょこんと乗っていたのが印象的だった。(前頁写真ご参照) 単にレジャーだけではなく業務や災害救難用として現代に通じるものであり、現代の BCP 対策を意識すると最先端のツールと言える。製品は生活の未来を想像できるデザイン性というものが要求される。デザイナーのイマジネーションが製品の品質を左右するのである。

TACT

佐藤さんのガレージには CB400F のオリジナルタンクとカスタムタンク、そしてこのポータブル発電機がおいてあった。

　佐藤さんと言えばどうしても CB400F が代表作としてのインパクトが強く、そこに目が行きがちであるが CB400F の魅力を探るうえでは、他の作品に目を向けることでいろいろと見えてくるものがある。

　まずは「TACT」である。

1980 年に発売されたホンダ初の 50cc スクーター「TACT」。(上写真)これも佐藤さんの代表作の一つである。その名は現代に受け継がれており、新しいスクーターの概念を創ったともいえる。逆にそのデザイン性の高さから既成の概念を壊したとも解釈できる。長く愛されるということは当然時代の標準となり常識となるということである。当時の「TACT」のデザインは、現代スクーター形状のデファクトを造ったとも言えるもので、現代においてもそのデザイン性は未だに新鮮である。

1981年には三輪スクーターで、未来というより宇宙時代を想起できるデザインの「ストリーム」(左下写真)や、1986年には二人乗り自体をコンセプトとし、乗りやすく後部座席の快適性を備えた「フュージョン」をデザインされている。

　その形状は車高や乗り心地を意識したロングサイズデザインで、これもスタイルそのものが新しい生活を提案するものとして大ヒットとなった。その後もスクーターにスポーティー性を加えた先駆けと言われる「DJ・1」や、「LEAD」等その作品は数多くある。

　そして、シンプルにして軽量、快適、必要なもの以外すべて削ぎ落としたと言われる「ハミング」(右下写真)も佐藤さんの代表作であり、実は佐藤さんが最も好きだと語られていたバイクであった。

「ストリーム」

　そこから見えてくるものは画期的デザインでありながら、日常を意識し乗るものの生活を創造するモノであり、新しい世界の標準であろうとするデザインではないだろうか。

　こうしてみてくると、そのどれもがカテゴリーや領域を広げると当時に、人の生活における想像力を掻き立てるものばかりである。それ故にユーザーがその用途を多様化し、生活の中に取り入れ、結果としてライフスタイルとなっているものばかりであると感じる。つまり、造り手と使い手が双方でその対象をつくり上げていくという構造が見えてくる。その意味ではCB400Fもそうかもしれないと思った。ここで佐藤さんの残された「名車はデザイナーが作るのじゃない、人が、歴史が、名車にしてくれるのだ」[374]という言葉が思い出される。

ハミング

---

[374] 「ON THE ROAD」(FREE MAGAGIN) 2009 春 P8 より

芸術家の性としてどうしても独走性が強いあまり、ユーザーを二義的に考えてしまう恐れがないわけではない。この点において佐藤さんの見解にはアーティストとエンジニアとしての双方の心得と誇りというものが垣間見えてくる。この言葉の奥底にこそ佐藤さんの言われる名車の条件があるように思えるのである。

　常にユーザーの生活の将来に目を向けること、その想像した新しいライフスタイルに対してヒントとなるものを提案すること、そのことによってユーザーが造り手と同じ目線になるということを意識してデザインされているように感じるのである。そのデザイン性の根幹には、「将来を予感するもの」という感覚があるのだと思う。未来に対して造り手の思いを受け止めた使い手が、想像力を働かせ新しい生活のスタイルをイメージするという、相乗効果が求められているようにも感じるのである。そして、場合によっては機能そのものについてもユーザーが手を加え、書き加えることも、包含しているのではないかとさえ考えるのである。ただ、「テセウスの船[375]」ではないが、原型は変わることのないベーシックなデザイン性を持つものでなければならないと思う。(左写真[376])

　つまり、佐藤さんの言う真の名車というものは、ごく限られたものの存在ではなく、誰もが喜んでくれて大事にしてくれるものであり、そして長く愛され続けられることで自然に創り出されるものだと感じる。そこには、造り手の創造性と使い手の創造性のハーモニーが求められるということである。どう作り上げていくかどう折り合いをつけるかその結果として生まれる姿こそが、名車になる要諦であり条件だと言われているように理解するのである。

375　ギリシャ神話　英雄テセウスの使用していた船を保存するために、手が入ることで変わってしまった船を果たしてテセウスの船といえるのかという哲学上の命題ともされる逸話。
376　ホンダコレクションホール 2F のスクーター関連車両展示ブース。ここに有る殆どが佐藤さんのデザインによるもので、佐藤さんのチームの作品群である。(2022.11 筆者撮影)

言い換えればデザイナーにはそうした視座が求められるのだということかもしれない。

　佐藤さんの言われた「名車の定義[377]」はそのデザインされたすべての車種に通底するものとしてあるのだと思う。後に詳しく述べるが、CB400F もその例外ではなく、素の思想ゆえにバイクの古典としての素質を纏っているものと感じるのである。

第4節　　CB400F が開発された当時の時代背景

　CB400F デザイナー佐藤允弥さんが、直接インタビューに答える形式での開発記がある。[378]　我々が佐藤さんの手記を読むにあたって心得ておかなくてはならない大事なことがある。まずは工業デザイナーだということである。工業生産物というものの価値の最たるものとして、原価を踏まえた経済的価値が企業として優先されるものであり、設計者やデザイナーにとって常に付き纏う命題となることを考えておく必要性がある。佐藤さんが大学を卒業されホンダに入社されたのが 1962 年(昭和 37 年)。当時の本田技研工業は、1958 年のスーパーカブの世界的ヒットを背景として、二輪車として世界の頂点を目指すという大きな道のりがあったようだ。1959 年からオートバイレースの最高峰たるマン島 TT レースに参戦し、わずか 3 年でワールドチャンピオンとなった時期にあたる。ホンダが二輪車の世界において世界のトップメーカーとして君臨し始めていた時代である。

　二輪車業界におけるホンダの立場は、世界に冠たる高性能エンジンをベースとして競技で培った圧倒的技術力を生かし、社会の要請に対して世界的企業としていかに応えるかというステージを極めることにあった。社会性や公共性をも標榜しつつ、トップメーカーとして業界を牽引し創り上げリードすることを目指していたに違いない。こうした背景を改めて確認したのは、その環境こそが設計者やデザイナーのイマジネーションやモチベーションに大きな影響を与えるからである。

　自ずとそのデザイン性やコンセプトについて、ホンダとしてはその時代に合った生活スタイルを標榜することとなるのであるが、同時に業界のリーディングカンパニーとして未来を創造するという志を持つこととともなる。そのことで自ずと製品への要求水準のハードルは高くなる。そんな時代に佐藤さんはホンダに籍を置かれていたわけである。

---

[377] 「名車はデザイナーが作るのじゃない、人が、歴史が名車にしてくれるのだ」
[378] 　モーターマガジン社「バイカーズステーション」10 月号 No,193　2003.10　P18-P23

佐藤さんが管理職に就かれる頃は、ホンダが二輪自体をスケール別にタイプを分け、新しい市場を創りだすという体制の製品開発の最先端領域に身を置いておられたものと思われる。まさに国内において今までなかった「中型」という新しいカテゴリーを創造していくというテーマに取り組まれ、それが CB400F 開発の位置づけであったと言える。

　自動車産業は、1970 年代大気汚染防止から排ガス規制やオイルショックからの低燃費性能を問う課題が問われる中、工業生産物としての経済合理性、つまりは採算性の向上を示現する為のコスト削減へと邁進した。総合的機能向上というテーマは「二兎を追う」形で課題を解決しなくてはならないわけであり、さらに言えばアートとしての美しさも兼ね備えてこそホンダであると宗一郎氏が号令をかけていただけに事実上は二兎どころか「三兎を追う」状況がそこにはあったと考えられる。当然、工業デザインとして CB400F の設計においてもそうした要求が求められたのは容易に想像がつく。

　また、中型クラス創造の物語として CB350F の果たせなかった目標に対して、企業の論理というものが厳然とあったはずである。その難問に対応する上で「今度は負けることのできない戦い」あったものと思う。
　ご生前であれば佐藤さんに直接お聞きしたいが、それも叶わぬ今、こうした難に対してどう対処されたのかを想像してみると、案外、真に工業デザイナーとしての手腕が問われる「やり甲斐の有る時代」であったと答えが返ってきそうな気がする。

第5節　佐藤さんの 3 つのデザイン志向

　佐藤さんは「Honda DESIGN　Part1」[379]による手記と軽井沢のご自宅でのインタビュー録画 (前述本付録)によれば、「「CB350FOUR」で失敗したのに、この 400 でもう一度トライさせてくれた…」と率直に感想を述べられていた。

　佐藤さんはデザイナーとして背水の陣で臨まれたのではないかと推測されたが、その後の記述を読む限りにおいてはそうではなかったようだ。むしろそうした気負いはなく自然体で取り組めたからこそ平常心でデザインができ、それが良い結果につながったと述懐されていたのが印象的であった。それは佐藤さんらしい人柄かも

---

[379]　東京エディターズ「Honda DESIGN　Motorcycle Part1 1957～1984」日本出版社 2009.9.10　P46.

しれない。CB400F のデザイン自体、佐藤さんの思いが素直に表れたことが、代表作となるべくしてなった作品だと考えて良いのかもしれない。

　この DVD 録画 [380] の中にインダストリアルデザインというものの重要な点をいくつか語っておられる。曰く一つは「条件のないデザインはない」ということである。考え方として企業や商品のコンセプトの存在である。何を創りたいのか、そして何を提案したいのかという目的があって、初めて、デザインは機能するとされている。つまり、企業が求める合理性、効率性、収益性といったものは、デザイナーにとって一見制約として存在しているかの様に解釈されるわけだが、実はそうではないということを意味しているようだ。

　事実、エキゾーストパイプの形状が生まれたのも、シンプルでソリッドな風合いとなったのも、制約や条件があってこそデザインは生かされたとも解釈できる。

　二つ目として印象に残ることとして、「バイクが好きで、自分が乗りたいと思うもの、欲しいと思うものを創る」と語られている点である。

　人の持つ欲求というのは似ているのかもしれない。好みは人それぞれというけれども、人の目線というのは自分自身が人である以上、その欲求をトコトン詰めていくというのは、製品開発におけるセオリーなのかもしれない。そういう意味ではCB400F は佐藤さんがバイクに求めた一つの答えであると同時に、こうしたバイクを望んでいる人たちの動機を一にしたものと言えると思う。

　その造り手とユーザーの方向性が整合したとき、真の名車が誕生する要件を満たすことになるのだと思う。そして、三つ目の印象深い発言が「バイクはエモーショナルな乗り物である」ということである。

　エモーショナル=感情的・情緒的な乗り物であるということであり、それは設計者なりデザイナーにいかにすべてを任せられるかによって変わってくるとされている。インダストリアルデザインの難しいところは企業が生み出す産物であり、チームによって作り出されるものであるということを改めて認識させられる。

　「エモーショナル」なバイクの実現はそうしたチームワークとリーダーシップの

380　東京エディターズ「Honda DESIGN　Motorcycle Part1 1957〜1984」付録 DVD より

中にこそ生み出されるということを述べられている。

　CB400Fへの取り組みは、中型という新しいカテゴリーを確立することで、CBシリーズの新たな魅力を、ラインナップをさせることが目標であったと思う。さらにはCB750Fのサイズダウンというものではなく、全く新しいアイデアを加え、幅広いユーザー層へ訴求するという意味が込められていたとも思うのである。ただ、ここまでは通常の解釈である。

　しかし、佐藤さんの人となりを取材させて頂いたことで今さらながら思うことは、案外、『飄々(ひょうひょう)と自分が乗りたいバイク、造りたいバイクを造る感覚が一番のポイント』であったと感じる点である。(左上写真381)その意味で奔放にデザインされておられたことが、かえって外連味のないシンプルで純粋な発想でCB400Fをデザインできたのではないかとも思ったのである。その純粋な嗜好の探求、好きから生まれた美への自然な探求心こそが、多くの人の共感を呼び、長く愛されるバイクを生み出したのだと感じるのである。

第6節　佐藤さんの考えるプロジェクトリーダー像

　開発にあたって重要なのがチームやスタッフ、リーダーである。人間関係の是非が、成功を導く大きな鍵となると言っても過言ではないと思う。前節でも述べてきたが、インダストリアルデザインはチームプレイによって生み出される。

　つまり、会社である以上リーダーが存在し明確な目的が示され、工業生産品としてのいくつもの決まりごとの中で、ものが創造され世に送り出されていくということである。間違いなくデザイナーは中心的存在ではあるが、その力を大いに引き出すプロジェクトリーダーの存在も大きい。それは誰よりも佐藤さんがモノ造りをさ

381　ホンダコレクションホール所蔵品であるイタリアンスクーター「LUMI125」に乗られた佐藤氏。筑波サーキットにて　(資料：提供　ON THE ROAD)

れる上で重要視されていた点ではなかろうか。

　CB400Fの開発責任者は寺田五郎氏[382]である。詳細は後の章で述べるが、もともとはヤマハのご出身であり、ホンダにおられた友人の勧めがあり途中入社されている。特にヤマハではレース用バイクのチューンを手掛けられ、海外遠征のメカニックとしても勇名をはせた方であったと聞く。

　佐藤さんによる寺田リーダー像は、「CG・自動車望見」[383]に詳しく記載されているが、結論から先にいえば「**最高のプロジェクトリーダー**」であったと述べられている。寺田氏は確固たる信念を持ったカリスマタイプではあるが、指示するときには、必ず何らかの道筋を示し考えやすくしたうえで、一緒に困難に立ち向かうというタイプであったとのことである。

　佐藤さんの寺田氏評は続き、寺田氏から設計でもデザインでも特別な指示は、ほとんど受けなかったとのことで、方向性さえ違っていなければ、各セクションの自主性を最大限に尊重するという考えであったようだ。その証拠としてCB400Fの取り組みは、いわばCB350Fという失敗作をモデルチェンジする仕事であって、通常は敬遠したくなるものであったにも関わらず「寺田さんにかかると、それが楽しい仕事になってしまう」とも述べられている。

　寺田氏から示されたのは、「牛若丸のような"動"のイメージ」。そしてCB400F開発コンセプトは3点。①動力性能を向上させる。②4気筒シリーズの末っ子としての独自のスタイルを創る。③重量軽減とコスト削減によって収益性を向上させる。というものでそれ以上でもそれ以下でもなかったと。この3点は寺田氏自身がバイク雑誌等のインタビューでも何度も応えられていたものである。そのコンセプトに対する示唆がメンバー全員に行きわたり共有されていたことが、メンバーの発言からも明確に分かるのである。

　こうして追ってくると、いかにメンバーの信頼関係とお互いのリスペクトが構築されていたかを垣間見ることができる。それだからこそ開発の中心であったお二人をもってCB400Fの生みの親とされる所以が生まれたのだと思うのである。

　バイクという車両の基本性能の向上という素地はがっちりと構築しつつ、

---

[382] CB400F　総開発責任者　当時、本田技研工業　主任研究員
[383] CG 2004.03/P216-218、-2004.04/P226-228　「自動車望見」…「駄馬にも意匠第15回から16回」
　　　佐藤允弥

CB400F のカテゴリーにおけるコンセプトを明確化し、マーケット性を踏まえた立ち位置と同時に役割を示唆し、そして工業生産物としての技術的対応もシンプルに指示されたとされる。企業における製品創造者としての目標意識が、見事に表れた瞬間がそこにあるように思う。

第7節　CB400F のデザインについて

　日本経済やその時代の自動車産業(二輪車産業)の背景を考えつつ佐藤さんの手記を読んだとき興味深く改めて注目したい点がいくつかある。

　まさに CB400F デザインの原点の部分が見えてくる。まず、第一に注目したいのがデザインの思想である。CB400F のデザインにあたって佐藤さんが発想したイメージは、ホンダの「GP レーサー」であったとされる。

　CB750、CB500 のシリーズの流れの中で、再結成された CB400F 開発プロジェクトは寺田五郎 LPL の下でコンセプトを明確化しようということで、協議のうえ共有されたイメージは「牛若丸のような躍動感、運動性を表現する」ということであり、「燃えるように赤く長いフューエルタンクと前傾姿勢のライディングポジションで、レーサームードをもったヨーロッパ感覚のバイクにしたかった」とされた。

　つまり、最近雑誌等で目にする「カフェレーサースタイル」ありきのデザインではなく、まず、佐藤さんのデザイン思想そのものがあって、そのオリジナルの中から生まれた新しいバイクデザインの原点が、しっかり存在していたということである。改めて言うまでも無いがバイクが工業生産品である以上、それは多くの部門が関わった創造物だということである。

　佐藤さんの凄味というのは、常にレーサーのイメージを基本にしつつデザインが進められたということ、自分が求めるものは何かという志向の上にユーザーが求めるものが何かということを意識した設計思想がしっかり確立されているということであり、その上で工業デザインとしてのコストダウン、軽量化、標準化、量産性等が考慮され CB400F が世に出たということである。

　デザイナーというのは、自分の意志の表現と充足感がなければ、結果として見るものの心を打つことは難しいと思う。それだけに工業デザインというのは難易度が高くなるのではないかと考える。画家や音楽家といわれる人たちの表現とは、制約

という意味で違ったものになる。それは工業製品という分野の制約と、企業の意向というものに大いに左右されるからである。

　佐藤さんの工業デザイナーとしての誇りは、それらの課題を踏まえつつ、いかに自らの表現を貫くかということであり、それだけに成就した時の達成感は大きいものだと思う。また、佐藤さん自身「自動車望見」[384]の中で、前節で述べた三番目の課題であるコスト削減の条件について、「重量と削減の条件を徹底的に利用してみようと思った」と語られ、制約を寧ろ梃として生かすという発想である。そうした制約下において創り出されたものが永く愛される商品となることは、その製作に関わられた関係者全員の勝利を意味するものであり、チームワークの産物として更なるを達成感をもたらすものではないだろうか。

　企業人としての役目を果たしつつも、自らのデザイナーとしての自由度を最大限に生かす環境づくりは、むしろチームであるからこそ生み出されるものかもしれない。孤高の芸術家は常に自分を刺激し、その弛みのない創作意欲によって作品を生み出すことになる。一方、企業デザイナーはというと、企業であるからこそ、そして生まれる制約があるからこそ創作意欲は加速し、その独自性も組織活動の一環としてチームの中で昇華されていく。言うなれば人と人の共感や融合によって表現の自由度は増していくこともあるのではないかと思うのである。

　改めて言おう。佐藤さんが自ら語られているように「自分が欲しいデザイン」[385]を求めたものの結果として、CB400F は生み出されたのであるが、チーム芸術としての作品であるともいえるのではないかと思うのである。

　本田宗一郎氏の語録の中に「製品の美と芸術」というのがある。そのテーマの締めとして「**実用価値の上に、芸術的価値をあわせ備えたとき、初めて完全な商品となるのである。・・・現代の卓越した技術者は、優れた技術者であると同時に秀でた芸術家でなければならない。科学者の知恵と芸術家の感覚とをあわせ持たなければならない。**」[386]と述べられている。まさしく、本田宗一郎氏の信念ともいうべきデザイン思想と、佐藤さんの「三つのデザイン思考」とが融合した証である。

---

[384] CG 2004.04/P226「自動車望見」CB400F の記憶

[385] 東京エディターズ「Honda DESIGN　Motorcycle Part1 1957〜1984」2009.9.10　P9 15

[386] 本田宗一郎ミュージアム「TOP TALKS」製品の美と芸術　(昭和59年2月1日　本田技研工業発行)

製品とは何だろう。CB400F という工業生産品が、本田宗一郎氏の言うように「芸術と科学の融合」と捉えると、まさに哲学の産物なのかもしれない。言い換えれば「宗教と科学の融合」とも言い換えることができるかもしれない。

「どうしようもなく好きだ」という感覚や、「理屈じゃないのだ」という感覚を持ちつつ、「走る、曲がる、止まる」という機能の面での科学は究極まで突き詰められる。それ自体が極めて哲学的である。バイクという乗り物を徹底して「哲学」し、具現化したものの一つが CB400F であるとするならば、その魅力が失われることが無いということに、得心することができる。

第8節　　CB400F のエキゾーストパイプの持つ意味

パーツが剥き出しになっているバイクであるが故に、パーツのデザインに注目してみたい。最も注目すべきが、マフラー・エキゾーストパイプのデザインである。そもそも 4into1 エキゾーストシステムが生まれたのは、軽量化とコストダウンの副産物であったことを佐藤さん自身が語られている。

「4本のエキゾーストパイプを集合させるに際して、クランクケース先端のオイルフィルターのケースを避けてレイアウトしたことで自然に奇妙な形状になったのだが、これも特徴的要素のひとつとなった」[387]と語られている。

ということは偶然の産物ということになるが、その「奇妙な形状」を自然な佇まいとして、むしろ美しさの象徴として機能を同化させたというところが凄いところである。佐藤さんをはじめとするチームワーク無くして昇華しえなかったのではないだろうか。

企業の論理をいかにアートとして自らのコンセプトに取り込み調和させるかが、当時の工業デザイナーの矜持(きょうじ)であり設計思想であったとすれば、この対応を大袈裟に言えば科学と芸術の融合による真骨頂とも言えよう。

つまり、工業生産品であるバイクをいかに芸術家として作品化し、ユーザーに訴えかけるものにするかということである。工業生産品としての機能美を昇華し、さらに、真のデザインコンセプトを形にして美を融合させたからこそ、"どうしようもなく人を惹きつける"ものを創り上げることができた。まさに佐藤さんの言葉を借りればそういうことである。

---

[387] モーターマガジン社「バイカーズステーション」10 月号　P21 1 段　27-30 行

実はこれらの解釈において、もう一つ拘りたい点がある。佐藤さんがご存命であれば問いたいところであるが、「**自然に奇妙な形状になった**」[388]と佐藤さんの語ったエキゾーストパイプの形状であるが、この形状こそ CB400F デザインの核の一つではないかと考える。佐藤さんは自然にという表現をされたが、工業デザインにおいて「形状は必要の産物」と考えてよいだろう。

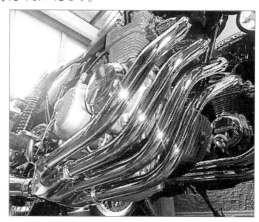

　つまり、この形状は偶然ではなく必然であり、設計思想のなせるものと考えることが自然だと思うのである。

　あの流れるような4本のエキゾーストパイプに目を奪われないものがいるだろうか。私はCB400Fの最大の魅力だと感じている。オイルフィルターのケースを避けるためだけであったら、エキパイゾーストパイプの形状はあの形でなくても良いし、他の曲げ方も可能であろう。もう一度、寺田さんや佐藤さんが語った「牛若丸のような躍動感、運動性を表現する」と言われた言葉を思い出したい。

　このエキゾーストパイプから感じ取られるものは、一言でいえば均一な4本の曲線が紡ぎ出す「流麗」さであり、特に「風の流れ」や「流水」、或は「スピード感」や「空気をまとうという感覚」、そして、「疾走する姿」というものが包含されて表現されていると感じる。クロムメッキの輝きはその疾走感を更に引き立て、乗ろうとするものの想像力を掻き立てる。空気抵抗を削いだ流線形は機能美としての象徴だとすれば、自然の美しさを取り入れた表現力であり、言い換えれば自然の姿を表現した象徴美ということができる。

　一方ではその製作に関わる経緯を考えると、コストダウンを主眼とする工業生産品としての経済合理性と軽量化を実現したという事実から、完全な機能美として捉えることもできる。「**形態は機能に従う**」ということから言えば、美しさは機能の純粋性から立ち現れるという金言は、多くのデザイナーが今も心掛けるべき指標と

---

[388] モーターマガジン社「バイカーズステーション」10月号　P21 1段　30行

されている。このエキゾーストパイプはまさにその産物である。

　実際に 4into1 マフラーの製作にあたられた車体設計の先崎仙吉さんによれば、大変なご苦労があったとのことである。詳しくは第 7 章第 1 節で詳しく述べさせて頂いているが、マフラーメーカーであった三恵技研工業に通われた日々を述懐されていた。マフラーの取り回し、排気チャンバー等は図面を引かずに現車に合わせながらのまさに手作りであったことや、あの美しいエキパイの湾曲部は、オイルフィルターから逃げる為の必要性から生まれたものであり、まさに「形態は機能に従う」ということを地でいくものであったということである。

　さらにテールパイプのロール形式の製作や、リンク式チェンジペダルのジョイントとしてピロボールが採用されるなど、まさに初物尽くしのオンパレードであったことが読み取れる。デザイナーの佐藤さんのイメージを具現化する為にチーム一丸となって作り上げられたことは言うまでもない。

　以上これらのことを踏まえて CB400F のエキゾーストパイプの意味を、車両全体の完成度という観点でとらえた場合どういう評価になるかを述べておきたい。

　CB400F はよくカスタムされるケースが多いが、エンジン性能のアップや新しいスタイルへの希求として理解している。ただ、極めて個人的意見を述べさせていただくとすれば、このノーマルのエキゾーストパイプ無くして CB400F の美しさは完結されないものと考える。このバイクに限ってはデザイン美という点で、カスタムがなされればなされるほど美しさの魅力が損なわれると思うのだ。

　私見ではあるがノーマルの状態こそパーフェクトであると確信しているし、その意味から言えば、美観を維持する上でエキパゾーストパイプは輝き続けることを余儀なくされるとも考える。それは距離を走るうえで存在するエキパゾーストパイプの「焼け」を許さないものであり、その機能美と表現美を供えようとすれば二重管による構造的対応はマストであると考えるべきである。

　しかし、排気システムそのものの魅力はただ単に姿形だけではない。本質的な性能アップの面やシステムそのものが醸し出す排気音、敢えて音色という表現をするとすれば、これもユーザーにとって重要な要素であり、それによって改造の是非が変わってくることも事実である。

第9節　造形「エキゾーストパイプ」の非日常性

　佐藤さん自らがエキゾーストパイプについては、「奇妙な形状」という表現をされている。奇妙ということは日常考えられないということであり、受け取る側の感性においても同様であろう。それがなぜ魅力となるのか。日常というのはそこにいつもながらあるという状況をさすが、非日常というのは通常は存在しえないものである。「4into1」というスタイルは、まさに非日常の出現であったと言えよう。

　機能として設える為に、クランクケース先端のオイルフィルターを避けるという自然のレイアウトの中から、非日常的で芸術性を伴う 4 本のエキパイを集合させる 4into1 が生まれたということが興味深く重要な点なのである。

　前にも述べたように CB750F によって定着化した高性能バイクの象徴、4 本出しパイプとマフラーに馴染んでいた人々は、集合管自体に驚いただろうし、その意味でセオリーを変える代物であったということは容易に想像できる。型破り、新規性、非日常性という意味でエキゾーストパイプの存在は秀逸だったということか。こうした工業生産品の世界で常識とされるものを覆すということは、革命と言うべきかもしれない。(上写真389)何故なら芸術作品と違い量産品だからだ。4 本のエキゾーストパイプが金属でありながら同一性・規則性を持ち、流れるような曲線をもってリズミカルに束ねられた形状は手造感がある。特にライン製造において曲線の調整の多様化は敬遠されるはずである。故に最初は誰しもが従来の形状と比較し、定番としてのマルチエンジン、1into1 で 4 本出しというものを想像していたはずである。でも、ユーザーは一見するだけでこのスタイルに新たな機能美を感じたに相違ない。

　推測ではあるがこの非日常的表現にユーザーは意味を求めたのではないだろう

389　ホンダコレクションホール展示の CB400F のエキゾーストパイプ部分 (筆者撮影)

か。それはユーザーひとりひとりの解釈や想い、考えや経験がそのものに反映することになると考えられる。つまり、エキゾーストパイプの持つデザインに「細部に神が宿った」瞬間であったのかもしれない。その形状に各人の思いが込められたことで、創り出された独自の解釈が強い意味を持ち、大きな魅力となったと考えられる。(左上写真390)

改めて後の章で詳細を述べたいと思うが、この形状が必然であれ、偶然であれ、間違いなくCB400Fを異次元のモノにした立役者であることには違いない。それも誰もが魅了される造形として印象付けられる存在であることは間違いない。

第10節　画家として

佐藤さんが退職される際の挨拶状を頂いた。緑の色紙に佐藤さんの手による「Good bye HONDA」という文字。見開きになっていて、開くと左に退職のあいさつ文、そして右にCB400Fの絵が描かれており、その画才とセンスが伺える。これだけで作品であり素晴らしい出来栄えである。

佐藤さんの絵というと、従来、バイク雑誌やデザイン関係の本で見かけるものは車両のデザイン画や、車両設計のためのエスキースといったものがほとんどであったが、退職後の佐藤さんは水彩画を中心に多くの絵画作品を残されており、その風景描写は柔らかく繊細である。

特に、クラシックカーやバイクが風景の中に描き出されているものが数多くある。背景と各車両とが絵の構成として溶け込んでおり、品というか穏やかな中にも趣味の良さを、見るものに伝える力があり、佐藤流の画風ならではのものと感じている。

とりわけ退職時に関係者に配布された挨拶状は、文と絵が秀逸である。

佐藤さんのホンダへの思いが伝わってくると同時にCB400Fの絵が素晴らしく、

390　筆者所有車両　(筆者撮影)

貴重なものを頂戴したと感謝申し上げる次第である。(右は二つ折りになった挨拶状の表紙) CB400F のオーナーでもあり設計者でもある佐藤さんが、退職という節目に思いを込めたものであるだけに CB400F のファンとしては感慨深い。

特に挨拶状の見開き右側に描き出された CB400F の水彩画[391]は、佐藤さんならではのタッチでありその背景も丁寧に描かれている。車体の赤が、立体感も伴って鮮やかに描かれ印象的である。また、背景の木々や家屋の遠近によって的確に空間表現がなされ、はがき大の紙面ではあるが、奥行きとともに車両の質感や空気感が伝わってくる。

佐藤さんの退職時挨拶状

この挨拶状には写真ではなく、自らが描かれた CB400F が添えられていたこと

佐藤さん退職時のご挨拶状とそこに添付された「CB400F」の水彩画

---

391 CB400F の絵の部分については、巻頭に口絵最終ページにとして掲載させていただいた。

471

からも、ホンダを卒業される佐藤さんの思いを推測することができる。

やはり、CB400Fを多くの仕事の中でも、その象徴とし選ばれたのではないかと考える次第である。そしてその作品の中でも最後に取りかかられた「ホンダコレクションホール」も佐藤さんの作品として忘れてはならないもののひとつであろう。当然、CB400FもCB750F、CB500Fとともに同ホールのステージに展示してある。展示場の企画・構成・展示物の調査収集に至るまで関わられたと聞く。

HONDAを代表する施設であり、ご存知のように「ツインリンクもてぎ」の一角を成す象徴的施設となった。ここには、HONDAの描いた「夢」、「情熱」、「歴史」が詰まっており、HONDAの過去、現在、そして未来も見えてくる場所である。

ホンダコレクションホール正面　（筆者撮影）

言うまでも無いが、HONDAの二輪車部門におけるデザインは、佐藤さんの作品が一時代を築いたと言って過言ではなく、佐藤さんが現役当時の作品の殆どがヒット商品と言える。詳細はこの章の各節で述べさせていただいたとおりである。

HONDA引退後は、ご挨拶の手紙にも述べられていた通り、クルマとカメラ、そしてスケッチ、執筆活動、ボランティアそして地域交流と幅広くライフスタイルのステージを移され、文字通りの自遊生活に入られたのではないかと思う。

特に絵については奥様の万里子さんのガラス作品とともに、たびたび共同の個展を開催されるなど、その画業の方も素晴らしいもので多くの作品を残されている。僭越ではあるが、その作風は、その穏やかな中にもデッサンのしっかりとした個性ある水彩画で、純粋な風景画もあれば、クラシックカーやバイクをモチーフとしたもの等多彩である。特に車両に関する水彩画は、クラシックカーのポスターや、クルマの雑誌の表紙、挿絵、或いは絵葉書となり、今もその魅力は色褪せること

はなく残っている。

　まずは佐藤さん引退後の軽井沢での生活を通じて、CB400F の魅力の根源を探すべく取材とご提供いただいた資料を通じて観てきたが、お陰様でその人となりの一部をつかむことができたと考える。

　また、佐藤さんの審美眼をさらに探るべく、これらの取材で得た情報と前章での著作を含め、バイクはもとよりクルマというモノに対するデザインの考え方を少しでも読み解けたことは大きな収穫であった。言い換えれば CB400F を創り出した眼差しを深めることができたと思う。

　佐藤イズムの申し子 CB400F は、今もこの世にあり、半世紀を経てもなお絶大な愛好家がいることを、佐藤さんに改めてお伝えし、そして感謝したいと思う。
　「佐藤さん、ありがとうございました」(上写真[392])

392　自宅ガレージの前にて　愛車とともに (資料:提供　「ON THE ROAD」)

第12章　　寺田五郎さんからの手紙

第1節　　寺田五郎さんを知りたい

　自費出版後の改定時、特に見直したいと思っていたのが CB400F 開発責任者の寺田五郎さんのことである。他意はないことではあるが CB400F となるとデザイナーである佐藤さんに注目が行くのは仕方のない流れである。それだけに佐藤さんご自身がリスペクトされていた開発責任者の寺田五郎さんについて詳しく書いておきたかったのである。この執筆にあたりお陰様で多くの関係者の方々にお会いし、直接お話を頂く機会を得たことは何よりの慶びであった。ただ、未だに残念でならないのは佐藤允弥さんが既に鬼籍に入られていたことで、直接お話をお聞きすることができなかった。それだけに寺田さんには直接お会いしたいと苦悩していたのが、自費出版時の私の状況であった。

　ここに改めて寺田さんのことを書き残しておきたいと思う。

　「寺田五郎物語」と銘打つにはいかにも烏滸がましいが、今までの内容を全面的に見直し、ご息女からお預かりしている資料[393]やお手紙、インタビューを今一度見直し、それらを軸に改定に取り組むこととした。佐藤さんについて書き記したように CB400F 開発責任者だった寺田さんの人となりも含め綴っておきたい。

　CB400F を世に送り出して頂いた、無くてはならない方であり、寺田さんの人となりが CB400F の魅力に繋がっているものと確信している。

第1項　　寺田さんへの手紙

　初版執筆時、寺田さんへのインタビューを締めくくりとして考え、寺田さんへのコンタクトを試みたのが 2020 年 5 月の連休の頃だった。

　伝手を頼りに寺田さんのご自宅に連絡をとることができた。後でわかったことだが、寺田五郎さんのお孫さんのご主人が電話に出られて、お話させて頂いたのが初コンタクトとなった。

　当時、寺田さんは体調を崩され療養中で、コロナ対策の関係上ご面談は憚れる状況であり、その時点ではご回復を待ってご面談をお願いすることとしていた。
その後、何度かお電話で寺田さんのご息女とお話をさせて頂く機会を得たが、残念

---

[393] 寺田五郎さんがお亡くなりになった後に、ご息女からお預かりしている寺田さんのお写真や講演ノート。特に講演ノートはホンダ関連の会社で実際にご講演された内容であり、細かい点まで述べてある貴重な資料である。ここでは「寺田ノート」と呼称させて頂く。

ながらコロナの影響で寺田さんへの面談は叶わない状況が一年以上続いた。

　そこで一計を案じて、お手紙ならやり取りが可能なのではないかと考え、文通を申出させて頂いたところ、快くご了解いただいたのである。2020 年 6 月某日に手紙をお出しすることとした。以下が全文である。

　　寺　田　五　郎　様
　拝　啓、向夏の候、雨の降る季節が早くも太陽の季節となりそうですが、お元気でいらっしゃいますでしょうか。まずは、突然のお手紙をお許し下さい。
私は、昭和 32 年(1957 年)生まれ 62 歳、福岡出身の入江一徳と申します。詳細プロフィールは別添致しております。どうぞよろしくお願い致します。
私は、寺田五郎様が総開発責任者として HONDA より世に送り出されました「HONDA　DREAM　CB400F」の大ファンであり、今も所有、乗車させて頂いております。このバイクの虜になって約 40 年。このバイクだけは乗り続けたいと思っております。

　ただ、年々、走行距離も落ちてまいりました。このまま歳をとり、乗れなくなるのも残念ではありますが、乗ってよし、眺めてよしのバイクでございますので、最後は部屋において楽しむつもりでございます。
　さて、大変前置きが長くなりましたが、実は現在、CB400F の本を自費出版すべく最終段階に入っております。CB400F の魅力を自分の目線で書き残しておきたいと考えたからでございます。平成 29 年(2017 年)より構想を練ったうえで、平成 30 年(2018 年)より原稿執筆開始、丁度 2 年が経過し、太宗が書きあがってまいりましたが、あと一つ大事なことが残っていると気づきました。
それが寺田五郎様から CB400F について、お話をお伺いすることです。
デザイナーの佐藤允弥氏は既に他界されておられましたが、奥様を通じて、いろいろとお話をお伺いできました。また、佐藤様がカーグラフィック誌に 24 か月に亘って「駄馬にも意匠」という連載を書かれておられましたので、そこから佐藤さんの HONDA でのご経歴、お仕事に対する考え方や、モノづくりについての拘りなどを読み取ることができました。
　何よりも興味深かったのがホンダで、取り組まれた CB400F の開発についても書かれておられ、その中で、寺田五郎様のことを人としてもリーダーとしても、大変「素晴らしい方」であると称賛されておられたことです。
　私は、ある方の縁故をたより、寺田様のご自宅の住所がわかりましたので、お電

話をさせて頂きましたのが2か月前でございます。折しも「コロナ問題」が世に蔓延しており、未だにお邪魔できない状況が続いております。そこで、ご相談ではございますが、手紙だけでも、お許しいただけるのであれば、やり取りをさせて頂けないかとこの筆を執った次第です。

　もし可能でございましたら、寺田様が、今まで取り組まれてきたこの業界のこと、ヤマハからホンダに移籍された経緯、寺田様の技術者としてのお考え、そして、「CB400F」開発に関わるストーリーを、お教えいただければこれ以上有り難いことはございません。

　私と致しましては、そのことを自らの出版物(自費出版の予定でございます)に書き加え、完成致したいと考えております。

　大変勝手なことばかり申し上げましたが、何卒ご検討いただければと存じます。あくまでもご無理のない範囲で、お手紙のやり取りをさせて頂ければと存じます。どうぞ宜しくお願い申し上げます。

最後になりましたが、お体にご留意されます様祈念申し上げます。

いつの日か、お会いできることを楽しみにしております。

敬　具

令和2年6月30日

入　江　一　徳

　以上が手紙の全文である。後日ご息女にお聞きしたのであるが、このお手紙を大変喜ばれ、筆を執り、どう書こうかと考えておられたとのことであった。

　ただ、その後、返事をお待ちしていのだが療養中ということもあり、私としてもご無理な注文であったかもしれないという想いもあり時が過ぎていった。

　手紙の件はそのままに、その後もお電話にてご息女[394]を通じ寺田さんとの面談についても時期を計ってきたものの、コロナ禍の影響が引き続き懸念されることもあり、インタビューや手紙と言った寺田さんご自身にご負担をおかけすること自体をご遠慮すべきではないかと考えるようになったのである。

　計画も進まない中、既に一年が経過していたが、決して諦めていたわけではないものの、弱気になりかけていたことは正直なところであった。

---

[394] 寺田五郎さんのご息女　赤羽根しのぶ様　コロナ禍ということもあり、寺田さんとのやり取りにはすべて赤羽根さんを通じてやり取りをさせて頂いた。

第2項　　　寺田さんからの朗報

　そして 2021 年 6 月、この章をもって最後の推敲を行う為、手を入れ始めたがや
はり寺田さんのその後が気になった。早いもので手紙を出してから丁度一年。思い
切って電話をさせて頂いたところ思いもかけぬ「朗報」を頂いたのである。

　コロナ対策もワクチンの段階に入り、寺田さんご自身の接種が今月(2021/6)と来
月(2021/7)であるとのこと、場合によっては 9 月に面会が可能になるかもしれない
というのである。また、前段で記載したように寺田さんご自身も、小生宛に返事を
書こうとされておられたということなので本当にうれしく思った。

　ご息女によると寺田さんも今年で 89 歳になられるという。貴重なお時間を頂け
るというのであれば、1 年待った甲斐もあるというものだ。

　しかし、考えてみるとお会いできることを信じ 9 月を待つとして、仮にお会いで
きた場合でも一定のソーシャルディスタンスと遮蔽の中で、しかも長時間のインタ
ビューは難しいことになるだろう。

　だとすれば、ほかの方法を考えられないかと思案する中で思いついたのが、「ボ
イスレコーダー・インタビュー」であった。お会いした際にも貴重なヒアリング時
間中に、お話を書き出す時間すらないことが懸念される。それであれば予めご了承
を得られるのであれば、一層のこと「ボイスレコーダー」を送付し、寺田さんのご
都合に合わせ、思いつかれたときに吹き込んでもらうのが良いのではと考えたのだ。

　早速、ご息女にご連絡しご説明させて頂いたところ、幸いなことにご了解を得る
ことができ、操作方法を記載したお手紙と「ボイスレコーダー」をお送りすること
とした。

　本当にお会いするときには、御礼とご挨拶だけであってもインタビューの目的が
果たせ、尚且つその音声によって正確に且つニュアンスも把握できるはずである。
何よりもインタビュアーがいない方が本音でお話頂けるのではないかと思った。

　この一計がうまくいくかどうかは分からないが、現状下で考えると最善の策と考
えた。その新しい段取りが整い実行の算段をしていた時に、更なる「朗報」が届い
たのである。実は最初にご提案した寺田さんからの直筆のご回答を頂いたのだ。

　正直、寺田さんからお手紙でのご回答は諦めかけていただけに、こんなに嬉しい
ことはなかった。

ご回答を頂いた内容は、一つには **CB400F** の当初の取り組みについて、そして、寺田さんのホンダ入社までの経緯が書かれていた。今まで雑誌を通じて概要が掲載されたこともあったが、生の話であり、聞き及んでいることとはとはニュアンスが違う貴重な内容であった。その時 CB400F ファンの皆さんにそのまま伝える義務を感じていた。

第3項　　　寺田さんからの手紙

　寺田さんは私に対する返事を何度も書き直しをされておられ、送られてきた手紙は、まだ下書きのものであったが、私がご息女に懇請し送って頂いたものであった。その内容が以下のものである。

　『　拝啓、過日貴兄からの履歴書とお手紙を拝見致しました。
ホンダ CB400F のユーザーであるとの事、誠に有り難く思います
早速ですが用件のみで失礼致しますが、この開発をはじめる前に、ホンダの４気筒シリーズの位置づけをはじめまして、CB750F が長男、CB500 が次男、CB350F が末弟ということで、末っ子の扱いをどうするかが問題になりました。一番自由に走れない車をどうするかが開発の目的になったわけです。
一番走らなければならない車が、一番のろく、４気筒シリーズの足を引っぱりかねないという結論が得られました。
そこで実際にやった事は、出力アップ、重量軽減とのものでした。
幸い佐藤氏が首を張って造り変えたレーサースタイルの新 350 のスタイルが決まったのですが、４本マフラーを一つにしぼり、排気量を 400cc に少し越えることも決まってきました。つまり、４気筒シリーズとは別物のクルマにしたわけです。それが新しい形の 400F となったわけです。

　また、なぜこの車を担当したか簡単に申し上げますと、ホンダの CB750F、CB500、そして CB350F とその末弟機種で個性に欠ける部分が多く、特に出力、スピード、バランスが悪く、商品としては全く評価できなくて会社も困っていたわけです。従ってその改造を私に命じたわけです。
　その中で私が考えたのが、CB750、CB500 は明確な位置づけがあったのですが、CB350 は４気筒シリーズとして位置づけが全くなく、単に４気筒シリーズの末弟だけで何の個性も見当たらないので、シリーズの中で個性を明確にすることから始めました。』

この記述からわかることは、CB350F のコンセプトがいかに不明確であったかという点が大きなポイントとなっていることだ。

　ホンダとしては、CB750F の大成功に余勢を駆ってシリーズ化したのは良かったが、最後の末弟であった CB350F のコンセプト自体が単なるラインナップとしての存在になり独自の個性ではなく、一連のカラーつまり CB750F の 4 気筒シリーズといったもののみで、個性のコンセプトが極めて希薄であったということであり、検討が不十分であったということが分かってくる。いかにクルマの個性が重要かということの証左である。

　ただ、幸いであったのはその再生を任された寺田、佐藤両氏がそのウイークポイントをしっかりと見抜かれていたことがこのお手紙で分かった。特にバイクの本質である出力、スピード、軽量化という点の改良に取り組まれたことで、寺田さんが語られているように、「**4 気筒シリーズとは別物のクルマにしたわけです。それが新しい形の 400F となったわけです。**」と言われている通り、生まれ変わったのは**既存バイクのマイナーチェンジではなく、フルモデルチェンジであった**ということだ。そしてこれも寺田さんが語られているように「**佐藤氏が首を張って造り変えたレーサースタイル**」のデザインがそこにあったということである。

　一般論ではあるが雑誌における記者としての遠慮であったのか、それとも寺田さんや佐藤さんが配慮されたのかは分からないが、今までのインタビューの記事としては見ることのなかった開発に関わる生々しい光景が記載されていることに驚いた。この寺田さんのお話で、本来の企業活動の中にある開発という仕事の厳しさを少しでも感じることができたことは大きな収穫である。何よりも CB350F のリベンジの為のマイナーチェンジ企画であったものが、事実上、**CB400F 開発プロジェクトが、結果として新型車の開発に匹敵するモノであった**ということである。

　そう考えるとあくまでも想像の域を出ないが、寺田さん佐藤さんの社で置かれていた立場は、かなりのプレシャーがあったことは事実であろう。

　ただ、佐藤さんのインタビュー記事にはそのような表現は殆ど無い。それは佐藤さんの性格によるものと推察される。静かな闘志を燃やしつつ、しかし気負いはなく、自然体で仕事にかかる姿勢が良いデザインにつながる、と言われた佐藤さんの言葉が思い出される。と同時に、企業組織の価値観という制限がある中で、プロジェクトメンバーが力を合わせて自らの表現を形にしていくという、企業人としての

誠実さと職人の矜持というものが、葛藤をしつつも昇華されていく様が想像できるのである。そうした戦いがあったことを、ご本人の言葉としてCB400F生誕の経緯を知ると殊更に感慨深いものがある。このバイクに注がれた技術者の魂がそこにあることを感じる。

　結果として全く新しいものとしてCB400Fが生まれてきたという事実は、プロジェクトメンバーの執念というよりも技術者としての生きざまが生んだ作品ではなかったかということである。突きつけられた経済的条件の厳しさが寧ろ各人の潜在能力も含め、情熱と心血を注ぐ結果となり、今までにない時代の寵児が生まれる要因となったと考えて良いだろう。

第2節　　寺田モータース

第1項　　生れついてのエンジニア

　寺田さんのことについて少し述べておきたい。というのはその生い立ちやご経歴が多くのことに関係しているからである。この本ではCB400Fの魅力を解明していくことに大きな目的があるわけだが、佐藤さんの存在がそうであったように、この車両に関わった多くの方々の人生が、形となって姿を現したということを考えますと、開発責任者であった寺田五郎さんのご経歴を避けて通ることができないと思うのである。**本節は貴重な資料となった「寺田ノート」**[395]**をベースに書かせて頂いている。**その冒頭に自己紹介の文が書かれていた。

　昭和7年(1932年)11月20日、浜松の寺田モータースというオートバイと自動車の修理を行う会社の次男として生を受けられ、「生まれた時からガソリンの匂いを嗅いで育った」とふり返られている。

　寺田さんの「五郎」という名前は、お爺様が建具屋で、後継ぎは自動車屋(寺田モータース)になったので、後継ぎがいないということから、孫にあたる寺田さんに後継ぎにと考え「五郎正宗」、「左甚五郎」に因み「五郎」となったということのようである。その実、御爺さん、お父さんの血を受けて、幼いころから手先が器用で、工作はピカ一であったようだ。その天分は会社に入っても発揮され、テスト部品等設計の手を借りずに自分が手仕上げで作り、結果を出してからその部品を設計図に

395　前節第一項脚注参照。「寺田ノート」＝寺田講演録原稿記録 (寺田さんの直筆)

することから、他の人たちが3か月かかるところを10日もあれば結果を出したとされる。

　昭和20年、少年航空兵に志願。国の名誉の為という指導のもと、喜んで入隊を果たされるが、僅か4か月で終戦を迎えられ帰郷。疎開先での生活の後寺田モータース再建の為に家族全員で焼け跡の整理から始められたとのことである。
その後立て直しも進む中で、浜松工業中等学校・機械科編入入学されている。少年航空兵の試験に合格されていたことが狭き門を通ることができたと述懐されている。とは言え学校の校舎もままならない中で、旧航空隊の兵舎が仮校舎となったとのことであるが、実はこれが後の本田技研浜松工場になったということで、此処にも寺田さんとホンダの御縁があったことが窺い知れる。

　昭和23年、アート商会を経て本田技研になり資本金100万円、従業員30名でスタートを切った頃、本田宗一郎氏自身が自分で作ったオートバイを自ら売りに回っておられ、同業であった寺田モータースにも来られていたとのことである。そこで本田宗一郎氏の人となりを身近に感じた寺田さんは、学校を卒業したらホンダの試験を受けようと心に決められたようである。（下写真[396]）

[396] 当時の寺田モータースの店舗の様子。店舗の大きさ、数多くのバイクが並んでいることからも、可成りの規模であったことが推測される。

昭和26年、寺田さんが浜松工業高校の機械科を卒業するときの第一希望は本田技研。第二希望は無くホンダが駄目であれば家を手伝うとの決意であった。そんな時、朝鮮動乱による景気回復もあり、寺田モータースは共同経営による新会社を設立するが、経営権の問題で仲違いが起こり借金を抱えたまま喧嘩別れとなったことで、寺田モータースは第二の危機が訪れるわけである。

　このような状態では、家を離れてホンダに入社するわけにもいかず、試験前日になって受験をキャンセルされておられる。ここで一緒に入社試験を受けられたのが同窓の鈴木義一さん[397]だったとのことである。寺田さんは寺田モータースの再建に向けて精進される中で、将来、自らの店を開いて商売を始めたいという考えになられた。(左写真[398])

　それから8年が経過した頃、寺田モータースの再建も成り、寺田さんにも次の転機が訪れる。その転機の切掛けになっていくのが日々の業務への疑問であった。当時の修理屋というものは、メーカーから持ってきたクルマを売って、その後のサービスを商いの基本とするのだが、お客からのクレームが非常に多かったということを言われている。クレームが来るたびに改造し、図面を起こしてメーカーに持ち込むのだが、一向に直してくれない。

　現場の家業をやっている方たちにとってみれば、日々の生活が大切なのにメーカー側は何もしてくれなかったと書かれていた。寺田さんは何と、新車をお客さんに渡す前に、夜間エンジンを分解して悪いところを改造してからクルマを渡すということを数年続けていたということである。案の定、そのメーカーは傾き、寺田さんは将来に失望しかけていたころ再びホンダ入社のことを考え、浜松工業の恩師を尋ねられている。

397　詳細はp486脚注をご参照
398　寺田モータース時代の寺田五郎さん

そこで勧められたのが、募集をしていないホンダではなく、ヤマハだったのだ。これは寺田さんのご両親にも兄弟にも内緒で受験されたそうだ。当日は黒いつなぎ服を着たまま受験され、予定にはなかった専務面談となり、あれよあれよという間に入社が決まってしまったようである。困ったのは寺田さんで、家族にはすべて内緒であり、その旨ヤマハに申し述べ1か月の猶予を頂いた上で家族を説得。3年間勉強に行かせてくれということで了解を得たそうである。

　昭和34年3月1日、寺田さん27歳の時、ヤマハ発動機・技術研究所に正社員として入社、試作課に配属となる。

第2項　　レーシングマシンを創る

　寺田さんは、配属された試作課で新機種の試作車を作ることが主な仕事であり、木型、機械、板金、塗装、組立て等々の係がある中で、それらを取りまとめ、試作を推進していくことがミッションになった。メーカーとしては外注部門を含めた部品の調達を行い、試作車を計画期間までに完成することが求められるわけであるが、寺田さんの今まで経験してきたスピード感と違いそれぞれが遅いため、最後には自分で手を出してしまったそうある。その時の上司は「都合の良い人間が来た」と組み立て係に回してくれたのだが、機械仕上げと木型以外は殆どすべてやれることから、今度はそれらを自らの手でやってしまう。そのことで試作車の完成期間は、通常の半分のリードタイムでやれるようになったとのことである。

　寺田さんは入社後、朝は仕事が始まる前から連絡車の洗車から仕事場の清掃を当たり前とし、寺田モータース時代は当たり前の様にやっていた。ましてや夜の9時、10時まで仕事をすることは当たり前で、もっとやりたいと言ったら「困る」と言われたとのことである。そして、一年が経過した昭和35年。ヤマハもオートバイで世界GPに参加することが決定。日本勢としてはホンダが前年に出場していたこともあり、スズキに次いで国内3番目のメーカーとなることになる。

　その為、**レーシングマシンの製作が開始され、その製作が寺田さんの新しい仕事となっていく**。流石に忙しくなり月に200時間の残業をした時代であった。給料より残業手当の方が多く、寺田モータースの時代はどんなに働いても一銭にもならなかったとのこと。ただ、その寺田モータースの経験のすべてが、この時、ヤマハで生かされたことは言うまでも無い。

次の年、昭和36年、ヤマハは世界GPに参加できるレベルにまで車を仕上げる。寺田さんは早速、フランス、オランダ、イギリス、ベルギーとレースに出場する為にヨーロッパを3か月に亘って転戦することとなる。ただ、ホンダの圧倒的な強さを前にして、ヤマハはトラブルが多く、マン島レースとベルギーで6位に入るのがやっとといった状況であった。寺田さん曰く「テスト不足」とのことだった。

それもそのはず、テストコース自体が整備されておらずレーサーのテストは、早朝に国道1号線で実施したり、開通前の名神高速道路を借りて行なったりと苦労の連続であった。その為、実際のコースを想定した高低差に対するテストが不足していたとのことである。当時、ヤマハは世界で戦える2ストロークマシンの開発に努めていた。寺田さんによると4サイクルマシンと比較すると大変デリケートなマシンで、気温、気圧、湿度などの影響を受けやすく、平坦な道路でどんなに調子よくても、上り、下りがあると途端に調子を崩し、エンジンを壊してしまうことが多々あったようだ。

寺田さんはこうして第一線の最先端で活躍されながら、充実した日々をおくられ4年が経過した頃にホンダの鈴木義一さんとの運命の歯車が動き出すわけである。

第3節　ヤマハからホンダへ

第1項　そこに歴史あり

寺田さんは、前述したようにヤマハで多くの実績を積まれ、ファクトリーレースも含めた重要なポジションに居られた方である。それだけに話題として挙がらなかったのが転籍の詳細な経緯である。

私が特に知りたかったのは<u>一人のエンジニア、がライバル他社に移ることの理由がどれほど大きなものであったかという点</u>であった。

近視眼的発想であるが、この移籍がなければCB400Fは生まれていないのである。それだけに知りたいという想いで質問をさせて頂いた。寺田さんのお話から推測すると、今は亡き友との絆であったということであろうか、その言葉の端々に友への想い、そしてホンダへの拘りが垣間見えてくる。前段に続き直筆で以下のように回答が記載されていた。

『　ヤマハからホンダに変わった話が実は少し長くなりますが、私は実はホンダを希望し、鈴木義一という同級生とホンダに受験する予定でしたが、試験の前日に私の父親から自分の店で働けということになり、受験をあきらめて自分の店で働くようになったわけです。

　店はオート三輪の修理販売でした。私は7年間この仕事をやりましたが、その間に浜松のオートレース場に出入りし、バイクを10台ばかり作り選手に売りながら、250cc のポインター[399]という実用車をレーサーに改造してレースに出場させ、まあまあの成績を上げることができました。
しかし、実用車のチューンナップをしたのでは故障が多く、選手は修理費が懸って持ち切れませんので、ポインターをレース場から引き上げたこともあります。
　そこでメーカーに入ろうと決心し学校の先生にお願いに行きましたら、ホンダは新入社員を募集していないからヤマハに行ってはと言われ、メーカーの仕事は修理より楽しく、将来もこれで行こうと思いました。

　ホンダの鈴木義一が熱心にホンダに来いと、浜松に来るたびごとにホンダ入りを進めましたが、私はヤマハで充分だからこれで行くからと、但しお前が死んだらホンダに入るかもしれないといつも断っていましたが、彼が本当に死んでしまいました。当時、私はヤマハでそれなりの成績を残しておりしましたのですが、ホンダの入社試験を受けたのです。すぐ採用となり、親友の鈴木義一の思し召しと感謝いたしましたが、それからが大変でした。

　ホンダという企業と、ヤマハの企業戦略が全く逆でして、私は社のことを考えて頑張りましたが、入社して三年はノイローゼになり死の覚悟をしたほどです。
それは私にヤマハの企業ポリシーが残ったままだったからだと思っています。
　人生ヤマハで良かったが、ホンダに私がきた、これも OK と云うことで、CB400は、ヤマハとホンダの合作のような車となって生まれた（ここで途切れている）』

　この後段の手紙の内容には、今まで知り得なかったホンダ入社の経緯や入社後の苦悩が垣間見える。

---

[399] 1946 年(昭和 21 年)川西航空機(1960 年に新明和工業に社名変更)から、戦後国産オートバイの先駆けとして発売されたのが「ポインター」である。当時ポインターはオートバイの代名詞であった。

そして何より CB400F に対する寺田さんなりの見立てによる新しい CB400F 像というのが見えた感じがした。というのは、ご経歴から行くと寺田さんは生まれにして建具職人、そして機械技術者の家にお生まれになったということ。

また、自らの会社であった「寺田モータース」でエンジニアと経営者としての立場を７年も経験され、更にはレース車である「ポインター」を独自にチューナップして競技者に提供されておられたという経緯もある。さらに、寺田さんの父上と本田宗一郎氏は浜松では同時代の同業者であり友人関係でもあったこと。そういう関係もあって、寺田さんも初めからホンダを希望されておられたにもかかわらず、意に反して家を手伝うという道に入られということ。

そして、浜松工業高校時代の友人、鈴木義一さんとともに紡いだホンダへの想いへと繋がっていく流れが見えてくる。

それまでのすべての歴史が、鈴木義一さんを通じて繋がっており、鈴木さんの死をもって運命の邂逅へ導かれたのではないだろうか。

ヤマハからホンダへと辿られた道程が、あたかも定めであったかのように見えてくるのは、寺田さんの想いとして通底しているものが「ホンダへの想い」であったのではないかと考えるのである。

第2項　移籍の意味したものとは

ホンダへの移籍が意味したものは何であったのか。それを寺田さんご自身が考えられた時期があったのではなかろうか。ホンダの鈴木義一さん[400]は、寺田さんと一緒に仕事をしたかったということは想像に難くない。ただ、それだけで決断できるものであろうか。何故なら寺田ノートを読む限りは、ヤマハでの充実した日々はあまりにも輝いて見えるからである。鈴木さんが浜松に来る度に「ヤマハなんかやめてホンダに来い」と何度も懇請されていたことは間違いない。

ただ、寺田さんが自ら書いておられることだが、ヤマハに少しも不自由は感じておられなかったのである。

---

[400] 鈴木義一　昭和6年(1931年)4月浜松生まれ。昭和26年(1951年)3月本田技研工業入社組立工として配属、昭和28年(1953年)3月第1回名古屋TTレースに出場、昭和30年富士登山レース２５０ccクラスに2位に入賞。その後HONDAチームメンバーとしてマン島TTレース、ダッチレース、ベルギーGPと数多くのレースに参戦。昭和38年(1963年)5月第一回自動車レース1000ccクラス優勝を果たすなど、ホンダスピードクラブの主将としてチームHONDAの牽引役として活躍。昭和38年(1963年)8月28日ユーゴスラビアで交通事故にて死去。享年32歳であった。　（モーターサイクリスト1963.11号より参考）

所属されていた試作課においては、150名の所属者がいる中で課長と寺田さんだけが職員であり、そのほかの方々は工員さんであり、その立場においても文句はなく、更には社長からの信頼も厚く、辞める理由は無かったとさえ言える。

　ただ、不幸にして鈴木さんが早逝されたことが、寺田さんのホンダへの移籍を決定づけることになったのは事実であり、それは運命というしかない。

　寺田さんは鈴木さんの再三の誘いに対して「お前の気持ちは分かった。しかしお前がホンダに居るうちは行かない。もし、お前が死んだときは、話は別だと言ってしまった」と悔恨の念を持って述懐されている。そして、昭和38年8月。寺田さんがアーチェリーの世界選手権でヘルシンキ大会に出場されていた頃、鈴木さんはベルギーでホンダ S600 乗車中に不慮の事故で亡くなられるのである。寺田さん自身、「それが運命の分かれ道でした」と書かれている。

　その後のことについて詳しい記録はないが、紆余曲折を経て昭和39年4月28日ホンダへ入社が決まる。寺田さん31歳の時である。

　ここまで寺田ノートを読んでいて、ふと思い当たるのがホンダという会社に対する寺田さんの想いである。幼いころから抱いていた入社したいという想い、高校を卒業時、家庭の事情とは言え果たせなかったホンダ入社の夢、そして、クルマと共に歩んできた道程の先に、ホンダという会社がどう映っていたかという点である。

　そこにはやはり“ホンダに入社して自らの才能を開花させたいという大願”があったのではないだろうか。そうでなければ、これほどまでの決断はできなかったと思うのである。手紙にも書いてあったように、企業文化の違いの中で、**徹底的に翻弄され「ノイローゼになり死の覚悟をした」とまで追い込まれた状況の中でも、耐え抜いてこられたのは、その先に見える「夢」があったからではないのか。**そう考えてくると鈴木さんと交わした約束の意味も裏付けられ、そこで初めてこの移籍を決断させた状況が腹に落ちてくるのである。

　身勝手な想像を巡らせてばかりで大変恐縮ではあるが、もし、鈴木さんが寺田さんをホンダに誘っていなかったとしたら、そして、もし、移籍の決断をしていなかったら、そして、ライバル車であるヤマハから移籍したいという者をホンダが拒否していたとしたら、ホンダの寺田五郎は生まれていないわけである。そうなると我らが CB400F も生まれていたかどうか分からなくなる。ここまでの経緯を考えてみると、間接的には鈴木さんも CB400F の縁者ということになるのかもしれない。

　この手紙の最後に重要な一文が書かれていた。それは、かの経歴を経て苦労の末

にホンダマンとなられ、多くの仕事をこなされながら、苦難の末に巡り会った一つのプロジェクトのテーマが「新 CB350F の開発」。それだけに寺田さんの想いが込められていたのではないかと感じるのである。強いて言えば、自らのヤマハでの経験を礎としつつ、ホンダへの移籍があったからこそ CB400F が生まれたという解釈もできる。**これに対して「CB400F をヤマハとホンダの合作」と称せられた点にとても共感させられたのである。**その言葉には、一人のエンジニアとして今まで歩いてきた人生から醸し出される夢と矜持が垣間見える。CB400F がその道程から生まれたバイクだとすれば、寺田さんの感慨はいかばかりであったろうと思うのである。

　LPL[401]という立場で取り組まれた開発案件が CB400F であったということ自体、これも運命であったのだと思う。佐藤さんをはじめとしたメンバーに恵まれたことも運命的なものであったのだと思う。そういう意味では **CB400F は一人のエンジニア人生の象徴そのもの**であったと言って良いだろう。

　CB400F との邂逅は、寺田さんにとっては一世一代というよりは、その一つに過ぎないというべきであろう。しかし、モノ作りに携わるものとして生み出された作品には魂が籠るものである。私は CB400F を通じてしか寺田さんを存じ上げないが、少なくともその想いの一部はしっかりと承ったと申し上げ、感謝したいと思う。

第4節　　友との契り

第1項　　鈴木義一さんのこと

　正直、寺田さんの人生を変えた鈴木義一さんについて何も語ることなく、この章を済ませることはできない。ただ 32 歳の若さで亡くなられた方であり、ホンダの初期の頃のレースドライバーということしか知らなかったので、どういう方か古い雑誌や資料を手掛かりに調べてみた。簡単なご経歴は前々頁欄外脚注に補足したが、実はホンダコレクションホールにその勇姿を見つけることができた。その写真[402]が次頁のものである。2022 年 11 月「ホンダの原点へ　HONDA'S　ORIGINS」"原点に立ち返ると、今と未来が見えてくる"という企画展が開催されていた。

　その一角に 1959 年(昭和 34 年)に、ロードレース世界選手権の一つであった「マ

---

[401] LPL (Large Project Leader) ラージ・プロジェクト・リーダー　本田技研工業の役職の一つで、プロジェクト推進の要とされる「開発総責任者」の意

[402] ホンダコレクションホール　マン島 TT レース参戦"RC142"」展示パネル　(自身撮影)

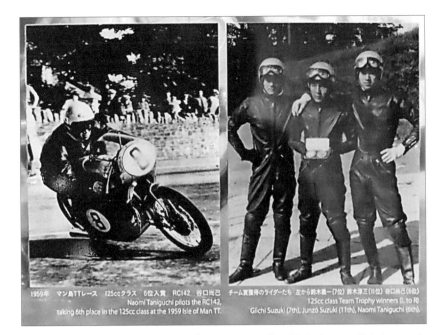

1959年 マン島TTレース 125ccクラス 6位入賞 RC142 谷口尚己
Naomi Taniguchi pilots the RC142, taking 6th place in the 125cc class at the 1959 Isle of Man TT.

チーム賞獲得のライダーたち 左から鈴木義一(7位) 鈴木淳三(11位) 谷口尚己(6位)
125cc class Team Trophy winners (L. to R) Gïichi Suzuki (7th), Junzõ Suzuki (11th), Naomi Taniguchi (6th).

ン島 TT レース」に初挑戦した時の車両 RC142 と共に展示ブースに飾られていたのがこの写真である。初挑戦であるにも関わらずメーカーチーム賞を受賞。

　中でも谷口尚己選手が 6 位に入賞するという快挙をやってのけ、その後の世界選手権にフル参戦するという礎を築いたことが記載されており、ホンダにとっては記念すべきレースの記録である。このチームメンバーの中心的存在が、当時ホンダスピードクラブの主将を務められていた鈴木義一さんだ。6 位に入賞された谷口尚己選手はその愛弟子であったと聞く。皆さんはいわばホンダの二輪世界戦略にあたって、躍進する魁となったファクトリーレーサーの人達であった。何よりも全員が日本人であったというところが特筆されるべきところかもしれない。

　上の写真展示パネルには、タイトルとして「日本初マン島 TT レース参戦"RC142"」と明記してある。展示写真左側は、「1959 年マン島 TT レース 125cc クラス 6 位入賞　RC142 谷口尚己」と表示され、ライディング中の勇姿が映し出されている。
　展示写真右側には、「チーム賞獲得のライダーたち」として、左から「鈴木義一(7位)、鈴木淳三(11 位)、谷口尚己(6 位) 125cc クラス」と表示されている。正にここから日本のモーターサイクルが世界にデビューしたわけであり、ホンダにとってみれば二輪世界制覇の足掛かりをつかんだと言える。鈴木義一さんをはじめとするレース関係者の方々の存在の大きさに、ホンダマンならずとも日本人として敬意を表

したいほどである。（下写真[403]）鈴木義一さんに関するより詳細な内容については、丁度 60 年前の雑誌になるがモーターサイクリスト 1963.11 号に「ホンダに生命を賭けた男　鈴木義一」という特集記事が有るのでご一読いただきたい。

第5節　　寺田さんからのボイスメール

第1項　　再び聞きたい

　第 1 節で記載した通りコロナ禍が長期化し、寺田さんにお会いできることが難しくなったことで、考えた手紙インタビューの回答が来たことは望外の喜びであった。更なる朗報として、ご負担になるとの考えから手紙インタビューの回収が難しいとの考えで一計を案じた「ボイスレコーダー・インタビュー」にも、2021 年 8 月、ご回答を頂いたのだ。
　この件に関しては、ご息女、赤羽根しのぶさんのお力なしには実現しなかったことを記しておきたい。というのも永年の療養生活にコロナ禍も重なり、体力的も弱られご高齢でもあるということから、インタビューをするにしても最新の配慮が必要となる。仮に私がご面談を許されて直接ご質問させて頂くことができたとしても、どこまでお聞きできたか分からない。当然、時間の問題もある。間違いなくお聞き

---

[403] ホンダコレクションホール展示車両ブース　RC142 1959　（自身撮影 2022.11.29）

したいことの十分の一も聴けなかったのではないかと思うのである。

　回答について音声を文字に起こしたが、ニュアンスを含めどこまで伝えられているかどうかは心配である。ただ、できるだけそのままの回答を尊重し、最低限の感想に留めることとする。このインタビューの内容については CB400F ファンとして、しっかり記録し皆さんと共有したいと思っている。

　質問項目としては手紙インタビューの代替であったということもあり、同じような質問もあるが、音声としてご回答を頂いたものには、その感情が込められており、ダブル部分も敢えて掲載しておきたいと思う。

　質問の内容は自由回答(その他)も含め 12 項目であったが、自由回答については無かったことから、11 項目について記していく。(右上写真[404])

　その質問の内容は以下の通りである。

1. 飛行機乗りとして学んだことは何ですか
2. 家業、寺田モータースでのご経験で学ばれたことは何ですか
3. ヤマハで最も思い出深いことは何ですか
4. HONDA 移籍の決断の理由(故鈴木義一氏との友情)は何ですか
5. 本田宗一郎という人について思うこと
6. クレーム対策二輪テスト部門の苦労や、誇れることは何ですか
7. CB400F の LPL として最も力を注がれたことは何ですか
8. CB400F というバイクの長所、短所は何ですか
9. CB400F は寺田さんにとってどういうバイクですか
10. CB400F への伝言(想い)があれば是非お聞かせ下さい
11. CB400F ファンに是非一言お願いします

---

[404] 若かりし頃の寺田五郎さん

第2項　飛行機乗りとして学んだことは

　私の作成したこの問いは、寺田さんのご年齢のことに考えが及んでおらず、不躾な質問となった。それでも回答して頂いた。

　最初の質問に対しては、**「若かった」**[405]という一言であった。航空学校へ行かれたときは、少年航空兵[406]としての立場であり、年齢的に飛行機乗りへの夢というより、純粋に国を守る為にという志で特攻を志願されていたようである。4月に入学、8月終戦という経緯であり、もし特攻兵として飛んでおられたとしたなら、その後の物語を紡ぐことも無かったということになる。

　当時は国を憂うる憂国の士となることが是とされる時代だっただけに、全員が必死であったと思う。それだけに僅か4か月であったとはいえ、航空関連教育の基礎をしっかり学ばれたことには違いない。実際、終戦帰郷後、狭き門であった浜松工業中等学校に入学される際も、少年航空兵試験合格者として無事入学が許されたと寺田ノートには記載されていた。その様な苦労の中で機械技術を若い頃から学ばれた寺田さんのような方がおられたというだけで、CB400F が持ち合わせた強運というものが生まれていたのかもしれない。

第3項　家業、寺田モータース

「寺田モータースには7年務めた」、**「何もかも自分一人であった」**と事実上、寺田さんの孤軍奮闘経営であったとのことである。ここに若くして既に経営そのものに携われた経験を積んでおられたことが、後に繋がったのではないかと推測される。

　ご提供頂いた当時の写真を見る限り、規模のあるディーラーでいらしたことが推定される。更にヤマハのベース車両を改造し、競技用としてチューンナップし車両提供・販売・修理をされていたことも分かってきた。ここで注目すべきは寺田さんが企業経営の経験だけでなく、レース車両の提供という点で、エンジニアとしての技術も相当磨いておられたことである。ただ、寺田モータースの経験では、**「修理に専念した。クレームが出て面白くなかった」**との回答でもあったのだ。

　寺田さんのお話では、当時部品の標準化はおろか、部品そのものの数も満足でな

---

[405] 本節で太字(ボールド)アンダーバー「」で記載している箇所は、寺田さんの回答音声そのものである。

[406] 応募者資格は、操縦生徒は満17歳以上19歳未満、技術生徒は満15歳以上満18歳未満。いずれも高倍率のなか試験を合格しないといけないもの。軍学校卒業後は下士官に任官となる。

く、その上致命的なのはメーカーの部品そのものの完成度が低かったということである。各部品そのものが悪い意味での手造り、つまりは品質が整っておらず、部品そのものがお粗末であったようである。
(右写真[407])

　その様なこともありクレームが増える中で、すべての技術力を駆使して修理にあたられたと聞く。しかし、対処することの難しさは無限大であったと推測される。これを逆説的に捉えると、ありとあらゆるものに精通するきっかけとなったとも考えることができる。今や製造業においては、分業化、専業化が進む現代、やろうと思ってもなかなかオールマイティのエンジニアが育つ土壌はないと言って良いだろう。

　それだけに寺田モータースから、ヤマハを経てホンダに移籍された中で培われたエンジニアとしての知識と経験は、何物にも代えがたいものになったのではないだろうか。CB400Fの開発において、各メンバーの方々が異口同音に言われたのは、寺田さんがそれぞれのセクションの立場の難しさや苦労を理解されていること、そして、指示ではなく改善が具体的であったとお聞きした。中でも寺田さんに注目すべきはレースエンジニアとしての技術、技能である。

　ヤマハでヨーロッパを転戦しながら競技会の実践の場で、しかも第一戦で磨かれた技術がいかに一級品であるかということを、他ならぬホンダの技術陣が身を持って知っていたのではないかと思うのである。また、レースというものがエンジニアリングに留まらず、マーケティング、ブランディング、プロモーション、プロデュースといったエンジニアリング以外の分野にまで及ぶことがあまり気付かれていない領域だったのである。

407　第2節第1項と合わせ当時の寺田モータースの様子。オート三輪の修理・メンテナンス、そして寺田モータースオリジナルポインターが店頭の前に並んでいる様子が分かる。

寺田モータースを一人で切り盛りしながらもダートレースにもエントリーし続けておられたとのことであり「当時のベース車両は専らポインター250をチューンナップして、レース車として仕上げた」ただ「故障しやすくメンテが大変であり、途中で引き上げるものもあった」とのことであった。ここにはエンジニアリングだけではなく、プロデュースやプロモーションといったこともその一環であったはずである。下写真408の写真からも見て取れるように、移動改修車なるものもつくられ

ていたことが読み取れるのである。
　当然、マシン本体についても、エンジン性能の最適化や耐久性の向上、軽量化及び素材開発までそのノウハウが及ぶことは容易に想像がつく。
　その証左に「ヤマハ、ホンダ両社で多くの表彰、顕彰、賞賛に能（よ）くした」とのお話であった。

第4項　　ヤマハで思い出深いこと

　ヤマハに入るきっかけは前述した通り、寺田モータースに区切りをつける意味でも、恩師に相談に行った際「当時ホンダは人員を募集しておられず、相談をされた先生から募集しているヤマハはどうだとのことで、採用面接を受けられた」との

408　寺田モータース広告宣伝車両。プロモーションの一環として、オリジナルポインターの移動対応が行われていたようだ。

ことであったが、面接の状況についても寺田ノートに書き記してある部分が見つかった。

　採用面接にあたっては、本来は人事担当の面接の予定であったものが、次々に面接官が変わられ、ついには専務が出てこられて「何がやりたいか」という質問に対して、寺田さんは「なんでもやらせて下さい」と回答したそうである。

　そうしたら専務から「気に入った、明日から来い」ということになって、家族には大反対されるものの、3年という条件付きでという「方便」をもって納得してもらい入社されたとのことである。ヤマハ入社後についての状況は前段にも書かせて頂いたが、このボイスメールにもあるように「そうしたら本当に何でもやらせてくれた。」とのお話であり、寺田さんのうれしそうなお顔が想像できた。

　入社直後は試作課に配属になって新機種の開発に取り組まれたこと。翌年レーシングマシン製作に抜擢されたこと、そしてヨーロッパを主戦場とする国際レースに遠征されたことは第2節、第2項に詳しく述べているのでここでは割愛させて頂くが、実はもう一つ大きな思い出として語られているのがアーチェリーのことである。

　これは寺田ノートに記載されていることであるが、当時ヤマハの親会社であった日本楽器にアーチェリー部があり、それに入れと言う勧誘があったそうである。早速、入部された寺田さんはこの部活にも全力投球。曰く「アーチェリーはチームプレイではなく、自分との戦いですから努力すればするほど、その効果が出るので大変面白く、遂には仕事を二番目に考えてしまうほどのめり込んでしまった」と書かれていた。そのお陰もあって、何と3年で日本チャンピオンになり、ヘルシンキの国際大会に出場した経験が思い出の一つとなっている。

　モノの本によれば、アーチェリーの矢の速度は時速 200〜300km に達するらしい。そこには流体力学[409]が存在し、空気抵抗、飛翔軌道、アーチェリーの鏃（やじり）、シャフト、矢羽、そして競技者の身体的特徴や技量が最適化した時に命中精度が上がる。それをモビリティーに置き換えてみると、その知見のすべてがリンクするように考えられ、二輪開発と無関係であるとは思えない。むしろ寺田さんの技術的素地となっていることが想像できる。

---

[409] 宮嵜　武著(電気通信大学教授)「アーチェリー矢の流体力学」日本機械学会会誌 2016.07　Vol.119　No,1172　参考

このボイスメールで何気なく「世界選手権にも出場した」(下写真[410])と話されておられる思い出の大きさに改めて驚かされた次第である。

海外の遠征は、本業についても同様で「メカニックとして海外レースに参戦した」との短い一言も、入社二年目にして参画されているわけであり、その活躍ぶりは想像以上のものである。寺田モータースで7年にわたり取り組まれたポインターのチューンナップは伊達では無かったということである。ただ、この海外遠征を通じて、レースという最前線の戦いを肌で感じながらの取り組みは、自らの技術を飛躍的に磨く機会になったのではないだろうか。

そのこと自体が最も思い出に残ることであったものと思う。ヤマハはまたとない職場環境であったと想像できる。それだけになぜ良好な環境のヤマハを辞してホンダに移籍されたか、手紙でもご回答いただいたのだが、第3節の第2項でも語ったように、やはりホンダ入社への大願があったものとその文面から伝わってくるものがあった。

---

[410] 1963年(昭和36年) 日本代表として世界アーチェリー選手権大会(フィンランド・ヘルシンキ／一橋大学研究年報 ／ アーチェリーの発達について　鈴木　正より)へ、右から2番目が寺田さん、当時30歳

第5項　　ホンダ移籍の決断

　前述した通りインタビューアーは、寺田さんのご息女しのぶさんであり、それゆえに自然体でお話されておられたことが音声からも分かる。さらにそれが幸いしたと確信したのは、移籍に関するこの質問の時である。**寺田さんは涙で言葉に詰まられ、一時話すことができなくなられた様子であった。**移籍というものがいかに大きな出来事であったかということと、ヤマハへの想い、ホンダへの想いが錯綜する運命の分岐点となっただけに、感慨もひとしおであったとのではないだろうか。

　ホンダへの移籍の最大の理由として端緒になったのは、やはり鈴木義一氏の死が決定的なトリガーであったことは間違いない。鈴木さんの寺田さんに対する移籍勧誘は、寺田さんにとって日に日に募るものとなっていったのかもしれない。

　曰く**「鈴木義一とは小学校のころから一緒であり、家業の関係で寺田モータースに入ってから以降も、浜松に来るたびにホンダへの入社を勧められた」**との話で、一緒に仕事をやろうと口癖のように鈴木義一さんから誘いがあったのだ。

　ホンダに入社後、寺田さんのエンジニア人生にとって最大の危機とも言える壁にぶつかられることとなる。ホンダという会社の社風に馴染むまで3年を要したとされ、手紙でもご回答いただいたように**「その企業文化は真反対であり(ヤマハとホンダ) 相当翻弄された」**との言葉が聞かれた。例えば実務的なもの一つとってもホンダは既存車両や開発車両をコードナンバーで呼称し、独自の社内システムがあり、前段で述べられていたように、**「そうした社風にも悩まされ精神的にも肉体的にもプレッシャーが大きかった」**とここでもしみじみ述懐されている。

　ただ、第2節第4項でも書かせて頂いたが、筆者としてはそれにも勝るホンダへの大願があったからこそ、その厳しい苦難に打ち勝っていかれたのではないかと思えてならないのである。

　実際、寺田さんは当初から得意分野であったレースを極めたいと、「F1[411]」をやりたい旨、会社には当初から申出をされていたようである(寺田ノート)。

　入社され、自殺の危機を乗り越え、そしてホンダの仕事の空気にも慣れ、2年が経過した頃、実際、**寺田さんにF1の監督をやってくれという打診が為される。**

---

[411] F1世界選手権 (FIA Formula One World Championship) =国際自動車連盟が主催する自動車レースの最高峰。

寺田さんとしては「天にも昇る気持ちでした」と語っておられた。[412] そこに焦点を絞るとすれば、鈴木義一さんが二輪から四輪のレースドライバーに転向されて間もなく、不慮の事後で亡くなられたことを期に移籍された事実からすると、意思を継ぐものとしての志、ホンダでエンジニアとして世界と戦いたいという大願を裏付けるエピソードではなかったかと考えるのである。ただ、人の心というのは分からないものである。寺田さんは会社を替わり、住宅を替わり、すべてを替えて臨んだホンダの移籍だっただけに、会社に慣れるまでの七転八倒の日々は、寺田さんの心にプレッシャーを与え続けていたことは間違いないようである。

　その証左として、F1 の話があった瞬間に、やったという気持ちと何をいまさらという気持ちがあって、「他の人にやってもらった方が良いのでは・・・」と断ってしまわれたのである。寺田ノートには、その後、会社からは二度と F1 の話は無かったと記されてあった。

　その後、寺田さんは市場クレームの解決策を立てる仕事に専念されることとなる。修理屋時代に自分がメーカーにクレームの処理を頼んでも、全然やってくれなかった経験を持っておられ、今度は逆の立場になられたわけである。それだけに、寺田さんはどんな仕事でも販売店やユーザーのことを考え、すぐに解決する必要があると取り組まれたようである。ピストンの焼付、クラッチ滑り、パワー不足、振動過大、騒音対応、スタート力アップ、そのうちホンダのクレームの殆どが来るようになったそうである。寺田さんがクルマ全般に精通されていたということで、問題点の診断・抽出の正確性から原因のあたりが鋭く、対応の目途をつけては各セクションに持っていく前に、自ら手作業でテスト品を作りテストを実施してから、その仕様だけを設計に持っていき図面にするという対応であったとされる。もちろん開発車についても根本的問題解決に関わられたことは言うまでもない。

　開発段階でのテストは極めて重要であり、発売されてからの不具合はリコールやクレーム費の増大をまねきかねない。それだけにクレームによる実損ばかりではなく、信用というものを損なうことを考えると損害は計り知れないだけに、その役割は拡大していったようである。

　このボイスインタビューで、言葉少なにきっぱりと言い切られた寺田さんの心底を察すると、いかにも「自ら決めたこと」という潔(いさぎよ)さが伺われて、頭の下がる思いがする。　ヤマハ、ホンダ両社で数多くの表彰に能くされ、特にホンダで

---

412 寺田ノートに直筆で記載されていた。

は当時「一目置かれる存在」であったとは、確かな筋からの情報として聞いたことである。ご本人からも<u>「たくさんもらった(表彰)」</u>との言葉にその存在感の大きさを感じることができる。また、ある方から聞いたことではあるが、こうした部門から車両の開発プロジェクトの LPL に選出されることはめずらしいとのこと。それだけに寺田さんにとっても CB400F の開発案件は記念すべきプロジェクトであったのではないかと推測する。実際、半世紀を経た今でも多くのファンを持つ伝説のバイクとなったことは偶然ではあるまい。想いのこもった作品であったことは間違いない。[413]

こうして、多くの足跡を残された寺田さんは、ホンダの第一戦を退かれた後、その経験が更に生かされるプルービングサービスを行うホンダ直轄の会社に着任されている。現在の株式会社ホンダテクノフォートの前身にあたるプルービングサービス株式会社(株式会社ピーエスジー)[414]の初代社長として、本田技研工業の車両研究・開発部門を担われたことは知る人ぞ知るところである。

この移籍のお話になると、涙ながらになられたのは、友を失ったこともさることながら、そこからの波乱万丈の人生への想いが去来し、多くの思い出が走馬灯のように思い浮かばれるからではないかと思った。

多くの良き思い出のあるヤマハと比べて、どちらが良かったかという質問に対しては、<u>「ホンダの方が良かった」</u>ときっぱりおっしゃった。聞いているこちらも安堵し、その生きざまに得心した次第である。(右上写真[415])

---

[413] 車体設計の先崎仙吉さんにお会いした時にも CB400F に関する排気システムについての表彰状を拝見した。LPL という立場の寺田さんにとってみれば各部門での表彰も嬉しいものであったに違いない。

[414] 現在の株式会社ホンダテクノフォートの前身は株式会社ピーエスジー(PSG)である。このピーエスジーと名称変更する前の会社名がプルービングサービス株式会社である。聞き及ぶところプルービング・サービスの名称変更にあたっては、初代社長であった寺田五郎さんの功績をたたえて、「プルービング・サービス・ゴロー」との名称から株式会社 PSG となったとされる。

[415] OB になられた後、HG　OB 会の様子

第6項　寺田さんの本田宗一郎像

　本田宗一郎氏はどういう方であったかという質問に対して、**「厳しい親爺、怖い親爺で、計画したら明日の朝やれ、すぐにやれ、という人だった」**とのことで、流石の寺田さんも参ったというトーンであったが、当時の方々にお会いし、本田宗一郎氏の印象をお聞きすると、温度差はあるもののだいたい共通しているところである。ただ、此処ではどうしても寺田さんの宗一郎評を聞きたかったのである。

　寺田さんの目から見ても、本田宗一郎氏という人は正にぶれない人であったことが分かる。それと合わせて**「経営者として技術者として最高であった」**との評であった。どうしても経営というと藤澤武夫氏[416]が登場することになるのであるが、現場サイドにおける本田宗一郎氏の経営者振りにも技術者としての顔と経営者としての顔があったことに改めて気付かされる。本田宗一郎が現場における経営者として先頭に立ち、従業員の士気を鼓舞し、自らのチャレンジ精神や世界一宣言を行い、為せば成るということを実践する姿があって、それが連綿と受け継がれていたからこそ、今のホンダがあることは言うまでも無いようだ。現場の経営者としての顔も立派なものであったということを寺田さんの言葉で確信した。

第7項　　CB400F 開発で最も力を注がれたこと

　寺田さんは第 5 項で述べた通り、クレーム対策に対する二輪テスト部門から「新CB350F 開発プロジェクト(CB400F 開発プロジェクト)」のLPL[417]に就任されている。

　それもホンダにおける明確な居場所を確立された時期であったと考えられるが、このお立場で「新 CB350F 開発プロジェクト(CB400F 開発プロジェクト)」は、いわば改良・改善プロジェクトであったわけであり、図らずも市場クレーム対策の要であった寺田さんに白羽の矢が立てられたということ自体、CB400F が生まれる縁を得ていたと言って良いと思う。この異例とも言われるテスト部門からの LPL に就任にはそういう経緯があったことが分かってきた。

---

[416] 藤澤武夫(1910-1988)　茨城県出身　実業家　元本田技研工業副社長　本田宗一郎氏の絶大な信頼を得た名参謀。本田宗一郎氏が実印と会社経営の全権を委ねたといわれる専門経営者。ビジネススクールの教材となるほどの人物であり、1973 年社長の本田宗一郎氏とともに副社長であった藤澤氏の引退は当時最高の引退劇と言われた。

[417] LPL(ラージ・プロジェクト・リーダー)　総開発責任者　プロジェクトには LPL の下に各セクションの PL が選出されチーム編成が成され開発がすすめられていく。例えば LPL 寺田五郎氏、造形室デザイナーPL 佐藤允弥氏、車体設計 PL 先崎仙吉氏といった具合である。その配下に各セクションの推進メンバーが紐(ひも)づく形である

寺田さんからの手紙を思い出して頂きたいのだが、「なぜこの車を担当したか簡単に申し上げますと、ホンダのCB750F、CB500F、そしてCB350Fとその末弟機種で個性に欠ける部分が多く、特に出力、スピード、バランスが悪く、商品としては全く評価できなくて会社も困っていたわけです。従ってその改造を私に命じたわけです。」ということと一致してくる。

　それだけにCB400Fの開発に取り組まれて最も力を注がれたことは何かを聞くことで、寺田さんのモノ造りにかけた想いの一部でも知りたかったのである。この質問に対して二輪誌で既に述べられている開発責任者として果たされたプロジェクト方針の明確化や、コンセプトづくりといったお話をされるのではないかと想像していたが、あにはからんや具体的には**「4into1のシステム」のお話**であった。

　いろいろな与件があることは想像できるが、CB400Fで最も象徴的な部分への想い入れが強かったということかと理解する。そこには**技術者として、レーシングメカニックとしての拘りがあったのだなと直感した**。この車両のコンセプトの見直しから生まれたテーマの特徴から、まずは馬力のアップであったとのこと、その為の排気システム、それも軽量化と経済合理性を伴うものとして条件を満たすものの要求をいかに果たすかという点を実現することは大前提である。その上でコンセプトを明らかにする中で、デザイナーの佐藤さんが初期の絵コンテに描かれたGPレーサーのイメージと、寺田さんのレーサーとしての技術的造形美が融合し、それがプロジェクトをも象徴する「4into1システム」という形で結実したのではないかと、考えが及んだ。

　量産車初の集合管、走りに徹したカフェスタイル、虚飾を廃することで成された軽量化、そして機動性の向上、ステッカーを張っただけのソリッドな色合いが醸し出す佇まいは、まさにレーサーのイメージだ。

　図らずもデザイナー佐藤とエンジニア寺田の合作として相応しい「レーサー」のイメージそのままに、4into1システムが象徴していることは偶然ではないということである。

第8項　　CB400F の長所・短所

　CB400F について、造り手の側から観た長所、短所をご指摘いただきたくお聞きした質問であった。寺田さんの回答は、**長所についての回答は無く、短所についてのみ**であった。

　この回答自体をどう解釈するかという点であるが、僭越ではあるが筆者はCB400F のマニアの一人である。良いところは人一倍知っているはずであり、この本の趣旨が魅力を探るものである為、言うなれば短所も知っておく必要がある。

　それはあくまでもユーザーの主観的感想としてのそれではなく、造り手の側からみた、それも製作の現場にあって指揮をとっていた方のご指摘であり、むしろ有難くお聞きすべき点である。モノ造りに完成形や完璧が無いとするなら、その短所を知って置くことは極めて重要である。

　寺田さん応えて曰く、**「クラッチの切れが悪いという短所がある」**との回答である。そもそもの原因が**「油が粘ついて切り難い」**というものであった。やはり、すべてはエンジニアとしての目線であり考えである。実際に乗っているものでなくては分からないところであるが、特にシフトアップのところのガサツ感は感じないわけではない。しかしこれも味わいと思えるのが CB400F 乗りの粋なところである。プロではないので仕方がないが、寺田さんのレベルになるとその完成度の水準が違うのだと思う。**「エンジンを吹かして切ることが大事」**との話まで頂いた。だとすればそういう付き合い方をすれば良いわけで、短所を長所に変えて付き合っていきたい。部品一つ、素材一つ、オイル一つとってもモノ造りのプロは妥協のないもの。エンジン及び内部機構全般に完璧を求めるのは造り手の矜持と心得る。ある意味この質問は愚問であったかもしれない。

　寺田ノートには以下のことが書いてあった。

　「技術の理論・・・理論はしっかり身につけて置くこと。その上に立って機械の気持ちになる。場合によっては自分がピストンになってエンジンの中で動いている状態を想像し、ピストンが何を訴えているのかを知ることが必要。機械は正直であり、決して嘘は言わない。間違って手を打てば決して治らない」。
　モノ造りのプロの方々にとってみれば、真に完璧というものは無く、常に追求し続けるという宿命が作品に込められているものと感じた。

第9項　寺田さんにとってCB400Fとは

　半世紀を経てもファンの心を放さないCB400Fを世に送り出した生みの親として思うこと、そして我が子であるCB400Fへの想いを語ってもらった。極めて抽象的な質問であったが、明確に返ってきた答えが「できの悪い息子ですよ」というものである。

　考えてみるとかわいい子には旅をさせろ、獅子は子を千尋の谷に突き落とし這い上がってきた子を育てるというが、この言葉からもモノ造りのエンジニアとしての矜持を感じた。未完、未熟というより一層高みを目指すからこそ「できの悪いという息子」という表現をされたのではないかと思う。それだからこそ、可愛いという意味であるとも解釈してしまう。できの悪いという愛情表現は、もっと素晴らしいバイクにできるはずという可能性を秘めている。生涯を通じた作品に完璧は有りえない。不完全であるからこそ、その想いはつのり、次へと繋がっていくものと思うのである。

　言い方を変えると、それは、良いものをもっと造りたかったということかもしれない。それだけに想いが残るのではないだろうか。ただ、間違いなくCB400Fという作品には、寺田モータースからヤマハへ、そしてホンダへと歩んだ想いが込められていることは間違いない。更に高みを見据えた志があっことを容易に想像できるが、少なくともCB400Fがその道における途上にあったからこそ、自己表現としてのベストなモノ作りが成されていたと考えてもおかしくはない。めぐり合わせなのかもしれないが、CB400Fこそ紛れもない寺田さんがLPLをされた無二の作品であることは間違いない。その後LPLになられることは無かったと聞く。

第10項　CB400Fへの伝言

　率直なCB400Fへの想いをお聞きしたかった。回答は伝言というよりは製作に関わる回想のようであった。寺田さんにとってCB400Fというバイクに伝言を残すとしたら、どういう言葉をおかけになりますかという問いに対して、「CB400Fをつくってよかった」という言葉が返ってきた。何ものにも代えがたい伝言であった。

　前問のCB400Fというのはどういう存在であったかという質問を裏付ける回答である。「できの悪い息子」との表現をされながらも、CB400Fをこの世に送り出したことは、寺田さんにとっては残すべき作品となり、図らずもという表現を敢えて使

うとすれば、代表作となったのではないかと思うのである。一ユーザーに過ぎない筆者にとってみれば、メーカーからユーザーに形として届けられるものでしか、評価の手掛かりは無いわけである。したがって、寺田さんのホンダでの功績は、内部においての試験・研究・試作・開発・クレーム対応が主であったとすれば、本来は作品としてお目にかかることも無かったのかもしれない。それが縁あって取り組まれたプロジェクトがCB400Fであり、すべての仕事が作品であるとしても、形としてわかりやすい形でユーザーに示された貴重なものであったのではないかと思うのである。それは寺田さんにとって現役として関わられた集大成とでもいうべき仕事の一つとなったと考えられる。「**CB400F をつくってよかった**」という言葉の重みを、改めて感じた次第である。

第11項　CB400F ファンへの一言

筆者にとってみればCB400Fを生み出して頂いた方だけに、今尚CB400Fを信奉してやまないファンに何かメッセージを頂きたく最後に用意した質問であった。

ボイスレコーダーであるので想像するしかないが、音声で確認する限り、ここでも涙で言葉は詰まらせながらメッセージ[418]を頂いた。

「**できの悪い息子を長く乗ってくれてありがとう**」と言われていた。CB400Fファンとしてはこれ以上嬉しいメッセージは無い。ファンにとってみれば良いも悪いも無い。現代のバイクと機能面で比較すべくもないものをCB400Fオーナーは未だに可愛がっているという真実がある。
(左写真[419])

時代が変われば従来の機能は相対的に陳腐化していくモノであるにも関わらず、それでもこのCB400Fに拘るファンは、このバイクとともにある生活に、このバイ

---

[418] ボイスレコーダーから様子を聞き取るしかないが、ご息女の質問に応えられる寺田さんの声や間、そして応えられた後のその場での会話からそのように読み取れた。

[419] ありし日の寺田さん

クとその先にある想いを実現することに期待や夢を持っているのである。ファンとしては「走って良し、眺めて良し、変えて良し、直して良しという四拍子揃った夢のようなバイクを作って頂いてありがとうございます」と言わせて頂きたい。

第12項　インタビューへの感謝を込めて

　この貴重な寺田さんへのインタビューが実現できたのは、ひとえにご息女である赤羽根しのぶさんのお蔭である。当時コロナ禍でお会いすること自体ままならない状況であって、前述したように手紙、ボイスレコーダーという方法をご了承頂き、ご多忙の中フォローして頂いたことに、心より感謝申し上げたい。そのご協力なくして本章を編むことはできなかったのである。

　CB400Fの開発の双璧である佐藤允弥さんは既に他界されており、それだけに何としても寺田五郎さんのお話がお聞きしたかった。正直、これだけのお話をお聞きできたのは幸運である。お手紙と肉声を頂けたこと自体で大満足であり、且つこれだけの内容を直接お聞きでき、これ以上は無かったと思う。

　この章は寺田さんのインタビューが核であるが、寺田さん自らがしたためられたノート(寺田ノート)からも多くの知見を頂戴した。ちなみに寺田ノートの冒頭には「PSG従業員対称講話」平成7年7月19日予定と記載され1時間30分の講演骨子がびっしりと記載されていた。その中からこのインタビューに関連するところを記載させて頂いた。(右写真 420)改めてご息女の赤羽根しのぶさんに心より御礼申し上げたい。そして、亡き寺田五郎さんにお礼を申し上げたい。
「寺田五郎さん、どうもありがとうございました。ゆっくり休んで下さい。」

420　晩年の寺田五郎さん

終　章　　私の CB400F 讃歌

第1節　　CB という系譜

第1項　　変わるものと変わらぬもの

　あとがきと言うべき章である。第 1 章から第 12 章にわたって CB400F というものの魅力を解析してきた。その範囲は物理面だけでなく精神面にも踏み込んでフォーカスし、また、モノ造りにおける文化的視点、社会的・歴史的視点からの考察も行ってきた。その結果として結論付けられることは<u>「CB400F」は、バイク史に残る名車であり、遺産であるということである。</u>

　なぜ、遺産という言葉を使うかと言うと、モビリティというカテゴリーにおいて工業生産品でありながら、アートと呼べる存在であるからである。遺産と名のつくものは、物質文化を超えて精神文化にも影響を与えるものであり、人々の生活や文化、哲学や芸術といったものに対しても、一つの思想を生み出す無形の力を有する。

　故に遺産と言う表現したわけであり、それだけに CB400F に出会えたことを幸運に思うのである。

　本田宗一郎氏が「物まねは嫌いだ」と言った様に、オリジナルへのこだわりによって作り出された CB400F は見事に遺産にまで成長したと言って良いだろう。<u>一般のバイクとは一線を画すものでありながら、バイクのスタンダードとして無くてはならない存在、つまり「古典」というべきものだとも捉えて良いと思う。</u>

　遺産はできるだけそのままの形で受け継がれなければならない。いかにそのオリジナルを維持するかということが求められるし、造り手にとってはそれに応えることが使命となる。例えばホンダが拘ってきた空冷エンジン。理論的根拠に基づく科学としての拘りである。それは歴史であり文化である。その拘りの形は実車で具現化されたものであり、残すべくして残さなくてはならないと考える。それは自らの歴史を伝承することはもちろん、その世界においても必要なものとなる。

　例えば、フェラーリというイタリアのメーカーは、1947 年からその車を一貫して造り続けている。どんなに年月を経ても変わることのないデザイン性とスポーツカーというコンセプト、そして、何よりも血統を受け継ぐ一貫した設計思想というものを変えることは無い。それはフェラーリが遺産であるからだ。

CB400Fを遺産と位置付けるとすれば、新たなるCB400Fの開発が待たれる。世界中のフェラーリファンが待ち望むように、CB400Fの新車を発売してほしいという思いは強い。メーカーにとって「CB400F」というのは、連綿とオリジナルが引き継がれていく一車種として位置付けられてもおかしくはないということである。その意味で、誠に勝手で且つ素朴な希望であると申し上げておきたい。

　2021年、ヤマハSR400が43年の歴史に幕を閉じた。1978年3月に発売されたバイクである。生産中止という決定が下されようとしたことは一度や二度ではない筈である。しかし、此処まで歴史を繋いできたものは何かを考えてみることは、大切な点であると思う。唯一無二の単気筒空冷エンジンは、世代を超えてユーザーの心を捉えシンプルな中にも人のリズムに呼応した味わいを持っていたのではないだろうか。それだけにユーザーに応え続けてきたメーカーの姿勢に敬意を表したいと思う。神話と言われようが都市伝説と言われようが、ホンダも同様にユーザーの目線にまっすぐに応えてきたことこそホンダらしさであったとも感じるのである。

　もう、宗一郎の時代ではないと言われるかもしれないが、人が本当に求めるモノ造りの神髄がそこにあるように思うのである。そのことが「カスタマーファースト」という、言い古されてはいるけれども真の顧客満足度を向上することに繋がるのではないかと思うのである。顧客の評価は人から人に伝わるものであり、それは時間をも超越して新しいユーザーを導くことにもつながると確信している。

　1960年代から取り組まれた**CBの「新しい復活とその伝説の伝承」**というプロジェクトがある。その大きな転換点が13年前に始まったと記憶している。2007年第40回東京モーターショーで発表された「CB1100F」(上写真[421])こ

---

[421] 2007東京モーターショーCB1100F　(筆者撮影)

そ、ユーザーか待ち望んでいた CB の姿であり、現代に蘇った CB750F、そして CB400F のアイデンティティを引き継ぐものとして多いに期待したものである。その立ち姿はカフェレーサーそのままに、それでいてその造形は CB400F が造りだしたフォルムとエンジンの造形、CB750F が象徴として持っていた高性能エンジンを最新の技術でリファインし、「CB」の次世代の血統を引き継ぐべき心臓部は「排気量 1100cc」というスペックで示現されたものであった。

ついに登場したとの感慨をもった。それだけでもデザインを担当された小濱氏[422]に感謝したいと思う。何をもって伝統のフラッグシップというかは別として、ホンダにしかできない、そしてホンダに相応しいものであったと今も感じている。

ただ、<u>私としては、このコンセプトモデルの延長線上に、今のそれではない車両のイメージがあったことも一ユーザーとして述べておきたいのである</u>。有態に言えばその伝承は **2007 年のプロトタイプの姿であってほしかったということである**。

待望の市販車モデル CB1100 (上写真[423])は、2009 年の東京モーターショーで発表され 2010 年に市販化された。その後、販売業績も含め面目役如たる活躍であったことは間違いない。確実にベテランはもとより若いユーザーに対してもその良さが浸透していったと考えて良いだろう。また若いユーザーの深耕と新たな顧客創造にも寄与したことは間違いない。

---

[422] 小濱光可　1956 年香川県生まれ　四輪デザイナーとして 1979 年入社　初代 VT250F を初めと VFR750F シリーズ、CBR900RR、RC211V など大型スポーツを主として担当
[423] 2009-11-3 東京モーターショー　HONDA ブース　初公開された CB1100　(筆者撮影)

第2項　　CB1100「F」に思う

　CB の精神は「大人の所有感を満たすエモーショナル空冷直 4 ネイキッド」[424]として CB1100EX、RS にも脈々と受け継がれてきた。大元をたどればこの路線の根は CB750F の系譜である。

　筆者の我儘ではあるがその辺が期待していたものと違うイメージを持っていた点である。つまり、**CB750F の系譜を受け継ぎつつ CB400F へのリスペクトとオマージュを想像していた**[425]のだが、残念ながらそれは実現しなかった。既に CB1100 シリーズは、2021 年 10 月、11 月と「CB1100RS」、「CB1100EX」のファイナルエディションが発売されたことを持って生産を終了した。(下写真[426])

　2010 年に発売された CB1100 は、CB の名を受け継ぐに相応しいバイクへと成長したことは、私も含めたユーザーの誰もが認めるところである。惜しむらくは 2007 年の東京モーターショーで見せた均一で流れるようなエキゾーストパイプを装着

CB1100 EX Final Edition　　　　　　　　　　　　2021.10.08

---

[424] ホンダの CB1100 のコンセプト
[425] 2007 年東京モーターショーコンセプトモデル「CB1100F」のイメージ
[426] ホンダ HP ニュースリリース映像　「CB1100EX Final Edition」

したカフェレーサーとしての「CB1100F」の登場を待ち望んでいたわけである。

　当初のCB1100から数えて12年に亘りマイナーチェンジが実施されたが、装備やカラーのバリエーション、素材変更はあったものの、当初のコンセプトはいささかも変わっていない。その点からすると発売からファイナルまで、その立ち姿が不動であっただけに「F」の登場が叶わなかったのは本当に残念である。「F」の文字は永久欠番として心に留めて置くこととしたい。

(写真左[427])

第2節　CB400Fへのノスタルジー

第1項　CB400Fをもう一度

　空冷エンジンが終焉を迎えたことで、旧車の存在は益々希少性を帯びてきている。旧車の市場価格の高騰は何よりの証拠として捉えることができる。排ガス規制の問題がなければという前提ではあるが、正直そのままのCB400Fを再度世に送り出してほしいという願いに偽りはない。その実現の可能性を夢見ることができたのがCB1100プロジェクトであったわけである。

　バイクというものがいわばスペックというものを追求してきた世界であっただけに無理もないが、一方では変わることのない芸術性はそのままに、オーナーの美学にフォーカスした方向感、カテゴリーがあっても良い筈である。
　若い力と新しい考え方によって技術は遥かに向上してきた。ただ、美学を追求し時代を経ても変わらないモノとしての作品づくりがあってもおかしくはない筈である。何故ならそれはユーザーの求めるモノであるからだ。
　本田宗一郎氏自身が言っていたように、製品としての技術力の向上は大前提として、工業製品としての優秀性を保持しつつ、一方で工芸品と並び称せられる芸術性

---

[427]CB1100EX2019タンクに「CB1100F」をイメージしてステッカーを貼付したもの(筆者所有車を撮影)

を兼ね備えてこそ製品と言えることの大切さは忘れてはならないと思う。

　CB750Fの末弟として生まれたCB400Fではあったが、当時の時間軸で行くと最後に生れたCB400Fこそ、真のCBを受け継ぐべきDNAを持っているようにも思えてくる。2007年、東京モーターショーで見たCB1100Fは、或いはCB400Fのアイデンティティを引き継ぐ作品として世の問うた作品では無かったのかと今も感じている。

2024年CB400Fは発売50周年である。CB400FをCB直系の血統を受け継ぐヘリテージとするならば、これを記念したモデルの発売があっても良いと思う。

　巷ではそのことを見越した「NEW　CB400FOUR」のCGも散見されるが、そうした報道が市場にあるのは、ユーザーの期待感の現れであると確信するモノである。

　「空冷直4ネイキッド」は無理でも、当時の造形そのままに表れてくれることを切に願うばかりである。確かにそれを称して「ノスタルジー」と言うものかもしれない。でも、「ノスタルジー」も美学の一つであり、製品の魅力を創り出す要点でもあることを申し上げておきたい。(上写真[428])

第2項　　CB400F　「感謝を込めて」

　最後の章の最後の節となった。私事で恐縮であるがここからは少し自分のCB400F遍歴を記しておく。いつの間にかCB400Fの虜になった私の履歴書みたいなものであり、その「単車道」というものを少し書かせて頂いて終わりとしたい。

---

[428] 写真　左手前　CB1100EX(2019)、右奥　CB400FOUR(408)。いずれも筆者所有車。(筆者撮影)

六十代半ばを過ぎた現在も、四代(台)目の CB400F と CB1100EX(2019) の 2 台を現有している。いわば老いぼれのバイク好きである。私は 22 歳からバイクに乗り始めたので遅咲きであったからかもしれないが、29 歳の時にやっと念願のCB400F を手に入れた。その手に入れた時の喜びは今も忘れない。それ以来、思い続けて四十年以上、ブランクの期間が十数年続いたが、20 年前に CB400F 乗りとして返り咲いた。

思い起こせば購入当時は、写真は銀塩の時代ではあったが、多くの CB400F を写真に収めたものである。その頃から乗ってよし、見てよしと言う楽しみ方を知ったのかもしれない。
(左写真429)

実は最初に手に入れた時は結婚したばかりで、今思うとよく家内が理解してくれたものだと感謝している。ただ、やはり当時から人気のあったバイクであっただけに相当捜し歩いた記憶がある。転勤族として全国動き回る中でその時は関西勤務、殊更言うまでも無いが大阪のバイクのメッカと言えば松屋町で、数多く並ぶバイク店を探し回った。

そのバイクを見つけたのは間口二軒半か三軒程度の小さなバイク屋さん。当時ですら CB400F は 50 万円以上していたと思う。購入車両は国内モノ 398cc で価格は 58 万円であった。忘れもしない昭和 62 年 9 月、初の CB400F を手にいれ、そのまま阪神高速を兵庫県の自宅まで飛ばして帰ったのを憶えている。4 輪の走り屋の連中が、助手席の窓を開けて眺めつつ追い抜いていくのを見て、ひとり悦に入ったものだ。

それが切っ掛けで乗り継いできたヨンフェアも年齢と共に乗る回数は減り、自ず

---

429 昭和 62 年 (1987 年)9 月 4 日　国内もの CB400F-Ⅰ(398cc)を購入。また、当時は国内モノが流通の主流であったと思う。やはり高額車であった。「初代 CB400F(398)」

と走行距離も激減、相棒の関係まで昇華してきた CB400F だけに、乗ってあげられなければ可哀想なことになる。退職後努めて乗るようにしているが、やはり大事なのはメンテナンスである。こればかりは心がけてやれないと旧車乗りとしての品格が問われるというもの。前述した CB400F の専属プロに良く見てもらうと同時に、イベントにも積極的に参加させて頂き、新しい楽しみを頂いているところである。

　一方、CB1100EX の方は現代技術を備えたクルーザーであり、遠方にも軽々と連れて行ってくれることもあり、こちらの方は近年になく、かなりの距離を走らせてもらっているのでバイクも満足しているはずである。

　それでもいつか乗れなくなる時がくると思う。そこが単車乗りにとって考えておかなくてはならないところである。CB400F のアンケートでも自らに問うたように、乗れなくなっても CB400F は手放すつもりはない。当然、保管しつつ愛でて楽しむつもりである。その為、専用の部屋まで設えてあるのだ。

　例えとして良いかどうかは分からないが、自宅に仏壇が置いてあるご家庭があると思う。宗門の僧侶に来ていただいて法事を行った時に「日常の中に仏壇という聖域、つまり非日常が存在するということは、その場に立つと気持ちが改まり心にとって良い環境となる」と言われたことを思い出す。いわば「バイク部屋(ガレージ)」の位置づけがお分かり頂けることと思う。当然、仏壇とは一緒にはできないが、非日常を齎してくれる心の切り替わる場所の存在は、自らの人生において無くてはならない場所になると思うのである。

　22 歳から乗りはじめて 45 年。ここにきて**「単車道」と呼ぶべきバイクライフは、最高潮に来ていると思う。それもこれも CB400F のお陰である。兎に角、素晴らしいバイクに出会えたものだ。**

　CB400F というバイクと生活をともにすることによって、「自らの心に新たな置き場所を作り、その中で自らの生き方を見つめ、人生の糧(かて)を得る」。大げさに聞こえるかもしれないが、たとえモノとは言え、出会いというものはそういうものだと思うのである。自ら「単車道」という道になぞらえ、CB400F という単車とともにある生活を昇華しつつ最後まで走っていきたいと思う。この出会いに心より感謝したい。

513

あとがき

　400 マルチという市場の待望論をよそに、1977 年世代交代の流れを受けてマーケットから消えてしまった「CB400F」。その時点でそのクラス唯一の 400 マルチの存在が消えてしまったわけであるから、ユーザーの落胆はいかばかりであったことか。

　例えれば、世界的に知られる存在となった時点で、すでにこの世を去っていたブルース・リーのような感覚ではなかったかと思う。「燃えよ、ドラゴン」はその後の映像分野の一ジャンル、一時代を築いたと言っても過言ではない。しかし、真に評価されるのは、どの世界でもそうであるが、その本人が世を去ったときであるケースが多い。CB400F もそうだったのかもしれない。

　CB400F は評価されながら、且つ、生存のための署名活動まで巻き起こしたという存在であったにもかかわらず、生産が打ち切られこの世を去った。それだけにファンにとっての喪失感は、想像以上に大きなものだったと思われる。

　ブルース・リーがそうであったように、その影響力は人々の生活や嗜好を変えるだけではなく人生をも変える。そして、文化をもつくり上げていく力を持つものである。

　モータリゼーションの歴史において、少なからず名車は存在するが、「CB400F」は、数少ない名車として名を残す車両であることに間違いはない。

　そして、個体の数は少なくなったとはいえ、多くのファンの力によって幸運にも今も走り続けることのできるバイクである。今から 50 年前(2024 年時点)とはいえ、CB400F は国内・国外を合わせて、約 100,000 台以上が生産されたが約半世紀を経た今、世界に何台の車両が生き続けているのか。ただ、鉄屑同然となった車両でさえ、メンテナンス・マイスターの手にかかれば、再び現代に蘇り或いは生まれ変わることができる。そして、何よりそれを絶滅から救ってくれているのが、他ならぬ根強いファンである。それは取りも直さず CB400F に支持し続けるだけの魅力があるということである。

　この本の中で CB400F の魅力をあらゆる角度から紐解いてきたが、その魅力は数多くの偶然が必然のように凝縮し、物心両面に亘って結晶化したものであった。

　すでに CB400F は伝説となりヘリテージの領域にあると言って良いだろう。
この魅力を探る旅を終えるにあたり、今一度その過程を振返ってご協力を頂いた各位に想いを馳せたいと思う。

私はCB400Fの永年のファンとして、自らの現役退職を機にCB400Fの魅力を探る旅を一つの本にしたいとこの取り組みを始めた。この約3年という時間は、少しでも良いものとして残したいという一心であった。なかなか進まず、この辺でいいのではないかという妥協に近い感情もあったことは事実である。そんな時、各地においてCB400Fのファンの方々やメンテナンスに深く関わっておられる方々にお会いでき取材させて頂いたことが、大きな後押しになったことは間違いない。

　そして、何よりもCB400F開発プロジェクトに関わられたホンダマンの方々にお会いする機会を得て、その人生を凝縮したかのような取り組みに、心動かされたことが此処まで自分を引っぱってきてくれた大きな原動力となった。
　これだけCB400Fに情熱を注ぎ、自分自身にも車両にも妥協を許さず、そしてユーザーの期待に応えようとする方々がおられるのだと思うと、ファンとしての真剣さがまだまだ足らないということに気づかされた。

　故・本田宗一郎氏がCB750Fの試作車に跨ったときに「こんなバケモノ、誰が乗るのだ？」と言ったという話は伝説として何度もお聞きした。宗一郎氏は身長約160㎝であったとされることから考えると、パワー、性能もさることながら、そのサイズについて、そのような表現をされたのではないかと推測する。
　自分が乗りこなせるくらいのサイズこそ、日本人に合ったサイズとの考え方であったのではないかと思う。その表現をそのまま拝借するとするならば、CB750FOURに対してではなく、CB400Fに対して「こんな芸術作品に乗せてくれて、ホンダさん、ありがとう」と私は言いたい。

　CB400Fという二輪車が、自分の人生にとってなくてはならないものとして存在している。また、この車両に関わっておられる多くの方々もそうである。これほどまでに影響を及ぼすものに出会えたことに感謝したい。そして、改めてCB400Fにも感謝したいと思う。

　本書は、単にCB400Fの一ファンにすぎない私が、CB400Fの神秘についてあらゆる角度から分析し、無限に魅力を放つ根源を知りたいという素朴な疑問が動機となって生み出されたものである。動機はシンプルなほど力強いと言うが、ここまでたどり着けたのも「CB400Fが好きだ」という感情がそうさせたものであり、それ以上でもそれ以下でもない。

本書を終えるにあたり改めて振り返ってみると、多くの方々のご支援なしには成し得なかったことを心に刻み御礼を申し上げておきたい。

　故　佐藤允弥さんの奥様　佐藤万里子さんには、失礼にも関わらず突然取材の電話をしてきた私に、展示会直前の大変お忙しい時期にも関わらず丁寧にご応対頂いた。実はこの本のすべてのきっかけは、ここから始まったことを決して忘れることはできない。展示会当日もお時間を割いて頂き、当時の允弥さんの人となりや、ホンダ退職後に軽井沢に移られた後の芸術活動の様子、日常における微笑ましいお姿もお聞かせ頂き、更には関係者の方々に対するご紹介をして頂くなど、一方ならぬお世話になった。また、允弥さんの残されておられた掲載記事や資料等を快くお貸し頂き、大いに参考とさせて頂いた。ご自宅への何回かの訪問によるお話を通じて、デザイナー佐藤允弥さんのお姿と同時に、芸術家としての一端を垣間見ることでできたことは、CB400F ファンの私にとっては至宝の時間であった。心より佐藤万里子さんに感謝申し上げると同時に、故佐藤允弥さんご自身にも感謝申し上げたいと思う。また、允弥さんのご子息である佐藤好彦さんにも、出版関係者のご紹介を通じて貴重なお写真の提供を頂き、さらには歴史的な資料についてもアドバイスを頂くなど一方ならぬお世話を頂いたことに心より感謝申し上げたいと思う。

　CB400F の開発総責任者であられた寺田五郎さんのご息女、赤羽根しのぶさんにご連絡が取れたのが 2020 年の春、折しもコロナ問題で寺田さんご自身にはお会いすることはできなかったものの、お手紙や生の声をお聞かせ頂き、そのインタビュー内容を本文として納めることができたことは何よりの喜びであり、CB400F が引き寄せてくれたご縁であると感じている。このこと自体がこの本を書くうえで重要なエピソードとなったことは言うまでも無い。ご高齢であるにも関わらず我儘な一ユーザーの質問に、真摯にお答えいただいた故寺田五郎さん、そして、ご協力を頂いた赤羽根しのぶさんに心より感謝申し上げたい。

　この本で多くの方々にインタビューをさせて頂いた。特に CB400F プロジェクトに直接・間接に関わられたメンバーの方にお会いすることができたことも幸運の一つである。CB400F の車体設計の責任者でいらした先崎仙吉さん、そして CB750F のエンジン設計の中心的存在であり CB400F の元になる CB350F のエンジンをも設計された白倉 克さん、プロジェクトでエンジンに関する PL でいらした下平 淳さん、入社間もなく造形室の一員として CB400F の製作に直接関わられた中野宏司さ

ん、そして、造形室の重鎮でダックスやN360をデザインされた宮智英之助さんという元ホンダマンの方々に、エピソードを交えた貴重なお話を直接お聞きできたことは、CB400Fファンとしてこれ以上のご褒美は無かったと思うのである。皆さんに心より感謝申し上げたいと思う。まさにCB400Fの母は佐藤允弥さんであり、その父は寺田五郎さんであると確信をもったと同時に、CB400Fをつくり上げる為に各署から集まってこられたメンバーのお力なくしてこの作品が世に無かったことを痛感すると同時に、何よりもこのバイクを世に送り出してくれたホンダの企業文化にも心より敬意を表したい。

　此処まで道程の中で、ご多忙中にも関わらずこの本の取材に対して生業の最中でありながら、時間を割いてお応え頂いた東西10人のCB400Fの所縁の方々に改めて感謝致したいと思う。

　思い起こせば6年前、シオハウス代表　塩畑 勇さんのご協力を得たことは、とても大きなものであった。私が単にシオハウスさんのユーザーという領域を遥かに超えており、ご多忙中にも関わらず私の企画したアンケートの呼びかけや、CB400Fに関わられた方々のご紹介、会合やミーティングの存在、メーカーに係る事象、バイク雑誌に掲載されている内容等々多くのご指導・ご協力を得ることができた。塩畑さんのお陰に寄るところは極めて大きく重ねて感謝申し上げたいと思う。

　インタビューにおいては関西のアゲイン代表の松永直人氏、カスタム・パラノイヤ代表の坂本誠司氏、FOUR ONE代表　梅原 修氏、そして関東ではミスティ代表古橋祐二氏、スキャン代表　福田正美氏、フリーランスプランニング代表　櫻井 真氏、株式会社キジマの会長　木嶋孝行氏、社長の木嶋孝一氏、三恵技研工業株式会社の関口好文氏と温かいご支援は有難かった。また、挿絵イラストを作成して頂いたアートディレクター山本 直氏にもお礼を申し上げたいと思う。

　そして、アンケートにお答えいただいたCB400Fオーナーの方々、貴重な史料をご提供頂いた方々にもこの場をお借りして心より御礼を申し上げたい。

　出版にあたっては、本田技研工業・広報部の重鎮として40年以上にわたり二輪車に関するメディア業務に従事されてこられた高山正之さんとの出会いが、この本が世に出る大きな支援となったことは何よりの幸運であった。特に資料に関する情報提供、或いは査読における検証及考証、校正、アドバイスと多岐にわたってご支援を頂いたことはとても貴重であり、想像を超えてありがたいものであった。

また、高山さんとの大きなきっかけを作って頂いたのはグランプリ出版の代表取締役会長であり、三樹書房の社長である小林謙一さんである。2021年、無名である私の持ち込み原稿に対して、真摯に向き合っていただいたばかりでなく、的確なアドバイスと丁寧な対応をして頂いたことを忘れることはない。そのことで夢であった出版への道が開けたことは言うまでもない。校正においては三樹書房の中村英雄さんに、そして全体調整にあたってはグランプリ出版社長の山田国光さんに、またプロモーション活動においては梶川利征さんにも大変お世話になった。衷心より感謝申し上げたいと思う。最後にはなったが拙書のカバーに、小原英二氏よりあこがれの写真を提供して頂いたことを光栄に思うと同時に心より感謝申し上げたい。

　本書を世に出すことができたのも、こうした多くの方々のお蔭であり、改めて皆様に御礼を申し上げたい。「本当にありがとうございました」。

　尚、多くの資料、多くの著作、多くの情報をお借りし参考にさせて頂いた。出典も明らかにし脚注にも明記の上その詳細も巻末に記載している。関係各位に改めて感謝申し上げると同時に、その権利を決して侵害するモノでは無いことを申し添えたい。

　2024年、CB400Fが誕生して50周年という節目に、この本が出版できるということをとても幸せに思う。そして、CB400Fによって繋がった多くの出会いにも心より感謝申し上げたい。最後に旦那のもの好きな道楽を理解し、校正にも快く付き合ってくれた家内の節子にもこころより感謝したいと思う。

　副題につけたように「CB400Fを哲学する」ということは、CB400Fの魅力をより深く理解することによって、CB400Fとともに生きることであり、愉しむことであり、CB400Fのある生活を充実させることである。そして、CB400Fの魅力によって生活に意味が生まれることそのものを指している。
　これからも変わることなく「CB400Fを哲学していきたい」と思う。

　　　　　　　　　2024年9月26日　　　67歳の誕生日を迎え自宅書斎にて

　　　　　　　　　　　　　　　　　　　　　　　入 江 一 徳

参考・引用文献

CLUB, R., 2004. RIDERS CLUB 366. RIDERS CLUB, 10.

HeritgeCollections, 2017. HeritgeCollections.

Life, G. S. C., 2020. 輸出仕様車のエンジン・フレームナンバー.

Museum, G., 1988. The Art of Motorcycle.

インフォレスト, 2006. 1970 年代を彩った憧れの名車たち.「The 絶版車 File 二輪車編～1979」, 10 12.

ウィリアム・リドウェル、クリティナ・ホールデン、ジル・バトラー, 2017.06.30 初版 5 刷.『Design Rule Index 要点で学ぶ、デザインの法則 150』ピーヌエヌ新社.

ジャン・ボードリヤール, 2017.07.『「消費社会の神話と構造」:紀伊國屋書店.

スタジオ・タック・クリエイティブ, 1996.08. ヨンフォア伝説. MOTO TRADIZIONE 『モト・トラディツィオーネ」』, p. 82～96.

タツミムック, 1995.1.『CB400F 甦る 70 年代の伝説ヨンフォアのすべて』. 著:: TATSUMI MooK PERFECT SERIES. タツミムック, pp. 80-81.

ボーボープロダクション, 2013.03.10 初版第 3.『デザインを科学する』:ソフトバンクプロダクション.

ムック, 2013.『Vintagr Life』　ウィンテージライフ, 11.

モーターマガジン社　, 1975.02. 月刊『「オートバイ』1975 年 2 月号.

モーターマガジン社　, 1975.03. 月刊『オートバイ』.

モーターマガジン社　, 1975.04. 特集「詳細・精密・徹底テスト CB400F」月刊『オートバイ』. P85～P93.

モーターマガジン社　掲載, 1975. CB400F 寸法図面.「オートバイ」1975.3 月号, 3.p. 96.

モーターマガジン社, 1975.『オートバイ』, 09.

モーターマガジン社, 1975. 特集「詳細・精密・徹底テスト CB400F」.月刊『オートバイ』, 04.p.P85～93.

モーターマガジン社, 1987. ヨンフォア DATA BOOK.『ミスターバイク BG』, 02.p. 56.

モーターマガジン社編,1988. CB400F 特集号「俺のヨンフォア」『ミスターバイク BG』1988.2, 02.p 50-51.

モーターマガジン社, 1995.「ヨンフォア開発秘話」.「mr,Bike BG」, 01.p. 21.

モーターマガジン社, 1995. 本田技研　浜松生産管理調べ　「ヨンフォアの記録あれこれ」.「ミスターバイク BG」, 01.p. 29.

モーターマガジン社, 2003. 佐藤允弥氏インタビュー『バイカーズステーション』　10.p. 18～23.

モーターマガジン社, 2004.05. ヨンフォア薫　. GOGGLE, p. P44.

モーターマガジン社, 2004.「ヨンフォア・カタログ撮影秘話」. GOGGLE　（ゴーグル）, 5.

モーターマガジン社, 2004. ヨンフォア薫る(ヨンフォア特集). GOGGLE (コーグル), 05.

モーターマガジン社, 2005. CB400F 生誕 30 周年記念小特集.「Mr.Bike BG」, 01.p. 51.

モーターマガジン社, 2016.「Mr.Bike BG」 2016 年 4 月号, 4.pp. 36-40.

モーターマガジン社, 2020.『オートバイ』, 4.p. 表紙.

ル・コルビジェ, 2006.02.『モデュロール』:SD 選書　鹿島出版会　.

阿部一, 1990.「景観・場所・物語　―現象学的景観研究に向けた試論 」,

一般社団日本自動車工業会, 2020.3. 一般社団日本自動車工業会/2017 二輪車市場動向調査　「今後の意向

二輪車乗車同行、継続乗車意向」

荷方邦夫, 2014.06.『心を動かすデザインの秘密』認知心理学から見る新しいデザイン学.実務教育出版.

海王社, 2015. 特集スーパーラリーin UK ACE BIKERS. 「Harley Davidson LIFE MAGAZINE FOR BIKERS 「VIBES」, 08.pp. 18-27.

株式会社東京エディターズ, 2013/1. Honda DESIGN Motorcycle Part 2 1985-2013. 初版 編

岩倉信弥, 2004.3. 「ホンダに学ぶ　デザイン「こと」始め」. 出版地不明:産能大学出版部.

厚生労働省, 2012. 賃金構造基本統計調査, 出版地不明: 発行元不明

佐藤允弥, 2009 春.「デザイナー佐藤允彌　大いに語る」.「ON THE ROAD」(FREE MAGAGIN), p. 9.

佐藤允弥, 2003. 自動車望見　「駄馬にも意匠」1. CG (カーグラフィック), 01.　p. 218-220.

佐藤允弥, 2003. 自動車望見　「駄馬にも意匠」10. CG (カーグラフック), 10　.p 218-220.

佐藤允弥, 2003. 自動車望見　「駄馬にも意匠」11. CG (カーグラフィック), 11.　p. 218-220.

佐藤允弥, 2003. 自動車望見　「駄馬にも意匠」12. CG (カーグラフィック), 12　.p. 222-225.

佐藤允弥, 2003. 自動車望見　「駄馬にも意匠」2. CG (カーグラフィック), 02.　p. 218-220.

佐藤允弥, 2003. 自動車望見　「駄馬にも意匠」3. CG (カーグラフィック), 03.　p. 194-196.

佐藤允弥, 2003. 自動車望見　「駄馬にも意匠」4. CG(カーグラフィック), 04.　p. 214-216.

佐藤允弥, 2003. 自動車望見　「駄馬にも意匠」5. CG (カーグラフィック), 05　.p. 214-216.

佐藤允弥, 2003. 自動車望見　「駄馬にも意匠」6. CG (カーグラフィック), 06.　p. 202-204.

佐藤允弥, 2003. 自動車望見　「駄馬にも意匠」7. CG (カーグラフィック), 07.　p. 210-21.

佐藤允弥, 2003. 自動車望見　「駄馬にも意匠」8. CG (カーグラフィック), 08.　p. 218-220.

佐藤允弥, 2003. 自動車望見　「駄馬にも意匠」9. CG (カーグラフィック), 09　.p. 214-216.

佐藤允弥, 2004. 自動車望見　「駄馬にも意匠」13. CG (カーグラフィック) , 01.　p. 218-220.

佐藤允弥, 2004. 自動車望見　「駄馬にも意匠」14. CG (カーグラフィック), 02.　p. 212-214.

佐藤允弥, 2004. 自動車望見　「駄馬にも意匠」15. CG (カーグラフィック), 03.　p. 216-218.

佐藤允弥, 2004. 自動車望見　「駄馬にも意匠」16. CG (カーグラフィック), 04.　p. 226-228.

佐藤允弥, 2004. 自動車望見　「駄馬にも意匠」17. CG (カーグラフィック), 05.　p. 218-220.

佐藤允弥, 2004. 自動車望見　「駄馬にも意匠」18. CG (カーグラフィック), 06.　p. 194-196.

佐藤允弥, 2004. 自動車望見　「駄馬にも意匠」19. CG (カーグラフィック), 07.　p. 226-228.

佐藤允弥, 2004. 自動車望見　「駄馬にも意匠」20. CG (カーグラフィック), 08.　p. 230-232.

佐藤允弥, 2004. 自動車望見　「駄馬にも意匠」21. CG (カーグラフィック), 09.　p. 214-P216.

佐藤允弥, 2004. 自動車望見　「駄馬にも意匠」22. CG (カーグラフィック), 10.　p. 214-P216.

佐藤允弥, 2004. 自動車望見　「駄馬にも意匠」23. CG (カーグラフィック), 11.　p. 222-P224.

佐藤允弥, 2004. 自動車望見　「駄馬にも意匠」24. CG (カーグラフィック), 12.　p. 230-P232.

佐藤允弥, 2009. 〝デザイナー自身によるホンダ CB400 フォア開発記〟『バイカーズステーション』日本のバイク遺産シリーズ 〝CB 誕生 50 周年　CB Spirits〟, 31 03.p. 201.

佐藤允弥, 2009. DVD Interview to The Designer [インタビュー] [10 09 2009].

左木飛朗斗原作、所十三作画, 1991-9~. 疾風伝説　特攻の拓.:講談社コミックス.

三樹書房, 2014. M-BASE(エムベース).

小関和夫編, 2006.4.20 増補改訂版初版. 『ホンダ CB ストーリー』:三樹書房.

森江健二, 1992.7. 『カーデザインの潮流』　(風土が生む機能と形態).:中央公論社.

西田育弘, 2020. なぜ肺や腎臓は2つあるの？.

竹田青嗣, 1989.6. 『現象学入門』 NHKブックス576.:日本放送出版協会.

東本昌平, 2007. RIDE7 CB400F 他. RIDE, 12.

日本自動車工業会, 2020.3. 二輪車市場動向調査,: 一般社団日本自動車工業会.

日本出版社, 2003. CB400F デザイン画. 「バイカーズステーション」10月号, 10.p. 21.

日本出版社, 2009「Honda DESIGN Motorcycle Part1 1957～1984」『Honda DESIGN』, 10 09.p. 46.

入江一徳, 2014.04. 「「ゲニウス・ロキ」の想起構造に関する研究 (その 2)－景観から観た「ひとの側」と「ものの側」との関係－」

八重洲出版, 1975.02. 『モーターサイクリスト』.

八重洲出版, 2017. 国産カフェレーサーヒストリー おお400 もう一つの血脈. 「THE JAPANESE CAFFRACERS 知られざる国産カフェレーサーの真実」, 09.p. 42.64.

般社団日本自動車工業会/2017, 2017. 中古車ユーザー 基本属性 調査,.

富塚 清, 2004.06 第2刷. 『日本のオートバイ』:三樹書房 .

文部科学省, 2019. 学校保健統計調査 年齢別平均身長推移.

片山三男, 2005. 「戦後二輪車産業の競争過程についての一考察」, 神戸市: 国民経済雑誌.

紡木たく, 1986. 「ホットロード」. マーガレットコミックス, 12.

本田技研工業, 2020. 「世界を夢見て－マン島TTレースへの挑戦― 大海に泳ぎ出たカエル世界を制する」.

本田技研工業, 2020. ホンダコレクションホール ツインリンクもてぎ.

本田宗一郎, 2018. 本田宗一郎ミュージアム/top-talks/製品の美と芸術.

本田技研工業 2024-04 「本田技研工業 75年史」 本編 、資料編

〈著者紹介〉　入江一徳（いりえ・かずのり）

1957年福岡県生まれ。1980年福岡大学卒業、1999年法政大学大学院社会科学研究科博士課程修了、2015年明海大学大学院不動産学研究科博士課程後期単位取得満期退学。1980年三井銀行（現在の三井住友銀行）入行以来30年間勤務。四カ店の拠点長を経て、銀行親密会社・室町建物（株）に入社。2020年同社専務を最後に退任。執筆活動に入る。

二十代の頃よりバイクに惹かれ、1984年、27歳の時に初めてCB400Fを手に入れる。以来ブランクの期間はあったが40年間バイクと日常を共にする。2004年リターンライダーとして二代目のCB400Fを手に入れ、その後三代目を経て、2014年、四代目のCB400Fを手にして現在に至る。東京・九州各CB400Fオーナーズクラブに所属。長年、CB400Fについて、資料を基に分析、取材を続けている。

ホンダドリーム　CB400FOUR
CB400Fを哲学する──魅力の根源を探る

2024年10月29日 初版発行　　2024年12月25日 第2刷発行

編著者	入江　一徳
発行者	山田　国光

発行所　**株式会社グランプリ出版**
　　　〒101-0051　東京都千代田区神田神保町1-32
　　　電話 03-3295-0005(代)　FAX 03-3291-4418
　　　振替 00160-2-14691

印刷・製本　モリモト印刷株式会社